U0261540

国家出版基金项目
NATIONAL PUBLICATION FOUNDATION

"十四五"时期国家重点出版物出版专项规划项目

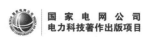

国 家 电 网 公 司
电力科技著作出版项目

±1100kV
特高压直流输电技术

刘泽洪 著

中国电力出版社
CHINA ELECTRIC POWER PRESS

内 容 提 要

依托国家 863 计划、国家重点研发计划，历经十余年技术攻关，我国已在±1100kV 特高压直流输电技术方面填补了基础理论空白、提出了经济可靠的±1100kV 直流系统成套方案、研制了全系列±1100kV 关键设备，建成并投运了世界上直流电压最高、输送容量最大、输电距离最远的首个±1100kV 特高压直流输电工程。我国电工领域已由技术引领进入到"技术无人区"。

本专著从特高压直流输电技术发展概况出发，以±1100kV 特高压直流输电技术的特点、关键技术、设备研发难点和工程应用为主线，结合作者对±1100kV 特高压直流输电技术基础理论、关键技术和工程建设的深入思考，从±1100kV 特高压直流输电关键技术、±1100kV 换流站设备、±1100kV 换流站总平面布置、施工关键技术、工程调试五个方面全面梳理±1100kV 特高压直流输电技术研发过程以及工程实践情况。

本专著可供从事特高压工程施工、设计、运行等工作的技术人员学习使用，也可供相关设备厂商的工程技术人员使用。

图书在版编目（CIP）数据

±1100kV 特高压直流输电技术 / 刘泽洪著. —北京：中国电力出版社，2023.7
ISBN 978-7-5198-6655-6

Ⅰ. ①1… Ⅱ. ①刘… Ⅲ. ①特高压输电–直流输电线路–输电技术 Ⅳ. ①TM726.1

中国版本图书馆 CIP 数据核字（2022）第 057490 号

出版发行：中国电力出版社
地　　址：北京市东城区北京站西街 19 号（邮政编码 100005）
网　　址：http://www.cepp.sgcc.com.cn
责任编辑：翟巧珍（806636769@qq.com）
责任校对：黄　蓓　郝军燕　李　楠
装帧设计：张俊霞
责任印制：石　雷

印　　刷：北京瑞禾彩色印刷有限公司
版　　次：2023 年 7 月第一版
印　　次：2023 年 7 月北京第一次印刷
开　　本：787 毫米×1092 毫米　16 开本
印　　张：26.75
字　　数：646 千字
定　　价：228.00 元

前　言

　　构建以新能源为主体的新型电力系统，是党中央着眼加强生态文明建设、保障国家能源安全、实现可持续发展做出的一项重大部署，对我国能源电力转型发展具有重要的指导意义。推动电网向能源互联网升级，加快建设坚强骨干网架保障新能源消纳是构建新型电力系统、实现"双碳"目标的重点工作。特高压直流输电线路作为清洁能源传输的骨干网架，在"双碳"战略和构建新型电力系统的背景下，显得尤为重要。

　　根据我国"双碳"目标下对大规模、远距离输电的持续发展需要，进一步提升特高压直流技术的输电能力，对提高输电效率和效益、节约输电走廊、保证能源安全和推动技术进步具有重大意义。特高压直流输电技术能够大幅提高电网远距离、大规模输送能力，实现我国西部、北部清洁能源基地电力远距离外送至东部、南部负荷密集地区，使我国西部、北部清洁能源的集约高效开发和大范围配置消纳成为可能，是国家电网有限公司促进可持续发展、落实节能减排的具体实践，有助于我国优化资源配置和"双碳"目标的达成。

　　随着我国能源开发重心不断西移、北移，"西电东送"输电距离延伸至3000km以上，超出了±800kV特高压直流输电技术经济输送距离。为更加充分地发挥特高压直流输电技术在超大容量、超远距离输电方面的技术经济优势，实现更大范围内能源资源优化配置，为国家"双碳"战略奠定良好技术基础，国家电网有限公司在世界上首次将电压等级提升至±1100kV，输送容量提升到12GW，送端直接接入750kV交流电网，受端分层接入500/1000kV交流电网，输送距离约3324km，首次实现了"直流电压、交流电压和输送容量"全面提升。±1100kV特高压直流输电技术实现了电压等级和输送容量的双提升，比±800kV特高压直流输电技术的额定电压提升了37.5%、输送容量提升了50%。依托±1100kV特高压直流输电技术建成的昌吉—古泉±1100kV特高压直流输电工程是当前世界上电压等级最高、输送容量最大、送电距离最远、技术水平最先进的直流输电工程。±1100kV特高压直流输电技术的研发和工程落地实施在世界范围内尚属首次。

　　《±1100kV特高压直流输电技术》从特高压直流输电技术发展概况出发，以±1100kV特高压直流输电技术的特点、关键技术、设备研发难点和工程应用为主线，结合作者对±1100kV特高压直流输电技术基础理论、关键技术和工程建设的深入思考，全面总结了±1100kV特高压直流输电技术的研发过程以及工程实践情况。

　　本专著共六章，具体内容包括±1100kV特高压直流输电技术的综述、关键技术、换流站设备、换流站总平面布置、施工关键技术和工程调试，涵盖了基础理论、方案研究、工程设计、设备研制、工程建设和调试等技术研发与工程应用的多个环节，可为从事特高压直流输电技术研究人员、设备制造人员及工程建设、运维人员提供参考，也可为未来特高压直流输电技术的创新发展提供支撑和借鉴。

本专著汇集了直流输电领域科研、设计、设备、调试等单位的集体智慧和丰富经验，在编写过程中也得到了王绍武、黄勇、郭贤珊、张进、付颖、余军、丁永福、祝全乐、杨万开、李天佼、王黎彦、江明泽、卢亚军、赵峥、李鹏、张健、吴传奇、白光亚、杨恒杰、梁红胜、邢珂争、尤少华、周春雨、曾维雯等同志和相关单位的支持和帮助，在此表示诚挚地感谢！盼望更多直流输电从业人员能从本专著中得到帮助，共同为我国直流输电的美好未来贡献力量。

由于时间所限，书中难免存有不妥之处，恳请广大读者批评指正！

作　者
2023 年 4 月

目 录

前言

第一章

综　述

　　我国能源资源分布和生产力发展极不平衡，风、光、水能和煤炭资源主要分布在北部、西北部和西南部，而能源需求主要集中在东部、中部地区。加快发展特高压直流输电技术，是推动电网向能源互联网升级，促进能源清洁低碳转型，助力实现碳达峰、碳中和目标的必由之路。特高压直流可以将西部地区的清洁能源输送至东中部负荷中心地区，实现了资源大规模、远距离优化配置，在清洁能源并网消纳方面发挥着重要作用。

　　随着我国西部能源基地开发进程的加快，"西电东送"的输电距离将延伸至 3000km 及以上，±800kV 特高压直流输电技术的经济性已经受到严重挑战，因此需要加快更远距离、更大容量输电技术研究，推进能源资源更大范围优化配置。±1100kV 特高压直流输电技术具有经济输电距离更长、输送能力更强、输电损耗更低等优势，能够实现 3000～5000km 能源资源大规模优化配置，将在推动能源转型、助力实现"双碳"目标，以及世界能源互联网建设中发挥不可替代的作用。

第一节　特高压直流输电发展概况

　　1990～2007 年，我国相继建成了葛洲坝—上海、三峡—常州、三峡—广东和三峡—上海等一批 ±500kV 高压直流输电工程，并在 2011 年，建成了宁东—山东 ±660kV 高压直流输电示范工程。

　　在掌握高压直流输电技术的基础之上，国家电网公司自 2004 年开始对 ±800kV 特高压直流输电技术开展全面攻关，成立了国家电网仿真中心和特高压直流输电工程成套设计研发中心，建立了特高压直流试验基地，通过系统深入地研究论证，全面掌握了特高压直流规划、设计、施工、运行以及维护技术，为特高压直流建设实践奠定了坚实的基础。

　　2010 年，向家坝—上海 ±800kV 特高压直流输电示范工程（简称向上工程）的成功建成投运，标志着我国的直流输电技术达到世界领先水平。该工程额定功率 6400MW，直流线路长度 1891km，是当时技术水平最先进的直流输电工程。后续，国家电网公司在特高压直流输电领域实现了一个又一个的突破，相继建成了锦屏—苏州（简称锦苏工程）、哈密南—郑州（简称哈郑工程）、溪洛渡—浙西、宁东—浙江（简称宁浙工程）、酒泉—湖南（简称酒湖工程）、锡盟—泰州、扎鲁特—青州、上海庙—临沂等一批 ±800kV 特高压直流输电工程，额定输送容量从 6400MW 提升至 7200、8000、10 000MW，接入交流系统电压从 500kV

提升至 750、1000kV。锡盟—泰州、扎鲁特—青州、上海庙—临沂三个直流输电工程实现了受端换流站分层接入 500/1000kV 交流系统。截至 2022 年 10 月，国家电网有限公司已累计建成投运 14 个 ±800kV 特高压直流输电工程。鉴于"特高压 ±800kV 直流输电工程"在能源资源开发利用方面的显著优势和对社会经济发展的卓越贡献，其荣获 2017 年度国家科学技术进步特等奖。

随着我国能源基地开发不断西移、北移，新疆和西藏新能源基地送到东中部的距离超过 3000km。随着输电距离的增加，现有的 ±800kV 特高压直流技术损耗超过了 10%，无法满足高效经济输电的需求，需要研发更高电压等级的直流输电技术。2008 年初，国家电网公司启动了 ±1000kV 级特高压直流技术的相关研究。2010 年 12 月，通过开展 ±1000kV 级特高压直流电压等级的论证，在总结相关科研成果和全面分析比较 ±1000、±1100、±1200kV 三个电压等级技术经济性的基础上，确定 ±1100kV 为 ±800kV 之上的直流电压等级，依托新疆准东电力送出示范工程，进一步开展关键技术深化研究、设备研制和工程应用技术研究。自 2011 年开始，国家电网公司开展了大量 ±1100kV 特高压直流系统研究和设备研制工作，其中在关键技术方面开展了过电压抑制、污秽、覆冰外绝缘、空气间隙、电磁环境、全电压真型设备的试验等方面的研究；在成套设计方面开展了工程预成套设计和阀厅概念设计；在设备研制方面，研制成功了换流变压器模型样机、换流阀、穿墙套管样机和大部分直流场设备。

2015 年 12 月，国家能源局正式核准建设昌吉—古泉 ±1100kV 特高压直流输电工程（简称吉泉工程），工程建设历时 4 年，于 2019 年 9 月正式投运。吉泉工程是世界上电压等级最高、输送容量最大、输电距离最远、技术水平最先进的输电工程，起于新疆昌吉换流站、止于安徽古泉换流站，途经甘肃、宁夏、陕西、河南，输电距离达到 3324km。吉泉工程大幅提高了新疆"疆电外送"能力和新疆新能源利用率，进一步保障了东中部负荷中心电力需求，促进了清洁低碳、安全高效的能源体系建设。

第二节　±1100kV 特高压直流输电技术特点

我国高压直流输电系统经过多年的发展，电压等级从 ±500kV 提高到 ±800kV，再进一步提高到 ±1100kV，输送功率从 3000MW 提高到 8000、10 000MW，又提高到 12 000MW。±1100kV 特高压直流输电技术实现了直流电压和输送容量的双提升，将输电经济距离由 ±800kV 的 2000km 提升到 3000～5000km，每千米输电损耗由 ±800kV 的约 3%降至约 1.5%。

吉泉工程实现了特高压直流输电技术的诸多创新性突破。该工程是世界上首个 ±1100kV 电压等级直流输电工程，线路全长约 3324km，输送功率达到 12 000MW，每年可向华东输送电能达 800 亿 kWh。吉泉工程昌吉换流站接入西北 750kV 交流电网，古泉换流站分层接入华东 500/1000kV 交流电网。该工程是国家电网有限公司在特高压输电领域持续创新的重要里程碑，刷新了世界电网技术的新高度，开启了特高压输电技术发展的新纪元，对于全球能源互联网的发展具有重大的示范作用。

更高的电压等级和更优越的输电性能要求也给 ±1100kV 特高压直流系统的系统研究、

主接线方案、绝缘配合、控制保护策略、设备研制、换流站布置、施工技术和试验调试等提出了更高的要求。±1100kV 特高压直流输电工程的建设实施面临巨大的挑战，必须进行一系列的重大创新。

一、技术方案特点

由于±1100kV 特高压直流输电系统的直流电压、输送容量以及其接入交流系统的电压均有大幅提升，±800kV 特高压直流输电工程的诸多技术已不再适用，必须进行全新的顶层设计，制订技术可行、经济合理的整体技术方案。

（1）接入系统方面，由于±1100kV 特高压直流输电工程输送功率巨大，交直流系统相互作用对系统安全稳定特性有较大影响。为确保直流输电系统的安全可靠，有必要采用离线仿真、数模混合式电力系统实时仿真等多种手段，从多个角度对±1100kV 特高压直流接入系统的安全稳定特性和控制策略进行重点论证，最终提出吉泉工程受端换流站分层接入500/1000kV 交流电网方案。为降低设备的制造难度、提高技术经济性，提出承受较低直流电压的低端换流器交流侧接入更高电压的 1000kV 交流电网、承受较高直流电压的高端换流器交流侧接入较低电压的 500kV 交流电网的方案。

（2）换流器接线方面，由于±1100kV 特高压直流输电系统较±800kV 特高压直流输电系统的电压和容量均有大幅提升，换流器采用何种接线方式将直接影响整个系统的可靠性和经济性。通过对比双 12 脉动串联（550kV＋550kV）、3 个 12 脉动串联方案一（400kV＋400kV＋300kV）和 3 个 12 脉动串联方案二（367kV＋367kV＋367kV）的技术经济性，决定采用双 12 脉动串联（550kV＋550kV）的换流器接线方案。在此基础上，综合考虑换流阀短路电流、运输条件限制、换相要求、无功消耗、绝缘水平等因素的影响，送端换流变压器短路阻抗取 20%，受端换流变压器短路阻抗取 22%。

（3）绝缘配合方面，由于±1100kV 特高压直流输电工程过电压水平较±800kV 有大幅提升，并且绝缘击穿事故带来的停电经济损失和对系统的扰动影响更为严重，因此必须提出更为有效的过电压抑制措施和绝缘配合方案。以输送距离、输送容量和换流器结构及参数等实际工程条件为基础，通过采用仿真研究手段，模拟系统中可能出现的各种过电压情况，仿真计算换流站电气设备上产生的过电压幅值和波形，提出了避雷器配置方案，增加了直接保护高端换流变压器阀侧 Y 接避雷器 AH、低端换流变压器阀侧 Y 接避雷器 AL，将直流极线平波电抗器阀侧操作冲击绝缘耐受水平控制在 2100kV。同时，通过优化 DB 避雷器型式和参数，降低避雷器压比，将直流极线平波电抗器线侧操作冲击绝缘耐受水平降至与平波电抗器阀侧一致。

（4）控制保护策略方面，电压等级提高、输电容量增大、输送距离加长使控制保护系统的动态性能、策略设计、参数选择和裕度控制等面临极大挑战。由于电压等级提高，故障电流变化率大，极间耦合问题变得极为突出，一极发生接地故障后，另外一极电流电压突增，在故障极发生故障后 3～5ms，非故障极也会出现换相失败。常规换相失败预测策略无法在如此短的时间内有效发挥作用，为满足换相失败预测的快速性要求，研究并应用了基于直流电压突变量的新型换相失败预测功能，解决了极间耦合导致发生换相失败的问题。由于输电线路加长，站间通信延迟增加，给送、受端控制器协同控制增加了难度。针对这一问题，通过优化送、受端控制保护配合逻辑，克服了站间通信延长带来的问题，消除了

手动和保护性退阀组等暂态过程中产生的较大扰动。

二、设备研制特点

±1100kV 特高压直流输电工程直流设备全部需要重新研制，在设计、生产、试验和质量控制方面均面临极大的挑战。

（1）设备设计方面，设备耐受电压高、通过电流大、尺寸质量大，统筹解决电磁场分布、绝缘设计、通流散热与机械受力等制约因素面临较大挑战；通过校核关键参数、细化设计要求、加强试验验证、优化设计裕度，解决了设备设计难题。

确保换流变压器铁芯具有足够的开窗高度（送端和受端高端≥3.6m，受端低端≥3.3m）；严控换流变压器电流密度、磁通密度（电流密度≤3.2A/mm²，磁通密度≤1.75T）；严格换流变压器绝缘电场设计校核，安全裕度 1.2 倍以上，且不低于以往的特高压换流变压器；提高换流变压器组件试验考核要求，阀侧套管冲击试验电压按绕组绝缘 1.1 倍设定，外施直流耐压时间从 120min 增加至 180min；换流变压器采用强化磁屏蔽设计，降低损耗，绕组采用精细化油道，严格控制温升；高端换流变压器阀侧套管从箱顶出线，降低出线和器身设计难度，保证对地净距；加大换流变压器油箱结构强度（箱底 40mm、箱壁 12mm、阀侧套管升高座区域油箱≥40mm），套管升高座设置加强型支撑架，减小加筋间距，提高机械裕度；开展直流穿墙套管均压电极和净距取值协同设计，提高户外侧干弧距离（12.3m）；内绝缘净距较 800kV 穿墙套管增加约 44%；提出直流穿墙套管防 SF_6 低温液化的系列措施：控制 SF_6 压力（≤0.57MPa），保证户内场最低温度（≥10℃），控制套管安装角度（≥5°），辅以套管电加热装置；控制户内场 1100kV 直流设备全域最大电场强度≤14kV/cm，关键设备 $U_{50\%}$ 放电电压≥2600kV。

（2）大量采用新研制组部件和新的生产工艺，在确保原材料选择、加工能力、生产工艺和环境控制满足设备质量要求方面面临较大挑战。关键设备研制和试验需要新的工装和试验设施，确保技术方案和改造进度满足要求面临较大挑战；适应 1100kV 直流设备要求，确定了各设备厂的工装设施、试验设备、大件运输的技术要求、改造方案和实施计划。

1100kV 换流变压器因设备尺寸与质量增大、绝缘材料增厚，相应的线圈绕制、铁芯加工、器身总装、气相干燥、吊装运输、加工车床等设备均需升级改造。其中线圈立绕机直径 4.2m、绕重 20t，煤油气相干燥罐规格 15m×6m×7m、最小功率 600kW，线圈压床可压装直径 4.5m、压力 200～450kN，气垫车最大载重 850t，总装车间行吊 450t；串联谐振装置额定电压 1800kV、额定容量 25 200kVA，直流电压发生器额定电压 2250kV、额定电流 35mA，冲击电压发生器额定电压 6000kV、能量要求 900kJ。

针对在生产某换流变压器 1100kV 阀侧套管时，对环氧固化过程工艺控制不到位、热反应不平衡、内部反应快、外部反应慢、环氧固化不充分导致热应力击穿、多支出现电容芯子开裂问题，通过铝管壁厚由 8mm 减至 6mm、过渡层由 2mm 增至 4mm；埋设温度传感器，确立工艺控制速度和标准；内部采用热管技术，进一步释放多余的热量等新工艺，控制套管环氧固化过程温升速度，解决浇注量显著增大后的套管芯体开裂问题。

针对昌吉换流站高端换流变压器套管的电容芯体直径和长度显著扩大、试验电压显著提升，采用常规真空注油工艺时，内部易残留微小气泡，在试验时导致产生局部放电，通过采用新的高真空注油工艺和控制指标，可实现 40Pa、60℃下油中无可见气泡产生、含气量小于 0.1%，较现行标准提高了 1 个数量级以上，采用该工艺的产品在工厂批量通过试验。

（3）确保±1100kV 特高压直流设备一次研制成功和按期交货面临较大挑战。严格工艺要求，强化试验考核，加强组部件与原材料质量管控，编制了关键设备风险预控手册。

编制国家电网公司企标 Q/GDW 11666—2017《±1100kV 特高压直流工程换流站主要电气设备监造导则》，形成了国家电网公司企标。规定了±1100kV 特高压直流换流站主要电气设备在制造过程中的监造要求，对设备监造内容（包括原材料及组部件、生产装配、出厂试验、包装发运等过程）和重要风险点及管控措施提出了指导性意见。

针对±1100kV 特高压直流设备特点，结合以往特高压直流设备质量问题，梳理出关键直流设备技术风险 140 项，制订了关键主设备技术风险预控措施，明确了设备在原材料选型、关键工艺控制、出厂试验与型式试验方面的要求。

组织开展了换流变压器电磁线、绝缘材料、硅钢片、油箱制作、铁芯装配和接地系统、器身干燥、套管和升高座装配、真空及油处理、出厂试验等专题研究，提出质量提升措施 61 条，逐一落实执行情况。

开展多种设备的专项比对工作，包括换流变压器的油箱、电磁线、绝缘油试验和换流阀晶闸管、交流滤波器电容器噪声等，比较各制造厂对于组件、设备在原材料制造、关键工艺指标、关键性能参数方面的差异，有针对性地提出改进措施。

三、总平面布置特点

昌吉换流站布置按照"750kV 交流滤波器组—750kV 交流开关场（东）— 阀厅及换流变压器广场（中）—直流开关场（西）—交流滤波器组（东）"布置，750kV 交流线路向东出线，±1100kV 特高压直流线路向西出线。750kV 交流配电装置采用户外 GIS，布置在站区东侧，向东出线；换流变压器和阀厅区域每极高、低端采用"面对面"布置形式，主控楼和辅助控制楼紧贴阀厅布置在站区中部；±1100kV 极线及直流滤波器采用户内布置，"L"形户内场与高端阀厅紧贴，中性线户外布置于两个户内直流场之间，极线和接地极线路向西出线；2 大组交流滤波器集中布置在站区的东南两侧，2 大组交流滤波器集中布置在站区的北侧，另 2 大组交流滤波器集中布置在站区的东南侧，通过 GIS 管道引接进串；交流保护采用下放布置；综合楼、综合消防泵房、车库等布置于站区西南侧；进站道路从站区西南面进站。全站布置方正、紧凑，占地较小，换流站内分区明确，布局合理。围墙内占地约 26.51hm²。

古泉换流站布置按照"直流场—阀厅及换流变压器—交流场"的工艺流向由西向东布置。直流场布置于站区西侧，±1100kV 极线及直流滤波器采用户内布置，其他直流场设备户外布置，±1100kV 特高压直流线路向西出线。交流网侧分层接入 1000kV 和 500kV 交流电网，1000kV 交流场布置在站区中北部，1000kV 交流线路向北出线；500kV 交流场布置在站区南侧，500kV 交流线路向南出线。1000kV 交流滤波器场和 500kV 交流滤波器场布置在站区东侧。2 组调相机位于站区东南角。阀厅及换流变压器区域布置在交流场和直流场之间，采用"一字形"布置形式，2 座辅助控制楼布置在两极阀厅和户内直流场夹角处，主控楼布置在 1000kV 交流场空旷场地，运维便利。进站道路从站区南侧引接，直通换流变压器广场，有利于换流变压器的运输和检修。全站总平面整体布置紧凑合理，功能分区明确，各配电装置及其之间的连接顺畅。围墙内占地面积约 27.43hm²。

四、施工技术特点

吉泉工程在±1100kV 特高压工程建设施工技术方面取得全面创新突破,掌握了具有自主知识产权的特高压工程施工技术,实现了"中国创造"和"中国引领",为国内后续输变电工程建设施工树立了标杆。吉泉工程作为我国特高压直流输电工程的第一个±1100kV 电压等级的项目,研究之初均无先例可借鉴,同时因以下客观条件形成了施工难度大、施工技术水平要求高的特点。

(1)自然环境恶劣。送端换流站处于新疆戈壁地区,春秋季风沙大、冬季极端温度达到-30℃以下且持续时间长、夏季白天酷热,导致钢结构表面温度起伏较大,因环境温度产生的材料形变在钢结构施工中控制难度大;受端换流站雨季时间长,每年40%时间都在下雨,有效施工时间短,空气湿度大,加之高压设备安装环境要求相对苛刻。恶劣的自然环境给换流变压器安装、GIS 安装、换流阀安装、混凝土施工及养护等施工提出了更高技术要求。

(2)户内直流场设备多、尺寸大,作业空间有限。直流穿墙套管和极母线平波电抗器布置在户内直流场,单体百吨级设备和500t 起重机从室外转运至室内,并在室内进行吊装作业,需要有足够的转弯半径和安装距离。平波电抗器重106t、安装高度21m,对接精度±1mm、角度误差0.1°;直流穿墙套管重18t、长28m,要求毫米级安装误差,真正需要达到"百米穿针"的施工技术水平。

(3)高端换流变压器安装难度大。高端换流变压器单台重909t,就位偏差需小于5mm,阀侧封堵满足4h 耐火要求,同时油务工作量巨大,套管及阀侧出线装置质量大、设备结构不同以往,施工难度和精度要求均超过以往±800kV 特高压直流输电工程。

(4)主通流回路发热和尖端放电。直流电流提升至5455A,交流电流随之提升。交直流主电流回路发热、设备外壳发热、穿墙导体周边发热可能性增加。直流电压等级提升至1100kV:一是设备和金具外形不均匀更易出现尖端放电;二是对空气距离尤其是组合间隙提出更高要求;三是施工产生的误差将导致空气距离不足而引起放电,必须提高施工工艺标准。

(5)主设备到货时间不确定性大。换流变压器、换流阀、直流场设备等主设备受研发、生产进度、出厂试验影响,可能出现影响工程节点工期的情况:一是设备研发、生产顺利,能提前到现场,整体工期向前调整;二是设备生产、运输滞后,为保证工程进度目标集中到货,现场集中、交叉安装设备,对施工工序安排、施工资源投入及施工质量保证措施提出了更高的要求。

(6)户内直流场钢结构施工难度大。户内直流场钢结构跨度大、高度高、部分屋架不对称,与阀厅联合布置,是迄今为止跨度最大的变电站钢结构建筑。桁架梁跨度最大为80m、最大起吊高度为47.5m,是特高压建设项目中的首例,对于吊装过程技术要求均高于世界先进水平。

(7)无设计、施工经验。吉泉工程与常规±800kV 特高压直流输电工程相比,技术含量更高、设计差异明显、施工技术水平要求更高,既没有直接可以应用的标准,也没有成熟的技术和经验可供借鉴,容易出现由于设计考虑不周、工程实践经验不足造成的设计问题及施工事前策划不到位的情况,从而直接导致施工难度增大。

（8）参建单位多、施工安全风险大。换流站高电压等级设备属于首次安装，其中换流变压器、1100kV 直流场设备、调相机均为新研制设备，设备体积质量大、价值高，安装安全风险随之增大；在换流站工程建设高峰阶段参建人员近 2000 名，同时有十多个施工单位、厂家在同时施工，存在大量高空、交叉作业，增大了施工安全风险，为保证施工过程中安全质量保证措施有效落地，对施工技术水平带来了更大的挑战。

（9）新技术项目推广应用目标明确。在稳步实现既定的"沉降零超标、回路零发热、金具零放电、接线零差错、软件零误报，一次通过耐压试验，一次带电成功"工程建设目标的基础上，为适应电力建设科技创新新常态，坚持主动创新驱动，明确工程新施工技术研究与应用的相关要求、落实责任并强化有关管理措施，推动电力建设新技术、新工艺、新流程、新装备、新材料（简称"五新"）在吉泉工程中的广泛应用，进一步提升工程建设施工技术水平，确保实现创新技术应用示范工程。

五、工程调试特点

±1100kV 特高压直流输电工程现场调试分为控制保护联调试验（简称联调试验）、设备调试、分系统调试、站系统调试和系统调试五个阶段，工程调试的特点和作用如下。

（一）对工程设计和设备性能进行验证

1. 联调试验

控制保护系统的联调试验是指通过数字或物理方式仿真电力系统，通过功率放大器等接口设备与工程真实的直流控制保护系统的主要设备连接，构成闭环的测试系统。联调试验是整个换流站控制保护能够按照系统设计正常运行的基础。由于全面真实地反映了直流控制保护系统实际的运行条件，因此通过控制保护联调试验可以全面检查直流控制保护系统各组成部分的接口特性，全面测试直流控制保护系统的整体功能、性能。在直流控制保护系统到达现场之前就可以进行内部功能模块、接口的试验，并且利用联调试验故障可再现、试验条件容易满足、工作环境较好的有利条件迅速解决问题，大大减少现场调试的时间，缩短工程建设的周期。一般而言，换流站的控制保护联调试验包括控制试验、保护试验、接口试验、专项试验、以往工程存在问题验证等内容，联调试验需要对上述内容进行逐一验证。

吉泉工程具有受端分层的工程特点，给直流控制保护系统的设计带来较高的要求。在吉泉工程联调试验过程中，严格执行有关规范、规程，做好试验结果的监督和检查，及时处理了控制保护相关逻辑存在的问题，同时对成套设计结果进行了验证，确保了系统调试期间以及投运后的安全可靠性。

2. 设备调试

设备调试目的是检查设备是否达到设计要求或在运输途中有无损坏，以及现场的安装质量是否满足要求，是判断设备能否安全投入运行的最终检查，是直流输电工程投运前的关键环节；判断检验设备是否能够安全地充电、带负荷或者启动，以及设备性能和操作是否符合合同和技术规范书的要求。通过设备调试，为换流站的分系统调试打下良好的基础。

设备调试工作按照国家、行业相关标准，编制了设备调试试验方案，并制订了详细的试验作业指导书。经过精心组织和安排，全部设备试验过程和结果满足相关规程要求。

3. 分系统调试

分系统调试是换流站所有独立分系统的充电或启动试验，是保证单个设备接入系统后，能够与其他几个相关设备或部件作为一个分系统组合在一起正常运行，是整个换流站系统正常运行的基础，并检查其功能和性能是否满足合同和工程技术规范书的要求。

直流工程换流站分系统调试分为八个部分，分别是换流阀分系统调试、换流变压器分系统调试、交流场分系统调试、交流滤波器场分系统调试、直流场分系统调试、站用电分系统调试、辅助系统及其他分系统调试、控保设备分系统调试。分系统调试按这八个部分分别进行调试。

在分系统调试试验过程中，严格执行有关规范、规程，做好设备试验结果的监督和检查，及时处理了各类设备缺陷，确保了工程分系统试验的按期完成。

4. 站系统调试

站系统调试是对换流站设备及其性能的检验，是对换流站顺序控制、设备以及直流线路绝缘性能、设备保护的检验，同时也为端对端系统调试做好准备。

站系统调试项目：① 交流母线及交流滤波器充电试验，同时检查一次和二次设备接线和保护校验；② 顺序操作试验；③ 最后跳闸试验；④ 换流变压器和阀组充电试验；⑤ 抗干扰试验；⑥ 直流线路开路试验（空载加压试验）。

站系统调试工作内容包括：① 编写站调试方案；② 根据站调试方案编写站调试的调度方案；③ 站调试方案和调度方案报启动验收委员会批准；④ 站调试由站试验负责单位和承包商共同负责进行，运行单位进行操作，施工和监理单位配合；⑤ 直流输电工程系统调试单位负责对站系统调试的监督检查，包括试验项目和试验报告及资料是否齐全，各站试验的试验结果是否满足合同和技术规范书的要求，给出监督检查报告。同时，根据工作需要，也可以承担部分或全部站系统调试项目。

根据站系统调试方案和站系统调试计划，完成两换流站调试工作，编写站系统调试总结报告和站调试技术监督报告，为系统调试从技术上创造良好的条件。

5. 系统调试

系统调试是直流输电工程投入运行前的最后一道工序。通过工程的系统调试，全面考核直流输电工程的所有设备及其功能，验证直流输电系统各项性能指标是否达到合同和技术规范书规定的指标，确保工程投入运行后，设备和系统的安全可靠性，熟悉掌握互联电网的运行性能，对工程的性能做出全面、正确的评价。

系统调试工作内容包括：① 系统计算分析；② 系统调试方案、调度方案和测试方案的制订；③ 系统的现场调试；④ 系统调试总结。

通过系统调试，对一、二次系统设备进行较为全面的考核。单换流器一次设备经受了额定负荷和 1.05 倍过负荷试验的考核，单极一次设备经受了额定负荷试验的考核，也经受了各种操作和交/直流系统短路试验的考核；同时，充分暴露了二次系统设备缺陷。对发现的二次系统设备缺陷，设备生产厂和施工单位抓紧时间进行了消缺，保证了系统调试的顺利进行，为工程的投入运行以及投运后的安全、稳定运行奠定了基础。

（二）对工程设计、施工的质量进行把关

输变电工程调试是对工程施工质量严格检查。输变电工程施工质量的优劣，关系到是否能够保证工程按期投入运行以及投运后的安全运行。以直流输电工程为例，当直流输电工程换流站设备运抵现场后，设备生产厂和施工安装单位首先对设备进行开箱检查，然后进行设备安装，设备安装范围包括：① 换流器阀厅本体设备及安装；② 阀冷却设备；③ 换流变压器（含 1 台备用）；④ 平波电抗器（含 1 台备用）；⑤ 全站站控、直流极控制、保护系统；⑥ 站用电系统（含一次、二次设备）；⑦ 全站电力电缆、控制电缆及相关辅助设施安装；⑧ 全站室外照明、综合水泵房；⑨ 全站通信及综合自动化系统；⑩ 全站的图像监视系统，大屏幕及呼叫系统；⑪ 换流变压器及平波电抗器的水喷雾系统；⑫ 全站火灾报警系统安装；⑬ 全站构支架；⑭ 全站防雷接地及设备接地施工；⑮ 直流无源滤波器组；⑯ 直流场配电装置；⑰ 500/750/1000kV GIS 交流配电装置，交流出线；⑱ 500/750/1000kV 交流滤波器组。施工单位和设备生产厂按照工程设计图逐台设备进行安装，然后再将这些设备连接在一起，构成一个换流站系统，工作量相当大且烦琐。

直流输电工程调试的每一个阶段均是对工程设计和施工质量的检验。在工程调试中，对发现的问题进行分析、研究，对属于设计单位的问题，要求设计单位按期改正；对接线错误或接头松动，要求施工单位立即改正。对于一些难点问题，则需要进行专题分析研究后再解决，这样既保证工程的建设工期，又保证了工程的施工质量。

（三）对生产运行技术奠定基础

输变电工程调试是为了保证工程投入运行后安全可靠地运行，为生产运行奠定技术基础和提供技术保证。

在工程调试过程中，严格按照规程制度执行。为了确保调试试验安全，调试过程严格执行"两票三制"和"双签发"制度。所有调试、测试工作均由试验单位填写工作票，由试验单位或工程施工单位人员担当工作负责人和工作票签发人，调试单位参加，并由运行人员再一次许可签发。

对于调试过程中发现的问题，由调试单位或业主代表主持、运行人员、施工单位和设备生产厂人员参加，对问题进行分析，研究解决方法。

无论是"两票三制"或问题的分析解决，均是在调试阶段对运行人员的培养和锻炼，为今后工程投入运行，培养技术力量。

运行单位和人员利用换流站设备安装调试的宝贵时机，加强人员业务培训，密切跟踪设备安装、系统调试情况，提高专业技术水平，积极编写各类规程规定，为顺利接管换流站做好准备。

在工程调试中，运行人员密切跟踪设备缺陷，及时发现设备缺陷，并提交给调试单位和业主，调试单位和业主及时安排消缺，将缺陷消除在安装、调试阶段，力保设备的正常投运，争取零缺陷接收设备。

第二章

±1100kV 特高压直流输电关键技术

对于 ±1100kV 特高压直流输电工程，目前世界上尚无成熟的设计经验及完备的理论体系支撑。围绕吉泉工程建设实施需要，国家电网有限公司组织开展了一系列新技术攻关研究，在直流系统、直流主接线及主回路、直流过电压绝缘配合、空气间隙及直流外绝缘、直流控制保护和电磁环境等方面取得了多项关键技术突破，为 ±1100kV 特高压直流输电工程顺利实施提供了坚强技术支撑。本章以吉泉工程为例进行专项介绍。

第一节　直流送受端系统研究

吉泉工程起点新疆昌吉东部地区，落点安徽省徽南地区，线路全长约 3324km，额定功率为 12 000MW，2018 年双极低端投运，2019 年双极投运。送端昌吉换流站网侧电压为 750kV，3 回出线通过电缆接入五彩湾 750kV 变电站。吉泉工程配套电源"十三五"投产规模压减至 6600MW，五彩湾北一电厂（4 台机组）、五彩湾北二电厂（4 台机组）各通过 2 回 750kV 线路接入昌吉换流站。受端古泉换流站以 1000/500kV 分层接入系统：新建古泉换流站—芜湖 1000kV 双回线路及古泉换流站—峨溪 500kV 双回线路，繁昌—敬亭 500kV 双回线路开断接入换流站。吉泉工程送受端系统近区网架示意图见图 2-1-1。

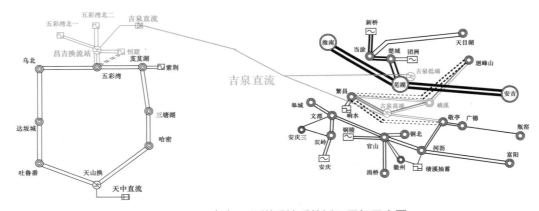

图 2-1-1　吉泉工程送受端系统近区网架示意图

以下将分别介绍吉泉工程投运后，针对交直流系统相互影响、送受端系统安全稳定控制措施等方面开展的研究情况。

一、交直流系统相互影响研究

（一）研究目的和意义

吉泉工程的建成投运将对送受端系统安全稳定特性产生较大影响。送端昌吉换流站落点新疆，通过西北 750kV 系统与宁浙、哈郑工程和酒湖工程及哈密大规模风电基地相连，直流的接入影响了新疆与西北联网通道的潮流分布与输电能力，且与宁浙、哈郑工程和酒湖工程及哈密风电运行存在一定相关性。因此，需要对直流投运后系统的交直流相互影响进行全面深入研究，为工程的建设提出指导性建议，确保工程顺利投产和运行。

（二）研究内容

1. 送端系统交互影响

（1）吉泉工程发生闭锁故障后，潮流转移将引起新疆及新疆与西北联网通道（简称联网通道）部分机组对西北主网功角失稳（如图 2-1-2 所示），可能导致联网通道解列；闭锁故障后潮流转移还将引起柴达木 330kV 母线低电压，导致柴拉直流功率波动，影响安全运行；闭锁故障后大量盈余功率将使得系统频率大幅升高，可能触发高频切机动作。

（2）吉泉工程发生连续 3 次及以上换相失败或双极 1 次及以上再启动，功率冲击将引起新疆及联网通道部分机组对西北主网功角失稳，可能导致联网通道解列；功率冲击还将引起柴达木 330kV 母线低电压（如图 2-1-3 所示），导致柴拉直流功率波动，影响安全运行。

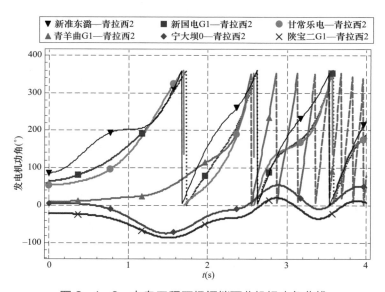

图 2-1-2 吉泉工程双极闭锁西北机组功角曲线

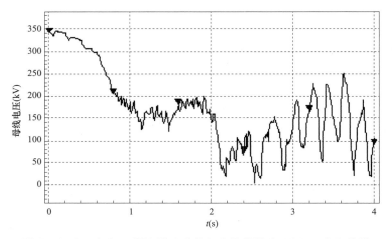

图2-1-3　吉泉工程连续4次换相失败柴达木330kV电压曲线

（3）昌吉换流站近区750kV线路发生三相短路 $N-1$ 故障后，系统功角稳定，母线电压在正常范围内，线路不过负荷；乌北—五彩湾750kV线路发生三相短路 $N-2$ 故障后，双回线潮流通过750kV环天山东环网大量转移，引起吐鲁番地区部分负荷母线电压大幅下降到0.8（标幺值）以下；昌吉换流站—五彩湾750kV线路发生三相短路 $N-2$ 故障后，剩余一回线过负荷。

2. 受端系统交互影响

（1）华东电网大负荷方式下，吉泉工程发生双极闭锁故障后，可以保持稳定运行；华东电网小负荷方式下，吉泉工程发生双极闭锁故障后，频率跌至49Hz以下（如图2-1-4所示），导致华东电网低频减载装置动作。

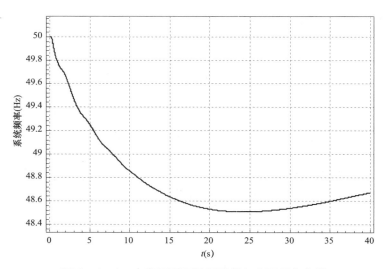

图2-1-4　吉泉工程双极闭锁华东电网频率曲线

（2）吉泉工程发生连续 2 次换相失败或双极 1 次再启动成功，系统可保持稳定运行；吉泉工程发生双极 1 次再启动失败，华东电网小负荷方式下频率跌至 49Hz 以下，导致华东电网低频减载装置动作。

（3）古泉换流站近区 1000kV 及 500kV 线路发生三相短路 $N-1$ 故障后，系统功角稳定，母线电压在正常范围内，线路不过负荷；古泉换流站—芜湖 1000kV 线路发生三相短路 $N-2$ 故障后，吉泉工程 1000kV 换流站与华东主网解列，华东主网稳定；芜湖—安吉 1000kV 线路发生三相短路 $N-2$ 故障，芜湖主变压器过负荷；淮南—盱眙 1000kV 线路发生三相短路 $N-2$ 故障，淮沪送端机组功角失稳。

3. 多回直流同时故障

吉泉工程、宁浙工程同时发生连续 2 次换相失败，系统可以保持稳定运行；吉泉工程、宁浙工程间隔 1.5～2s 相继发生连续 2 次和 3 次换相失败，功率波动冲击联网通道，导致新疆机组相对西北主网功角失稳（如图 2-1-5 所示）。

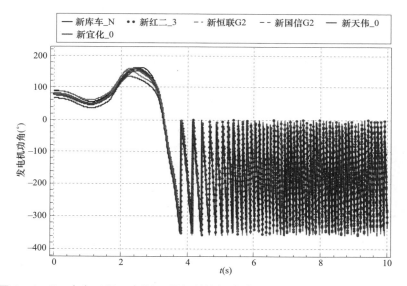

图 2-1-5 吉泉工程、宁浙工程相继换相失败导致新疆对西北主网功角曲线

送端近区短路故障引发酒湖工程、哈郑工程、吉泉工程同时发生不同程度的功率瞬降，但由于直流功率不会同时跌落到 0MW，系统可以保持稳定运行，系统频率最大达到 50.8Hz。

（三）研究成果及其应用情况

研究成果揭示了吉泉工程闭锁、换相失败、再启动等故障或扰动对送受端交流系统安全稳定特性的影响规律，以及吉泉工程送受端交流系统三相短路 $N-1$、$N-2$ 故障引起直流换相失败、功率瞬降的故障特性和影响规律。

研究成果为吉泉工程送受端系统安全稳定控制措施及各阶段运行控制策略等后续专题研究打下了坚实的基础，保证了吉泉工程投运后送受端系统的安全稳定运行。

二、送受端系统安全稳定控制措施研究

（一）研究目的和意义

吉泉工程送端接入西北电网，送端系统规模较小、网架相对薄弱，直流故障会给西北电网带来较大功率冲击，直流受端接入华东电网，落点于皖电东送特高压交流通道，直流输送功率大，换流站近区需要通过特高压线路和 500kV 线路疏散大量潮流，近区交直流系统严重故障给系统带来较大影响。因此，需要对吉泉工程投运后送受端电网安全稳定特性及控制措施进行全面深入的研究，为工程的建设提出指导性建议，确保工程的顺利投产和运行。

（二）研究内容

1. 吉泉工程送端系统稳定特性及控制措施

（1）在配套电源 8 机方式下，昌吉换流站短路电流略小于成套设计书中的最小短路电流 33.5kA；在配套电源 0 机方式下，昌吉换流站短路电流不满足成套设计书最小短路电流 33.5kA 要求；在昌吉换流站投切 1 组滤波器后，昌吉换流站稳态电压变化约为 5kV，稳态电压变化率约为 0.6%。

（2）昌吉换流站—五彩湾 750kV 线路发生三相短路 $N-2$ 故障后，剩余一回线过负荷；乌北—五彩湾 750kV 线路发生三相短路 $N-2$ 故障后，引起吐鲁番地区部分负荷母线电压大幅下降到 0.8（标幺值）以下。

（3）吉泉工程发生单极或双极闭锁故障后若不采取安全稳定控制措施，闭锁故障后的潮流转移将引起新疆及联网通道部分机组对西北主网功角失稳，可能导致联网通道解列；闭锁故障后的潮流转移还将引起柴达木 330kV 母线电压低于 315kV，导致柴拉直流功率波动，影响安全运行；闭锁故障后大量盈余功率将使得系统频率大幅升高，可能触发高频切机动作。

（4）吉泉工程发生连续 3 次及以上换相失败或双极 1 次及以上再启动后，换相失败过程的功率冲击将引起新疆及联网通道部分机组对西北主网功角失稳，可能导致联网通道解列；换相失败过程的功率冲击还将引起柴达木 330kV 母线低电压，导致柴拉直流功率波动，影响安全运行。

（5）针对吉泉工程送端系统西北主网送新疆、新疆送西北主网、近区交流线路检修等不同方式下，发生直流闭锁、换相失败、再启动、功率突降等直流故障扰动和三相短路 $N-2$ 等近区严重交流故障，需要采取切除配套电源、新疆主网机组、海西光伏及闭锁、速降吉泉工程功率等安全稳定控制措施，具体安全稳定控制措施见表 2-1-1。

表 2-1-1　　　　吉泉工程送端系统安全稳定控制措施

方式类别	故障	安全稳定控制措施
配套电源 8 机、新疆正送西北、吉泉工程功率 12 000MW 方式	吉泉工程双极闭锁	（1）切除海西光伏 1000MW，切除配套电源 3960MW，切除新疆机组 6600MW。 （2）提升哈郑工程直流功率 400MW，切除海西光伏 1000MW，切除配套电源 3960MW，切除新疆机组 6200MW

续表

方式类别	故障	安全稳定控制措施
配套电源8机、新疆正送西北、吉泉工程功率12 000MW方式	吉泉工程连续 3 次换相失败功率波动	（1）预控吉泉工程功率不超过 7000MW，第3次换相失败出现后立即闭锁吉泉工程，切除配套电源3960MW，切除新疆机组1600MW。 （2）预控吉泉工程功率不超过8000MW，第3次换相失败出现后立即闭锁吉泉工程，切除配套电源3960MW，切除新疆机组4200MW
	吉泉工程单极2次再启动失败	切除配套电源3960MW，切除新疆机组300MW
	吉泉工程单极1次再启动失败，另一极闭锁	（1）切除海西光伏1000MW，切除配套电源3960MW，切除新疆机组7800MW。 （2）提升哈郑工程直流功率400MW，切除海西光伏1000MW，切除配套电源3960MW，切除新疆机组7300MW
	吉泉工程功率突降量超过1600MW	采取切机安全稳定控制措施
	昌吉—五彩湾三相短路 $N-2$ 故障	速降吉泉工程功率1100MW
	乌北—五彩湾三相短路 $N-2$ 故障	切除新疆机组2000MW

2. 吉泉工程受端系统稳定特性及控制措施

（1）吉泉工程投运时，特高压交流北半环尚未合环，芜湖只有 1 台主变压器，受芜湖—安吉三相短路 $N-2$ 故障后芜湖主变压器过负荷的约束，需要采取切除淮沪送端机组的措施，受最大切机量4机的限制，吉泉工程输电能力为6000MW；2019 年北半环建成后，增加了潮流疏散通道，但芜湖仍只有 1 台主变压器，受上述约束，吉泉工程输电能力可提升至9000MW；考虑芜湖扩建第二台主变压器且对近区 500kV 楚城—当涂双线、峨溪—廻峰双线、当涂—天目湖双线、古泉—敬亭双线、广德—瓶窑单线等线路进行增容改造，吉泉工程输电能力可达到 12 000MW。

（2）2018 年方式下，古泉换流站 500kV 母线短路电流约为 36.8kA，古泉换流站 1000kV 母线短路电流约为 22.8kA；2019 年方式下，古泉换流站 500kV 母线短路电流约为 36.7kA；古泉换流站 1000kV 母线短路电流约为 23.3kA，均满足设计要求，古泉换流站低端或高端投切 1 组滤波器，稳态电压变化率低于 1%。

（3）华东电网 2018～2019 年方式下，电网负荷水平 1.55 亿 kW，吉泉工程发生双极闭锁故障，华东电网频率跌至 49Hz 以下，导致低频减载装置动作，需要采取提升其他直流 2500MW 及切除抽水蓄能负荷 3500MW 的安全稳定控制措施，该措施小于华东电网现有频率协控系统的最大措施量（提升直流 2500～3000MW、切除抽水蓄能负荷 9800MW）。

（4）针对吉泉工程受端系统古泉换流站近区一、二级交流出线不同检修方式下，近区其他 1000/500kV 线路发生三相短路 $N-2$ 故障，需要采取速降吉泉工程功率、闭锁高/低端换流器、切除淮沪送端机组等安控措施，具体安全稳定控制措施见表 2－1－2。

表 2-1-2 吉泉工程受端系统安全稳定控制措施

方式类别	故障	安全稳定控制措施
所有方式	吉泉工程双极闭锁故障	提升其他直流 2500MW，切除抽水蓄能负荷 3500MW
除古泉—芜湖 1000kV 线路 N-1 检修外其他线路 N-1 检修方式	古泉—芜湖 1000kV 线路三相短路 N-2 故障	闭锁吉泉工程低端双换流器
楚城—当涂 500kV 线路 N-1 检修方式	芜湖—安吉 1000kV 线路三相短路 N-2 故障	切除袁庄/平圩机组 4 台，预控吉泉工程功率不超过 2300MW
淮南—芜湖 1000kV 线路 N-1 检修方式	淮南—盱眙 1000kV 线路三相短路 N-2 故障	切除袁庄/平圩机组 3 台
峨溪—廻峰 500kV 线路 N-1 检修方式		预控吉泉工程功率不超过 3600MW，速降吉泉工程功率 1600MW
古泉—繁昌 500kV 线路 N-1 检修方式	峨溪—古泉换 500kV 线路三相短路 N-2 故障	预控吉泉工程功率不超过 3000MW，速降吉泉工程功率 1600MW
古泉—敬亭 500kV 线路 N-1 检修方式	廻峰—峨溪 500kV 线路三相短路 N-2 故障	预控吉泉工程功率不超过 4000MW，速降吉泉工程功率 1600MW
峨溪—廻峰 500kV 线路 N-1 检修方式	当涂—天目 500kV 线路三相短路 N-2 故障	预控当涂—天目双回线路功率不超过 3400MW、峨溪—廻峰单回线路功率不超过 1100MW
峨溪—廻峰 500kV 线路 N-1 检修方式		预控河沥—富阳双回线路功率不超过 1800MW、峨溪—廻峰单回线路功率不超过 1400MW
敬亭—广德 500kV 线路 N-1 检修方式	富阳—河沥 500kV 线路三相短路 N-2 故障	预控河沥—富阳双回线路功率不超过 2400MW、广德—瓶窑单回线路功率不超过 800MW
繁昌—肥西 500kV 线路 N-1 检修方式		预控当涂—昭关双回线路功率不超过 2200MW、繁昌—肥西单回线路功率不超过 1200MW
峨溪—廻峰 500kV 线路 N-1 检修方式	昭关—当涂 500kV 线路三相短路 N-2 故障	预控昭关—当涂双回线路功率不超过 1300MW、峨溪—廻峰单回线路功率不超过 1300MW
除古泉—敬亭 500kV 线路 N-1 检修、敬亭—河沥 500kV 线路 N-1 检修外其他检修方式	敬亭—河沥 500kV 线路三相短路 N-2 故障	预控吉泉工程功率不超过 5400MW，速降吉泉工程功率 1600MW

（三）研究成果及其应用情况

研究成果揭示了不同运行方式下吉泉工程送受端系统的安全稳定特性、重要通道输电能力及相关制约因素，提出了吉泉工程闭锁、换相失败、再启动等故障扰动和近区交流系统严重故障下的送受端系统安全稳定控制措施。

研究成果已实际应用到吉泉工程送受端系统的安全稳定控制系统初步设计中，各级调度在此基础上制订了吉泉工程送受端系统实际采用的详细安全稳定控制策略，有效提升了吉泉工程送受端系统抵御严重故障的能力。

第二节 直流主接线及主回路

在±1100kV 特高压直流输电系统中，换流站主接线方案对于直流主设备研制、工程实施难度、可靠性水平、工程经济性、交流功率损失等都具有重要影响，也是工程成套设计的基础和前提条件。换流站主接线方案的核心问题是确定换流站的接线技术方案和基于该结构的交直流设备的具体配置，需要从技术方案可行性、工程可靠性及经济性等方面进行研究论证后确定。主回路接线确定后，才能根据设备配置和接线形式开展详细的主回路参数计算，然后根据主回路参数计算结论反过来优化主接线型式。

一、主接线技术方案研究

（一）换流器方案推荐

换流器接线方式选取是确定直流回路主接线方案需要解决的关键问题。目前，我国经过技术升级的 6in 晶闸管通流能力高达 6250A，±1100kV 特高压直流输电工程电流在 6in 晶闸管的容许范围内，因此不需要通过换流器并联的方案，仅考虑采用多 12 脉动换流器串联即可。根据目前技术水平，±1100kV 特高压直流输电工程每极 2 个或 3 个 12 脉动换流器串联接线方案在技术上均可行。在±800kV 特高压直流输电研究成果和工程实践经验的基础上，初步推了 3 种不同的主接线型式，其拓扑结构如图 2-2-1 所示，其接入交流系统方案见表 2-2-1。

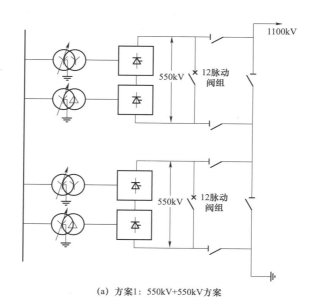

(a) 方案1：550kV+550kV方案

图 2-2-1 12 脉动换流器串联接线方案拓扑结构

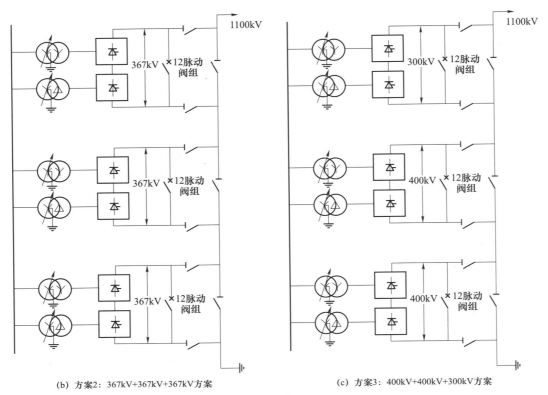

(b) 方案2：367kV+367kV+367kV方案　　　(c) 方案3：400kV+400kV+300kV方案

图 2-2-1　12 脉动换流器串联接线方案拓扑结构（续）

表 2-2-1　　　　　　　　　　换流器接入交流系统方案

方案编号	12 脉动组合	换流器	受端接入交流电网电压（kV）
1	550kV + 550kV	高端 12 脉动换流器	500
		低端 12 脉动换流器	1000
2	367kV + 367kV + 367kV	高端 12 脉动换流器	500
		中端 12 脉动换流器	500
		低端 12 脉动换流器	1000
3	400kV + 400kV + 300kV	高端 12 脉动换流器	500
		中端 12 脉动换流器	500
		低端 12 脉动换流器	1000

其中方案 1 是典型的双 12 脉动串联方案，在我国的特高压直流输电工程中全部采用此方案，除每个单 12 脉动电压不同外，运行方式、换流站布置等与 ±800kV 特高压直流输电工程完全相同；方案 2 是 3 个 12 脉动均分方案，与 ±800kV 特高压直流输电工程相比，每个 12 脉动的电压略低于 400kV，但 3 个 12 脉动电压完全相同（对地电压不同），运行方式更加灵活，任意 1 个和 2 个 12 脉动可组合运行，但换流变压器数量多 1/3，布置和占地与

常规±800kV 特高压直流输电工程完全不同；方案 3 也是采用 3 个 12 脉动方案，但下面较低电压的双 12 脉动方案完全与常规±800kV 特高压直流输电工程一致，上面最高电压的 12 脉动方案电压仅为 300kV，此方案优点是下面较低电压的双 12 脉动可以完全借鉴常规±800kV 特高压直流输电工程的设备和运行经验，且上面最高电压 12 脉动电压低于 400kV，设备容量和端子间绝缘水平相对降低，这样制造难度大大降低，但由于 3 个 12 脉动换流器电压不等、备品备件不通用、设备端子间参数也不同，相比方案 2，方案 3 设备制造和运行方式更加复杂。

（二）换流器方案比选

1. 各方案主回路参数

方案 1 双 12 脉动换流器串联主接线方式下理想空载直流电压见表 2-2-2，方案 2 中 3 个 12 脉动换流器串联主接线方式下理想空载直流电压见表 2-2-3，方案 3 中 3 个 12 脉动换流器串联主接线方式下理想空载直流电压分别见表 2-2-4 和表 2-2-5。

表 2-2-2　方案 1 中双 12 脉动换流器串联主接线方式下理想空载直流电压　　　　　　（kV）

理想空载直流电压	昌吉换流站接入 750kV	古泉换流站高端接入 500kV	古泉换流站低端接入 1000kV
U_{di0N}	319.04	308.33	308.33
U_{di0min}	287.97	288.53	288.53
U_{di0max}	321.13	318.89	318.89
$U_{di0maxOLTC}$	321.13	312.45	312.45
U_{di0G}	321.13	313.11	315.89
U_{di0L}	325.25	318.89	318.89
$U_{di0absmax}$	328.50	322.08	322.08

注　U_{di0N} 为额定空载直流电压；U_{di0min} 为最小空载直流电压；U_{di0max} 为最大空载直流电压；$U_{di0maxOLTC}$ 为用于分接头计算的最大空载直流电压；U_{di0G} 为分接头正常调节以增大空载直流电压 U_{di0} 的下限电压；U_{di0L} 为分接头正常调节以增大 U_{di0} 的上限电压；$U_{di0absmax}$ 为绝对最大空载直流电压。

表 2-2-3　方案 2 中 3 个 12 脉动换流器串联主接线方式下理想空载直流电压　　　　　（kV）

理想空载直流电压	昌吉换流站接入 750kV	古泉换流站高端接入 500kV	古泉换流站低端接入 1000kV
U_{di0N}	213.0	201.1	201.1
U_{di0min}	192.8	183.3	183.3
U_{di0max}	213.9	204.7	204.7
$U_{di0maxOLTC}$	213.9	204.7	204.7
U_{di0G}	213.9	200.9	202.7
U_{di0L}	216.6	204.7	204.7
$U_{di0absmax}$	219.0	207.0	207.0

表2-2-4 方案3中3个12脉动换流器串联主接线方式下
理想空载直流电压（送端） （kV）

理想空载直流电压	昌吉换流站接入 750kV	古泉换流站高端接入 500kV	古泉换流站低端接入 1000kV
U_{di0N}	174.1	231.9	231.9
U_{di0min}	157.6	210.0	210.0
U_{di0max}	174.8	232.9	232.9
$U_{di0maxOLTC}$	174.8	232.9	232.9
U_{di0G}	174.8	232.9	232.9
U_{di0L}	177.0	235.9	235.9
$U_{di0absmax}$	179.0	239.0	239.0

表2-2-5 方案3中3个12脉动换流器串联主接线方式下
理想空载直流电压（受端） （kV）

理想空载直流电压	昌吉换流站接入 750kV	古泉换流站高端接入 500kV	古泉换流站低端接入 1000kV
U_{di0N}	163.8	218.3	218.3
U_{di0min}	148.5	198.1	198.1
U_{di0max}	166.8	222.4	222.4
$U_{di0maxOLTC}$	166.8	222.4	222.4
U_{di0G}	163.7	220.3	220.3
U_{di0L}	166.8	222.4	222.4
$U_{di0absmax}$	169.0	225.0	225.0

2. 各方案换流变压器参数

换流变压器是直流输电工程中最重要的主设备之一，其成本占整个工程的 1/5 多，其技术参数、设计制造运输、绝缘水平是影响直流输电工程建设最重要的因素。因此分析每种主接线对应的换流变压器的技术参数、绝缘水平，以及由此导致的设计制造成本、运输成本、备品备件、安全可靠性等，对主接线的选择具有重要作用。根据主回路计算结果，可以得到 3 种推荐主接线方案对应的换流变压器主要技术参数，分别见表 2-2-6～表 2-2-9。

表2-2-6 双 12 脉动串联主接线方式下换流变压器参数（2×550kV）

项目	送端接入 750kV 电网 高、低端换流变压器			受端接入 500kV 电网 高端换流变压器			受端接入 1000kV 电网 低端换流变压器		
	网侧绕组	阀侧绕组		网侧绕组	阀侧绕组		网侧绕组	阀侧绕组	
换流变压器绕组型式	Y/Y0	Y	D	Y/Y0	Y	D	Y/Y0	Y	D
额定相电压（分接头为0）（kV，均方根）	447.5	136.4	236.2	294.4	131.8	228.3	606.2	131.8	228.3
最大稳态相电压（kV，均方根）	461.9	140.6	243.6	303.1	138.1	239.2	617.8	138.1	239.2

续表

| 项目 | 送端接入 750kV 电网
高、低端换流变压器 | | | 受端接入 500kV 电网
高端换流变压器 | | | 受端接入 1000kV 电网
低端换流变压器 | | |
	网侧绕组	阀侧绕组		网侧 绕组	阀侧绕组		网侧 绕组	阀侧绕组	
额定容量 （MVA）	607.5	607.5	607.5	587.1	587.1	587.1	587.1	587.1	587.1
无冷却设备投入，分接头 在 0 时的电流 （A，均方根）	1357.6	4453.6	2571.3	1993.8	4453.6	2571.3	968.4	4453.6	2571.3
分接头挡位数	+25/－5			+25/－5			+20/－10		

表 2-2-7　3 个 12 脉动串联主接线方式下换流变压器参数（3×367kV）

| 项目 | 送端接入 750kV 电网
高、中、低端换流变压器 | | | 受端接入 500kV 电网
高、中端换流变压器 | | | 受端接入 1000kV 电网
低端换流变压器 | | |
	网侧 绕组	阀侧绕组		网侧 绕组	阀侧绕组		网侧 绕组	阀侧绕组	
换流变压器绕组型式	Y/Y0	Y	D	Y/Y0	Y	D	Y/Y0	Y	D
额定相电压（分接头为 0） （kV，均方根）	447.5	91.06	157.72	294.4	85.97	148.91	606.2	85.97	148.91
最大稳态相电压 （kV，均方根）	461.9	93.57	162.17	303.1	88.47	153.28	617.8	88.47	153.28
额定容量 （MVA）	405.55	405.55	405.55	382.89	382.89	382.89	382.89	382.89	382.89
无冷却设备投入，分接头 在 0 时的电流 （A，均方根）	910	4453.6	2571.3	1300	4453.6	2571.3	630	4453.6	2571.3
分接头挡位数	+25/－5			+25/－5			+20/－10		

表 2-2-8　3 个 12 脉动串联主接线方式下送端换流变压器参数
（400kV＋400kV＋300kV）

| 项目 | 送端接入 750kV 电网
高端换流变压器 | | | 送端接入 750kV 电网
中端换流变压器 | | | 送端接入 750kV 电网
低端换流变压器 | | |
	网侧 绕组	阀侧绕组		网侧 绕组	阀侧绕组		网侧 绕组	阀侧绕组	
换流变压器绕组型式	Y/Y0	Y	D	Y/Y0	Y	D	Y/Y0	Y	D
额定相电压（分接头为 0） （kV，均方根）	447.5	74.43	128.92	447.5	99.14	171.72	447.5	99.14	171.72
最大稳态相电压 （kV，均方根）	461.9	76.53	132.55	461.9	102.17	176.97	461.9	102.17	176.97

续表

项目	送端接入 750kV 电网高端换流变压器			送端接入 750kV 电网中端换流变压器			送端接入 750kV 电网低端换流变压器		
	网侧绕组	阀侧绕组		网侧绕组	阀侧绕组		网侧绕组	阀侧绕组	
额定容量（MVA）	331.48	331.48	331.48	441.53	441.53	441.53	441.53	441.53	441.53
无冷却设备投入，分接头在 0 时的电流（A，均方根）	740	4453.6	2571.3	990	4453.6	2571.3	990	4453.6	2571.3
分接头挡位数	+25/−5			+25/−5			+25/−5		

表 2-2-9　　　　　　　3 个 12 脉动串联主接线方式下受端换流
变压器参数（400kV+400kV+300kV）

项目	受端接入 500kV 电网高端换流变压器			受端接入 500kV 电网中端换流变压器			受端接入 1000kV 电网低端换流变压器		
	网侧绕组	阀侧绕组		网侧绕组	阀侧绕组		网侧绕组	阀侧绕组	
换流变压器绕组型式	Y/Y0	Y	D	Y/Y0	Y	D	Y/Y0	Y	D
额定相电压（分接头为 0）（kV，均方根）	294.4	70	121.29	294.4	93.33	161.65	606.2	93.33	161.65
最大稳态相电压（kV，均方根）	303.1	72.25	125.14	303.1	96.2	166.61	617.8	96.2	166.61
额定容量（MVA）	311.87	311.87	311.87	415.64	415.64	415.64	415.64	415.64	415.64
无冷却设备投入，分接头在 0 时的电流（A，均方根）	1060	4453.6	2571.3	1412	4453.6	2571.3	690	4453.6	2571.3
分接头挡位数	+25/−5			+25/−5			+19/−11		

　　对于送端换流变压器，交流侧都接入 750kV 电网；对受端换流变压器，为减小制造难度，高端和中端换流变压器都接入 500kV 电网，低端换流变压器接入 1000kV 交流电网。因此，比较重点是阀侧参数和容量。从表 2-2-6～表 2-2-9 可以看出，对于双 12 脉动串联主接线方案来说，由于只有 2 个 12 脉动换流器，每个换流变压器的阀侧电压和容量都明显高于 3 个 12 脉动串联主接线。其中，送端换流变压器阀侧电压最多高 83%，受端接入 500kV 电网换流变压器阀侧电压最多高 88%；受端接入 1000kV 电网换流变压器阀侧电压最多高 53%。送端换流变压器容量高 83%；受端换流变压器容量高 88%。从表 2-2-6～表 2-2-9 也可以看出，从制造和运输难度来看，双 12 脉动主接线比 3 个 12 脉动接线要大很多，但技术经济性都优于 3 个 12 脉动主接线方案。

换流器接线方式及主回路参数的变化，影响着换流变压器交直流侧的绝缘水平，从而影响换流变压器的尺寸、造价以及运输等一系列问题。3 种方案高端换流变压器网、阀侧绝缘水平分别见表 2-2-10～表 2-2-14。

表 2-2-10　　　　双 12 脉动串联主接线方式下换流变压器绝缘水平（2×550kV）　（kV）

冲击类型		送端高端换流变压器			送端低端换流变压器			受端高端换流变压器			受端低端换流变压器		
		网侧绕组	阀侧绕组		网侧绕组	阀侧绕组		网侧绕组	阀侧绕组		网侧绕组	阀侧绕组	
		Y/Y0	Y	D	Y/Y0	Y	D	Y/Y0	Y	D	Y/Y0	Y	D
雷电全波 LI	端1	1950	2300	1980	1950	1350	1240	1550	2300	1930	2250	1350	1235
	端2	185	—	—	185	—	—	185	—	—	185	—	—
操作波 SI	端1	1550	—	—	1550	—	—	1175	—	—	1800	—	—
	端2	—	—	—	—	—	—	—	—	—	—	—	—
	端1＋端2	—	2100	1840	—	1250	1175	—	2100	1785	—	1250	1165

表 2-2-11　　　　3 个 12 脉动串联主接线方式下送端换流变压器绝缘水平（3×367kV）　（kV）

冲击类型		送端高端换流变压器			送端中端换流变压器			送端低端换流变压器		
		网侧绕组	阀侧绕组		网侧绕组	阀侧绕组		网侧绕组	阀侧绕组	
		Y/Y0	Y	D	Y/Y0	Y	D	Y/Y0	Y	D
雷电全波 LI	端1	1950	2450	2300	1950	1800	1550	1950	1250	1150
	端2	185	—	—	185	—	—	185	—	—
操作波 SI	端1	1550	—	—	1550	—	—	1550	—	—
	端2	—	—	—	—	—	—	—	—	—
	端1＋端2	—	2200	2025	—	1475	1250	—	1100	975

表 2-2-12　3 个 12 脉动串联主接线方式下受端换流变压器绝缘水平（3×367kV）　（kV）

冲击类型		受端高端换流变压器			受端中端换流变压器			受端低端换流变压器		
		网侧绕组	阀侧绕组		网侧绕组	阀侧绕组		网侧绕组	阀侧绕组	
		Y/Y0	Y	D	Y/Y0	Y	D	Y/Y0	Y	D
雷电全波 LI	端1	1550	2450	2300	1550	1800	1550	2250	1250	1150
	端2	185	—	—	185	—	—	185	—	—
操作波 SI	端1	1175	—	—	1175	—	—	1800	—	—
	端2	—	—	—	—	—	—	—	—	—
	端1＋端2	—	2200	2025	—	1475	1250	—	1100	975

表 2-2-13 　　　　　　3 个 12 脉动串联主接线方式下送端换流

变压器绝缘水平（400kV＋400kV＋300kV） 　　　　　（kV）

冲击类型		送端高端换流变压器			送端中端换流变压器			送端低端换流变压器		
		网侧绕组	阀侧绕组		网侧绕组	阀侧绕组		网侧绕组	阀侧绕组	
		Y/Y0	Y	D	Y/Y0	Y	D	Y/Y0	Y	D
雷电全波 LI	端 1	1950	2450	2350	1950	1900	1625	1950	1300	1175
	端 2	185	—	—	185	—	—	185	—	—
操作波 SI	端 1	1550			1550			1550		
	端 2	—			—			—		
	端 1＋端 2	—	2200	2050	—	1675	1360	—	1175	1050

表 2-2-14 　　　　　　3 个 12 脉动串联主接线方式下受端换流

变压器绝缘水平（400kV＋400kV＋300kV） 　　　　　（kV）

冲击类型		受端高端换流变压器			受端中端换流变压器			受端低端换流变压器		
		网侧绕组	阀侧绕组		网侧绕组	阀侧绕组		网侧绕组	阀侧绕组	
		Y/Y0	Y	D	Y/Y0	Y	D	Y/Y0	Y	D
雷电全波 LI	端 1	1550	2450	2350	1550	1900	1625	2250	1300	1175
	端 2	185	—	—	185	—	—	185	—	—
操作波 SI	端 1	1175			1175			1800		
	端 2	—			—			—		
	端 1＋端 2	—	2200	2050	—	1675	1360	—	1175	1050

从表 2-2-10～表 2-2-14 可以看出，双 12 脉动主接线的最高端换流变压器的阀侧绕组的绝缘水平要明显低于 3 个 12 脉动接线方案的绝缘水平，尤其操作电压高于 2000kV 后，很小的电压增加都会导致绝缘设计难度、体积、成本的大幅增加，因此从绝缘水平来看，双 12 脉动串联要明显优于 3 个 12 脉动串联方案。

3. 方案推荐

基于以上分析，综合考虑对系统可靠性、直流控制保护系统复杂程度、交流系统功率损失、设备制造成本、换流站建设成本、直流系统运行等因素的影响，推荐±1100kV 特高压直流输电工程采用方案 1 双 12 脉动（2×550kV）串联型式的主接线，最终确定的主接线简图如图 2-2-2 所示。

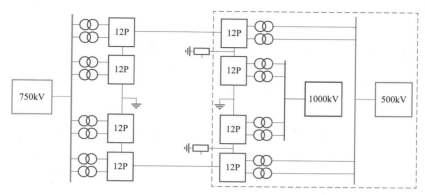

图 2−2−2　推荐的主接线方案

二、主回路及关键设备参数

（一）主回路参数

基于推荐的主接线型式，以吉泉工程为例，送端昌吉换流站换流母线额定工作电压为 775kV，受端古泉换流站低端换流器接入的 1000kV 交流系统换流母线额定工作电压为 1050kV，高端换流器接入的 500kV 交流系统换流母线额定工作电压为 510kV，直流线路额定电阻为 9.41Ω，昌吉换流站接地极线路和接地极额定电阻为 1.70Ω，古泉换流站接地极线路和接地极额定电阻为 1.07Ω。系统的主要运行特性参数如下（下列运行特性中没有考虑换流站的无功功率平衡）。

（1）功率方向从昌吉至古泉，双极全电压运行。昌吉换流站换流母线电压为 775kV，古泉换流站换流母线电压为 510/1050kV，线路电阻为 9.41Ω，功率在 0.1～1.05（标幺值）的整流器和逆变器运行参数见表 2−2−15。

表 2−2−15　　　　　　　　　　　正向双极全压运行参数

P_{dR}（MW）	I_{dc}（kA）	U_{dR}（kV）	U_{di0R}（kV）	U_{di0IH}（kV）	U_{di0IL}（kV）	α（°）	γ_H（°）	γ_L（°）	TCR	$TCIH$	$TCIL$
1200	0.55	1100	288.41	289.36	289.36	15.0	17.0	17.0	12.3	5.2	10.1
6000	2.73	1100	302.02	297.79	297.79	15.0	17.0	17.0	6.6	2.8	5.4
12 000	5.45	1100	319.03	308.33	308.33	15.0	17.0	17.0	0.0	0.0	0.0
12 600	5.77	1092.5	319.04	307.58	307.58	15.0	17.0	17.0	0.0	0.2	0.4

注　P_{dR} 为直流功率；I_{dc} 为直流电流；U_{dR} 为直流电压；U_{di0R} 为整流侧阀侧空载直流电压；U_{di0IH} 为逆变侧高压阀组阀侧空载直流电压；U_{di0IL} 为逆变侧低压阀组阀侧空载直流电压；α 为触发角；γ_H 为逆变侧高压阀组关断角；γ_L 为逆变侧低压阀组关断角；TCR 为整流侧分接头挡位；$TCIH$ 为逆变侧高压阀组分接头挡位；$TCIL$ 为逆变侧低压阀组分接头挡位。

（2）功率方向从昌吉至古泉，单极大地回线全电压运行。昌吉换流站换流母线电压为 775kV，古泉换流站换流母线电压为 510/1050kV，直流线路与接地回路总电阻为 12.18Ω 时，

运行参数见表 2-2-16。

表 2-2-16 正向单极大地回路全压运行参数

P_{dR}（MW）	I_{dc}（kA）	U_{dR}（kV）	U_{di0R}（kV）	U_{di0IH}（kV）	U_{di0IL}（kV）	α（°）	γ_H（°）	γ_L（°）	TCR	TCIH	TCIL
600.0	0.55	1100	288.41	288.96	288.96	15.0	17.0	17.0	12.3	5.4	10.3
3000.0	2.73	1100	302.02	295.82	295.82	15.0	17.0	17.0	6.6	3.4	6.5
6000.0	5.45	1100	319.03	304.38	304.38	15.0	17.0	17.0	0.0	1.0	2.0
6300.0	5.77	1092.5	319.04	303.41	303.41	15.0	17.0	17.0	0.0	1.3	2.5

（3）功率方向从昌吉至古泉，单极金属回线全电压运行。昌吉换流站换流母线电压为775kV，古泉换流站换流母线电压为 510/1050kV，直流线路与金属回线总电阻为 18.82Ω 时，运行参数见表 2-2-17。

表 2-2-17 正向单极金属回路全压运行参数

P_{dR}（MW）	I_{dc}（kA）	U_{dR}（kV）	U_{di0R}（kV）	U_{di0IH}（kV）	U_{di0IL}（kV）	α（°）	γ_H（°）	γ_L（°）	TCR	TCIH	TCIL
600.0	0.55	1100	288.41	288.02	288.02	15.0	17.0	17.0	12.3	5.6	10.9
3000.0	2.73	1100	302.02	291.08	291.08	15.0	17.0	17.0	6.6	4.7	9.1
6000.0	5.45	1100	319.03	294.91	294.91	15.0	17.0	17.0	0.0	3.6	7.0
6300.0	5.77	1092.5	319.04	293.40	293.40	15.0	17.0	17.0	0.0	4.1	7.8

（4）功率方向从昌吉至古泉，双极降压运行。昌吉换流站换流母线电压为 775kV，古泉换流站换流母线电压为 510/1050kV，线路电阻为 9.41Ω，降压 80% 至 880kV 的整流器和逆变器运行参数见表 2-2-18。

表 2-2-18 正向双极降压运行参数

P_{dR}（MW）	I_{dc}（kA）	U_{dR}（kV）	U_{di0R}（kV）	U_{di0IH}（kV）	U_{di0IL}（kV）	α（°）	γ_H（°）	γ_L（°）	TCR	TCIH	TCIL
1200	0.68	880	262.58	234.92	272.86	31.3	18.9	35.5	25.0	25.0	20.0
6000	3.41	880	262.58	242.91	272.86	23.5	17.0	31.6	25.0	21.5	20.0
9600	5.45	880	262.58	250.82	272.86	15.4	17.0	28.5	25.0	18.3	20.0

（5）功率方向从古泉至昌吉，双极全电压运行。昌吉换流站换流母线电压为 775kV，古泉换流站换流母线电压为 510/1050kV，直流线路电阻为 9.41Ω 时，运行参数见表 2-2-19。

表 2-2-19　　　　　　　　　　　　　反向双极全压运行参数

P_{dR} (MW)	I_{dc} (kA)	U_{dR} (kV)	U_{di0RH} (kV)	U_{di0RL} (kV)	U_{di0I} (kV)	α_H (°)	α_L (°)	γ (°)	TCRH	TCRL	TCI
1200	0.571	1050.6	276.01	276.01	276.37	15.0	15.0	17.0	9.5	18.3	18.0
6000	2.856	1050.6	291.14	291.14	284.51	15.0	15.0	17.0	4.9	9.4	14.1
9600	4.569	1050.6	302.49	302.49	290.61	15.0	15.0	17.0	1.7	3.2	11.4

（二）交直流滤波器设计

1. 交流滤波器设计

换流站内交流滤波器与无功补偿装置一般统一考虑，具体配置如下。

（1）昌吉换流站。5 组 BP11/13 滤波器，每组容量为 305Mvar；4 组 HP24/36 滤波器，每组容量为 305Mvar；3 组 HP3 滤波器，每组容量为 305Mvar；8 组 SC 并联电容器，每组容量为 380Mvar。

（2）古泉换流站 500kV 侧。8 组 HP12/24 滤波器，每组容量为 285Mvar；1 组 HP3 滤波器，每组容量为 285Mvar；5 组 SC 并联电容器，每组容量为 285Mvar。

（3）古泉换流站 1000kV 侧。10 组 HP12/24 滤波器，每组容量为 340Mvar；2 组 HP3 滤波器，每组容量为 340Mvar，2 大组采用完全相同的分组方案。

2. 直流滤波器设计

为了抑制直流侧谐波的影响，采用架空输电线路的直流输电工程一般都装设直流滤波器。以往在设计直流滤波器时需要考虑直流等效干扰电流 I_{eq} 限制和防止直流线路谐振等因素的影响。尽管技术成熟、效果显著，但直流滤波器造价高、占地面积大，其高压电容器塔高度往往是整个直流场高度的控制因素。随着 ±1100kV 特高压直流输电工程电压等级的提升、输送容量的增大，这一矛盾更为突出，迫切需要开展直流滤波器的简化设计。

考虑到目前我国的通信线路已基本实现了光纤化，几乎不受直流输电线路谐波干扰电流的影响，因此设计直流滤波器时可以不考虑等效干扰电流的影响，只考虑直流滤波器其他功能，即限制出口处的谐波电压和防止直流线路谐振。简化的主要思路是放开对等效干扰电流有效值 I_{eq} 的限制，取消直流滤波器高频支路，降低设备总体造价。根据绝缘配合研究结论，只要直流极线的持续运行电压峰值 $CCOV$（直流电压与谐波电压之和）不超过 1170kV 时，即可保证极线操作绝缘水平维持在 2100kV。进行简化直流滤波器滤波效果校核时，以此作为评判依据。

简化直流滤波器中仅配置 2 次和 12 次支路，采用双调谐滤波器实现。简化直流滤波器与传统直流滤波器设计方案对比见表 2-2-20。

表 2-2-20　　　　　　简化直流滤波器与传统直流滤波器设计方案对比

元件	传统直流滤波器设计方案		简化直流滤波器设计方案
	滤波器分组类型		滤波器类型
	12/24	2/30	2/12
总滤波器组数	1	1	1
调谐频率（Hz）	600/1200	100/1500	100/600

元件	传统直流滤波器设计方案		简化直流滤波器设计方案
	滤波器分组类型		滤波器类型
	12/24	2/30	2/12
C_1（μF）	0.35	1.45	0.6
L_1（mH）	89.35	28.028	408.4
C_2（μF）	0.810	0.564 614	0.267
L_2（mH）	48.86	1243	2 719.7
R_1（Ω）	10 000	6000	4130
R_2（Ω）	—	—	9560

简化直流滤波器方案将主电容由 1.45μF 降低到 0.6μF，大幅降低了直流滤波器的制造难度，造价降低到原方案的 50%，共节省投资超过 1 亿元。

3. 关键设备参数

±1100kV 换流变压器关键技术参数见表 2-2-21，±1100kV 换流阀关键技术参数见表 2-2-22，±1100kV 平波电抗器关键技术参数见表 2-2-23。

表 2-2-21　　　　　　　±1100kV 换流变压器关键技术参数

换流变压器绕组	昌吉换流站			古泉换流站		
	线路侧绕组	阀侧绕组		线路侧绕组	阀侧绕组	
Y/D		Y	D		Y	D
额定相电压（分接头为0）（kV，均方根）	447.5	136.4	236.2	294.4	131.8	228.3
最大稳态相电压（kV，均方根）	461.9	140.6	243.6	303.1	138.1	239.2
单台额定容量（MVA）	607.5	607.5	607.5	587.1	587.1	587.1
无冷却设备投入时额定电流（A，均方根）	1357.6	4453.6	2571.3	1993.8	4453.6	2571.3
分接头挡位数	+25/−5			+25/−5		
分接头调节步长（%）	0.86			1.25		
在额定分接头（0）时的阻抗（%）	20			22		
换流变压器相对感性压降最大误差（%）	±1.0			±1.1		

表 2-2-22　　　　　　　±1100kV 换流阀关键技术参数

序号	项目	昌吉换流站	古泉换流站（高端/低端）
1	**电流额定值**		
1.1	额定直流电流（I_{dN}）（A）	5455	5455

序号	项目		昌吉换流站	古泉换流站 （高端/低端）
1.2	最小持续运行直流电流（A）		550	550
1.3	额定功率时最大持续运行直流电流（A）		5523	5523
2	**电压额定值**			
2.1	额定直流电压，极对中性点（U_{dRN}）（kV）		1100	1100
2.2	最大持续直流电压（kV）		1122	1122
2.3	空载直流电压	额定空载直流电压（U_{dioN}）（kV）	319.04	308.33/308.33
		最大空载直流电压（$U_{dioabsmax}$）（kV）	329	323/323
		最小空载直流电压（U_{diomin}）（kV）	287.97	288.53/288.53
2.4	暂时过电压甩负荷系数（标幺值）		1.4 阀闭锁， 1.3 小于 0.06s， 1.2 超过 0.06s	1.4 阀闭锁， 1.3 小于 0.06s， 1.2 超过 0.06s
3	**控制角**			
3.1	整流运行时的触发角 α	额定值（α_N）（°）	15	
		额定功率时的最小值（°）	12.5 − 0.5	
		额定功率时的最大值（°）	17.5 + 0.5	
		最小值（°）	5	
3.2	逆变运行时的熄弧角 γ	额定值（γ_N）（°）		17
		额定功率时的最小值（°）		17 − 1
		额定功率时的最大值（°）		17 + 1
		最小值（°）		9
4	**电感压降 d_x**	正常状态时（%）	10	11
		最小值（−10%）（%）	9	9.9
		最大值（+5%）（%）	10.5	11.55
5	**晶闸管阀的暂态电流**	在以下系统短路容量下，阀的短路水平（MVA）	最大值	最大值
			60016	60016/120032
5.1	阀短路电流峰值（触发角 $\alpha_{min}=5°$，频率 $f=49.8$Hz）	单个短路电流峰值，带后续闭锁（kA）	50.18	42.92/45.28
		0.06s 短路电流峰值，不带后续闭锁（kA）	53.07	45.81/48.16
5.2	带后续闭锁的恢复时间	（ms）	<2	<1.8
5.3	带后续闭锁的断态电压（不包括 1.05 的试验系数）	（kV，均方根）	268	255/246
6	**绝缘水平**			
6.1	跨阀	SIWL（kV，峰值）	627	614
		LIWL（kV，峰值）	606	605
		FWWL（kV，峰值）		

续表

序号	项目		昌吉换流站	古泉换流站 （高端/低端）
6.2	上 12 脉桥直流母线对地绝缘水平	*SIWL*（kV，峰值）	2100	2100
		LIWL（kV，峰值）	2550	2550
6.3	上 12 脉桥阀与换流变压器二次 Y 绕组相连的高压端对地绝缘水平	*SIWL*（kV，峰值）	2100	2100
		LIWL（kV，峰值）	2550	2550
6.4	上 12 脉桥阀中点母线对地绝缘水平	*SIWL*（kV，峰值）	1639	1639
		LIWL（kV，峰值）	1845	1843
6.5	双 12 脉动桥中点直流母线对地绝缘水平	*SIWL*（kV，峰值）	1180	1140
		LIWL（kV，峰值）	1313	1267
6.6	下 12 脉桥阀中点母线对地绝缘水平	*SIWL*（kV，峰值）	761	761
		LIWL（kV，峰值）	842	842
6.7	中性母线对地绝缘水平	*SIWL*（kV，峰值）	503	503
		LIWL（kV，峰值）	571	571

表 2-2-23　　　　±1100kV 平波电抗器关键技术参数

型式		干式空芯
额定电感（mH）		75/台
电流额定值	理想条件下输送额定功率时的直流电流 I_{dN}（A）	5455
	最大连续直流电流 I_{mcc}（A）	5523
	2h 过负荷电流 I（A）	5839
	暂态故障电流（kA，峰值）	40
电压额定值	理想条件下输送额定功率时对地直流电压 U_{dN}（kV）	1100
	对地最高连续直流电压，U_{dmax}（kV）	1122，同时叠加谐波 75kV（均方根值）
绝缘水平和试验电压（串联后总的试验水平）	端子间操作冲击耐受水平（kV，峰值）	2100
	端对地操作冲击耐受水平（kV，峰值）	2100
	端子间雷电冲击全波耐受水平（kV，峰值）	2600
	端对地雷电冲击全波耐受水平（kV，峰值）	2580
	端子间雷电冲击截波耐受水平（kV，峰值）	2860
	对地直流耐受水平（kV，120min）	1755

三、成果应用

　　±1100kV 特高压直流输电主回路及主接线研究成果已成功应用于吉泉工程。吉泉工程采用每极双 12 脉动换流器串联的主接线方式，共 28 台换流变压器（含 4 台备用变压器）。

第三节 直流过电压与绝缘配合

特高压直流输电工程电压等级的提升带来了系统和设备绝缘水平的大幅增加，合理的绝缘配合方案选择可在保证工程安全性的同时兼顾其经济性。本节通过研究避雷器参数、配置方案、开展过电压仿真计算等提出合理的±1100kV 特高压直流输电工程绝缘配合方案，有效降低了直流系统的设备绝缘水平。

一、±1100kV 绝缘配合特点

特高压直流输电工程电压等级提升带来设备绝缘水平的大幅提高，这给工程的设计和建设带来极大挑战，单纯按±800kV 特高压直流输电工程绝缘配合方法线性外推至±1100kV，高端换流变压器绝缘水平将达到 2200kV，如考虑采用简化直流滤波器的影响，平波电抗器线侧极线设备的绝缘水平甚至将达到2268kV。短期内设备的研发能力难以满足这样的高绝缘水平的要求，付出的经济代价也是难以估量的。

在以往特高压直流输电工程过电压与绝缘配合研究的基础上，吉泉工程提出了一种新的避雷器配合方案和绝缘配合方案，大幅降低了关键设备的绝缘水平，并通过仿真计算验证了新的绝缘配合方案是合理的。

二、研究条件

（一）直流系统条件

吉泉工程双极额定输送功率 12 000MW，额定运行电流 5454A，送端换流站接入 750kV交流系统，受端换流站分层接入 500/1000kV 交流系统；送端换流变压器阻抗为 20%，受端换流变压器阻抗为 22%；极母线及中性母线上分别布置 2 台 75mH 的干式平波电抗器；直流线路额定电阻为 9.41Ω。金属回路运行方式下，受端站为接地站。送、受端的最大理想空载直流电压分别为 329kV 和 323kV。

（二）交流系统条件

昌吉换流站接入交流系统稳态最高运行电压 800kV，稳态最低运行电压 750kV，额定频率（50±0.2）Hz。古泉换流站高端接入交流系统稳态最高运行电压 525kV，稳态最低运行电压490kV；低端接入交流系统稳态最高运行电压 1070kV，稳态最低运行电压 1000kV，额定频率（50±0.1）Hz。送、受端换流站交流系统参数见表 2-3-1。

表 2-3-1 送、受端换流站交流系统参数

参数	昌吉换流站	古泉换流站	
		高端	低端
最大短路电流（kA）	63	63	63
X/R	7	7	7
最小短路电流（kA）	33.5	36.2	22.8

（三）直流滤波器参数

为了降低工程造价，吉泉工程采用简化直流滤波器方案，平波电抗器线路侧的最大直流电压峰值可达 1170kV。直流滤波器元件参数见表 2-3-2。

表 2-3-2 直流滤波器元件参数

元件	滤波器分组类型
	2/12
C_1（μF）	0.600 0
L_1（mH）	408.4
C_2（μF）	0.267 0
L_2（mH）	2720
R_1（Ω）	4130
R_2（Ω）	9560
品质因数（电感）	100
电容的 tanδ（50Hz）	0.000 2

（四）交流滤波器参数

昌吉换流站分为 4 大组、20 小组。其中，BP11/13 交流滤波器 5 组，每组容量 305Mvar；HP24/36 交流滤波器 4 组，每组容量 305Mvar；HP3 交流滤波器 3 组，每组容量 305Mvar；SC 共 8 组，每组容量为 380Mvar。

古泉换流站 500kV 侧分为 3 大组，14 小组。其中，HP12/24 交流滤波器 8 组，每组容量 285Mvar；HP3 交流滤波器 1 组，每组容量 285Mvar；SC 共 5 组，每组容量为 285Mvar。

古泉换流站 1000kV 侧分为 2 大组，12 小组。其中，HP12/24 交流滤波器 10 组，每组容量 340Mvar；HP3 交流滤波器 2 组，每组容量 340Mvar。

交流滤波器详细参数分别见表 2-3-3～表 2-3-5。

表 2-3-3 昌吉换流站交流滤波器元件参数

元件	滤波器分组类型			
	BP11/BP13	HP24/36	HP3	SC
C_1（μF）	0.801 5/0.803 4	1.614	1.616	2.014
L_1（mH）	104.5/74.62	7.568	783.5	1.000
C_2（μF）	—	9.391	12.93	—
L_2（mH）	—	1.199	—	—
R_1/R_2	8000/8000	300.0	1313	—

表 2-3-4　　　　　　　　古泉换流站 500kV 侧交流滤波器元件参数

元件	滤波器分组类型		
	HP12/24	HP3	SC
C_1（μF）	3.469	3.488	3.488
L_1（mH）	11.46	363.1	0.900 0
C_2（μF）	6.116	27.90	—
L_2（mH）	5.228	—	—
R_1/R_2	400.0	912.6	—

表 2-3-5　　　　　　　　古泉换流站 1000kV 侧交流滤波器元件参数

元件	滤波器分组类型	
	HP12/24	HP3
C_1（μF）	0.976 2	0.981 6
L_1（mH）	38.04	1290
C_2（μF）	1.763	7.853 1
L_2（mH）	19.89	—
R_1/R_2	1500	2162

三、避雷器保护配置方案

（一）简化直流滤波器对避雷器配置的影响

随着直流电压等级的不断提高，直流滤波器设备造价大幅提升。在保证工程可靠设计的基础上，为了提高工程建设的经济性，通过开展保留完整直流滤波器、完全取消直流滤波器、配置不同类型简化直流滤波器等方案的比选，提出了 2/12 次主电容 0.6μF 的直流滤波器配置方案。

若采用完整直流滤波器配置原则，直流系统极线出口处电压可以控制在 1122kV；采用简化直流滤波器条件下，通过直流系统稳态仿真结果可知，直流系统极线出口处的峰值电压可达 1170kV。由于在特高压直流输电工程中采用极线、中性线均匀布置方案，双 12 脉动中点电压也不再为纯直流电压，而是一个含有纹波的直流电压，其峰值为 585kV。

极线直流电压和双 12 脉动直流电压的升高，将对高端阀厅和极线侧避雷器的设计产生影响。

（二）±1100kV 特高压直流换流站避雷器新型配置方案

特高压换流站的绝缘配合设计原则为：

（1）交流侧的过电压应尽可能由装在交流侧的避雷器限制，直流侧过电压则由直流侧的避雷器或避雷器组合加以限制。

（2）换流设备的关键部件（如阀）应由与该部件紧密相连的避雷器直接保护。±1100kV 特高压直流换流站采用每极 2 个 12 脉动换流单元，保留了 ±800kV 特高压直流输电工程中的绝大部分避雷器，如图 2-3-1 所示。

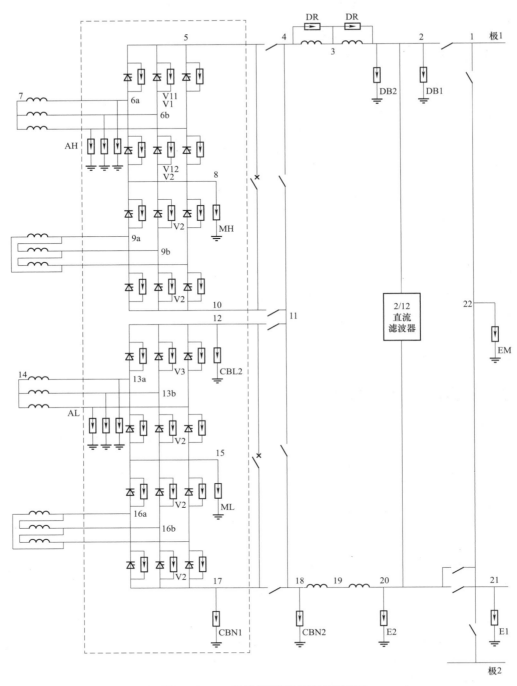

图 2-3-1　换流站避雷器保护配置图

由图 2-3-1 可以看出：±1100kV 特高压直流避雷器配置方案与±800kV 避雷器配置方案相比，保留了 MH、CBL2、ML 和 DB 避雷器，另外由于吉泉工程采用户内直流场而不存在阀厅极线套管附近雷电波入侵的问题，所以取消了 CBH 避雷器。首次增加了 AH 和 AL 避雷器，分别放置于高、低端 Yy 换流变压器阀侧，采用直接保护的方式，能够将高端 Yy 换流变压器和低端 Yy 换流变压器的阀侧操作绝缘水平分别降低 6%和 17%。

　　另外，DB 避雷器采用多柱并联方案，与以往±800kV 特高压直流极线 DB 避雷器线性外推方案相比，平波电抗器线侧极线设备操作绝缘水平降低 8%，与平波电抗器阀侧一致（2100kV），基本抵消了简化直流滤波器对绝缘水平的影响。

四、AH、AL 避雷器荷电率选取

　　通过±1100kV 特高压直流输电工程 PSCAD 建模仿真，得到稳态下 AH 和 AL 避雷器承受的电压如图 2-3-2 和图 2-3-3 所示。由图 2-3-1 可以看出，换流变压器阀侧有 3 组

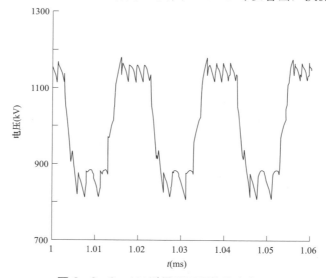

图 2-3-2　AH 避雷器承受的稳态电压

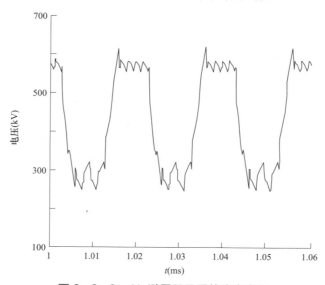

图 2-3-3　AL 避雷器承受的稳态电压

AH（AL）避雷器（每相一支），连接阀顶的三个换流阀循环导通，每个避雷器实际上只有半个周期承受较高电压，另外半个周期由于连接阀顶的阀组处于不导通状态，其实际电压值很低，此时避雷器泄漏电流几乎为零，AH（AL）避雷器可以选取相对较高的荷电率，不会存在发热、老化等问题。根据前期联合国内避雷器厂开展的大量老化试验研究结论，AH（AL）避雷器的荷电率取 0.9 是安全的，而阀厅其他的纯直流避雷器的荷电率一般取 0.82。为确保工程可靠性，AH（AL）避雷器荷电率工程取值按不高于 0.85考虑。

五、主要避雷器的选择

（一）主要避雷器额定（参考）电压选择

1. 阀避雷器

避雷器额定值选择按照公认的经验确定。阀避雷器的峰值持续运行电压 $CCOV$ 由式（2-3-1）计算

$$CCOV = U_{\text{dioabsmax}} \times \frac{\pi}{3} \qquad (2-3-1)$$

考虑 16%～19%的换相过冲，昌吉换流站 V1 阀避雷器的最大峰值持续运行电压 $PCOV=399.3\text{kV}$，V2 和 V3 避雷器的 $PCOV=409.3\text{kV}$，阀避雷器荷电率取为 1.0。

2. AH 避雷器

AH 避雷器用于直接保护高端 Yy 换流变压器阀侧连接设备，它也是由直流电压分量迭加交流分量组成，其峰值与平波电抗器阀侧电压峰值几乎相当。当（$\alpha+\mu$）很小时，理论上 $CCOV$ 的值可按式（2-3-2）计算

$$CCOV = 2 \times U_{\text{diomax}} \times \frac{\pi}{3} \times \cos 15° + U_{\text{offset}} \qquad (2-3-2)$$

式中　U_{offset}——双 12 脉动中点电压，kV。

U_{offset} 这里取 585kV，所以 AH 避雷器的 $CCOV$ 为 1225kV。通过仿真研究，AH 处换相过冲 6%，那么 $PCOV$ 为 1298kV。

为了限制高端 Yy 换流变压器阀侧的操作过电压水平，AH 避雷器的荷电率取 0.85。

3. AL 避雷器

AL 避雷器用于直接保护低端 Yy 换流变压器阀侧连接设备，它也是由直流电压分量迭加交流分量组成。低端单 12 脉动运行时，其峰值与 CBL 避雷器承受的电压峰值相当。当（$\alpha+\mu$）很小时，理论上 $CCOV$ 的值可按式（2-3-3）计算

$$CCOV = 2 \times U_{\text{diomax}} \times \frac{\pi}{3} \times \cos 15° \qquad (2-3-3)$$

所以 AL 避雷器的运行电压 $CCOV$ 为 641kV。通过仿真研究，AL 处换相过冲取 12%，那么 $PCOV$ 为 718kV。

低端 Yy 换流变压器阀侧的操作绝缘水平不是限制设备研发的关键因素。为了保证避雷器具有更高的可靠性，AL 避雷器的荷电率取 0.83。

4. DB 避雷器

在±800kV 特高压直流输电工程中，根据以往工程运行经验，极线设备绝缘水平一般为工程额定电压 2 倍左右，DB 极线避雷器的荷电率一般取 0.85。

一方面，由于简化直流滤波器设计的原因，±1100kV 特高压直流输电工程 DB 避雷器的运行电压 CCOV 为 1170kV，偏离额定直流电压 1100kV 达 6%；另一方面由于设备研发水平的限制，设备的绝缘水平不宜超过 2100kV。DB 避雷器的参数保持1kA 配合电流不变，并选取较大阀片、多柱并联的方式降低电压比来满足本工程绝缘水平的要求。

5. 其他避雷器

其他避雷器的运行电压与荷电率和±800kV 特高压直流换流站避雷器选取原则相同。

（二）避雷器参数

根据理论计算和仿真分析，最终确定的避雷器运行电压和参考电压 U_{ref} 见表 2−3−6。

表 2−3−6 换流站避雷器参数

避雷器	PCOV（kV）	CCOV（kV）	U_{ref}（kV）	能量（MJ）
V11/V12	399.3	344.5	282.4（有效值）	21
V2/V3	409.3	344.5	289.5（有效值）	9
ML	—	400	487.8	5
MH	970	906	1105	22
CBL2	718	641	782	15
AH	1298	1225	1441	39
AL	718	641	772	22
DB1	—	1170	1376	32
DB2	—	1170	1376	32
CBN1	212	165	333	4.4
CBN2	212	165	304	60
E	—	90	304	4
EL	—	20	202	8
EM		90	278	75

六、直流设备的绝缘配合

（一）绝缘裕度

根据相关国际标准和特高压直流输电工程设备绝缘水平要求，设备的最小绝缘裕度不小于表 2−3−7 中的值。

表 2-3-7 设备的最小绝缘裕度 （%）

项目	油绝缘（阀侧）	空气绝缘	单个阀
陡波	25	25	15
雷击	20	20	10
操作	15	15	10

（二）避雷器保护水平及配合电流

选定的换流站避雷器的保护水平（雷电保护水平 *LIPL*、操作保护水平 *SIPL*）及配合电流（雷电保护水平配合电流 I_{LIPL}、操作保护水平配合电流 I_{SIPL}）见表 2-3-8。

表 2-3-8 避雷器保护水平及配合电流

避雷器	*LIPL*（kV）	I_{LIPL}（kA）	*SIPL*（kV）	I_{SIPL}（kA）
V11	520.7	2	534.1	4
V12	534.1	2	552.2	4
			499.4	0.2
V2/V3	550.6	2	569.3	4
ML	701.7	2	661.6	0.5
MH	1536	2	1425	0.2
CBL2	1094	2	1026	0.2
AH	2018	2	1820	0.5
AL	1081	2	1028	0.5
DB1	2150	20	1826	1
DB2	2150	20	1826	1
CBN1	476	2	—	—
CBN2	426	2	448	14
E	478	3	—	—
EL	311	10	303	8
EM	431	20	398	7

注 直流工程换流站的雷电配合电流主要由布置于换流站各区域上方的避雷线控制（在具体工程中，由设计院根据成套设计要求具体实施），站内一般取 2kA 左右；在换流站极线、接地极线、金属回线出口处的避雷器雷电配合电流一般按照 10kA 取值，保守设计按 20kA 取值。

（三）设备绝缘水平

根据各避雷器保护的设备，考虑上述的绝缘裕度后，得到的设备的保护水平及绝缘水平（雷电绝缘水平 *LIWL*、操作绝缘水平 *SIWL*）见表 2-3-9。

表 2-3-9　　　　　　　　送端换流站设备的保护水平及绝缘水平　　　　　　　（kV）

位置	避雷器组合	LIPL	LIWL	SIPL	SIWL
阀桥两侧	max（V11/V12/V2/V3）	551	606	569	627
直流线路（平波电抗器侧）	max（DB1，DB2）	2150	2580	1826	2100
跨高压 12 脉动桥	max（V11，V12）+V2	1085	1302	1122	1290
上换流变压器 Yy 阀侧相对地	AH	2018	2420	1820	2093
上换流变压器 Yy 阀侧相对地	MH+V2	2070	2485	1925	2214
上换流变压器 Yy 阀侧中性点	A'+MH	—	—	1790	2059
上 12 脉动桥中点母线	MH	1536	1845	1425	1639
上换流变压器 Yd 阀侧相对地	V2+CBL2	1645	1974	1596	1835
上下两 12 脉动桥之间中点	CBL2	1094	1313	1026	1180
下换流变压器 Yy 阀侧相对地	AL	1081	1297	1028	1182
下换流变压器 Yy 阀侧相对地	ML+V2	1253	1504	1231	1415
下换流变压器 Yy 阀侧中性点	A'+ML	—	—	1027	1181
下 12 脉动桥中点母线	ML	701.7	842	661.6	761
下换流变压器 Yd 阀侧相对地	max（V2+CBN1，V2+CBN2）	1027	1233	1018	1171
接地级母线	EL	311	373	303	348
金属回路母线	EM	431	517	398	458

由表 2-3-9 可知，采用 AH/AL 避雷器方案与采用传统的 MH+V 和 ML+V 方案相比，高端 Yy 换流变压器阀侧操作冲击绝缘水平由 2214kV 降低至 2093kV，雷电冲击绝缘水平由 2485kV 降低至 2420kV；低端 Yy 换流变压器阀侧操作冲击绝缘水平由 1415kV 降低至 1182kV，雷电冲击绝缘水平由 1504kV 降低至 1297kV，大幅降低了换流变压器的制造难度和造价。

同时，按照以往±800kV 特高压直流极线 DB 避雷器的配置方法，平波电抗器线侧极线设备绝缘水平将达到 2268kV，本研究通过合理的配置 DB 避雷器参数，降低避雷器压比，将平波电抗器线侧极线设备操作绝缘水平控制在 2100kV，与阀侧一致。

七、直流过电压仿真

根据交流系统条件、工程的实际交直流设备情况及系统拓扑结构，本研究搭建了详细的±1100kV 特高压直流输电工程 PSCAD 仿真模型，在不同的直流运行工况（双极对称运行、单极大地运行、单极金属运行；双换流器全压运行、单换流器半压运行；最小功率运行、最大功率运行等）下，考虑极线接地故障（含对极）、平波电抗器阀侧接地故障、高/低端 Yy 换流变压器阀侧套管对地闪络、交流系统单/三相故障、换相失败等，对直流系统过电压进行了全面的仿真计算。以下仅给出关键工况的仿真结果，分别见表 2-3-10～表 2-3-12，对应的波形图分别如图 2-3-4～图 2-3-7 所示。

表 2-3-10　　　　　　　　　AH 避雷器保护水平及配合电流

项目	故障描述	避雷器特性	U_{max}（kV）	I（kA）	能量（MJ）
AH.1	双极运行，交流网络三相短路	max	1413.7	0.000	0.066
	避雷器设计值		1820	0.500	39

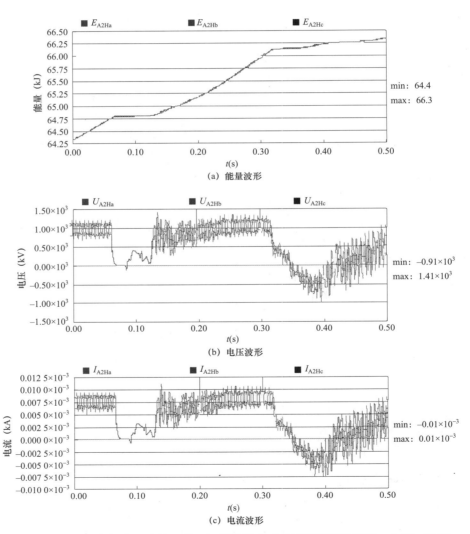

(a) 能量波形

(b) 电压波形

(c) 电流波形

图 2-3-4　双极运行，交流网络三相短路情况下 AH 避雷器的能量、电压、电流

表 2-3-11   AL 避雷器保护水平及配合电流

项目	故障描述	避雷器特性	U_{max}（kV）	I（kA）	能量（MJ）
AL.1	双极运行，交流网络三相短路	max	877.5	0.000	0.024
避雷器设计值			1028	0.500	22

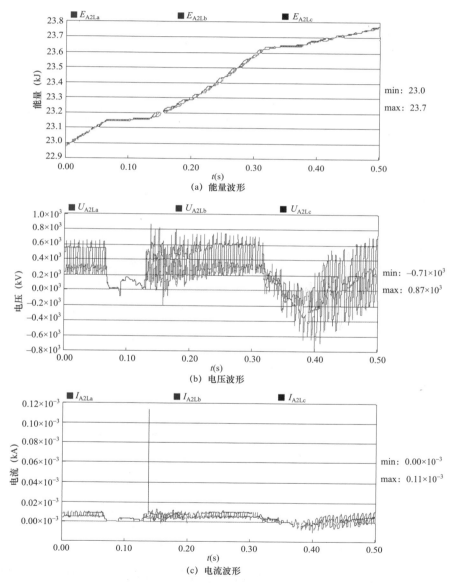

(a) 能量波形

(b) 电压波形

(c) 电流波形

图 2-3-5 双极运行，交流网络三相短路情况下 AL 避雷器的能量、电压、电流

表2-3-12　　　　　　　　　　DB 避雷器保护水平及配合电流

项目	故障描述	避雷器特性	U_{max}（kV）	I（kA）	能量（MJ）
DB.1	双极运行，交流网络三相故障	max	1299.7	0.002	0.211
DB.2	对极直流线路故障		1452.1	0.260	1.11
避雷器设计值			1826	1	32

根据表2-3-10～表2-3-12 中的过电压仿真结果可以发现，本研究提出的绝缘配合方案和避雷器设计参数是满足系统运行要求的。

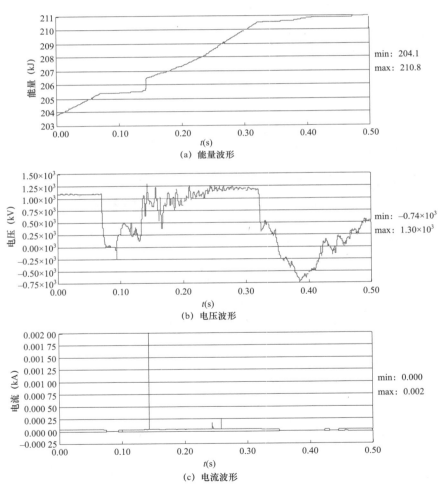

图2-3-6　双极运行，交流网络三相短路情况下 DB 避雷器的能量、电压、电流波形图

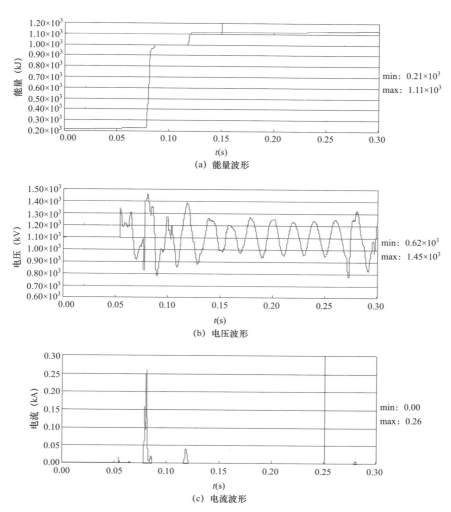

图 2-3-7 对极直流线路故障情况下 DB 避雷器的能量、电压、电流波形图

八、直流线路避雷器研发

世界上首次研发了 ±1100kV 特高压直流线路避雷器，研制工作涉及直流特高压输电系统线路防雷设计及雷电放电特性的调研及资料收集、避雷器运行特性和整体电气参数的确定、超高超长线路避雷器本体机械性能的考核、安装方式的研究等多方面的内容，难度极大。

根据特高压直流线路避雷器研究的重点，结合交流 1000kV 及以下和直流 ±500kV 线路避雷器研发及挂网运行的经验，直流特高压线路避雷器的研制难点主要在以下几点：

（1）避雷器电气性能参数的确定。对于特高压直流输电线路，由于线路绝缘子串较长，大于塔头最小空气间隙距离，即雷电冲击闪络的最短距离已不是绝缘子串而是塔窗，且因塔型的不同而异。所以，首先要对直流特高压不同塔型的雷电冲击绝缘水平进行研究确定，从而初步确定直流特高压线路避雷器的性能参数；然后进行大量的试验和仿真计算研究，

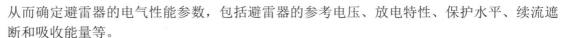

从而确定避雷器的电气性能参数，包括避雷器的参考电压、放电特性、保护水平、续流遮断和吸收能量等。

（2）避雷器结构设计。由于特高压直流线路的电压等级较高、体积会较长，使线路避雷器的重量大大高于交流 1000kV 及以下和直流±500kV 线路避雷器，所以，对特高压直流线路避雷器的机械性能也提出了较高的要求。这就需要对避雷器的机械结构进行设计，必要时采用目前直流系列复合外套避雷器设计新技术，并通过计算和试验进行验证。

（3）避雷器安装方式研究。直流特高压线路避雷器质量在 600kg 以上、本体长度在 7m 以上、安装时既要考虑避雷器本身的机械性能，也要考虑避雷器重量对输电线路杆塔安全稳定性的影响，同时还要考虑避雷器长度与安装空间的合理配合，这些都需要重点研究。

（一）±1100kV 特高压直流线路避雷器性能参数研究

1. ±1100kV 直流线路避雷器本体参考电压研究

计算表明，±1100kV 直流输电系统运行电压不超过 1122kV。因此，当±1100kV 特高压直流线路避雷器本体的直流参考电压不低于 1122kV 时，雷电冲击后通过避雷器本体的电流不超过其直流参考电流（1mA 或 2mA），即避雷器内部电流对切断续流电弧的影响不大。

同时，国内绝大部分电阻片在直流电压下允许的短时荷电率大于 90%，部分厂家电阻片在直流电压下允许的长期荷电率为 90%。因此，确定当±1100kV 特高压直流线路避雷器本体的直流参考电压不低于 1122kV/90%=1247kV。

后续的计算表明，直流参考电压取 1247kV 能够满足保护水平的要求。

2. ±1100kV 特高压直流线路避雷器 50%雷电冲击放电电压的选取

线路避雷器主要用于保护输电线路绝缘子或空气间隙不在雷电冲击下闪络而造成线路跳闸，目前相关标准对线路避雷器的要求：在雷电过电压下空气间隙可靠动作，在操作过电压下尽可能不动作，在直流过电压下可靠耐受。

±1100kV 特高压直流线路避雷器雷电冲击放电电压应小于输电线路塔头间隙或绝缘子的放电电压，雷击时避雷器间隙可靠动作。

±1100kV 特高压直流线路杆塔的最小空气间隙距离设计值为 9m，按雷电 50%放电特性约 580kV（峰值）/m 计算，其雷电冲击放电电压值约 5220kV（峰值）。

雷电冲击的变异系数为 0.03，因此线路避雷器雷电冲击 50%放电电压不应高于最小空气间隙雷电冲击 50%放电电压的 82%。另外，从交流 500kV 及以下线路避雷器经验可知，避雷器雷电冲击 50%放电电压可按塔头间隙或者绝缘子放电电压的 75%选取，即±1100kV 特高压直流线路避雷器雷电冲击放电电压不大于 3915kV（峰值），保守考虑取±1100kV 特高压直流线路避雷器雷电冲击放电电压不大于 3900kV（峰值）。

3. ±1100kV 直流线路避雷器操作冲击耐受电压的选取

±1100kV 直流线路沿线最大的相对地统计操作过电压一般不大于 1.7 倍标幺值（1907kV），因此线路避雷器应能够可靠耐受 1.7 倍标幺值的操作过电压。

本书建议±1100kV 直流线路避雷器操作耐受电压不低于 2000kV。

4. ±1100kV 直流线路避雷器直流耐受电压的选取

交流线路避雷器工频耐受电压的选择有比较丰富的实践和理论数据，如交流电气装置的过电压保护和绝缘配合设计规范指出：对工频过电压应采取措施加以降低。一般主要采用在线路上安装并联电抗器的措施限制工频过电压。系统的工频过电压水平一般不宜超过：线路断路器的变电站侧 1.3 倍标幺值，线路断路器的线路侧 1.4 倍标幺值。因此，交流线路避雷器应能够耐受的工频过电压应不低于 1.4 倍标幺值。

±1100kV 直流线路避雷器的直流耐受电压选取原则与交流避雷器相同，即在可能最大的直流电压（1122kV）下可靠耐受。

5. ±1100kV 直流线路避雷器保护水平研究

线路避雷器标称放电电流下残压的确定，应考虑整只避雷器与并联的绝缘子或空气间隙的绝缘配合以及放电时雷电流电弧电压降两个因素的影响。

在标称雷电冲击电流下（30kA），避雷器的保护水平与弧道压降之和应小于塔头雷电冲击放电电压的 70%，按最小间隙距离 9m，冲击放电电压约 580kV/m 初步计算，避雷器（包含电弧电压降）在雷电冲击下的残压值不应超过 $9 \times 580 \times 70\% = 3654$（kV）（峰值）。

±1100kV 直流线路避雷器间隙距离应在 2～3m 范围，但目前并没有 2m 左右长间隙的弧道电压的实测或准确计算数据，有文献在进行过电压绝缘配合时按 10Ω 计算，这样在 30kA 下弧道压降约为 300kV（峰值）。故 30kA 雷电冲击残压不超过 3354kV（峰值）即可满足绝缘配合的要求。

同时，从目前国内电阻片实际制造水平考虑，可能应用于 ±1100kV 直流线路避雷器的电阻片在 30kA 雷电冲击电流下的残压一般不大于 1.8。对应于直流参考电压在 1247kV 左右的线路避雷器本体，其雷电冲击保护水平一般不会超过 2245kV（峰值）。考虑到制造厂的生产裕度及电阻片的分散性，30kA 雷电冲击残压确定为 2500kV（峰值）。

陡波冲击残压取雷电冲击残压的 1.1 倍，即 2750kV（峰值）。

6. ±1100kV 直流线路避雷器本体外绝缘参数研究

对线路避雷器本体的外绝缘耐受能力来说，比较严苛的工况是间隙放电。放电瞬间，避雷器本体要承受雷电冲击电压，即本体在放电电流下的残压；续流遮断前，避雷器本体要承受系统持续运行电压。

当雷击线路避雷器串联间隙击穿时，不考虑电弧压降，此时 ±1100kV 直流线路避雷器本体外绝缘承受的雷电冲击电压不会超过避雷器本体的残压；承受的短时直流电压不会超过系统最高工作电压，即 1122kV（均方根）。

综合考虑可靠性和经济性，本书提出避雷器本体外套应能够耐受不低于 1.40 倍雷电冲击保护水平（对应标称电流）的雷电冲击电；直流电压（湿）耐受水平考虑 1.5 倍的安全裕度，可取不低于 1122kV×1.5，即 1683kV。

7. ±1100kV 直流线路避雷器本体吸收能量要求的选取

按照设计原则，线路避雷器在操作过电压下不动作。考虑到极端情况，如避雷器间隙短路并在此期间承受力操作过电压。这种情况下避雷器吸收的操作过电压下的能量可以通过系统计算得到，并通过电阻片的 2ms 能量耐受能力考核其耐受性能。

计算可以得到 ±1100kV 直流线路避雷器吸收 2.59MJ 能量时对应的 2ms 方波冲击电流约 799A，即避雷器能耐受的单次 2ms 方波冲击电流不应小于 799A，按照标准规定的相关程序，避雷器的能力吸收能力不应小于 799A/2=400（A）（连续 3 次）。

考虑到 ±1100kV 直流输电线路对安全可靠性的高度要求，结合交流线路避雷器的经验，本书确定 ±1100kV 直流线路避雷器的能量吸收能力为 2000A。

8. ±1100kV 直流线路避雷器关键技术参数

结合上述分析，本书确定了 ±1100kV 直流线路避雷器的关键技术参数，具体见表 2−3−13。

表 2−3−13　　　　　±1100kV 直流线路避雷器关键技术参数

序号		项目名称		参数
1	避雷器本体	系统标称电压（kV，有效值）		±1100
2		避雷器额定电压（kV，有效值）		1247
3		标称放电电流（kA，峰值）		30
4		直流参考电压（kV）		≥1247
5		0.75 倍直流参考电压下漏电流试验（μA）		≤100
6		保护水平	30kA 雷电冲击残压（kV，峰值）	2500
			30kA 陡波冲击残压（kV，峰值）	2750
7		4/10μs 大电流耐受能力（kA，峰值）		100
8		2ms 方波冲击电流耐受能力（A，峰值）		2000
9		绝缘耐受试验	整只直流湿耐受 1min（kV，有效值）	1683
			正极性雷电冲击干耐受（kV，峰值）	1.4 倍残压
10		爬电距离检查（mm）		22 440
11		压力释放试验	大电流试验电流值（kA，峰值）	50
			小电流试验电流值（A，峰值）	800
12		内部局部放电试验（pC）		10
13	整只	雷电冲击放电电压（正极性）（kV，峰值）		3900
14		操作冲击耐受电压（正极性）（kV，峰值）		2000
15		直流耐受	本体正常，耐受 1min（kV，有效值）	1683
			本体短路，耐受 1min（kV，有效值）	1122

（二）特高压直流线路避雷器安装方式的研究

线路避雷器安装难度大是影响避雷器线路避雷器大面积推广的主要原因。±1100kV 特高压直流线路避雷器本体长度在 7m 以上、质量在 600kg 以上、空气间隙长度大于 2m，这些参数都远大于直流 ±500kV 和交流 1000kV 及以下线路避雷器对应的参数。因此，±1100kV 特高压直流线路避雷器的安装难度更大，需要考虑的因素更多，是一个值得深入研究的课题。

1. 绝缘子与线路避雷器安装距离研究

前已述及，线路避雷器的主要作用是通过避免绝缘子或空气间隙对地闪络来降低输电线路雷击跳闸率，保证输电系统的稳定性，提高输送电能的质量。线路避雷器一般安装在输电杆塔上绝缘子附近，与绝缘子并联。

安装时线路避雷器与绝缘子之间的距离是一个值得研究的课题。如果距离太近，线路避雷器的安装会影响绝缘子附近的电场，加速绝缘子伞裙材料的老化；绝缘子也会影响线路避雷器的电场分布，降低线路避雷器型式试验的有效性和线路避雷器的安全可靠性。严重时绝缘子与线路避雷器之间在过电压情况下可能会放电，线路避雷器不仅不能起到降低雷击跳闸率的作用，反而成为线路跳闸的一个故障点。如果距离太远，会增加对安装金具机械强度的要求，从而增加安装金具的质量和安装难道。

表 2-3-14 给出了目前国内 500kV 及以下电压等级绝缘子与线路避雷器安装距离典型值。

表 2-3-14 不同电压等级线路避雷器与绝缘子距离

系统电压（kV）	110	220	1000
典型距离（m）	0.8	1.4	4.0

通过实际试验验证了 5.3m 安装距离时，放电通道均为线路避雷器上下间隙之间，不会通过避雷器与绝缘子之间的间隙放电。

综合计算和实际试验结果，本书最终推荐 ±1100kV 特高压直流线路避雷器与绝缘子的安装距离不小于 5.5m。

2. ±1100kV 线路避雷器的安装方式

分析比较目前两种不同间隙结构线路避雷器的优缺点，最终确定了特高压线路避雷器的间隙形式为纯空气间隙。

500kV 及以下电压等级纯空气间隙线路避雷器的典型安装方式已经有多年经验，是目前公认的比较可靠、合理、简单的安装方式。但是与 500kV 及以下电压等级的线路避雷器相比，±1100kV 特高压直流线路避雷器在安装方式上有其特殊性。

500kV 及以下电压等级线路避雷器与线路绝缘子并联安装，用于保护线路绝缘子免遭雷击损坏。500kV 及以下电压等级纯空气间隙线路避雷器本体与间隙长度之和一般与并联的绝缘子差别不大，这为安装线路避雷器提供了一定的方便。

但对于特高压输电线路，由于线路绝缘子串较长（一般在 9m 以上），大于塔头最小空气间隙距离，即雷电冲击闪络的最短距离已不是绝缘子串而是塔窗，且因塔型的不同而异。特高压同塔双回杆塔的最小空气间隙距离设计值为 6.7~7m，远低于线路绝缘子的长度。

特高压线路避雷器总长度低于并联的绝缘子长度，这就要求在设计安装金具时不仅与500kV 及以下线路避雷器一样要考虑对周围电场的影响、对杆塔机械强度的影响和避雷器自身机械强度，还要考虑特别制作长度过渡金具，保证线路避雷器间隙距离在规定的范围内。

过渡金具的作用主要是保证能够方便地将间隙距离调整到规定的范围内。本书设计的避雷器本体长度约 8.1m、间隙距离约 2.7m，由于 ±1100kV 输电线路用绝缘子长度在 12m以上，因此过渡金具长度应在 1m 以上。

有两种可能的过渡金具方式：方式 A 中过渡金具位于避雷器本体与放电间隙高压电极之间，方式 B 中过渡金具位于杆塔横担与避雷器本体之间。方式 A 过渡金具承担的机械拉力较小，对其机械强度要求不高，有利于降低避雷器的整体质量和安装难度；其缺点是过渡金具长度差别过大时对避雷器的放电性能及周围电场都会产生影响。方式 B 中过渡金具要承担避雷器本体自重产生的拉力和水平方向的风压力，对其机械强度要求较高，可能会增加避雷器的整体质量；但这种安装方式下过渡金具长度的变化不会对避雷器电场分布和放电性能产生影响，能够保证现场实际安装与型式试验时安装情况的一致性和有效性。

综合考虑两种安装方式的优缺点，最终选择安装方式 B。

九、结论

（1）本研究在 ±800kV 特高压直流输电工程换流站避雷器配置方案的基础上，提出了一种新的绝缘配合方案。这种绝缘配合方案一方面保留了 MH、CBL2、ML 和 DB 等传统避雷器；另一方面，由于 ±1100kV 特高压直流输电工程采用户内直流场，不存在阀厅极线套管附近雷电波入侵的问题，取消了 CBH 避雷器。为了控制高、低端 Yy 换流变压器阀侧绝缘水平，采用了 AH 和 AL 避雷器。

（2）采用新的绝缘配合方案与传统的避雷器配置方案相比，高端 Yy 换流变压器的阀侧操作绝缘水平从 2214kV 降低到 2093kV；低端 Yy 换流变压器的阀侧操作绝缘水平从 1415kV 降低到 1182kV，降幅分别为 6% 和 17%，雷电绝缘水平也大幅降低，极大地降低了设备的研发难度，同时降低了设备的研发和制造费用。

（3）采用简化直流滤波器方案后，平波电抗器出口处的极线电压最高可达 1170kV，按照以往 ±800kV 特高压直流极线设备绝缘水平外推至 ±1100kV 特高压直流输电工程设备，其绝缘水平可达 2268kV。本研究通过合理的配置 DB 避雷器，将平波电抗器线侧直流极线操作绝缘水平控制在 2100kV，降低 8% 以上。

（4）通过直流系统过电压仿真计算，验证了新的绝缘配合方案是合理的。

第四节　空气间隙及直流外绝缘

特高压直流输电工程直流电压提升到 ±1100kV 后，会带来一系列问题。在空气间隙和直流外绝缘方面，相比于其他电压等级，±1100kV 直流设备尺寸越来越大，端部金具电极形状的差别也越来越大。±1100kV 直流设备的操作冲击耐受水平比 ±800kV 直流设备提高 31.25%，达到 2100kV，操作冲击放电电压进入到长间隙放电的深度饱和区。为保证 ±1100kV 换流站空气间隙和直流外绝缘的可靠设计，本节首先针对换流站直流场和阀厅开展放电特性试验，提出了直流场和阀厅所要求的最小间隙距离；随后开展换流站污秽预测和外绝缘配置研究，提出了送受端换流站的污秽水平和外绝缘配置建议；为保证巡视人员安全，±1100kV 特高压直流输电工程首次采用双层屏蔽通道，研究提出了双层屏蔽通道的设计建议；根据上述结果，综合考虑多因素，提出了 ±1100kV 直流场和阀厅选型设计；最后分析了户内直流场和阀厅的建筑物屋顶防雷设计。

一、直流场及阀厅典型间隙放电特性

随着直流工程电压等级的提高，设备的尺寸越来越大，电极形状的差别也越来越大，±1100kV 特高压直流设备要求的操作冲击耐压水平比 ±800kV 提高 31.25%。初步估算 ±1100kV 直流设备的外绝缘尺寸将达到 14m 以上。

±1100kV 换流站直流场有可能采用户内直流场。此种情况下，操作冲击放电电压要求的空气间隙距离将直接决定直流设备距离周围接地体的安全净距，从而决定户内场的尺寸，这将在很大程度上影响户内直流场的经济性。

（一）直流场典型间隙分析

换流站直流部分通常包括换流站阀厅和直流场两个部分。其中均采用户内式，直流场大都采用户外式，但在污秽特别严重地区，也有采用户内式的。

无论直流场采用户内式还是户外式，直流场的主要设备均包括平波电抗器、滤波器、隔离开关、避雷器、光电式电流互感器、直流分压器等，以及高压直流引出的极母线。

上述设备一般都采用均压环金具进行屏蔽和均压，在试验室一般采用典型的均压环—地间隙进行空气间隙放电特性的试验研究。

（二）阀厅典型间隙分析

阀厅内空气间隙结构非常复杂，在进行阀厅设计时通常需要考虑几十条放电路径，并且超、特高压阀厅体积大，对所有的闪络路径进行真型试验难度很大。因此，需要选择承受过电压水平高、有可能发生闪络、直接影响到阀厅体积的典型放电路径进行研究。

根据±1100kV 阀厅的初步布置方案，±1100kV 阀厅的布置与以往超、特高压电压等级阀厅的布置基本一致，每个阀厅内都布置 1 组 12 脉动换流阀组。

换流站阀厅的典型间隙主要包括均压球—地或者均压球—墙/地间隙。

（三）典型间隙的放电试验结果

试验时的试品布置情况如图 2-4-1 所示。通过操作冲击放电试验得到管形母线端分别安装 ϕ2.0m 均压球对地和对墙/地的放电特性曲线如图 2-4-2 和图 2-4-3 所示。

图 2-4-4 给出直径 2m、管径 300mm 均压环竖直对地操作冲击放电特性试验时，得到 50%操作冲击放电电压和间隙距离的关系曲线。

试验结果表明：当管形母线两端各安装一个直径 ϕ2m 的均压球进行对地放电试验时，当球距地面距离在 5m（管形母线距地面 5.82m）及以下时，放电路径主要是管形母线对地，而当球距地面距离在 6~8m（管形母线距地面 6.82~8.82m）时，放电路径主要是球对地。但当管形母线两端各安装一个直径 ϕ2m 的均压球，一端球对网和地放电试验时，放电路径主要是球对网和地。

(a) 均压球—地放电

(b) 管形母线—地放电

(c) 均压球—模拟墙放电

图 2-4-1 均压球（管形母线）对地放电试验照片

（四）直流场典型间隙选择

根据户内直流场的设备布置，并考虑直流场内多间隙并联、周围接地体的临近效应，由于安装、连接等对金具表面的破坏等的影响，相关裕度按 20%考虑。±1100kV 户内直流场不同位置典型间隙的最小间隙距离见表 2-4-1。

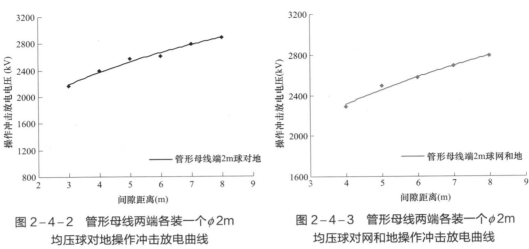

图 2-4-2　管形母线两端各装一个 φ2m 均压球对地操作冲击放电曲线

图 2-4-3　管形母线两端各装一个 φ2m 均压球对网和地操作冲击放电曲线

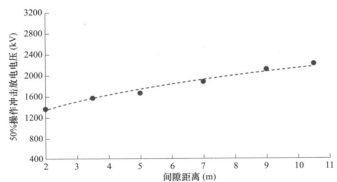

图 2-4-4　直径 2m、管径 400mm 均压环竖直对地操作冲击放电特性曲线

表 2-4-1　　　±1100kV 户内直流场不同位置典型间隙的最小间隙距离

典型间隙位置	操作冲击放电电压 $U_{50\%}$（kV）	试验间隙类型	最小间隙距离（m）	
			试验值	推荐值
均压环—地	2386	直径 2m、管径 300mm 均压环—地	10.5	12.6

注　表中均压环对墙或球对墙/地指的是均压环对墙/地的距离最近的接地体部分。

（五）直流场典型设备端部金具选择

空气间隙绝缘耐受电压随间隙尺寸的增加呈明显饱和趋势，传统的通过单一增加空气间隙距离提升其耐受电压的方法效果不佳，导致户内直流场设备尺寸大，设计、制造困难。通过电场仿真和设备真型操作冲击闪络特性试验，优化直流场设备端部金具结构型式和设计尺寸后，大部分设备其操作冲击闪络电压具有 10% 及以上的设计裕度。

±1100 kV 隔离开关端部金具，通过将传统的双层均压环电极形状优化成全包裹的蘑菇型屏蔽罩结构后（如图 2-4-5 所示），在端部金具对地高度降低 0.3m、断口距离缩小 0.5m 的情况下，绝缘耐受电压从 2395kV 提升至 2505kV。

±1100kV 平波电抗器端部金具一般采用多层均压环形式，通过增大均压环管径、下沉均压环安装位置、在支柱绝缘子高压端法兰处增加小均压环后，绝缘耐受电压可达 2650kV。

±1100kV AH 避雷器端部金具由三层均压环+均压球的结构形式优化为圆柱形均压环、RI 电容器端部金具由双层均压环优化为均压球+双层均压环、直流滤波器端部金具由"井"字形优化成屏蔽罩后，均大幅提升了其绝缘耐受水平，从而降低了设备制造难度，促进了直流设备国产化。

对地高度：13.4m　→　13.1m

断口距离：7.4m　→　6.93m

绝缘耐受水平：2395kV　→　2505kV

图 2-4-5　±1100 kV 隔离开关端部金具优化前后对比

（六）阀厅典型间隙选择

由于换流站阀厅设计时将按阀厅内的极端温、湿度考虑，因此本研究中阀厅的温、湿度也折算到较严酷的情况考虑，即最高干温 t_d 取 60℃、最低相对湿度 r_h 取 5%、气压 p 取 101.3kPa。

考虑温度修正后的试验结果，可算得阀厅内不同位置典型间隙的最小间隙距离见表 2-4-2。

需要说明的是：表 2-4-2 推荐的间隙距离是基于试验室内较为完好的均压球或者均压环的试验数据，为了试验结果具有良好的重复性，对相应的试品都进行了精心的布置，并且尽可能地消除试品本身所带有的一些缺陷。而在阀厅内设备实际安装过程中，一方面，由于设备间相互连接，不能保证所用的均压球或者均压环表面处于最优的均压状态；另一方面，由于现场施工工艺等的影响，也可能在大尺寸的均压球表面或者连接部分留下瑕疵或损坏，这样将会在一定程度上降低均压球—接地体间隙的放电电压。所以，在进行相关间隙推荐时，在试验结果的基础上，考虑适当的裕度。

表 2-4-2　　　　　±1100kV 阀厅内不同位置典型间隙的最小间隙距离

典型间隙位置	操作冲击放电电压 $U_{50\%}$（kV）	试验间隙类型	最小间隙距离（m）	
			试验值	推荐值
直流阀顶	2386	管形母线（端 2m 球）对地	7.0	9.8
		管形母线端 2m 球对隔离开关	4.5	6.3
		管形母线端 2m 球对隔离开关（距墙 9m）	5.5	7.7
高换流变压器阀侧 Y 接绕组端子	2386	管形母线端 2m 球对墙	6.2	8.7
		管形母线端 2m 球对墙/地	6.7	9.4
		支柱端 2m 球对墙	6.8	9.5
		支柱端 2m 球对墙/地	7.1	9.9

二、换流站污秽预测及外绝缘配置

（一）换流站污秽预测

特高压直流输电的外绝缘设计主要取决于工作电压下绝缘子的污秽性能，因此，确定

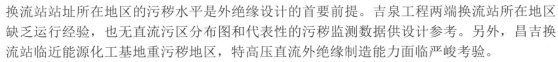

换流站站址所在地区的污秽水平是外绝缘设计的首要前提。吉泉工程两端换流站所在地区缺乏运行经验，也无直流污区分布图和代表性的污秽监测数据供设计参考。另外，昌吉换流站临近能源化工基地重污秽地区，特高压直流外绝缘制造能力面临严峻考验。

1. 现场环境

收集当地输变电设备配置运行、环境保护排放、气象、工业规划等情况，并现场取样进行盐碱土分析化验。站址现场环境见图 2-4-6。

(a) 昌吉换流站站址　　　　　　　　　　(b) 古泉换流站站址

图 2-4-6　站址现场环境

2. 计算换流站污秽水平

利用大气污染物扩散和绝缘子表面积污模型，计算得到换流站当地的交流设备污秽水平。

3. 计算直交流积污比及站用设备表面直流污秽水平

根据国内直交流积污比的研究结果，结合站址地区大气污染物粒径分布和当地气象条件，计算直交流积污比。在此基础上，确定换流站直流场站用设备的表面污秽水平。

4. 直流场选择和外绝缘配置

根据特高压直流试验得出的污闪特性规律，推算出支柱和套管所需爬距，并在此基础上为直流场的选择及绝缘配置提出建议：

（1）拟建昌吉换流站位于新疆维吾尔自治区昌吉自治州，受周围工业污染源和盐碱地的影响，站址 XP 型绝缘子的交流平均等值盐密年度值可取 0.09mg/cm^2；拟建古泉换流站位于安徽省宣城市与芜湖县交界，受周围工业污染源的影响，站址 XP 型绝缘子的交流平均等值盐密年度值可取 0.06mg/cm^2。

（2）根据污秽微粒的粒径分析结果及交直流积污比的预测，以及有效盐密系数的分析计算，昌吉换流站户外场直流场支柱绝缘子的年度有效盐密取 0.08mg/cm^2，古泉换流站户外场直流场支柱绝缘子的年度有效盐密取 0.07mg/cm^2。

（3）拟建昌吉换流站如采用户外直流场，户外直流场可采用复合绝缘，直流场大小伞型复合支柱绝缘子和垂直复合套管的爬电比距设计值可取为 47～53mm/kV；拟建古泉换流站如采用户外直流场，户外直流场可采用复合绝缘，直流场大小伞型复合支柱绝缘子和垂直复合套管的爬电比距设计值可取为 46.5～52.5mm/kV。

（4）拟建换流站如采用封闭性良好的户内直流场，爬电比距的设计值不小于 25mm/kV；如采用不完全密闭环境户内直流场，相对湿度应控制在 70% 内，此时直流场支柱绝缘子和套管类设备爬电比距建议不小于 36mm/kV。

（5）为防止非均匀淋雨闪络，阀厅穿墙套管外绝缘采用复合空心绝缘子。由于穿墙套管大都近于水平安装，其外绝缘表面积污少于垂直套管，直流场穿墙套管爬电比距应不小于 45mm/kV。

（6）直流分压器复合套管和阀厅穿墙套管建议采用高温硅橡胶，其憎水性需满足 DL/T 376—2019《聚合物绝缘子伞裙保护套用绝缘材料通用技术条件》的要求；均压屏蔽环尺寸与罩入深度要合理。

（7）中性线直流支柱绝缘子和套管的爬电比距设计值具体为：昌吉换流站可取 56mm/kV，古泉换流站可取 52mm/kV。复合支柱绝缘子的人工污秽试验结果见图 2-4-7。

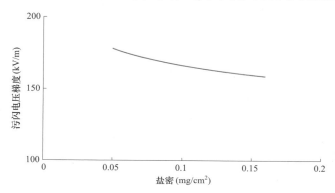

图 2-4-7　复合支柱绝缘子的人工污秽试验结果

（二）换流站外绝缘配置

直流设备的污秽外绝缘问题是特高压直流输变电工程设计的关键。直流设备的外绝缘问题比交流设备更加突出。输变电设备的外绝缘在直流电压下比交流更容易积污，而且相同污秽条件下的直流污闪电压要低于交流污闪电压，因此直流输电线路的外绝缘设计是保证线路安全稳定运行的重要方面。

（1）在不同盐密下（0.03、0.05、0.08、0.10mg/cm²），对单支直流瓷支柱绝缘子进行人工污秽试验，得出支柱绝缘子的 50%污闪电压随盐密升高而下降。根据以往经验，采用负幂指数函数拟合，拟合结果较好，如图 2-4-8 所示。

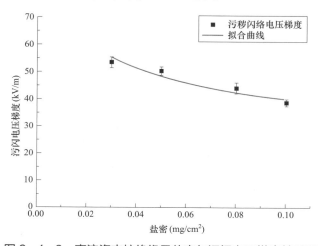

图 2-4-8　直流瓷支柱绝缘子盐密与污闪电压梯度关系图

图 2－4－7 中的拟合曲线，对应的拟合公式为

$$U_{50\%} = 25.15S^{-0.267}$$ （2－4－1）

式中　$U_{50\%}$——50%污闪电压，kV；

　　　S——盐密，mg/cm²。

（2）对不同直径的支柱绝缘子进行人工污秽试验，得出支柱绝缘子的 50%污闪电压随着等效直径的增大而下降，大致呈线性关系，如图 2－4－9 所示。

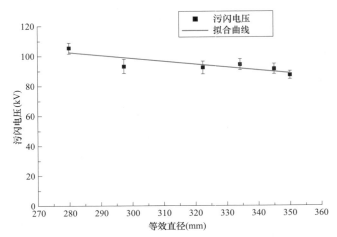

图 2－4－9　单节支柱等效直径与污闪电压的关系

图 2－4－8 中线性拟合公式为

$$U_{50\%} = 160.28 - 0.20D$$ （2－4－2）

式中　D——支柱等效直径，mm。

根据等效直径的线性拟合公式，对不同结构高度的污闪电压试验结果进行修正，得到支柱绝缘子的 50%污闪电压与其结构高度同样呈线性关系，修正后拟合曲线如图 2－4－10 所示。

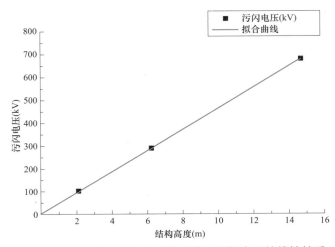

图 2－4－10　支柱绝缘子结构高度和污闪电压的线性关系

图 2-4-9 所示的线性拟合度非常好。随着结构高度的增加，其 50%污闪电压成比例增大。

（3）在不同盐密下（0.03、0.05、0.08、0.10mg/cm²），对涂覆 PRTV 的单支直流瓷支柱绝缘子在弱憎水性条件下进行人工污秽试验，得出支柱绝缘子的 50%污闪电压也随盐密升高而下降，拟合曲线及与未涂覆 PRTV 的支柱绝缘子污闪电压结果对比如图 2-4-11 所示。

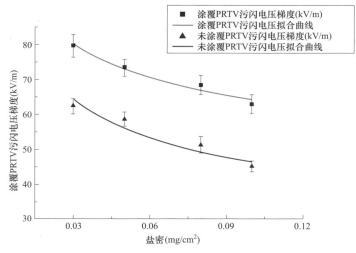

图 2-4-11 弱憎水性条件下涂覆 PRTV 与未涂覆 PRTV 的污闪电压梯度对比

涂覆 PRTV 后弱憎水性条件下污闪电压随盐密变化规律与未涂覆相同，呈负幂指数关系，且相比于涂刷涂料之前污闪电压提高显著。

（4）在不同盐密下（0.03、0.05、0.08、0.10mg/cm²），对不同憎水性和不同直径的换流站直流场复合支柱绝缘子进行人工污秽试验，两种直径的污闪电压试验结果对比图如图 2-4-12 所示。

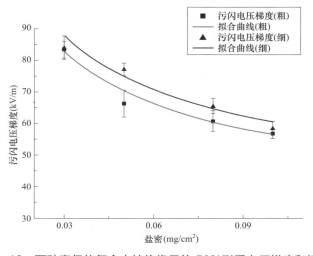

图 2-4-12 两种直径的复合支柱绝缘子的 50%耐受电压梯度和拟合曲线

试验结果表明随着等效直径的增大，污闪电压呈线性减小的趋势，再次证明了直径越大污闪电压越低的结论。

同一直径的复合支柱绝缘子在亲水性和弱憎水性两种憎水性条件下，不同盐密下的50%耐受电压曲线对比如图2-4-13所示，试验结果表明弱憎水性相比亲水性污闪电压高，提升百分数为9.95%～14.79%。

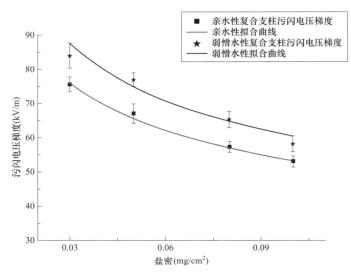

图2-4-13　复合绝缘子两种憎水性下的耐受电压梯度和拟合曲线

（5）给出了皖南换流站和准东换流站直流设备爬电比距的选择方案：皖南换流站候选站址直流场大小伞型支柱绝缘子的复合外绝缘爬电比距的设计值可取为 46.5～52.5mm/kV，直流场水平套管爬电比距取45mm/kV可以满足运行要求；准东换流站候选站址直流场大小伞型支柱绝缘子和套管的复合外绝缘爬电比距的设计值可取为 47～53mm/kV，直流场水平套管爬电比距取45mm/kV可以满足运行要求。

三、双层屏蔽通道设计研究

为保护工作人员安全，±800kV 特高压直流输电工程换流站阀厅采用单层屏蔽通道。随着特高压交直流工程电压等级的提高，操作过电压增加，±1100kV 特高压直流输电工程要求的操作冲击耐受水平高达2100kV。换流阀厅内空气间隙结构非常复杂，要保护在阀厅内进行维护和操作的相关工作人员的安全，拟采用全新的双层屏蔽结构，无法参照±800kV 特高压直流输电工程的单层屏蔽走廊参数进行设计，需要研究确定双层屏蔽网的接地方式、层间距、网格尺寸等。

（1）建立了13种不同参数的仿真计算模型，计算得出每种模型的最大电位差。典型模型（模型1）、不同模型下导体电位计算结果分别见图2-4-14和表2-4-3。

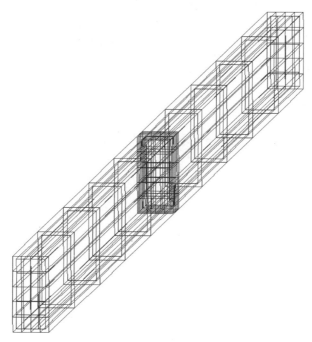

图 2-4-14　典型计算模型

表 2-4-3　　　　　　　　　　不同模型下的导体电位计算结果

模型	最大电位差（V）
模型 1——内外笼两侧单点接地	1747
模型 2——内外笼同侧单点接地	2531
模型 3——内外笼两侧均接地	1866
模型 4——内外笼两端和中间接地	1707
模型 5——内外笼中间直接连接	1747
模型 6——内外笼每间隔 10m 直接连接	1783
模型 7——外笼±1m 间无密集导体	1710
模型 8——电流幅值 15kA	2619
模型 9——笼体长 60m	1845
模型 10——笼体长 40m	1239
模型 11——笼体长 130m、内笼±1m 网格密集	662
模型 12——笼体长 130m、内笼±1m 网格稀疏	665
模型 13——笼体长 130m、内笼±15m 网格密集	905

（2）调研短时作用下人体瞬间安全电压标准，计算适用于操作过电压的限值，调研结果及限值见表 2-4-4，分析不同计算模型暂态电位差结果的安全性。

表 2-4-4 短时作用下的人体瞬间安全电压标准

相关标准	电压限值（V）	0.003s 电压限值（V）
DL/T 5340—2015《直流架空输电线路对电信线路危险和干扰影响防护设计技术规程》	$U_s = \dfrac{174 + 0.17\rho}{\sqrt{t}}$	3177
GB 50065—2011《交流电气装置的接地设计规范》	$U_s = \dfrac{174 + 0.17\rho_s C_s}{\sqrt{t_s}}$	3177
IEEE 80-2000《IEEE Guide for Safety in AC Substation Grounding》	$U_s = (1000 + 1.5\rho)\dfrac{0.157}{\sqrt{t}}$	2867
DL/T 5340—2015《直流架空输电线路对电信线路危险和干扰影响防护设计技术规程》	$t<0.05$，3000	$t<0.05$，3000

注 1. t 为输电线路接地短路故障切除时间，s。

2. ρ 为土壤电阻率，$\Omega \cdot m$。

（3）分析模型参数对暂态电位差的影响规律，给出设计建议：

1）内外屏蔽通道之间是否直接连接和间距大小，对内层屏蔽通道的导体电位差计算结果影响不大；从绝缘角度考虑，内外屏蔽通道间隙距离需要承受不大于 100kV 的操作冲击引起的电位抬升，其间隙距离可取为 15cm，两层屏蔽之间可用短的支柱绝缘子支撑，仅支撑下平面即可，其他几个面悬空或者绝缘支撑。

2）内外屏蔽通道接地方式对内层屏蔽通道导体电位差有一定影响，可根据工程设计需求采用两侧单点接地、多点接地等，尽量避免同侧单点接地。

3）屏蔽网网格尺寸对电位差计算结果影响不大，可按 ±800kV 屏蔽网网格尺寸设计。

4）对于内层屏蔽通道导体电位差，如按照 IEEE 标准，且不考虑土壤电阻率 ρ 的作用，在故障电流小于 0.003s 时，所考虑计算模型下的导体电位差均小于电压限值。

四、直流场选型及阀厅设计

1. 直流场极线设备对地距离选择影响因素分析

特高压直流输电工程直流电压提升到 ±1100kV 后，会带来一系列问题，其中直流场极线设备对地距离选择会直接影响 ±1100kV 户外直流场设备的设计难度甚至可行性。因此，需要对 ±1100kV 直流场极线设备对地距离选择开展研究，进而结合技术经济分析，确定直流场的合理型式。

直流极线设备对地距离选择时主要需要考虑：① 保证操作冲击条件下，对地的安全空气净距；② 保证绝缘子的爬电距离要求；③ 保证直流场内导体、设备所产生的地面最大合成场强在控制指标范围内。

2. 空气净距要求

直流场极线设备操作冲击条件下，对地空气净距主要与操作冲击电压的幅值和波形以及间隙系数相关。

（1）直流场极线设备绝缘水平。根据绝缘配合研究结论，直流极线设备的操作冲击耐受（SIWL）水平将达到 2100kV，相对于 ±800kV 特高压直流极线绝缘水平 1600kV 提高了 31%。在操作耐受电压达到 2100kV 时，空气间隙放电曲线进入深度饱和区间，这就意味着空气间隙要求相对于 ±800kV 特高压直流输电工程将呈非线性增加，对工程设计和建设带来极大挑战。

（2）直流场极线设备操作冲击 50%放电电压计算。在 ±1100kV 特高压直流输电工程中，根据绝缘配合结论，取 15%的绝缘裕度，得到极线设备操作冲击耐受电压为 2100kV。50%放电电压可由式（2-4-3）求得

$$U_{50\%} = \frac{U_{\text{RSIWV}}}{1 - n\sigma} \qquad (2-4-3)$$

式中　　$U_{50\%}$ ——50%放电电压，kV；

　　　　U_{RSIWV} ——耐受电压，kV；

　　　　σ ——相对标准偏差，雷电冲击取 0.03，操作冲击取 0.06。

式中，n 的取值决定了耐受电压条件的放电概率。对于普通间隙，按 2σ 选取，即 n 取 2。此时，耐受电压条件下放电概率约为 2%。得到 50%放电电压 $U_{50\%}$ 为 2387kV。

关于确定空气净距时操作冲击电压波形的选取。操作冲击电压波前时间的变化将影响间隙的绝缘强度。对于某一个间隙而言，存在一个临界波前时间。图 2-4-15 所示为棒—板操作冲击放电电压的特性曲线。从图 2-4-15 中可以看出特性曲线最低点所对应波前时间即为临界波前时间，其随间隙距离的增大而增大。对于给定的间隙布置，临界波决定最低放电电压。

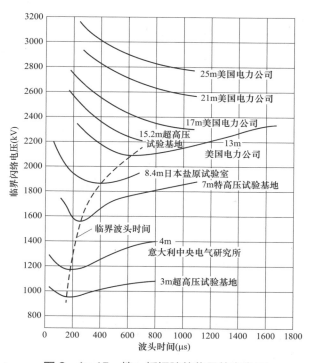

图 2-4-15　棒—板间隙的临界放电电压

IEC 60071-2《Insulation coordination Part 2: Application guidelines》推荐的 25m 以下临界波棒—板间隙计算公式为

$$U_{50\%} = 1080\ln(0.46d + 1) \qquad (2-4-4)$$

式中 d——间隙长度，m。

影响操作冲击条件下对地空气净距的间隙系数 K 为

$$K = U_{50\%} / U_{50\%RP} \qquad (2-4-5)$$

式中 $U_{50\%RP}$——棒—板间隙 50%放电电压，kV。

（3）户外直流场极线设备对地空气净距选择。综合考虑实际布置条件，以下几个因素会影响户外直流场间隙放电电压。

1）淋雨对放电电压的影响。由于雨水近似于导体，当户外绝缘子淋雨时，滴落在绝缘子端部的雨水形状相当于一个高压电极，而此高压电极的等效直径比真实金具要小得多，因此可以认为淋雨会破坏干态条件下的电极形状，影响干态条件下的电场分布，大大降低间隙操作冲击放电电压。

2）多柱绝缘子并联对放电电压的影响。多柱绝缘子并联时，每柱绝缘子闪络看成独立事件，有一柱放电则认为整个间隙放电，设绝缘子并联数量为 m，单柱放电概率为 $P(U)$、50%污闪电压为 $U_{50\%}$，m 柱并联间隙放电概率为 $P_m(U)$、50%污闪电压为 $U_{50\%m}$，则 $P_m(U) = 1 - [1 - P(U)]m$。m 柱绝缘子并联后得

$$U_{50\%m} = U_{50\%} - 4U_{50\%}\sigma\left(1 - \frac{1}{\sqrt[5]{m}}\right) \qquad (2-4-6)$$

式中 σ——单个间隙的相对标准偏差；

　　m——并联间隙数。

多柱并联后间隙放电电压变化见图 2-4-16。

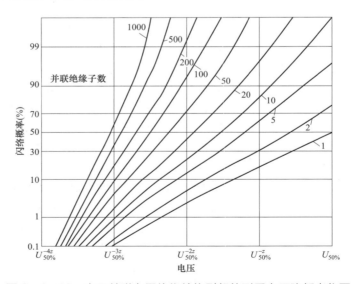

图 2-4-16　由于并联布置绝缘结构引起的耐受电压降低变化图

$U_{50\%}$—单个间隙的 50%污闪电压；z—单个间隙的惯用偏差

3）邻近设备支架及其他地面结构体对放电电压的影响。当设备周围分布有其他支架和结构体时，这些支架和结构体会影响电场的分布，降低放电电压。设备周围的支架和结构体距离设备越近、分布越密集，对放电电压的影响就越大。

综合考虑淋雨、多柱绝缘子并联，以及邻近设备支架和其他地面结构体对间隙放电电压的影响，户外直流场极线设备放电电压会降低 4%左右。根据上述 25m 以下的临界波棒—板间隙的计算推荐公式，得到操作冲击空气净距要求的 ±1100kV 户外直流场极线设备对地距离约为 20.6m。

（4）户内直流场极线设备对地空气净距选择。电场分布对间隙放电有重要影响，在分析不同间隙结构绝缘强度或者击穿电压时，一方面需要考虑绝缘距离的影响，另一方面更要考虑电场不均匀程度的影响。一般而言，在间隙距离相同的条件下，电场越不均匀，击穿电压往往越低；电场越均匀、击穿电压往往越高。在确定特高压工程操作冲击电压要求的安全净距时，通过设置均压球或均压环来优化电极形状，改善电场分布，提高击穿电压进而减小安全空气间隙是一种较为有效的方法。对于户外直流场而言，由于其受到淋雨的影响，这些措施的效果很小。然而对于户内直流场来说，其不受淋雨和风荷载的影响，可通过加大优化电极的形状来减小同一操作冲击电压的要求的最小空气间隙。

结合实际布置条件，综合考虑多柱绝缘子并联及邻近设备支架和其他地面结构体对间隙放电电压的影响，户内直流场极线设备放电电压会升高约 1%左右。根据上述 25m 以下的临界波棒—板间隙的计算推荐公式，优化电极形状后间隙系数取 1.2，得到操作冲击空气净距要求的 ±1100kV 户内直流场极线设备对地距离约为 13m，与试验结果基本一致。同时，对于存在并联间隙（如电极邻近多面墙时）的空气净距取值，为了降低多面墙对电场分布的相互影响，主间隙外的其他间隙按 1.3m×13m 考虑。

3. 爬电距离要求

当采用户外直流场时，根据污秽预测及外绝缘配置研究结论，大直径垂直复合绝缘子的爬电比距要求为 53mm/kV。最高直流运行电压按 1122kV 考虑，极线设备绝缘子所需的爬电距离为 53mm/kV×1122kV=59 466（mm），复合绝缘子爬电距离与干弧距离比值按 4 考虑，得到绝缘子干弧距离约为 14.9m，同时考虑多节支柱绝缘子金属法兰的总高度约为 2m，得到绝缘子的总高度约为 16.9m。

当采用户内直流场时，由于户内环境条件较好，爬电比距要求将大幅降低，按照 25mm/kV 考虑。最高直流运行电压按 1122kV 考虑，极线设备绝缘子所需的爬电距离为 25mm/kV×1122kV=28 050（mm），复合绝缘子爬电距离与干弧距离比值按 4 考虑，得到绝缘子干弧距离约为 7m，再考虑多节支柱绝缘子金属法兰的总高度约为 2m，得到绝缘子的总高度约为 9m。

4. 地面合成场强要求

±1100kV 特高压直流输电工程户内/外直流场均采用法拉第笼巡视通道方案。由于法拉第笼具有较好的电磁屏蔽作用，因此地面最大合成场强不再是控制极线设备对地高度的决定性因素。

5. 极线设备对地距离选择

综合上述分析，可以得到无论是对于 ±1100kV 户外直流场还是户内直流场，极线设备对地距离均由操作冲击要求的空气净距决定，户外直流场为20.6m，户内直流场为13m。

6. 户内/外直流场技术经济比较

基于上述结论，户内/外直流场技术、经济性比较见表2-4-5和表2-4-6。

表2-4-5　　　　　　　　　　　户内/外直流场技术性比较

序号	比较内容	户内	户外
1	布置方式	±1100kV设备、直流滤波器高压电容器塔及部分±550kV旁路设备布置于户内，其他直流场设备布置于户外	全部直流场设备均布置于户外
2	直流设备研发难度	支柱绝缘子按照13m干弧距离要求，仅需针对现有±800kV户外绝缘子进行局部改进	支柱绝缘子需满足17～18m的干弧距离要求，较现有±800kV绝缘子长度增加约50%。增加干弧距离后的所有设备需要进行充分的可靠性论证。送端站还需解决大风沙对设备的影响问题
3	直流设备的外绝缘爬距要求	外绝缘要求相对较低，直流设备制造难度较低	外绝缘要求相对较高，直流设备制造难度相对较大
4	抗震性能	设备高度较小，设备机械性能相对较高	设备高度较大，设备机械性能相对较差
5	直流设备运行条件	运行环境相对较好，可以减少直流场设备的维护和污秽清扫次数，降低高压电容元件的损坏率	设备污秽水平受外界影响较大。运行环境相对较差，需要考虑大风、低温、风沙等极端工作环境
6	直流场占地	较户外场大，增加约5%	较户内场约减少5%
7	电气设备差异	全站增加2支±1100kV、2支±550kV和4支中性线穿墙套管。±1100kV绝缘子数量少，单体设备造价降低	绝缘子数量增加，±1100kV户外绝缘子需要双柱并联
8	配套新增土建工程量	送端换流站需要增加2座长宽高为118m×119m×43m的L形单层厂房建筑物，以及相应的消防和暖通设备。受端站增加2座长、宽、高为100m×96m×35m的矩形单层厂房，以及相应的消防和暖通设备	无
9	站用电负荷	因采用户内直流场，站用电负荷增加	无

表2-4-6　　　　　　　　　　　户内/外直流场经济性比较　　　　　　　　　　（万元）

序号	比较内容	直流场布置方案	
		户内直流场	户外直流场
1	土建费用	+10 660	0
2	暖通费用	+1372	0
3	消防费用	+248	0
4	照明费用	+772	0
	土建价差小计	+13 052	0
5	主要设备价格差价		

续表

序号	比较内容	直流场布置方案	
		户内直流场	户外直流场
5.1	直流滤波器高压电容器塔	−3510	0
5.2	1100kV 穿墙套管	+3000	0
5.3	1100kV 隔离开关	−1500	0
5.4	1100kV 支柱绝缘子	−1014	0
5.5	550kV 穿墙套管	+800	0
5.6	中性线穿墙套管	+900	0
5.7	平波电抗器	−2310	0
5.8	其他设备绝缘差异	−1333	0
	设备价差小计	−4867	0
6	合计	+8185	0

从表 2-4-6 可以看出，户内直流场建设初步投资将增加约 8185 万元，但故障概率和检修时间将大大降低。按照电费 0.2 元/kWh 计算，34h 的停电损失即可弥补建设初期的投资额。因此，户内直流场的经济性和可靠性均优于户外场，±1100kV 特高压直流部分推荐采用户内直流场方案，±550kV 及中性线部分可采用户外直流场方案。

五、建筑物屋顶防雷设计

±1100kV 直流阀厅和户内直流场均较 ±800kV 的有所增高。增高后，站内避雷线网无法对其进行有效保护，需对阀厅和户内直流场单独进行建筑物的防雷保护设计。

（1）昌吉换流站阀厅和户内直流场，可按第三类防雷建筑物进行防雷设计；古泉换流站低端阀厅，可按第三类防雷建筑物进行防雷设计，高端阀厅和户内直流场可按第二类防雷建筑物进行防雷设计。但鉴于特高压直流输电工程的重要性，昌吉和古泉换流站的阀厅和户内直流场均拟按第二类防雷建筑物从严进行防雷设计。具体计算过程如下。

极 1 高端阀厅的尺寸为 125.5m×47.5m=5961.25m^2；极 1 低端阀厅的尺寸为 83.5m×27.5m=2296.25m^2；极 2 低端阀厅的尺寸为 83.5m×27.5m=2296.25m^2；极 2 高端阀厅的尺寸为 125.5m×47.5m=5961.25m^2。极 1 户内直流场的尺寸为 109.1m×63.4m＋42m×19.4m=7731.74m^2；极 2 户内直流场的尺寸为 109.1m×63.4m＋42m×19.4m=7731.74m^2。

昌吉换流站所在位置的地闪密度＜0.78 次/（km^2·年），经计算，昌吉换流站极 1/极 2 低端阀厅、极 1/极 2 高端阀厅、极 1/极 2 户内直流场的预计雷击次数分别为 0.003、0.008、0.01 次/年。按标准，均属于第三类防雷建筑物。极 1 高端阀厅的尺寸为 125m×46m=5750m^2，低端阀厅的尺寸为 99.75m×27.5m≈2743.13m^2；极 2 低端阀厅的尺寸为 99.75m×27.5m≈2743.13m^2，高端阀厅的尺寸为 125m×46m=5750m^2。极 1 户内直流场的尺寸为 125m×62.5m=7812.5m^2，极 2 户内直流场的尺寸为 125m×62.5m=7812.5m^2。

古泉换流站所在位置的地闪密度介于 [5.0，7.98) 次/（km²·年），经计算，古泉换流站极 1/极 2 低端阀厅、极 1/极 2 高端阀厅、极 1/极 2 户内直流场的预计雷击次数分别为 [0.024，0.037) 次/年、[0.049，0.078) 次/年、[0.066，0.105) 次/年。按标准，低端阀厅属于第三类防雷建筑物，高端阀厅和户内直流场属于第二类防雷建筑物。

（2）昌吉换流站和古泉换流站的阀厅和户内直流场均为全钢结构，屋顶压型钢板厚度为 0.8mm。根据 GB 50057—2010《建筑物防雷设计规范》，可以利用其屋面作为接闪器，无须单独设置避雷针或避雷线柱。

（3）鉴于±1100kV 特高压直流输电工程的重要性，换流站阀厅和户内直流场均采用了在屋面敷设避雷线和避雷带的加强防雷设计。采用滚球法和折线法对避雷线和避雷带的保护范围进行校核，昌吉换流站和古泉换流站的阀厅和户内直流场的最大滚球半径为 41m，小于标准要求的二类建筑物 45m 的标准要求，具体见表 2-4-7；采用折线法的校核结果是阀厅和户内直流场均在避雷线和避雷带的保护范围内。

表 2-4-7　　　　　　　防雷建筑物校验的滚球半径及接闪网格尺寸　　　　　　　　（m）

建筑物		滚球半径 h_r
昌吉换流站	阀厅	41
	户内直流场	40
古泉换流站	阀厅	39
	户内直流场	38
最大值		41（<45）

（4）采用在阀厅顶部布置避雷器线和避雷带组合，计算得到最大等效冲击电阻为 2.78Ω 左右，具体见表 2-4-8，满足 GB 50057—2010，第二类防雷建筑物沿每根引下线接入的冲击接地电阻不大于 10Ω 的标准要求。

表 2-4-8　　　　　昌吉和古泉换流站阀厅和户内直流场的冲击接地电阻　　　　　　（Ω）

建筑物		最大冲击接地电阻
昌吉换流站	阀厅	2.03
	户内直流场	2.51
古泉换流站	阀厅	2.48
	户内直流场	2.78
最大值		2.78

第五节　控　制　保　护

在±1100kV 特高压直流输电系统中，作为核心部分的控制保护方案对直流输电系统的安全稳定运行具有重要意义。合理的控制保护方案应适应直流输电系统主接线形式及控制需求,并应能够在各类故障情况下均能有效隔离故障元件,尽可能保证健全系统持续运行。

一、概述

特高压直流系统受端分层接入 500/1000kV 不同电压等级交流电网,有助于优化电网结构、均衡潮流分布和电力流向,实现更大直流功率的合理分散消纳,提高 1000kV 交流电网的利用效率,还可以改善故障情况下的功率平衡,提高受端电网安全稳定水平。

图 2-5-1 所示为换流站接入不同电压等级交流电网主回路示意图,其中,送端换流站为不分层接入的换流站,高、低端换流器接入同一交流电网,与常规特高压直流系统相同。从图 2-5-1 中主回路结构来看,受端换流站为分层接入换流站,串联的高端和低端换流器分别与两个交流系统相连,具有以下特点:

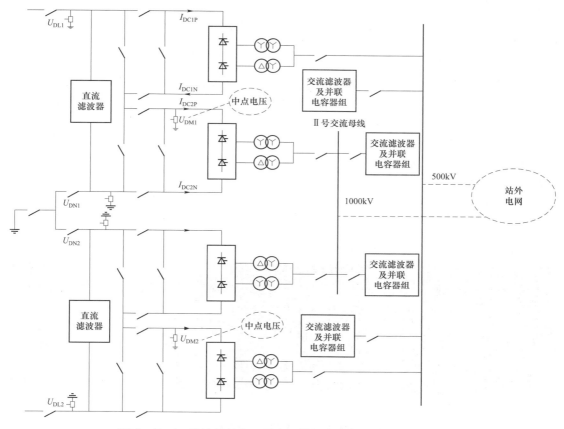

图 2-5-1 换流站接入不同电压等级交流电网主回路示意图

(1)系统受端的高端和低端换流器分别接入 500kV 和 1000kV 交流电网,1000kV 电网经站内降压变压器降至 500kV 后,通过线路在站外与 500kV 电网相连,因此 500kV 和 1000kV 交流电网之间存在一定程度的耦合。

（2）500kV 和 1000kV 交流电网分别配置两个独立的交流滤波器场，两个交流电网的无功控制相互独立。

（3）高、低端换流器分别接至 500kV 和 1000kV 交流电网，同步电压、频率相位、换流变压器阻抗、分接头挡位和每挡调节步长都存在差异。

（4）分层接入换流站的高、低端换流器间增加了电压测点，用于高、低端换流器电压的平衡控制。

由于两个交流系统分别具有不同的系统参数和运行特性，要求直流控制应能够对两个交流系统的功率、电压、频率，以及安全稳定控制指令进行相对独立的控制和响应，并根据直流系统运行的需要进行协调，其控制系统的复杂性相对于常规直流而言大大增加。与常规特高压直流输电系统相比较，受端网侧分层接入直流系统对直流控制保护提出以下要求：

（1）高、低端换流器直流电压平衡。换流站高、低端换流器分层接入 500/1000kV 交流系统，高、低端换流变压器的调节级差、运行挡位不同，交流系统电压、相角不一致，导致高、低端换流器运行电压可能存在差异。直流电压的不平衡可能导致换流器过应力，而且在一个换流器退出瞬间，由于两端换流站剩余换流器的直流电压偏差较大，系统会产生大的扰动。因此，应配置高、低端换流器直流电压平衡控制功能，以确保分层接入换流站不论作为整流站或逆变站运行时，两个换流器直流电压都保持平衡。

（2）两个交流系统无功控制。换流站高、低端换流器分层接入 500/1000kV 两个不同交流系统，要求直流控制能够对两个交流系统的无功交换及交流电压进行独立的控制和响应，并根据两个交流系统的耦合程度进行协调。

（3）功率转移与分配。换流站高、低端换流器分层接入 500/1000kV 不同电压等级交流系统，功率转移与分配功能较接入同一个电网的系统更复杂。由于高、低端换流器串联接线，一个交流系统对所连接换流器功率的提升或回降将影响另一个交流系统的输送功率；另外，一个换流器退出后，损失功率的转移除了受极功率控制模式的限制，还要考虑受端两个交流系统输送功率的需求。另外，分层接入对附加控制提出更高要求。

（4）直流保护。在故障特性分析方面，需考虑受端交直流系统之间的相互影响，例如一个交流系统的故障对于直流系统和另一交流系统造成的影响，相应地调整直流保护功能及判据。

从分层接入特高压直流输电系统的特点分析，对分层接入特高压直流控制保护的关键点总结如下：

1）主回路测点配置方案。

2）适应分层接入接线方式的控制系统分层结构。

3）受端高、低端换流器的触发角和换流变压器的分接头控制策略。

4）受端分层接入两个交流电网的无功控制功能配置。

5）受端串联换流器电压平衡控制技术。

6）换流器在线投入退出策略。

7）适应分层接入的功率转移与分配。

8）受端抵御换相失败的策略。

9）适应分层接入的直流保护配置。

10）受端高、低端换流器之间直流分压器测量故障的应对措施。

控制保护系统总体结构和功能，需在常规特高压直流输电工程的基础上进行重新设计，使之与主回路结构和控制要求相适应。

二、控制系统关键策略研究

（一）基本控制策略

在正常运行情况下，特高压直流系统整流侧通过电流控制器快速调节触发角来保持直流电流恒定，逆变侧定电压或定关断角控制。整流侧换流变压器分接头控制维持换流器触发角在±2.5°范围内。逆变侧采用定电压控制时，换流变压器分接头控制维持关断角在一定范围内；采用定关断角控制时，换流变压器分接头控制维持整流侧直流电压在参考值范围内。

整流侧和逆变侧都配有闭环电流控制器和电压控制器，但配置不同的运行参数。通过两侧控制器的协调配合，使得正常运行工况下，整流侧控制电流，逆变侧控制电压。该控制方式是通过在逆变侧的电流指令中减去一个电流裕度来实现的（电流裕度值通常选为额定电流值的10%），逆变侧的有效指令比整流侧低。简要地说，具有高电流指令的换流站作为整流站运行，另一站则作为逆变站运行。

图 2-5-2 所示是逆变侧采用预测性关断角控制（即修正的定关断角控制）的直流电压—电流静态特性图。

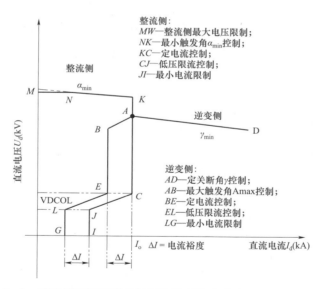

图 2-5-2 逆变侧采用预测性关断角控制的直流电压—电流静态特性图

在交流电压异常的情况下，逆变侧可能获得电流控制权。此时，整流侧进入最小触发角控制后，逆变侧的闭环电流调节器控制电流。当电流控制转移到逆变侧时，电流裕度补偿控制可以防止因电流裕度引起的直流电流下降。

整流和逆变两侧都配置低压限流控制环节，当直流电压降低时，通过对直流电流指令进行限制，从而帮助直流系统在交直流故障后快速可控的恢复。

受端分层接入 500/1000kV 交流电网的基本控制策略与常规直流输电系统相同，但由于受端高、低端换流器接入不同的交流电网，高、低端换流变压器的调节级差不同，如 500kV 换流变压器分接头级差 1.25%，1000kV 换流变压器分接头级差为 0.65%，两个交流系统的电压、相角不同，尽管高、低端换流器的直流电流相同，但直流电压可能不平衡。

直流系统具有功率正送和功率反送两种输送方向，受端分层接入交流电网的直流系统在正、反送运行时的运行接线和运行特性完全不同，导致直流电压不平衡控制策略不同。正送运行时，逆变侧分层接入不同交流电网；反送运行时，整流侧分层接入不同交流电网。正、反送运行方式在控制保护策略上存在着以下差异。

（1）正送运行：整流侧定电流控制，由于整流侧高、低端换流器接入同一个交流电网，串联的两个 12 脉动换流器电压自然平衡，可不增加电压平衡功能；逆变侧定电压或定关断角控制，由于分别接入两个电网，需采用电压平衡策略，以保持高、低端换流器直流电压一致。

（2）反送运行：整流侧定电流控制，由于分别接入两个电网，也还需采用电压平衡策略，以保持高、低端换流器直流电压的平衡。逆变侧定电压或定关断角控制，由于逆变侧高、低端换流器接入同一个交流电网，串联的两个 12 脉动换流器电压自然平衡，可不增加电压平衡控制功能。

出于对直流系统安全性和可靠性的考虑，不分层接入的换流站不论作为整流侧或逆变侧运行时，都宜采用以往工程成熟的控制策略，高、低端换流器可独立控制，也可统一控制。分层接入的换流站高、低端换流器应独立控制，即高、低端换流单元控制主机实现独立的电流、电压、关断角的闭环控制，且应在高、低端换流器之间增加电压平衡控制功能。以下是一种典型的控制策略及软件功能配置方案，该方案中，逆变侧采用预测型关断角控制。

1）正送运行的控制策略。

a. 整流侧：采用与以往特高压直流输电工程相同的控制策略，即整流侧采用定电流控制，高、低端换流器控制输出相同的触发角。不需要在两个换流器之间设置电压平衡控制，只要两个换流器对应的分接头挡位相同，两个换流器的电压自然平衡。

b. 逆变侧：每个换流器采用定关断角控制，换流器的电压平衡通过各自的分接头控制实现。每个换流器的分接头控制端电压为额定电压减去线路压降后得到的电压的一半。

2）反送运行的控制策略。

a. 整流侧：高、低端换流器都采用定电流控制，各自输出触发角。由于接入不同的交流系统，在两个换流器之间设置电压平衡控制功能，将换流器间的电压偏差经过控制环节后叠加到电流参考值或触发角参考值上，以保持换流器电压平衡。

b. 逆变侧：每个换流器都采用定关断角控制，由于高、低端换流器接入同一个交流电网，不需要在两个换流器之间设置电压平衡控制。逆变侧分接头控制的功能和以往特高压直流输电工程相同，目标是控制整流侧直流电压为额定值。

图 2-5-3 所示为基本控制策略原理图。在上述控制策略下，不分层接入换流站的软件功能配置与以往特高压直流输电工程相同，即电流控制、电压控制、关断角控制等调节

器在极控制中配置，极控制输出触发角。分接头控制直流电压的功能也在极控制中实现。分层接入换流站的软件功能配置则与以往特高压直流输电工程不同，电流控制、电压控制、关断角控制等调节器在高、低端换流器控制中独立配置。极控输出电流指令分别给高、低端换流器，高、低端换流器各自输出触发角。高、低端换流器控制中分别配置独立的分接头控制功能。这种控制策略的特点是：正送时的整流侧和反送时的整流侧程序不同，正送时的逆变侧和反送时的逆变侧程序不同，程序较为复杂，但优点是不分层接入换流站采用与以往工程相同的软件功能配置和控制策略，具有成熟的运行经验。

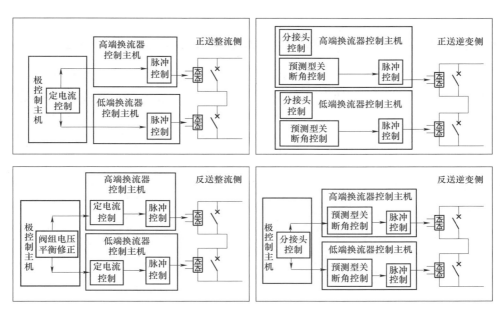

图 2-5-3　基本控制策略原理图

（二）直流电压平衡控制

从功能层次上分，特高压直流输电工程控制系统分为极层控制系统和换流器层控制系统。极层控制系统主要完成双极/极层的控制功能，换流器层控制系统主要完成对 12 脉动换流器的触发控制及换流变压器分接头的调节。直流电压平衡控制配置在极控制层。在分层接入换流站每极高、低端换流器之间装设直流电压互感器，测得高、低端换流器的直流电压。

对于分层接入换流站，当作为整流侧运行时的电压平衡控制原理如图 2-5-4 所示。将高端换流器电压减去低端换流器电压的差值经比例积分后，得出的电流或触发角参考值调整量分别送往两换流器层的电流控制环中，从而达到控制两换流器电压平衡的目的。电压平衡控制功能只在双换流器投入时起作用。在退出一个换流器的过程中，电压平衡控制功能即退出；在投入一个换流器的过程中，电压平衡控制功能也被屏蔽，直到该换流器投入。500kV 或 1000kV 交流系统故障情况下，电压平衡控制功能应投入。

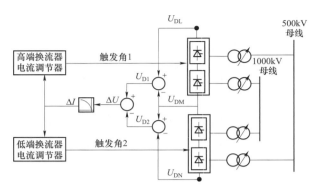

图 2-5-4　分层接入换流站作为整流侧运行时的电压平衡控制示意图

当分层接入换流站作为逆变侧运行时，换流器的电压平衡通过各自的分接头控制实现，如图 2-5-5 所示。通过换流变压器分接头电压参考值设置来达到换流器电压平衡的目的，每个换流器的分接头控制 12 脉动换流器端电压参考值 U_{ref} 为额定直流电压 U_{dN} 减去线路压降后得到的电压的一半，即 $U_{ref}=(U_{dN}-RI_d)/2$（R 为直流线路电阻；I_d 为直流电流）。

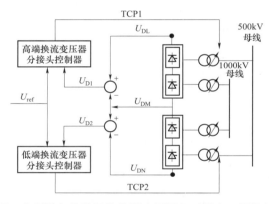

图 2-5-5　分层接入换流站作为逆变侧运行时的电压平衡控制示意图

（三）换流变压器分接头控制

换流变压器分接头控制是配合换流器控制的一种慢速控制，分为手动控制模式和自动控制模式。整流侧分接头控制目标是维持触发角在一定范围之内；逆变侧分接头控制目标是维持整流侧线路平波电抗器出口直流电压，对于分层接入直流系统，则是维持各换流器直流电压为逆变侧极线电压的一半。当换流站处于闭锁和线路开路试验状态时，换流变压器分接头控制阀侧空载直流电压为设定值。

1. 换流变压器分接头基本控制策略

（1）角度控制。正常运行工况下，整流侧换流变压器分接头控制维持换流器触发角在额定角度的 15°±2.5° 范围之内。换流变压器分接头控制器将实测的换流器触发角和设定的参考值进行比较，得到角度差。当角度差超过动作死区上限时，发出降分接头的命令；当角度差超过动作死区下限时，发出升分接头的命令。执行换流变压器分接头升降指令的时候有一定的延时，以避免分接头在交、直流电压扰动时发生升降。对于分层接入直流系统，正送时不分层接入换流站分接头的主要控制目标仍是将触发角控制在 12.5°～17.5°。

（2）直流电压控制。分层接入换流站高、低端换流器分别接入两个电网，高、低端换流器的分接头独立控制，以实现控制整流侧直流电压的目标。由于 500kV 换流变压器的级差是 1.25%，1000kV 换流变压器的级差是 0.65%，1000kV 换流变压器调整一挡在阀侧产生的电压变化约为 500kV 的一半，所以正常运行时，高、低端换流变压器分接头位置不再相同。高、低端换流变压器分接头动作死区根据换流变压器调节级差不同也有所区别。

当交流电压异常，整流侧退出定电流控制、逆变侧进入电流控制模式时，逆变侧高、低压换流器的换流变压器分接头控制采用定触发角策略。两换流器电压会存在差异，换流器的平衡运行控制通过电压平衡功能调节换流器触发角实现。

（3）换流变压器阀侧空载电压控制。换流变压器分接头的阀侧空载电压控制用于换流站闭锁和线路开路试验的情况。空载电压控制将换流变压器分接头位置控制在以下预先设定的位置：

1）如果换流变压器失电，换流变压器分接头移至充电前的设定挡位。

2）如果换流变压器带电，但不处于线路开路试验状态下，换流变压器分接头根据允许的最小运行电流建立换流器理想空载直流电压 U_{di0}。

3）在线路开路试验时，应以空载加压需要的 U_{di0} 为参考值。

2. 分接头自动同步功能

分层接入特高压直流系统的分接头自动同步功能有三种：① 12 脉动换流器换流变压器分接头同步；② 高、低端换流变压器分接头同步；③ 双极换流变压器分接头同步。自动同步功能仅在自动控制模式下有效，三种同步功能如下：

（1）12 脉动换流器换流变压器分接头同步功能。当 12 脉动换流器换流变压器的各分接头位置不一致时，产生报警信号至换流站监控系统。此时，自动同步功能可以重新同步换流变压器分接头。

自动同步功能力图同步换流变压器的分接头位置，如果同步功能不成功，将发出一个报警信号，并禁止自动控制。

（2）高、低端换流变压器分接头同步功能。不分层接入换流站每极的高、低端换流器及其变压器参数完全相同，与常规特高压直流输电工程一致，当每极双换流器同时运行时，每个换流器的分接头控制以控制同一个触发角指令（作为整流侧运行）或者同一个直流电压（作为逆变侧运行）为目标，一般能够保证两个换流器对应换流变压器的分接头挡位一致，实现两个换流器的平衡运行。

为防止特殊情况下，出现两个换流器对应的换流变压器分接头挡位不一致的情况，不分层接入换流站设置了换流器分接头挡位同步功能。当两个换流器的分接头挡位出现两挡及以上的偏差时，自动同步两个换流器的挡位。

分层接入换流站每极的高、低端换流器，分别连接至 500kV 和 1000kV 的交流电网，相应的两个换流器对应换流变压器的设计分接头挡位总数和每挡的电压大小都有所差别。为保证双换流器同时运行时的电压平衡，需通过分接头调节保证两个换流器直流电压大小一致，所以高、低端换流变压器分接头挡位不要求同步。

（3）双极换流变压器分接头同步功能。当双极运行且两极均为双极功率控制方式运行时，

不分层接入换流站与常规特高压直流输电工程相同，配置双极换流变压器分接头同步功能。

分层接入换流站高、低端换流器的换流变压器特性不同，不能采用对四个换流器平衡同步的功能，仅需按同一交流网、同一特性换流变压器分别同步，即配置双极按高端对高端、低端对低端分别对分接头进行同步的功能。

（四）无功功率控制

无功功率控制用于控制全站的交流滤波器/无功补偿电容器，其主要目的是根据当前直流的运行模式和工况计算全站的无功消耗，通过控制所有无功设备的投切，保证全站与交流系统的无功交换在允许范围之内或者交流母线电压在安全运行范围之内。交流滤波器设备的安全和对交流系统的谐波影响也是无功控制必须实现的功能。

受端换流站采用分层接入的直流系统，送端换流站高、低端换流器接入同一个交流电网，无功功率控制方式及功能与以往工程均相同，全站无功功率统一控制，以交流母线的无功交换或电压为控制目标。

分层接入换流站高、低端换流器分别接入 500/1000kV 交流电网，每个交流电网分别配置交流滤波器场，需单独配置无功控制功能，500kV 和 1000kV 系统无功控制有各自的控制对象和控制逻辑，以各自交流母线的无功交换或交流电压作为控制目标。根据双极低压换流器和双极高压换流器的无功需求进行独立的控制，将各母线连接的换流器无功消耗和交流滤波器补偿之差控制在死区范围内，具体如下

$$|Q_{acf-500} - Q_{cov11} - Q_{cov21}| \leqslant Q_{deadband-500} \qquad (2-5-1)$$

$$|Q_{acf-1000} - Q_{cov12} - Q_{cov22}| \leqslant Q_{deadband-1000} \qquad (2-5-2)$$

式中　　$Q_{acf-500}$——500kV 交流滤波器发出的无功，Mvar；

$Q_{acf-1000}$——1000kV 交流滤波器发出的无功，Mvar；

Q_{cov11}——极 1 高压换流器无功消耗，Mvar；

Q_{cov21}——极 2 高压换流器无功消耗，Mvar；

Q_{cov12}——极 1 低压换流器无功消耗，Mvar；

Q_{cov22}——极 2 低压换流器无功消耗，Mvar；

$Q_{deadband-500}$——500kV 无功控制死区，Mvar；

$Q_{deadband-1000}$——1000kV 无功控制死区，Mvar。

两个交流系统无功单元的投切动作是异步的，伴随每次滤波器投切，对另一交流系统的电压可能会产生一定的扰动，考虑到两个交流电网电气上相距不远，会存在一些相互耦合的影响。直流运行时，如果任一电网内投入的交流滤波器不满足设计的绝对最小滤波器要求即启动功率回降。同一极接入不同母线的换流器串联在一起，如果一个母线失去一大组滤波器而导致功率回降，将会影响到另一个母线所连接换流器的功率。

分层接入换流站每极的高端和低端换流器，分别连接到 500kV 和 1000kV 的交流电网，对于这种特殊的主回路情况，换流器投入和退出操作可能会引起直流功率在两个交流电网分配的变化，特别是大功率工况下会引起两个电网所受有功功率的急剧变化，一个电网所受有功的突然大量增大，一个电网所受有功的突然大量减少。有功功率的变化引起换流站与交流电网交换无功功率的突然大量过剩或大量缺额。无功的过剩可能会引起交流过电压，无功功率的缺额可能会引起交流欠压，以及最小滤波器不足导致的谐波偏大。

针对上述情况，无功控制模块可以提供一种控制策略，在检测到有换流器投入或退出的情况下，且无功功率缺额较大时，启动快速投入滤波器功能，将无功控制投入滤波器时间间隔缩小，快速投入交流滤波器以弥补无功缺额。对于无功功率过剩的情况，可采取常规特高压直流输电工程的过压快速切除滤波器功能，不需再增加控制策略。

（五）稳定控制

直流系统稳定控制包括功率调制、频率控制等。当交流系统受到干扰时，稳定控制功能通过调节直流系统的传输功率使之尽快恢复稳定运行。

1. 功率调制

有功功率调制功能是直流极控系统的附加控制功能。通过向直流功率指令增加调制值的手段，影响直流输电系统输送的实际功率，以提高整个交直流系统的性能。

功率调制的输入信号来自于系统的安全稳定控制装置，或者通过对系统交流电压、频率的监视产生。

所有的功率调制功能在运行人员界面上都设置有相应的投入和退出按钮，供运行人员根据需要启动或者解除相应调制功能。极控系统通过站间通信将逆变侧生成的稳定调制量送到整流侧，并与整流侧产生的调制量相加形成最终的稳定控制参考值。当两侧站间通信失败时，逆变侧的稳定控制功能闭锁。

（1）功率提升。当逆变侧交流系统损失发电功率或整流侧甩负荷故障时，有可能要求迅速增大直流系统的功率，以便改善交流系统性能。由于极控系统与安全稳定控制装置采用数字化光纤通信，功率提升功能接收安全稳定控制装置发送的功率提升信号和功率提升量，可以实现连续调制。

功率提升功能作用于功率指令或电流指令，并使传输的功率增加所选择的增量。无论在单极运行还是在双极运行，均能使用功率提升功能。根据双极功率控制模式的组合，功率提升，原则如下：

1）在两极均为双极功率控制模式情况下，增加的功率按两极电压比进行分配。

2）在一极是极电流控制或是极功率独立控制、另一极是双极功率控制情况下，如果双极功率控制极可以满足提升功率要求，则仅提升该极功率；如果双极功率控制极不满足提升功率要求，剩余功率由极电流控制或是极功率独立控制极承担。

3）在双极都是极电流控制或者都是极功率独立控制这种情况下，增加的功率按两极电压比进行分配，使不平衡电流不高于功率提升前的水平。

在两极都按应急极电流控制方式运行时，也能使用功率提升功能，只在整流侧有效。整流侧收到功率提升信号和变化增量，就增大其电流指令。

（2）功率回降。对于整流侧交流损失发电功率或者逆变侧交流系统甩负荷的事故，可能要求自动降低直流输送功率。无论在单极运行还是在双极运行，均能使用功率回降功能。类似于功率提升，功率回降的原则如下：

1）在两极均为双极功率控制模式情况下，减小的功率按两极电压比进行分配。

2）在一极是极电流控制或是极功率独立控制、另一极是双极功率控制情况下，如果双极功率控制极可以满足回降功率要求，则仅回降该极功率；如果双极功率控制极不足以满足回降功率要求，剩余功率由极电流控制或是极功率独立控制极承担。

3）在双极都是极电流控制或者都是极功率独立控制情况下，减少的功率按两极电压比

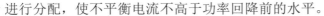

进行分配，使不平衡电流不高于功率回降前的水平。

在应急极电流控制时，整流站用一个安全的速率降低电流参考值。

对于分层接入直流系统，分层接入换流站高、低端换流器分别接入 500kV 和 1000kV 两个交流电网，针对两个交流系统的稳定控制是相对独立的。两个独立的稳定控制模块输出的功率调制量相加作为总的功率调制量。

2. 频率控制

直流输电工程运行中，两端的交流电网可能出现系统的频率偏移，高于或者低于额定值 50Hz。对于频率偏移，系统提供了频率控制功能。该功能根据频率变化情况自动地提升或降低直流输送功率，以保持系统稳定。频率控制功能可以由运行人员在操作界面上投入或者退出。

频率控制功能实质是闭环的实际系统频率与额定频率差值的比例积分控制器，当系统频率超过设定的频率死区后，由频率限制控制器实时计算出当前需要调整的功率值，实时控制直流输送功率，并最终通过这一闭环控制将频率控制到死区内。

频率控制功能的控制器参数将依据附加控制功能研究确定，并考虑与发电机调速器等有关控制参数的协调配合。

整流侧、逆变侧的频率控制功能逻辑上相对独立。两侧的运行人员可以通过操作界面上的频率控制投退按钮，分别控制两侧的频率控制功能的投退。在两站频率控制功能均投入时，两侧的频差的积分控制器输出的功率调制值在整流侧进行累加，获得最终的频率控制功率。

对于分层接入直流系统，不分层接入换流站换流器连接相同的交流电网，选择相应电网的频率用于频率控制；分层接入换流站连接不同交流电网的换流器运行，选择频率偏差较大的电网频率用于频率控制。

（六）功率转移与速降

1. 功率转移

常规特高压直流输电工程中，换流器间和双极间的功率转移是按照控制模式确定的。

（1）单极独立电流控制模式时，本极一个换流器的投入或退出不会导致本极的电流变化，对极闭锁或换流器投入及退出也不应引起本极电流的改变。

（2）单极独立功率控制模式时，如果本极退出一个换流器，则为了保持本极功率不变，退出换流器的功率将转移到本极另一个运行换流器上；如果本极投入一个换流器，本极电流将减小以使得功率维持不变。

（3）双极功率控制模式时，功率的转移方式取决于对极的功率控制模式，情况较为复杂。如果对极也是双极功率控制，投入或退出换流器的功率转移将在两极运行的所有换流器中按照电压比例分配，以保持双极电流平衡；如果对极也是单极功率控制或单极电流控制，则由本极承担总功率指令减去对极的功率。

对于高、低端换流器分别连接不同电压等级交流电网，如果按照上述功率转移分配方法，可能会造成一个电网损失部分输送功率，而另一个电网的输送功率增加。例如，当本极处于单极功率控制模式下退出高端换流器，按以往的原则，损失的功率将转移到低端换流器，这样会使得 500kV 电网损失的功率转移到 1000kV 电网中去。应系统研究这种输送功率的转移是否会对两个交流电网的稳定性产生影响，并根据需要对功率转移分配控制功能进行相应调整。

2. 功率速降

对于受端分层接入不同电压等级交流电网的直流系统，当某个层的绝对最小滤波器不满足导致降功率时，由于同一极的高、低端换流器串联，将导致另一层也降功率。为了减少对另一极或另一层的功率影响，应采取一定措施。在双极半压（两极均为单换流器）、双极混压（一极双换流器，另一极单换流器）运行方式下，当绝对最小滤波器不满足降功率时，可不考虑接地极电流平衡需求，将降功率极转为单极功率方式。图 2-5-6 给出了直流系统双极半压、双极混压运行方式示意图。

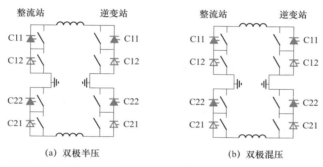

图 2-5-6　直流系统双极半压、双极混压运行方式示意图

（1）双极半压运行。

1）500kV 交流电网不满足绝对最小滤波器要求功率回降，将极 1 转为单极功率控制模式，只回降极 1 的功率，极 2 功率保持不变。

2）1000kV 交流电网绝对最小滤波器不满足要求功率回降，将极 2 转为单极功率控制模式，只回降极 2 的功率，极 1 功率保持不变。

（2）双极混压运行。

1）500kV 交流电网不满足绝对最小滤波器要求功率回降时，将极 1 转为单极功率控制模式，优先回降极 1 的功率，极 2 功率保持不变。当绝对最小滤波器不满足要求必须闭锁一个换流器时，优先闭锁极 2 高端换流器，保证接地极电流最小。

2）1000kV 交流电网绝对最小滤波器不满足要求功率回降，将极 2 转为单极功率控制模式，只回降极 2 的功率，极 1 功率保持不变。

（七）换流器在线投入、退出

特高压直流输电工程中，可以通过换流器的投入和退出顺序实现运行方式的在线转换。

换流器的在线投入与退出，不应中断另一个换流器的正常运行；同时对直流功率输送带来的扰动应尽量小，以避免给整个电网带来过大的冲击。

站间通信正常时，换流器投入、退出命令由主控站发出，两端换流站之间通过站间通信协调两站的控制时序。

无站间通信投入换流器时，两站分别下达换流器解锁命令，由运行人员通过电话协调

两站解锁的次序，整流站先解锁，逆变站后解锁。无站间通信时，某站单换流器故障退出，对站通过换流器不平衡保护功能自动退出本极低端换流器。

受端分层接入直流系统在线投入、退出换流器的基本策略与常规工程相同。但由于受端分层接入 500/1000kV 交流电网，为了尽量减少对 1000kV 交流断路器的操作，正常时，无论什么原因要求双换流器运行转单换流器运行，均默认退出高端换流器，但同时应增加换流器退出的预选择功能。因此，增加了投退阀组的复杂性。

（1）当不分层接入换流站退出换流器时，分层接入换流站应可选择是否使用换流器退出的预选功能。

（2）在预选功能投入后，分层接入换流站默认退出高端换流器，也可选择退出低端换流器。

（3）在预选功能退出的情况下，分层接入换流站按照与不分层接入换流站退出换流器保持一致的原则，即"高退高、低退低"。

（4）若投入换流器不成功，分层接入换流站按照后投先退原则退出换流器。

（5）以往工程投入换流器不成功时，按照"高退高、低退低"的原则闭锁换流器。对于分层接入的换流站，该原则可能导致 500kV 与 1000kV 两个交流网中的功率发生变化，因此在分层接入换流站投入换流器不成功情况下，则按照后投先退原则退换流器。

（八）空载加压试验

为了方便地测试直流极在较长一段时间的停运后或检修后的绝缘水平，直流极控系统具有空载加压试验的功能。空载加压试验具有以下运行方式：

（1）单换流器不带线路的空载加压试验。

（2）单换流器带线路的空载加压试验。

（3）单极两换流器串联不带线路的空载加压试验。

（4）单极两换流器串联带线路的空载加压试验。

整流侧 12 脉动桥峰值整流后产生的直流电压 U_d 可以表示为

$$U_d = \frac{4\pi}{3\sqrt{3}} U_{di0} \cos(\alpha - 60) \qquad (2-5-3)$$

式（2-5-3）表明：α 为 150° 时直流电压开始上升，当 α 为 60° 时电压达到最大值。式（2-5-3）仅在不带线路试验时（直流电流为零）成立，如果带线路进行开路试验，电晕损耗以及其他损耗将降低直流电压，闭环控制将减小 α 补偿电压的下降。

常规特高压直流极空载加压试验功能是按极统一控制，计算出触发角分别发送给高端和低端换流器，因高、低端压换流器各设备参数均一致，高、低端换流器电压自动保持平衡运行。

分层接入换流站高端和低端换流器分别连接不同电压等级的交流电网，相应的换流变压器分接头挡位数目和每挡的电压大小都存在差别，不能按极统一控制。高端和低端换流器独立控制，其空载加压控制的目标分别为本极空载加压目标电压值的 1/2，以保证两个换流器的平衡运行。

（九）换相失败预测

特高压直流受端分层接入系统的高端和低端换流器分别接入 500kV 和 1000kV 两个交

流电网，两个交流电网通过交流联络变压器相连，存在一定的耦合度。

当分层接入的两个交流电网耦合紧密时，一个电网交流故障时将对另一个交流电网产生影响，两个交流电网的交流电压都发生畸变。采用常规直流输电工程的零序电压法和α/β变换法换相失败预测控制功能，两个交流电网所连接的两个换流器能够同步检测到交流故障，能够同时启动换相失败预测控制，同时增大关断角以防止换相失败。

当分层接入的两个交流电网耦合性低或无耦合时，一个电网交流故障时对另一个交流电网的影响不大，采用常规直流输电工程的零序电压法和α/β变换法换相失败预测控制功能，发生交流故障电网所连接的换流器能够及时启动换相失败预测控制，而另一个交流电网所连接的换流器并不能够同时启动换相失败预测控制。

由于高端和低端换流器之间为串联关系，当逆变侧高端或低端换流器故障时，直流电流会迅速增大，直流电流的快速增大会造成另一个换流器的换相叠弧角增大，关断角减小。在换流器未能及时启动换相失败预测控制的情况下，这将增大该换流器出现换相失败的概率。

±1100kV 特高压直流输电比±800kV 特高压直流输电距离更长，双极运行时，同塔的两根极线之间存在着更加严重的电磁耦合关系。这种耦合关系不会对直流稳态运行产生严重影响，但在一极故障时，非故障极的直流电压会发生较大扰动，从而造成直流电流波动较大，增大了非故障极的换流器出现换相失败的概率。

针对上述情况，需要对换相失败预测控制功能做相应的修改，可在分层接入换流站的换流器控制中增加以下两种功能：

（1）同时配置两个换相失败预测控制模块策略。将受端两个交流电网的电压信号同时接入高端和低端换流器，受端高、低端换流器控制主机分别配置两个换相失败预测控制模块，同时检测两个交流电网的故障，当任一模块换相失败预测控制启动时，则立即增大关断角，以防止换相失败情况的发生。对于受端分层接入两个耦合紧密的交流电网，增大的角度取两个预测模块计算值中较大值。

（2）采用直流电流测量值与指令值差值为判据的策略。鉴于单个换流器或单个极故障引起的直流电流的冲击而造成串联的另一个换流器或同塔运行的另一个极换相失败，在分层接入直流系统中增加以直流电流测量值与指令值差值大于设定电流值为判据的换相失败预测功能，判据启动后立即增大关断角，从而增大换流器的换相裕度，提升逆变侧抵御换相失败的能力。

三、直流保护配置研究

（一）分层接入特高压直流输电工程保护分区及功能配置

分层接入特高压直流系统保护分为直流保护、换流变压器保护、交流滤波器保护。其中直流保护按照区域又可以划分为换流器区保护、极区保护、双极区保护、直流线路区保护以及直流滤波器区保护。如图 2-5-7 所示，换流变压器保护区（图中①、②区域）、换流器保护区（图中③、④区域及⑥区域的旁通开关）、极保护区（图中⑤、⑦区域及⑥区域的换流器连接区）、双极保护区（图中⑨、⑫区域）、直流线路保护区（图中⑩、⑪区域）、直流滤波器保护区（图中⑧区域），以及交流滤波器保护区（图中⑬、⑭区域）。

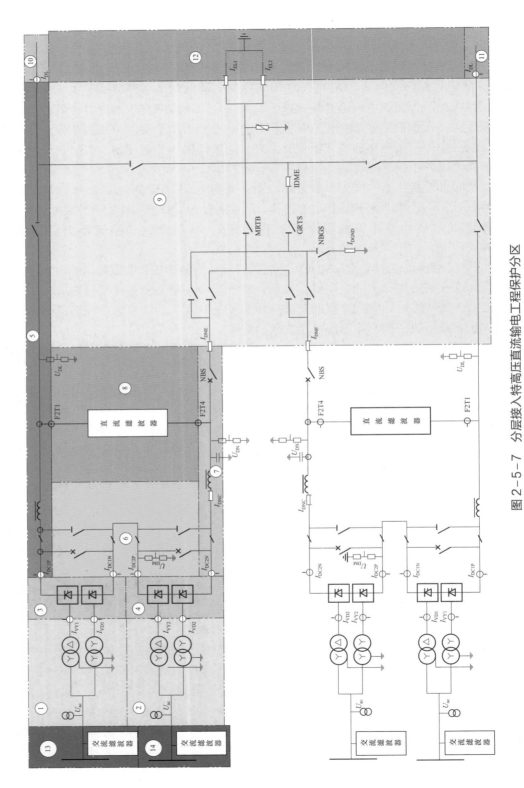

图 2-5-7 分层接入特高压直流输电工程保护分区

1. 换流器区保护

换流器区保护主要包括换流器阀短路保护、换流器换相失败保护、换流器差动保护、换流器过电流保护、换流变压器阀侧中性点偏移保护、换流器旁通开关保护、换流器旁通对过负荷保护、换流器谐波保护和换流器直流过电压保护。另外还有一些配置在控制主机中的保护性控制功能，包括换流器电压过应力保护、换流器触发异常保护、换流器大角度监视、换流器晶闸管结温监视以及交流系统低电压检测等。

典型的换流器区测点及保护配置如图 2-5-8 所示，图中保护按照高端和低端换流器配置，高、低端换流器区的保护配置完全相同，分布在各自的保护主机里。该保护区用到测点包括：I_{DC1P}（高端换流器高压侧直流电流）、I_{DC1N}（高端换流器低压侧直流电流）、I_{VYH}（高端换流变压器星接阀侧三相交流电流）、I_{VDH}（高端换流变压器角接阀侧三相交流电流）、U_{VYH}（高端换流变压器星接阀侧三相交流套管电压）和 U_{VDH}（高端换流变压器角接阀侧三相交流套管电压）为高端换流器区测点，I_{DC2P}（低端换流器高压侧直流电流）、I_{DC2N}（低端换流器低压侧直流电流）、I_{VYL}（低端换流变压器星接阀侧三相交流电流）、I_{VDL}（低端换流变压器角接阀侧三相交流电流）、U_{VYL}（低端换流变压器星接阀侧三相交流套管电压）和 U_{VDL}（低端换流变压器角接阀侧三相交流套管电压）为低端换流器区测点，I_{DNC}（极中性母线区平波电抗器侧电流）。

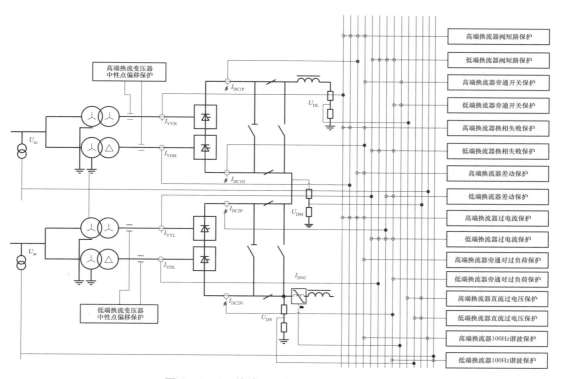

图 2-5-8 换流器区保护测点及保护配置

2. 极区保护

极区保护主要包括极母线差动保护、极中性母线差动保护、换流器连接线差动保护、极差保护、接地极线开路保护、50/100Hz 谐波保护、中性母线开关保护、直流过电压保护、直流低电压保护、开路试验保护、冲击电容器过电流保护及交直流碰线监视。典型极区保护测点及保护配置如图 2-5-9 所示，该保护区的测点包括：I_{DC1P}（高端换流器高压侧直流电流）、I_{DC1N}（高端换流器低压侧直流电流）、I_{DC2P}（低端换流器高压侧直流电流）、I_{DC2N}（低端换流器低压侧直流电流）、I_{DL}（直流线路电流）、U_{DL}（直流线路电压）、U_{DN}（中性母线电压）、I_{DNE}（中性母线开关电流）、I_{ZxT1}（直流滤波器首端电流）、I_{ZxT2}（直流滤波器尾端电流）、I_{AN}（中性母线避雷器电流）、I_{CN}（中性母线冲击电容器电流）。

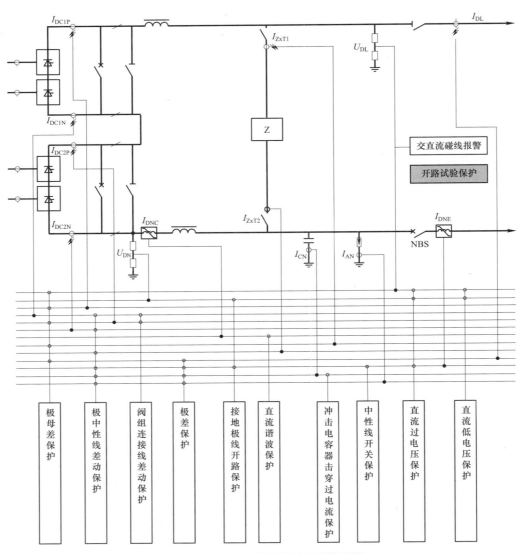

图 2-5-9　极区保护测点及保护配置

3. 双极区保护

双极区保护主要包括双极中性母线差动保护、站接地过电流保护、后备站接地过电流保护、站接地开关保护、大地回线转换开关保护、金属回线转换开关保护、金属回线接地保护、金属回线横差保护、金属回线纵差保护、接地极线过电流保护、接地极线不平衡保护以及接地极线差动保护。

双极区保护测点及典型保护配置如图 2-5-10 所示，该保护区用到测点包括：I_{DL}（直流线路电流）、I_{DNE}（中性母线开关电流）、I_{DNE_OP}（对极中性母线开关电流）、I_{DME}（金属回线开关电流）、I_{DGND}（站内接地开关电流）、I_{DEL1}（接地极线 1 零磁通电流）、I_{DEL2}（接地极线 2 零磁通电流）、I_{DEE1}（接地极线 1 光 TA 电流）、I_{DEE2}（接地极线 2 光 TA 电流）。

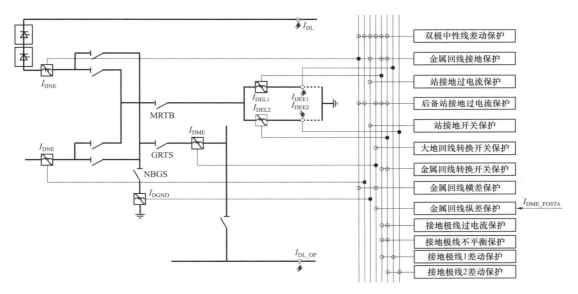

图 2-5-10　双极区保护测点及典型保护配置

4. 直流线路区保护

直流线路区保护主要包括行波保护、突变量保护、直流线路低电压保护和直流线路纵差保护。

典型直流线路区保护测点及保护配置如图 2-5-11 所示，该保护区用到的测点包括：I_{DL}（直流线路电流）、U_{DL}（直流线路电压）、I_{DL_OP}（对极直流线路电流）、U_{DL_OP}（对极直流线路电压）、I_{DL_FOSTA}（对站直流线路电流）。

5. 直流滤波器区保护

直流滤波器区保护主要包括差动保护、高压电容器接地保护、高压电容器不平衡保护、电阻过负荷保护、电抗过负荷保护和直波谐波器失谐保护。典型直流滤波器区保护测点及保护配置如图 2-5-12 所示。

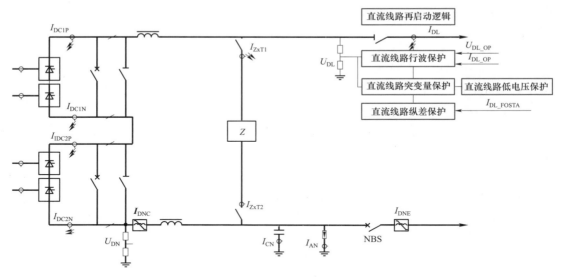

图 2−5−11　直流线路区保护测点及保护配置

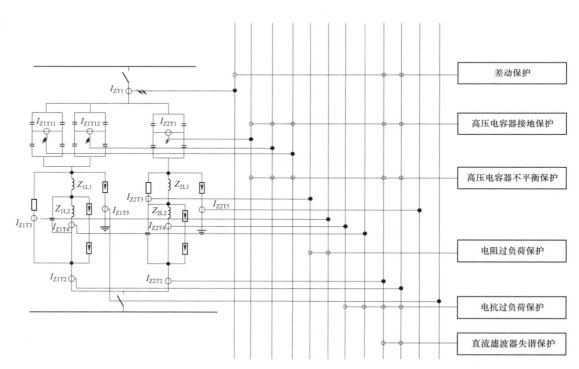

图 2−5−12　直流滤波器区保护测点及保护配置

6. 换流变压器区保护

换流变压器区保护可以分为差动保护、过电流保护、过电压保护、过励磁保护和饱和保护五大类。差动保护为主保护，其他均为后备保护。其中，差动保护可以分为大差差动保护、小差差动保护、引线差差动保护和绕组差动保护；过电流保护可以分为开关过电流保护、网侧过电流保护和零序过电流保护；过励磁保护可以分为定时限过励磁保护和反时限过励磁保护。小差差动保护还可以分为星接和角接；绕组差差动保护还可以分为YY 网侧、YD 网侧、YY 阀侧和 YD 阀侧；网侧过电流保护和零序过电流均可以分为 YY和 YD。

大差差动保护和小差差动保护原理类似，均采用差动速断、比例差动和工频变化量差动的原理；绕组差又分为分相差动和零序差动；引线差、YY/YD 阀侧绕组差不配置零序差动，原因是该保护区域系统谐波含量本身比较大，容易误动。图 2－5－13 所示为换流变压器区保护测点及保护配置。

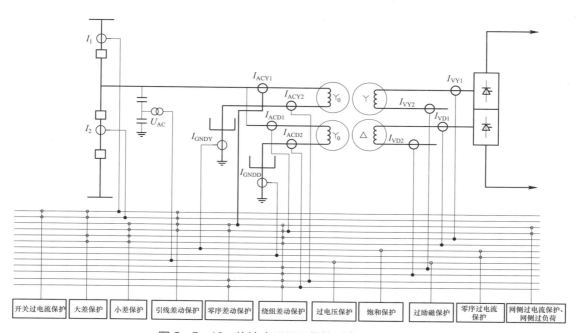

图 2－5－13 换流变压器区保护测点及保护配置

7. 交流滤波器区保护

交流滤波器区保护包括交流滤波器小组保护和交流滤波器母线保护，其中小组保护的功能包括差动保护、过电流保护、零序过电流保护、电容器不平衡保护、电阻过负荷保护、电抗过负荷保护和失谐报警保护。典型交流滤波器区小组保护测点及配置如图 2－5－14 所示。

交流滤波器母线保护主要包括母线差动保护、母线过电压保护、母线过电流保护以及失灵保护。交流滤波器母线保护测点及配置如图 2－5－15 所示。

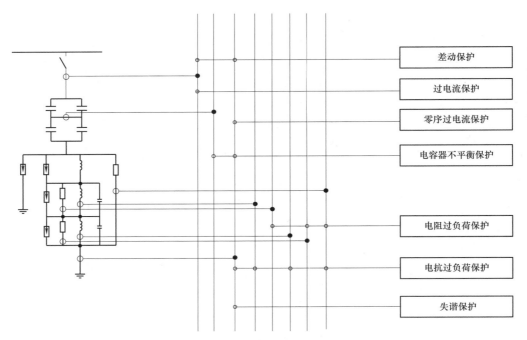

图 2-5-14　交流滤波器小组保护测点及保护配置

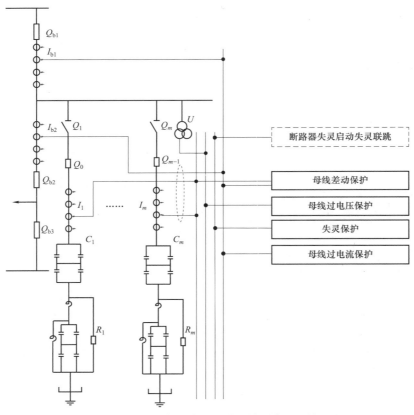

图 2-5-15　交流滤波器母线保护测点及保护配置

（二）分层接入特高压直流输电工程特殊保护功能配置

分层接入特高压直流输电工程的直流保护分区、测点配置、保护功能与常规特高压工程基本一致。不同的是分层接入换流站高、低端换流器接入不同等级的交流系统，同一极高、低端换流器中间增加了极中点电压测点。由于分层接入的特殊性，直流保护在两个方面进行适应性变化：首先，分层接入换流站在换流器区增加了换流器直流过电压保护，替换了极过电压保护；其次，为了防止扩大故障动作范围，将极区直流谐波保护功能下放至换流器保护层中，一个交流系统故障时只清除与其相连的换流器。不分层接入换流站的保护功能与常规特高压保持一致。

1. 换流器直流过电压保护

分层接入换流站增加了高、低端换流器中点分压器，可以实现对换流器两端直流电压的实时计算，所以在换流器层增加了换流器直流过电压保护，原理见表 2-5-1。

表 2-5-1　　　　　　　　　　　　换流器直流过电压保护

保护的故障	保护整个换流器区的所有设备，避免由于各种原因造成的过电压的危害
保护原理	高端换流器：$\lvert U_{DL} - U_{DM} \rvert > U_{D\_set}$ 低端换流器：$\lvert U_{DM} - U_{DN} \rvert > U_{D\_set}$
保护段数	2
保护配合	与一次设备的绝缘配合。受端高、低端换流器中间增加 U_{DM} 测点，换流器直流过电压保护与极层直流过电压保护原理基本一致，只是保护的区域不一样，换流器直流过电压保护保护该换流器区域设备，极层直流过电压保护保护整个极层区域设备
后备保护	控制系统中的电压控制功能
是否依靠通信	否
被录波的量	所有电压、保护动作
保护动作后果	（1）请求控制系统切换。 （2）换流器闭锁。 （3）跳交流断路器。 （4）启动失灵。 （5）锁定交流断路器。 （6）触发录波。

换流器直流过电压保护与极层直流过电压保护原理基本一致，只是保护的区域不一样，换流器直流过电压保护保护该换流器区域设备，极层直流过电压保护保护整个极层区域设备。

保护动作后果：请求控制系统切换，Ⅰ段保护动作换流器 Y 闭锁，Ⅱ段保护动作换流器 X 闭锁，跳交流断路器，启动失灵，锁定交流断路器，并触发录波。

2. 谐波保护

考虑到谐波保护均按设备耐受能力配置，在分层侧双网耦合比较强的情况下，依靠交流电压特征量无法准确定位谐波源位置，为了尽可能减小单极功率损失风险，分层侧 50Hz 谐波保护与 100Hz 谐波保护均下放至换流器保护主机。

谐波保护定值按照小负荷时防止电流断续，大负荷时与设备的谐波过负荷能力相配合的原则进行整定。换流器谐波保护原理如表 2-5-2 所示。

表2-5-2　　　　　　　　　　　换流器谐波保护

保护的故障	主要保护在交流系统不对称故障无法切除时，作为后备保护
保护原理	高、低端换流器：$I_{\text{DCxN\_100Hz}} > I_{\text{set\&}}$，$U_{\text{ac}} < U_{\text{ac\_set}}$ 换流器层 100Hz 谐波保护在分层接入换流站使能，根据不同交流系统接入增加了判交流系统电压低信号
保护段数	2
保护配合	与交流系统故障切除时间与阀的过应力能力配合。系统小负荷时防止电流断续，大负荷时与设备的谐波过负荷能力相配合
后备保护	本身为后备保护
是否依靠通信	否
被录波的量	$I_{\text{DCxN\_100Hz}}$、保护动作
保护动作后果	（1）请求控制系统切换。 （2）换流器闭锁。 （3）跳交流断路器。 （4）启动失灵。 （5）锁定交流断路器。 （6）触发录波

（三）测量故障处理策略

受端分层接入特高压直流系统电压平衡控制需要实时监测高、低端换流器电压，而换流器电压则由直流极线电压 U_{DL}、中性线电压 U_{DN} 及新引入的中点分压器电压 U_{DM} 测量值计算得到，具体如下。

高端换流器电压

$$U_{\text{conv11}} = U_{\text{DL}} - U_{\text{DM}} \qquad (2-5-4)$$

低端换流器电压

$$U_{\text{conv12}} = U_{\text{DM}} - U_{\text{DN}} \qquad (2-5-5)$$

式中　U_{DL}——直流极线电压，kV；

　　　U_{DM}——中点分压器电压，kV；

　　　U_{DN}——中性线电压，kV。

从式（2-5-4）和式（2-5-5）可以看到：一旦 U_{DM} 出现故障或输出测量值不正确，将直接影响高、低端换流器电压平衡控制，进而影响直流系统的稳定运行。因此，为了保证直流系统在中点分压器故障时，不会因控制系统动作而导致换流器闭锁，在控制中引入换流器电压计算值。

正常运行时，逆变侧换流器电压可由下式计算得到

$$U_{\text{conv}} = U_{\text{di0}} \cos\gamma - (d_x - d_r) \cdot \frac{U_{\text{di0N}}}{I_{\text{dcN}}} \cdot I_{\text{dc}} \qquad (2-5-6)$$

式中　U_{conv}——换流器电压，kV；

$\qquad U_{\text{di0}}$——理想空载直流电压，kV；

$\qquad d_{\text{x}}$——相对感性压降；

$\qquad d_{\text{r}}$——相对阻性压降；

$\qquad I_{\text{dc}}$——直流电流，kA；

$\qquad \gamma$——关断角，（°）；

$\qquad U_{\text{di0N}}$——额定理想空载直流电压，kV；

$\qquad I_{\text{dcN}}$——直流电流额定值，kA。

当控制系统检测到 U_{DM} 测量值异常时，发出报警并切换系统，若异常依然存在，则控制系统采用极 U_{DM} 的计算值代替测量值进行控制，实现对特高压直流输电系统高、低端换流器电压的平衡控制，可避免因 U_{DM} 测量故障影响系统运行问题。

四、整体设计方案

（一）直流控制系统设计方案

1. 控制系统功能分层及功能配置

（1）功能分层设计原则。针对特高压工程每极双 12 脉动换流器串联结构的接线方式，为提高直流系统的可靠性和可用率，直流控制保护系统设计满足以下原则：

1）控制保护以每个 12 脉动换流器单元为基本单元进行配置，各 12 脉动换流器单元控制功能的实现和保护配置相互独立，以利于单独退出单 12 脉动换流器单元而不影响其他设备的正常运行；同时各 12 脉动控制和保护系统间的物理连接尽量简化。

2）控制保护系统单一元件的故障不能导致直流系统中任何 12 脉动换流器单元退出运行。

3）在较高层次的控制单元故障时，12 脉动控制单元仍具备维持直流系统的当前运行状态继续运行或根据运行人员的指令退出运行的能力。

4）任何一极/换流器的电路故障及测量装置故障，不会通过换流器间信号交换接口、与其他控制层次的信号交换接口，以及装置电源而影响到另一极或本极另一换流器。当一个极/换流器的装置检修（含退出运行、检修和再投入三个阶段）时，不会对继续运行的另一极或本极另一换流器的运行方式产生任何限制，也不会导致另一极或本极另一换流器任何控制模式或功能的失效，更不会引起另一极或本极另一换流器的停运。

（2）分层结构及功能配置。分层接入特高压直流输电系统的分层接入换流站高端换流器和低端换流器在一个换流站内，并且接入同一个交流系统中，因此其控制保护系统采用常规特高压直流输电方式按照双极、极和换流器进行配置，从功能上分为站控/双极控制层、极控制层和换流器控制层；对于分层接入两个交流电网的特高压直流换流站，由于其高、低端换流器也在同一个站内，所以仍采用双极层控制、极层控制和换流器层控制的分层结构，但由于分层接入两个独立交流系统的原因，其每个控制层内部与常规特高压有较大的区别，尤其是在站控/双极控制层中必须增加对两个交流系统无功功率的单独控制。

图 2-5-16 所示为直流控制系统分层结构示意图，系统层实现对交、直流系统控制功能，区域层实现多于一个站的控制功能，如主/从站选择功能，站控/双极控制层、极控制层和换流器控制层控制功能如下。

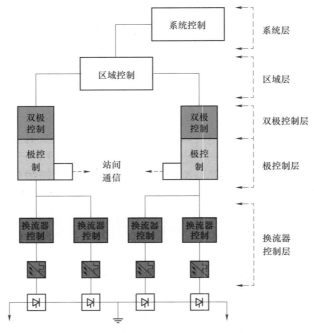

图 2-5-16 直流控制系统分层结构示意图

站控/双极控制层：直流输电系统中同时控制两个极的控制层次，实现功率/电流指令的计算和分配、站间电流指令的协调、站无功设备的投切控制、站直流顺序控制功能。与双极控制有关的功能尽可能下放到极控制层实现，以保证当发生任何单重电路故障时，不会使两个极都受到扰动，主要功能有：① 设定双极的功率定值；② 两极电流平衡控制；③ 极间功率转移控制；④ 两个交流系统无功功率和交流母线电压独立控制；⑤ 安全稳定控制设备接口等。

极控制层：直流输电系统一个极的控制层次。极控制级的主要功能有：① 经计算向换流器控制级提供电流整定值，控制直流输电系统的电流。主控制站的电流整定值由功率控制单元给定或人工设置，并通过通信设备传送到从控制站。② 直流输电功率控制。③ 极启动和停运控制。④ 故障处理控制，包括移相停运和自动再启动控制、低压限流控制等。⑤ 各换流站同一极之间的远动和通信，包括电流整定值和其他连续控制信息的传输、交直流设备运行状态信息和测量值的传输等。

换流器控制层：直流输电系统一个换流器单元的控制层次实现换流器运行所必需的控制功能和阀触发功能，主要包括对直流电流、直流电压、换流器电压、换流器电压平衡、关断角等的闭环控制，以及换流器的解锁、闭锁功能等，换流器控制还具有手动方式的电流升降功能，作为在双极/极控制主机故障情况下的后备功能；主要控制功能有换流器触发控制；定电流控制；定关断角控制；直流电压控制、换流器电压控制、换流器电压平衡控制；触发角、直流电压、直流电流最大值和最小值限制控制，以及换流器单元闭锁和解锁顺序控制等。对于不分层接入换流站，由于同一极的高、低端换流器接入同一个交流电网，也可以将换流器控制功能中的直流电流、直流电压、关断角等的闭环控制功能配置在极控制层中，换流器控制层只是接收上层发出的触发角信号。对于分层接入换流站，各 12 脉动换流器触发角各自独立控制，直流电流、直流电压、关断角等闭环控制一般位于换流器控制中，同时配置换流器电压平衡控制模块，以实现换流器电压平衡运行目标，不对主设备带来过应力。

2. 控制系统的冗余

控制系统的各层次都按照实现完全双重化原则设计，分为 A 系统和 B 系统。双重化的范围从测量二次绕组开始包括完整的测量回路，信号输入、输出回路，通信回路，主机和所有相关的直流控制装置。

极控制系统实现系统、区域、双极和极控制层的功能，换流器控制系统实现换流器控制层的功能。另外，也可单独增加站控制系统来实现系统、区域和站控/双极控制层功能。为满足高可靠性的要求，极控制系统和换流器控制系统均采用冗余配置，冗余的极控制系统和换流器控制系统通过交叉互连实现完整的控制功能，只有当前处于工作状态（active）的系统才与另一个换流器的控制系统或者极控制系统进行有效通信，以保证在任何一套控制系统发生故障时不会对另一个层次的控制系统（极控制系统或换流器控制系统）上或另一个换流器未发生故障的两套控制系统的功能造成任何限制或不可用。在发生系统切换时，极控制系统和换流器控制系统可以分别从 A 系统切换至 B 系统，或从 B 系统切换至 A 系统。

（二）直流保护系统设计方案

1. 直流保护系统功能分层

对于特高压工程双 12 脉动换流器串联的接线方式，为消除各换流器之间的联系，避免单 12 脉动换流器维护对运行换流器产生影响，提高整个系统的可靠性，需要保证换流器层保护的独立性，即每个 12 脉动换流器采用单独的保护装置。因此，直流保护系统分为极保护系统和换流器保护系统，分别实现极/双极保护和换流器保护功能，如图 2-5-17 所示，其层次结构描述如下。

（1）极保护系统配置独立的极保护主机（PPR）完成极、双极保护功能。直流滤波器保护集成在极保护中实现，不独立配置。

（2）换流器保护系统分别为每个换流器配置独立的换流器保护主机（CPR），完成换流器的所有保护功能，换流变压器电量保护集成到换流器保护中实现，不独立配置。

（3）I/O 单元按极或换流器配置，当某一极或换流器退出运行，只需将对应的保护主机和 I/O 设备操作至检修状态，就可以针对该换流器做任何操作，而不会对系统运行产生任何影响。

2. 保护冗余方案

（1）"三取二"实现方案。分层接入特高压直流保护采用三重化配置，出口采用"三取二"逻辑判别。该"三取二"逻辑同时配置于独立的"三取二"主机和控制主机（极控制主机和换流器控制主机）中。

1）"三取二"主机。在极层和换流器层冗余配置，分别为极"三取二"主机（P2F）和换流器"三取二"主机（C2F），采用单独的直流保护装置实现，与保护主机同硬件平台。"三取二"主机接收各套保护分类动作信息，其"三取二"逻辑出口实现跳换流变压器进线断路器、启动开关失灵保护等功能。

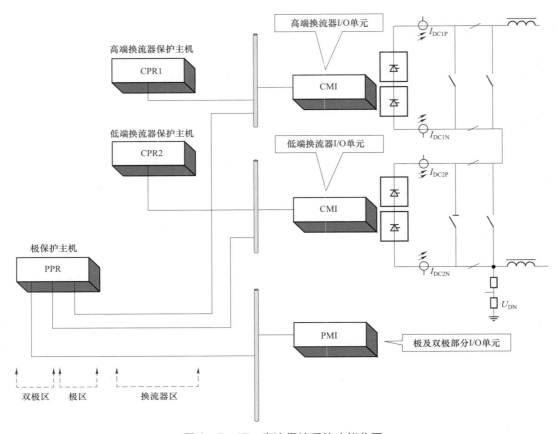

图 2-5-17　直流保护系统功能分层

2）控制主机"三取二"逻辑。在各层控制系统主机中，同时也配置相同的"三取二"逻辑。各控制主机同样接收各套保护分类动作信息，通过相同的"三取二"保护逻辑出口，实现闭锁、跳交流开关等功能。

三套极保护主机和三套换流器保护主机，均以光纤方式分别与"三取二"主机和本层的控制主机进行通信，传输经过校验的数字量信号。三重保护与"三取二"逻辑构成一个整体，三套保护主机（极保护主机或换流器保护主机）中有两套相同类型保护动作被判定为正确的动作行为，才允许出口闭锁或跳闸，以保证可靠性和安全性。此外，当三套保护主机中有一套保护因故退出运行后，采取"二取一"保护逻辑；当三套保护主机中有两套保护因故退出运行后，采取"一取一"保护逻辑；当三套保护主机全部因故退出运行后，控制系统发出闭锁停运指令。PCS9550 系统保护"三取二"功能如图 2-5-18 所示。

（2）"三取二"方案特点。

1）在独立的"三取二"主机和控制主机中分别实现"三取二"功能。"三取二"主机出口实现跳换流变压器开关功能，控制主机"三取二"逻辑实现直流闭锁和跳换流变压器开关功能。

在保护动作后，如极端情况下冗余的控制系统未能完成闭锁，在"三取二"主机出口跳开换流变压器进线断路器后，由断路器的预分闸信号（early make 信号）通知极控闭锁。

2）保护主机与"三取二"主机、控制主机通过光纤连接，传输经校验的数字量信号，提高了信号传输可靠性和抗干扰能力。

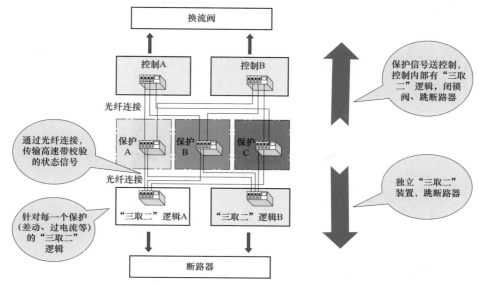

图 2-5-18 PCS9550 系统保护"三取二"功能

3）"三取二"功能按保护分类实现，而非简单跳闸出口相"或"，提高了"三取二"逻辑的精确性和可靠性。由于各保护主机送出至"三取二"主机和控制主机的均为数字量信号，"三取二""二取一""一取一"等逻辑可以做到按保护类型进行选择，比如三套保护功能正常情况下只有两套以上保护有同一类型的保护动作时，"三取二"逻辑才会出口。由于根据具体的保护类型判别，而不是简单地取跳闸触点相进行"或"逻辑处理，大大提高了保护动作逻辑的精确性和可靠性。

4）"三取二"配置独立主机，其工作状态可以在运行人员工作站监视。

3. 换流变压器非电量保护

分层接入特高压直流输电工程换流变压器非电量保护不设置独立保护装置，采用"三取二"出口逻辑，通过非电量接口装置（NEPA/B/C）采集非电量跳闸信号，通过光纤以太网点对点的方式送至换流器控制主机（CCP）中实现"三取二"逻辑。换流变压器非电量出口逻辑如图 2-5-19 所示。

4. 交流滤波器保护

交流滤波器保护按大组配置，每大组交流滤波器

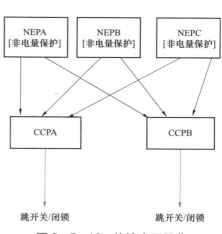

图 2-5-19 换流变压器非电量出口逻辑

配保护 2 套，包含母线保护和交流滤波器保护功能，提供完全双重化的保护。此外还需单独配置操作箱，实现与交流滤波器小组断路器的控制接口。

交流滤波器保护应可以采用如下接口方式中的任意一种与电子式 TA 接口：

（1）IEC 标准协议（IEC 60044 - 8 或 IEC 61850）的数字式接口方式。

（2）TDM 协议的数字接口方式。

（3）模拟量接口方式。

交流滤波器保护（按大组配置）跳闸出口回路如图 2 - 5 - 20 所示。

母线相关保护跳闸除断路器涉及交流滤波器母线进线断路器外，其跳闸出口回路与图 2 - 5 - 20 类似。

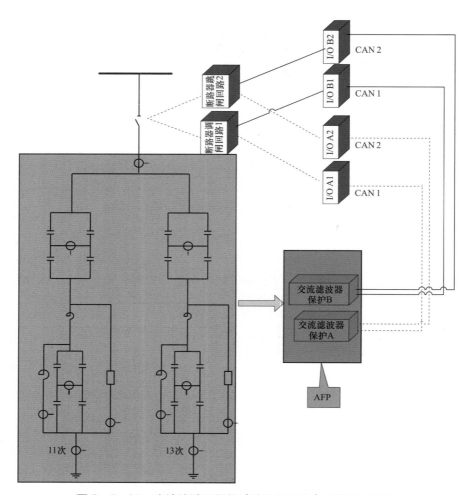

图 2 - 5 - 20　交流滤波器保护（按大组配置）跳闸出口回路

（三）直流控制保护系统接口

直流控制保护系统预留与换流站内的换流阀阀控系统、换流阀阀冷系统、换流变压器和安全稳定控制系统等的接口，分别采用相应的特高压直流换流站通用接口技术规范。

1. 与换流阀阀控系统接口

换流器控制保护（CCP）和换流阀控制单元（VBE）均采用双重化冗余配置的方案，CCP 和 VBE 之间采用"一对一"连接，正常运行中采用"一主一备"的方式。

处于主用（ACTIVE）状态的 CCP 和 VBE 系统实际负责换流阀的控制并出口闭锁指令，处于备用（STANDBY）状态的 CCP 和 VBE 系统除非不可用，否则必须处于热备用状态，即除不发送触发脉冲至阀塔外，其他触发脉冲产生、回报脉冲产生、保护、报警、闭锁、监视、事件等功能同主用系统相同。处于备用状态的 VBE 检测到闭锁信号（VBE_Trip）要出口至 CCP，但相应的 CCP 不得出口。主系统故障，自动切换至备用系统。VBE 产生的事件、报警信息等通过现场总线直接发送运行人员工作站（OWS）。

VBE 与 CCP 系统之间的所有开关量信号均采用光调制信号，载波频率误差不得大于10%；信号通道采用波长 820nm 的多模光纤，控制保护输入不低于 −25dBm，控制保护输出不低于 −15dBm。

从 CCP 至 VBE 的控制信号有主用信号（ACTIVE）、电压正常/异常信号（VOLTAGE）、控制脉冲（CP）、解锁信号（DEBLOCK）、投旁通对信号（BPPO）、逆变运行状态信号（INV_Ind）和录波信号（REC_Trig）。从 VBE 至 CCP 的信号有 VBE 可用信号（VBE_OK）、VBE 闭锁信号（VBE_Trip）和触发脉冲回馈信号（FP）。

2. 与换流阀阀冷系统接口

阀冷控制保护系统（VCCP）与换流器控制保护系统（CCP）均为双重化配置，采用"一主一备"的方式。双重化配置的 VCCP 与 CCP 之间采用"交叉互联"的方式，即每套 VCCP 与两套 CCP 系统均实时交换信号。

处于主用（ACTIVE）状态的 CCP 系统，实际负责直流系统的控制并出口闭锁指令，处于备用（SDANDBY）状态的 CCP 不得出口来自 VCCP 的闭锁指令。处于主用或备用的 VCCP 只采用来自"主用"CCP 的信息完成有关控制。除非系统不可用，两套 VCCP 均需处于工作状态。对于"控制"信息，主用和备用的 CCP 只采用来自"主用"的 VCCP 的信号完成有关直流系统控制；对于"保护"动作信号，主用和备用的 CCP 同时采用来自"主用"和"备用"VCCP 的信号。

VCCP 与 CCP 系统之间的所有开关量信号均采用光调制信号，载波信号占空比为50%，频率误差不得大于 10%；模拟量均采用光信号，通信规约为 IEC 60044−8；VCCP 产生的报警、事件等信息通过光纤向 OWS 传输，通信方式为 IEC 61850 或者 Profibus。

从 CCP 到 VCCP 的信号有主用信号（ACTIVE）、远方切换阀冷主泵命令（switch pump）和解锁信号（DEBLOCK）。从 VCCP 到 CCP 的调制信号有跳闸命令（VCCP_TRIP）、功率回降命令（RUNBACK）、可用信号（VCCP_OK）、具备运行条件（VCCP_RFO）、具备冗余冷却能力（REDUNDANT）、主用信号（VCCP_ACTIVE）和温度信号。

3. 与换流变压器接口

换流变压器二次系统结构示意图如图 2−5−21 所示。换流变压器控制系统用于控制特高压直流换流变压器冷却系统运行，经过对换流变压器运行温度、负荷和冷却器的状态计算处理，结合直流控制系统命令对换流变压器冷却器的启动、停运进行控制，并将冷却器运行状态送至直流控制保护系统。可采用变压器电子控制系统（transformer electronics control，TEC）或可编程逻辑控制器（programmable logic controller，PLC）技术路线。汇控柜用于汇集特高压直流换流变压器的电气量和非电量信号，并将信号传递给换流变压器控制系统、智能组件柜、直流控制保护系统等；接受换流变压器控制系统和运行人员下发的控制命令，对冷却器及有载开关进行控制；提供电源给换流变压器冷却器、换流变压器控制系统、智能组件柜及其他换流变压器组部件。智能组件柜用于对特高压直流换流变压器油中气体、铁芯夹件接地电流、SF_6 气体压力、油温、绕组温度、有载开关挡位信息等运行参数进行收集，并将数据上送至一体化在线监测平台。一体化在线监测系统监测换流站设备，如换流变压器油中气体、铁芯夹件接地电流、SF_6 气体压力、油温、绕组温度、有载开关挡位信息等运行状态量，进行数据记录、统计及分析，不进行任何控制。

换流变压器二次信号与汇控柜之间采用硬接线连接，汇控柜与换流变压器控制系统之间采用硬接线连接。汇控柜与智能组件柜采用硬接线连接，通信信号有套管压力、分接开关挡位、换流变压器绕组温度、油温、油位。汇控柜与直流控制保护系统之间采用硬接线连接。换流变压器控制系统与直流控制保护系统间采用 IEC 61850 或 Profibus DP 通信。

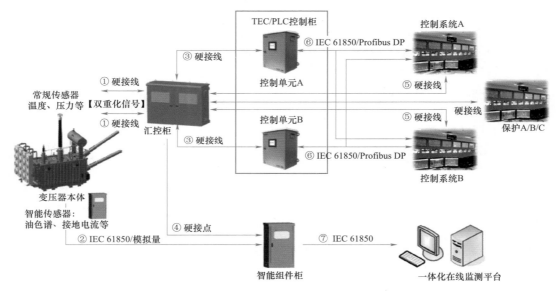

图 2-5-21 换流变压器二次系统结构示意图

从直流控制保护系统至换流变压器控制系统的控制信号有远方强投/强退信号（含复位信号）、换流变压器差动及重瓦斯保护动作全切冷却器（含泵和风机）和换流变压器充电信号。从换流变压器控制系统至直流控制保护系统的信号有冷却器运行状态（各组投退状态及故障信息）、本台换流变压器是否具备过负荷能力；分接开关挡位、绕组温度和油温。

4. 与安全稳定控制系统接口

极控制保护（PCP）和安全稳定控制装置（SSC）均采用双重化配置（保护三重化）的方案，PCP 和 SSC 之间采用交叉连接方式。正常运行中 PCP 采用"一主一备"的方式，两套 SSC 独立运行，无主备区分。

处于值班（ACTIVE）和备用（STANDBY）状态的 PCP 装置均向安全稳定控制装置发送信号，安全稳定控制装置执行 PCP 值班系统的命令。PCP 值班系统故障，自动切换至备用系统。

PCP 与 SSC 之间采用 IEC 60044-8 通信协议，传输通信速率 5Mbit/s。通信光纤属于直流控制保护系统范围。传输介质采用多模玻璃光纤，ST 或 LC 接口。

从直流控制系统至安全稳定控制系统的信号有直流功率速降信号、直流功率速降量、直流极控模式、直流极控值班状态、直流极控值班状态、换流器最大可输送功率、换流器输送功率值、换流器非正常停运信号、换流器运行状态、换流器正常停运信号、直流功率速降标识位和直流换相失败等。从安全稳定控制系统至直流控制系统的信号有提升直流功率信号、提升直流功率容量、提升直流功率标识位、回降直流功率信号、回降直流功率容量、回降直流功率标识位、闭锁直流双极信号和直流孤岛运行方式等。

第六节　电　磁　环　境

±1100kV 换流站的电磁环境主要关注直流地面合成电场和工频电场。直流地面合成电场的关注地点为直流场，其大小与管形母线直径和高度有关；工频电场的关注地点为交流滤波器场，其大小与滤波电容器塔和管形母线的高度密切相关。因此，换流站的电磁环境不仅关系到站内运检人员的职业健康，也决定着工程投资，需要采用现场试验和理论计算相结合的方式对地面合成电场、工频电场水平和分布进行准确预测。

一、±1100kV 换流站直流侧电磁环境试验研究

特高压直流换流站的地面合成电场直接关系到站内运行人员的身体健康，必须予以妥善处理。换流站直流场区域产生合成电场的主要设施是架空裸管形母线。管形母线下方地面处的直流合成电场由两部分组成：① 管形母线上电荷产生的标称电场；② 管形母线表面电场强度超过临界起晕电场强度后，管形母线表面因电晕放电产生的自由电荷在空间形成的离子流场。前者主要与管形母线的对地电压和对地高度有关，后者除了这两个因素外，还与管形母线的直径有关。因此，管形母线选型与对地高度的确定是否合理，不仅是决定着换流站地面处的合成电场强度大小，同时也影响着换流站的工程建设成本。

我国在开展±800kV 特高压直流输电工程前期可研时，在换流站直流场管形母线选型和对地高度优化方面开展了大量研究，但±1100kV 特高压直流输电工程在国际上没有先例，电压的大幅提升将导致管形母线表面的电晕放电特性发生改变，不能按照±800kV 特高压直流换流站的设计经验简单等比类推，应采用理论计算与真型试验相结合的研究方式，确定±1100kV 换流站经济合理的管形母线型式和对地高度。

本研究以±1100kV 换流站的管形母线选型为对象，首先通过对不同型式管形母线的地面合成电场仿真计算，结合地面合成电场控制值，初步给出可适用于±1100kV 换流站的管形母线型式。然后，在北京特高压直流试验基地搭建±1100kV 直流场管形母线真型试验回路，开展两种不同管径的管形母线地面合成电场试验，验证计算方法的有效性。最后，综合技术经济要求给出±1100kV 换流站经济合理的管形母线型式和对地高度的推荐值。

（一）地面合成电场控制值

1. ±1100kV 换流站的地面合成电场控制值

目前尚无±1100kV 换流站的合成电场相关的控制值标准，但从控制机理的角度，无论是超高压还是特高压直流换流站，地面合成电场的控制指标应基本一致，因此可以参照运

行的、已被接受的±500kV 和±800kV 换流站相关标准来确定±1100kV 换流站的地面合成电场控制值。对于±1100kV 换流站，建议除少数位置外，大部分区域的地面合成电场应控制在不超过 30kV/m 的水平。在该电场限值下，人体对直流电场无明显直接感受，且基本可以避免出现较明显的暂态电击。

2. 仅考虑单根管形母线时的地面合成电场控制值

换流站内的地面合成电场不仅仅由管形母线产生，还要考虑数量众多的各类软导线和金具，因此换流站管形母线下的实际地面合成电场要大于仅由管形母线自身产生的合成电场。如果将换流站大部分区域的地面合成电场控制在 30kV/m 以下，那么由单根管形母线产生的地面合成电场应小于 30kV/m，但对于具体控制值，目前尚无定论。考虑到换流站直流场的导体类型繁多且布置形式复杂，目前尚难以通过仿真计算的方式给出具体数值。为解决这一问题，对国内多个±500、±660kV 和±800kV 换流站的地面合成电场水平进行了专项实测，获得了不同电压等级换流站地面合成电场的分布特征及最大值水平，同时计算了仅由单根管形母线产生的地面合成电场，得出单根管形母线产生的地面合成电场与被测换流站实际地面合成电场最大值的差值，结果列于表 2-6-1 中。

表 2-6-1　　　　换流站地面最大合成电场实测值与单根管形母线计算值

电压等级（kV）	换流站名称	地面合成电场最大值（kV/m）		实测与计算值最大值的差值（kV/m）
		单根管形母线计算值	换流站实测值	
±800	奉贤换流站	19.4	25.2～28.1	5.8～8.7
	中州换流站	18.3	22.8～29.4	4.5～11.1
±660	银川东换流站	18.2	21.5～30.7	3.3～12.5
±500	江陵换流站	15.9	18.5～28.6	2.6～12.7
	宜都换流站	15.9	21.0～24.4	5.1～8.5
平均值				4.3～10.7

由计算与实测的对比结果可知，换流站地面合成电场实测最大值基本较单根管形母线的合成电场计算值偏大，两者差值为 5～10kV/m。因此，为了将换流站较大范围内的地面合成电场控制在 30kV/m 以内，由单根管形母线产生的地面合成电场控制在 20～25kV/m 是比较合适的。

（二）地面合成电场计算方法

将管形母线视为无限长直导线，按照直流输电线路地面合成电场的计算方法求解管形母线下方的地面合成电场。

在直流管形母线下方地面处，合成电场 E_S、空间电荷密度 ρ 和离子流密度 J 的约束方程组表示为

$$\nabla \cdot E_S = \rho / \varepsilon_0 \qquad (2-6-1)$$

$$J = K\rho E_S \qquad (2-6-2)$$

$$\nabla \cdot J = 0 \qquad (2-6-3)$$

式中　ε_0——空气的电容率；

　　　K——离子迁移率。

采用通量线法计算直流管形母线地面合成电场，简化了直流输电线路地面合成电场的求解。通量线法的基本假设包括：

（1）空间电荷只影响电场幅值，不影响其方向，即 Deutsch 假设，表示为数学形式即

$$E_s = AE \qquad\qquad (2-6-4)$$

式中　A——标量函数；

　　　E——标称电场。

（2）导线表面附近发生电离后，导线表面场强保持在起晕场强值。

（3）正极导线与地面间的区域只存在正离子，负极导线与地面间的区域只存在负离子。

（4）正、负极导线起晕电压相等。

（5）不考虑离子的扩散作用。

（6）正、负离子迁移率相同，是与电场强度无关的常数。

在常规海拔条件下，±1100kV 换流站管形母线的起晕场强选取可参考：干燥管形母线取 18.4kV/cm，湿管形母线取 11.3kV/cm，管形母线表面有一定污秽时取 9.2kV/cm。

（三）多种直径管形母线的地面最大合成电场计算结果

以下分别计算了工程中常见的五种直径管形母线的地面最大合成电场与对地高度的关系曲线，考虑了管形母线干燥、潮湿和特定污秽的情况。管形母线直径分别为 $\phi300mm$、$\phi350mm$、$\phi400mm$、$\phi450mm$ 和 $\phi500mm$。计算结果没有考虑海拔，仅适用于低海拔地区。图 2-6-1～图 2-6-5 给出了采用五种管形母线时，干燥、潮湿和表面污秽状态下的地面最大合成电场随管形母线高度变化的计算结果。

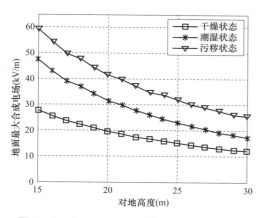

图 2-6-1　$\phi300mm$ 管形母线地面最大合成电场与对地高度的关系

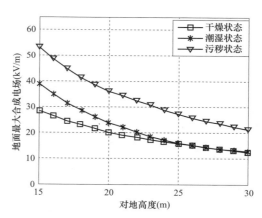

图 2-6-2　$\phi350mm$ 管形母线地面最大合成电场与对地高度的关系

由图 2-6-1～图 2-6-5 可见：

（1）$\phi300mm$ 管形母线。干燥状态下对地高度在 16.5～19.6m 或潮湿状态下对地高度在 24～27.3m，可满足地面最大合成电场在 20～25kV/m 以下的要求；但在污秽状态下，要满足地面最大合成电场小于 25kV/m 的要求，对地高度将超过 30m。

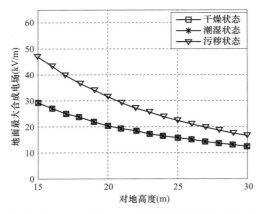

图 2－6－3　φ400mm 管形母线地面最大合成
电场与对地高度的关系

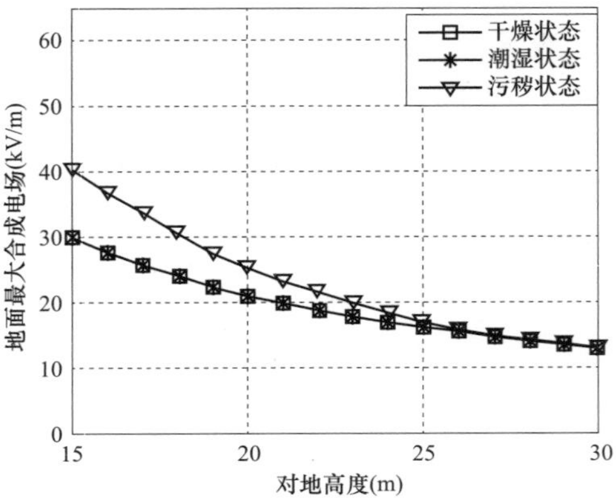

图 2－6－4　φ450mm 管形母线地面最大合成
电场与对地高度的关系

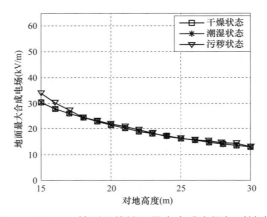

图 2－6－5　φ500mm 管形母线地面最大合成电场与对地高度的关系

（2）φ350mm 管形母线。干燥状态下对地高度在 16.8～20m、潮湿状态下对地高度在 19.5～22m 或污秽状态下对地高度在 26.7～31.3m 时，可满足地面最大合成电场在 20～25kV/m 以下的要求。

（3）φ400mm 管形母线。干燥和潮湿状态下对地高度在 17.2～21m 时，污秽状态下对地高度在 23.5～27m 时，可满足地面最大合成电场在 20～25kV/m 以下的要求。

（4）φ450mm 管形母线。干燥和潮湿状态下对地高度在 17.5～21m 时，污秽状态下对地高度在 20.2～23m 时，可满足地面最大合成电场在 20～25kV/m 以下的要求。

（5）φ500mm 管形母线。可满足对地高度在 18～21.4m 时，干燥、潮湿和污秽状态下的地面最大合成电场在 20～25kV/m 以下的要求。

综合以上计算分析结果，表 2－6－2 给出了地面合成电场强度最大值按照 20～25kV/m 控制时，管形母线处于干燥、潮湿和污秽状态下不同直径管形母线所对应的最小对地高度范围。

表 2-6-2　　　　　不同直径管形母线所对应的最小对地高度
（地面合成电场控制在 20～25kV/m）

管形母线直径 （mm）	干燥状态的最小对地高度 （m）	潮湿状态的最小对地高度 （m）	污秽状态的最小对地高度 （m）
300	16.5～19.6	24.0～27.3	＞30.0
350	16.8～20.0	19.5～22.0	26.7～31.3
400	17.2～21.0	17.2～21.0	23.5～27.0
450	17.5～21.0	17.5～21.0	20.2～23.0
500	18.0～21.4	18.0～21.4	18.0～21.4

由表 2-6-2 可以看出，对于直径 300～500mm 的管形母线，只要合理选择对地高度，其地面合成电场水平均可满足电场控制值要求，但是本书选择的计算方法是否合理，还需要通过试验做进一步的论证。

（四）管形母线地面合成电场试验

结合 ±800kV 特高压直流输电工程的直流场管形母线的设计经验，选择直径分别为 300mm 和 400mm 的管形母线开展地面合成电场试验研究。

1．试验布置方案

±1100kV 管形母线地面合成电场试验依托国家电网有限公司特高压直流试验基地的试验线段进行。根据直流换流站地面合成电场测量经验，换流站地面合成电场最大值一般出现在"丁"字形或"L"形管形母线的下方。为了模拟更接近换流站管形母线实际布置形式的环境，对特高压直流试验线段进行了局部改造，搭建了"L"形的管形母线地面合成电场试验模型，如图 2-6-6 所示。在图 2-6-6（a）中，呈直角布置的两段管形母线的长度分别为 24m 和 16m，管形母线中心对地高度均为 16.2m，试验用管形母线直径分别为 300mm 和 400mm，材料为铝制。在试验过程中，对每种规格的管形母线都分别开展了+1100kV 和 −1100kV 两种电压下的地面合成电场试验。

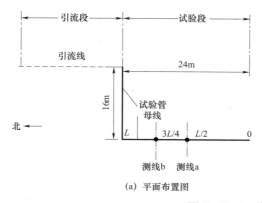

（a）平面布置图

（b）现场布置照片

图 2-6-6　管形母线试验布置图

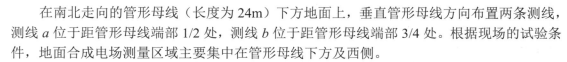

在南北走向的管形母线（长度为24m）下方地面上，垂直管形母线方向布置两条测线，测线 a 位于距管形母线端部 1/2 处，测线 b 位于距管形母线端部 3/4 处。根据现场的试验条件，地面合成电场测量区域主要集中在管形母线下方及西侧。

2. ϕ400mm 管形母线试验结果

晴天、表面洁净状态下，分别施加+1100kV 和−1100kV 电压，得到直径为 400mm 的管形母线下方两条测线 a、b 处的合成电场测量结果与标称电场计算结果，如图 2−6−7 所示。

由图 2−6−7 可知，合成电场测量结果与标称电场计算结果随距离的变化趋势基本一致。在距管形母线端部 3/4 长度的测线 b 上，测量值与标称电场计算值非常吻合；在管形母线中间位置的测线 a 上，由于距铁塔较近，加之地面不平，导致管形母线地面合成电场测量值与计算值在远离管形母线的区域略有差别。但总体来看，管形母线下方地面合成电场测量值与标称电场计算结果基本吻合，说明在±1100kV 试验电压下，表面干燥、洁净的直径 400mm 的管形母线并未起晕，可直接用三维静电场的计算方法对其地面合成电场进行预测分析。

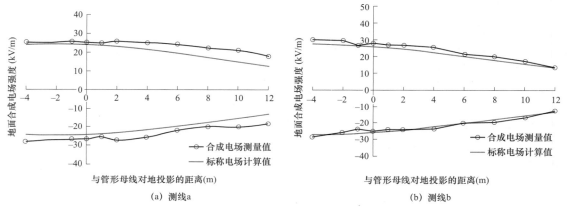

(a) 测线a   (b) 测线b

图 2−6−7　直径 400mm 管形母线地面合成电场测量结果与标称电场计算结果

3. ϕ300mm 管形母线试验结果

在表面洁净状态下，直径 300mm 的管形母线地面处两条测线上的合成电场测量结果如图 2−6−8 所示，地面合成电场最大值为 34~37kV/m，较直径 400mm 管形母线的合成电场测量结果和标称电场计算值增加 30%以上。由于直径 400mm 和 300mm 管形母线下的标称电场基本相等，因此直径 300mm 管形母线地面合成电场测量结果明显大于标称电场计算值，说明在±1100kV 直流试验电压下，即使管形母线处于表面洁净状态下，直径为 300mm 的管形母线表面已经发生一定程度的电晕放电，采用三维静电场计算方法得到的标称电场分布规律无法反映此时管形母线下方的合成电场分布。分别考虑管形母线的潮湿状态和干燥状态，采用三维合成电场计算方法求解此时地面处直流合成电场的分布曲线，计算结果见图 2−6−8。由图 2−6−8 可以看出，合成电场的测量结果与计算结果随距离的变化趋势上基本一致的，且测量结果全部位于潮湿管形母线与干燥管形母线的计算结果之间，只要选择合适的管形母线起晕电场强度，计算结果将会与测量结果非常吻合，证明了管形母线三维合成电场计算方法的有效性。

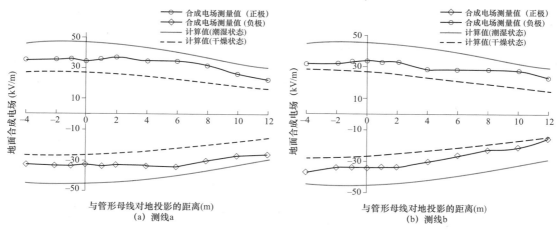

图 2-6-8　直径 300mm 管形母线地面合成电场测量结果与计算结果

（五）±1100kV 管形母线型式及对地高度确定

对于户内管形母线，受潮和表面粗糙的概率很小，建议按照干燥状态确定对地高度；对于户外管形母线，可按照潮湿状态确定对地高度，长期运行时如出现表面污秽，应定期进行清洗维护。

结合表 2-6-2 与真型管形母线的现场试验结果，可知：

（1）对于低海拔地区户内±1100kV 换流站，推荐采用 ϕ300mm 管形母线，最小对地高度可取 16.5～19.6m。

（2）对于低海拔地区户外±1100kV 换流站，推荐采用 ϕ400mm 管形母线，最小对地高度可取 17.2～21.0m。在建议高度下，当发现长时间合成电场较高时，宜对管形母线进行清洗；若将对地高度提高到 23.5～27m，可不必对管形母线进行清洗维护。

二、±1100kV 换流站交流侧电磁环境研究

（一）地面工频电场的控制值

目前尚无±1100kV 换流站的工频电场相关的控制值标准，但从控制机理的角度，无论是特高压直流换流站还是变电站，工频电场的控制指标一致，因此可以参照变电站的设计规范要求来执行。GB 50697—2011《1000kV 变电站设计规范》中 6.0.4 中的要求：1000kV 屋外配电装置场地内的静电感应场强水平（距离地面 1.5m 空间场强）不宜超过 10kV/m，但少部分地区可允许达到 15kV/m。

（二）工频电场的计算方法

工频电场三维数值计算常见的方法有模拟电荷法、边界元法、有限元法等以及两种方法的组合，这些计算方法已证实可用来求解较为复杂模型的三维电场问题。换流站的交流滤波器场内的电容器组整体结构相对比较复杂，目前还没有相关文献对整个交流滤波器场进行建模计算。为了对交流滤波器场内的电磁环境进行准确评估，需要在考虑整个滤波器场的情况下，对滤波器场内的工频电场进行数值仿真。由于滤波器场内设备众多且结构复杂，如果采用模拟电荷法，其模拟电荷很难设置，如果设置不当将带来很大误差。因此，一般采用有限元法。

对于三相交流区域内，由于电压是相量，计算时各相管形母线的电压常用复数形式表示，对于电场计算，相电压的相量值可表示为

$$\begin{cases} \dot{U}_a = U(\cos\theta + j\sin\theta) \\ \dot{U}_b = U[\cos(\theta - 120°) + j\sin(\theta - 120°)] \\ \dot{U}_c = U[\cos(\theta + 120°) + j\sin(\theta + 120°)] \end{cases} \qquad (2-6-5)$$

式中　θ——初相位角，（°）；

　　　U——线电压的峰值。

仿真时通常取 $\theta = 0°$ 作为计算条件。

场域内任一节点 n 的电位均可写成由实部和虚部组成的公式，即

$$\dot{U}_n = U_{real} + jU_{image} \qquad (2-6-6)$$

式中　U_{real}——节点 n 上电位的实部；

　　　U_{image}——节点 n 上电位的虚部。

将电位作为激励条件，分为实部和虚部分别加载，保持模型和边界条件不变，则场域内某点的场强各个分量也可以用复数表示

$$\begin{cases} \boldsymbol{E}_{nx} = E_{nx,r} + jE_{nx,j} \\ \boldsymbol{E}_{ny} = E_{ny,r} + jE_{ny,j} \\ \boldsymbol{E}_{nz} = E_{nz,r} + jE_{nz,j} \end{cases} \qquad (2-6-7)$$

则点 n 的总场强相量值可表示为

$$\boldsymbol{E}_n = (E_{nx,r} + jE_{nx,j})\boldsymbol{e}_x + (E_{ny,r} + jE_{ny,j})\boldsymbol{e}_y + (E_{nz,r} + jE_{nz,j})\boldsymbol{e}_z \qquad (2-6-8)$$

式中　$\boldsymbol{e}_x$、$\boldsymbol{e}_y$、$\boldsymbol{e}_z$——分别为节点 n 处场强 x，y，z 方向的单位矢量。

则节点 n 的场强最大幅值，则有

$$\boldsymbol{E}_n = \sqrt{E_{nx,r}^2 + E_{ny,r}^2 + E_{nz,r}^2 + E_{nx,j}^2 + E_{ny,j}^2 + E_{nz,j}^2} \qquad (2-6-9)$$

采用上述方法可将工频电场的时谐场求解问题转换为静电场的求解。场域内各点的工频电位和电场数值由式（2-6-9）计算。特高压换流站交流侧区域内带电导体多，其工频电场符合准静态场模型，可采用有限元分析软件中的静电场求解器进行求解。

（三）交流滤波器场内设备对工频电场的影响分析

图 2-6-9 给出的是整个交流侧区域的平面布置示意图。换流站有 8 组交流滤波器组，两边呈对称布置，只选取其中一组进行仿真分析。图 2-6-9 中的黑色方框为交流滤波器场，每组交流滤波器场内布置 ABC 三相滤波器塔。图 2-6-9 中的红色虚线为交流滤波器场周围的巡视通道的中心线，研究关注点也是该中心线上距离地面 1.5m 高处的工频电场分布情况。交流滤波场进线侧的巡视通道中心线距离滤波器场的围栏 7.5m，与母线进线平行的两侧巡视通道中心线与围栏距离为 13.5m。图 2-6-10 给出了交流滤波器场的侧视图，其中管形母线距离地面为 16.5m。

对于 1000kV 的交流滤波器场，滤波电容器塔的高度在 14m 左右，在满足空气绝缘间隙距离的要求下，地面的工频电场强度的大小也将决定交流滤波器场带电设备对地距离和

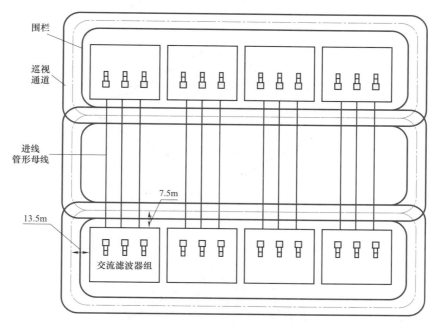

图 2-6-9 1000kV 交流侧区域简化的平面布置示意图

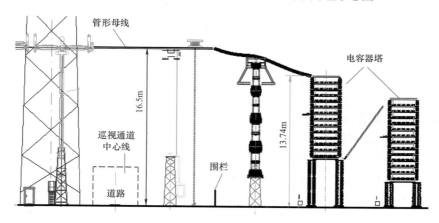

图 2-6-10 交流滤波器场断面图

四周围档与设备本体间的距离，从而决定整个交流滤波器场的尺寸，这将在很大程度上影响交流滤波器场的经济性。

为了分别研究进线管形母线和交流滤波器场内部的电容塔，对交流滤波器场周围巡视通道上的工频电场的贡献的大小，分别建立了不考虑管形母线进线和考虑部分管形母线进线影响时的仿真模型，如图 2-6-11（a）、（b）所示，图中还标注出了 3 个巡视通道的位置示意图。计算时假设滤波器组在额定电压下运行，按照实部和虚部计算，施加实部电压为：A 相为 857.3kV；B 相为 -428.6kV；C 相为 -428.6kV；虚部电压为：A 相为 0kV；B 相为 742.4kV；C 相为 -742.4kV。实部电压和虚部电压分别加载到相应的电容器组上，大地为 0V 电位。由于工频电场随距离的衰减比较快，因此求解区域（外包空气）尺寸设定为基本模型的 200% 时即可满足计算要求。

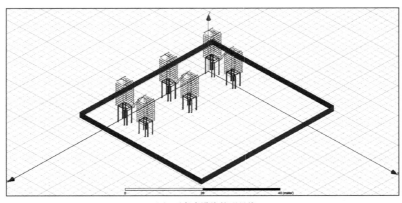

(a) 不考虑进线管形母线

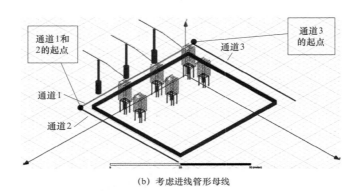

(b) 考虑进线管形母线

图 2-6-11　交流滤波器场的三维仿真模型

仿真分析了考虑部分管形母线时和不考虑管形母线时交流滤波器周围的巡视通道上的工频电场强度的分布情况，如图 2-6-12 所示，可以看出在不考虑进线管形母线时，滤波器场在前方道路中心处产生的工频电场水平低于 1.8kV/m；考虑部分进线管形母线影响时工频电场值最大为 9.5kV/m。由此可以看出，交流滤波器场内电容器塔对巡视通道上的电场贡献量只有 18.95%，当适当地降低电容器塔高度时，假设由电容器塔引起的工频电场增大 20%，对于整个巡视通道上的电场贡献量也只有 3.79%，其变化是很小的。因此，滤波器场前方巡视通道 1 上的工频电场主要受到进线管形母线上的电压所产生的工频电场的影响，而交流滤波器场内部的电容器塔等设备对其影响较小。为了减小巡视通道 1 上的工频电场强度，可适当提高管形母线高度，而交流滤波器的电容器塔在满足绝缘要求下可适当地降低其高度。此外，为了简化计算可以不对电容器塔进行建模，从而可以大大减小计算量，解决了复杂设备结构下工频电场计算周期长且以及计算精度低的问题。

（四）不同管形母线高度和相间距下的交流侧区域内的工频电场

建立简化的交流侧区域三维仿真模型，如图 2-6-13 所示，巡视通道的位置与图 2-6-11 的是一致的，基于该计算模型分别计算了管形母线高度以及相间距对交流滤波器场巡视通道 1 上的工频电场分布。

不同管形母线高度和相间距下的工频电场分别如图 2-6-14 和图 2-6-15 所示，

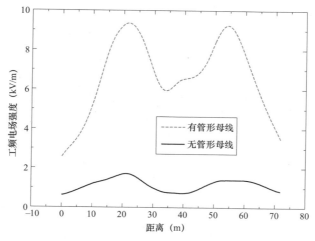

图 2-6-12 交流滤波器场前方巡视通道 1 上的电场分布

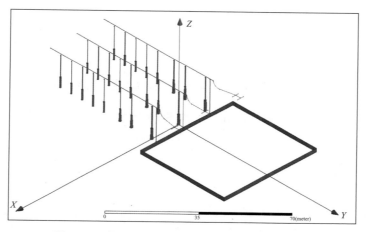

图 2-6-13 1000kV 交流区域的简化计算模型

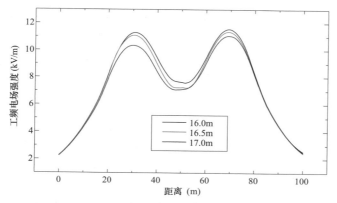

图 2-6-14 母线高度对滤波器场前方巡视通道上
的工频电场分布的影响

最大工频电场强度分别如表 2-6-3 和表 2-6-4 所示。从图 2-6-14 和图 2-6-15 中可以得出如下结论：① 工频电场强度随管形母线高度的降低而增加；② 工频电场强度随相间距的减小而减小，主要原因是由于三相之间的电压相角相差 120°，形成的电场强度三相之间也相差 120°，当三相之间距离越近其电场越容易相互抵消，当三相之间距离过远之后三相之间的抵消作用减弱，因此电场反而增大。因此对于相间距的选择，在保证绝缘强度的要求下，应尽可能地减小相间距。

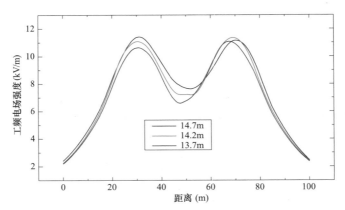

图 2-6-15　相间距对交流滤波器前方巡视通道上的工频电场分布的影响

表 2-6-3　　　　　不同管形母线高度时交流滤波器场前方巡视通道
上的工频电场强度最大值

电压等级（kV）	1000			750		
管形母线高度（m）	16	16.5	17	13	13.65	14.5
前方巡视通道工频电场最大值（kV/m）	12.1	11.8	11.5	13.4	12.2	11.6

表 2-6-4　　　　　不同相间距时交流滤波器场前方巡视
通道上中心点的工频电场强度

电压等级（kV）	1000			750		
相间距离（m）	13.7	14.2	14.7	10	10.75	11.5
前方巡视通道中心处的工频电场（kV/m）	6.7	7.2	7.7	6.5	7	8.4

（五）交流侧区域内管形母线高度和相间距的确定

根据以上的计算结果，以及 GB 50697—2011 中 6.0.4 中的要求：1000kV 屋外配电装置场地内的静电感应场强水平（距离地面 1.5m 空间场强）不宜超过 10kV/m，但少部分地区可允许达到 15kV/m。在考虑仿真的误差和一定的裕度情况下，推荐管形母线对地高度和相间距如下：

（1）1000kV 交流滤波器场的管形母线对地高度为 16.5m，相间距为 14.2m。

（2）750kV 交流滤波器场的管形母线对地高度分别为 13.65m，相间距为 10.75m。

第三章

±1100kV 换流站设备

　　±1100kV 特高压直流输电工程是一个崭新的课题，没有相关经验可以借鉴。我国在吉泉工程前期研究中，总结了国内多个±800kV 特高压直流输电工程建设和运行经验，根据目前直流设备的制造水平，规划建设了±1100kV、额定输送容量达 12GW 的世界最高电压等级、最大输送功率的直流输电系统。

　　±1100kV、12GW 设备的研制对于吉泉工程至关重要。特高压设备具有以下主要特点。

　　（1）特高压工程设备多且各具特点，设备规范没有通用性，需要集中来自各专业的专家参与研究工作。

　　（2）设备绝缘水平高、单台设备容量大、制造难度大。设备研制首先要确定各个设备合理的绝缘水平。绝缘水平太高会加大设备设计、制造难度，增加工程投资；绝缘水平太低又会带来设备的安全运行问题。

　　（3）设备繁杂、有多家供应商参与新设备的研制。新设备包括换流变压器、直流穿墙套管、交/直流滤波器、平波电抗器、直流断路器、隔离开关与快速接地开关、避雷器、控制保护和测量设备等，吉泉工程直流系统原理图如图 3-0-1 所示。

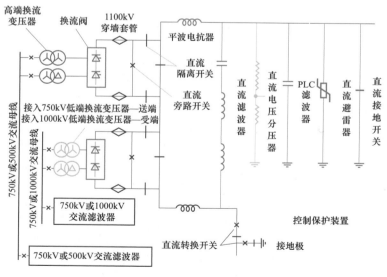

图 3-0-1　吉泉工程直流系统原理图

　　研制难度最大的设备（图 3-0-1 中红色部分）主要包括送/受端高端换流变压器、1100kV 直流穿墙套管等；研制难度较大的设备（图 3-0-1 中黄色部分）主要包括接入

750/1000kV 低端换流变压器、换流阀、1100kV 直流旁路开关/直流分压器、1100kV ACF 小组断路器等；需新研制，难度相对较小的设备（图3－0－1中绿色部分）主要包括1100kV 平波电抗器、直流滤波器、PLC滤波器、避雷器、隔离开关等。

第一节 换 流 变 压 器

1100kV 换流变压器为世界首次研发应用，无相关经验可以借鉴。设备绝缘水平高、单台容量大、制造难度大，其内部结构复杂，具有电场集中等特点，受其尺寸、重量方面的运输限制条件，其外形尺寸和质量控制至关重要，为保证设备安全可靠的安装和运行，需要对绕组、主绝缘、网侧出线装置、阀侧引线、油箱机械强度等方面的设计方案进行优化论证。

一、技术要求

（一）环境条件

昌吉换流站极端最高气温为41.6℃、最低气温为－42℃，设计覆冰 5mm、污秽等级 e 级，海拔 510～520m，地震烈度 7 级、动态加速度峰值 0.2g。古泉换流站极端最高气温为 40.7℃、最低气温为－13.8℃，设计覆冰 10mm、污秽等级 D1 级，海拔 57.6～89.1m，地震烈度 6 级、动态加速度峰值 0.2g。换流站环境条件见表 3－1－1。

表 3－1－1　　　　　　　　　　换 流 站 环 境 条 件

参数	昌吉换流站	古泉换流站
极端最高气温（℃）	41.6	40.7
极端最低气温（℃）	－42	－13.8
设计覆冰（mm）	5	10
污秽等级	e	D1
海拔（m）	510～520	57.6～89.1
地震烈度	7	6
动态加速度峰值	0.2g	0.2g

（二）交流系统条件

昌吉换流站 750kV 侧极端最低稳态电压 713kV、最低稳态电压 750kV、正常稳态电压 775kV、最高稳态电压 800kV、最高极端电压 800kV。古泉换流站 500kV 侧极端最低稳态电压 475kV、最低稳态电压 490kV、正常稳态电压 510kV、最高稳态电压 525kV、最高极端电压 550kV；1000kV 侧极端最低稳态电压 950kV、最低稳态电压 1000kV、正常稳态电压 1050kV、最高稳态电压 1070kV、最高极端电压 1100kV。换流站交流系统条件、频率分别见表 3－1－2 和表 3－1－3。

表3-1-2　　　　　　　　　　　　换流站交流系统条件　　　　　　　　　　　　（kV）

参数	昌吉换流站	古泉换流站	
		500kV侧	1000kV侧
极端最低稳态电压	713	475	950
最低稳态电压	750	490	1000
正常稳态电压	775	510	1050
最高稳态电压	800	525	1070
最高极端电压	800	550	1100

表3-1-3　　　　　　　　　　　　交 流 系 统 频 率　　　　　　　　　　　　（Hz）

换流站	昌吉换流站	古泉换流站500kV侧	古泉换流站1000kV侧
额定频率	50	50	50
稳态频率偏差	±0.2	±0.1	±0.1
故障清除后10min频率偏差	±0.5	±0.5	±0.5
事故情况下频率偏差	±1.0	±1.0	±1.0

（三）大件运输

昌吉换流站换流变压器的运输要求：高端在送端换流站附近具备生产、试验条件的厂房组装；低端可采用铁路＋公路运输。高端换流变压器运输限制尺寸（$L \times W \times H$）：15 000mm×5500mm×6500mm，运输限重600t；低端换流变压器铁路运输限制尺寸（$L \times W \times H$）：13 000mm×3500mm×4850mm，铁路运输限重360t。

古泉换流变压器的运输要求：水路＋公路，运输限制尺寸（$L \times W \times H$）：15 500mm×5500mm×6500mm，运输限重600t。

（四）主要参数

（1）昌吉换流站。换流变压器为单相、双绕组、有载调压、油浸式变压器，冷却方式为ODAF，网侧中性点直接接地方式；安装在网侧中性点的有载调压开关调压级数：（−5，＋25），每级电压：0.86%U_N（U_N为网侧电压额定值，kV）。当绕组平均温升不大于55K时，网侧和阀侧绕组容量均为607.5MVA。

网侧绕组最高稳态电压为461.9kV，Y接阀侧绕组为140.6kV、D接阀侧绕组为243.6kV；网侧绕组额定电压为447.5kV，Y接阀侧绕组为140.6kV、D接阀侧绕组为243.6kV。额定频率50Hz。

网侧绕组主分接额定连续电流为1358A，Y接阀侧绕组为4454A、D接阀侧绕组为2572A；最负分接1.05（标幺值）下2h无备用条件下网侧绕组连续电流为1518A，Y接阀侧绕组为4454A、D接阀侧绕组为2572A。额定分接下绕组的电流密度不超过3.2A/mm²，磁通密度不超过1.75T。

网侧与阀侧之间（YNyn0，YNd11）阻抗电压及允许变化范围：额定分接（主分接）为（20±0.9）%，最小分接（−5分接）为（20±0.9）%，最大分接（＋25分接）为（20±0.9）%。

所有换流变压器间阻抗偏差不大于 2%；直流偏磁电流 10A。

绝缘水平见表 3–1–4。

表 3–1–4　　　　　　　　　　　　绝　缘　水　平

名称		网侧绕组（kV）	阀侧绕组（kV）			
			高端		低端	
			Y1	D1	Y2	D2
雷电全波 LI	端 1	1950	2300	1980	1350	1240
	端 2	185	2300	1980	1350	1240
雷电截波 LIC（型式）	端 1	2100	2530	2175	1485	1360
	端 2	—	2530	2175	1485	1360
操作波 SI	端 1	1550	—	—	—	—
	端 2	—	—	—	—	—
	端 1＋端 2	—	2100	1840	1250	1175
交流短时外施（中性点）	端 1＋端 2	95	—	—	—	—
交流短时感应	端 1	900	—	—	—	—
交流长时感应＋局部放电	端 1（U1）	800	239	414	239	414
	端 1（U2）	693	211	365	211	365
交流长时外施＋局部放电	端 1＋端 2	—	1297	987	676	366
直流长时外施＋局部放电	端 1＋端 2	—	1791	1353	914	475
直流极性反转＋局部放电	端 1＋端 2	—	1386	1021	655	289

（2）古泉换流站。古泉换流站换流变压器为单相、双绕组、有载调压、油浸式变压器，冷却方式为 ODAF，网侧中性点直接接地方式；安装在网侧中性点的有载调压开关，高端调压级数：（−5，+25）、每级电压 1.25%U_N，低端调压级数（−10，+20）、每级电压 0.65%U_N。当绕组平均温升≤55K 时，网侧和阀侧绕组容量均为 587.1MVA。

高端换流变压器网侧绕组最高稳态电压为 303.1kV，低端换流变压器网侧绕组最高稳态电压为 617.8kV；Y 接阀侧绕组为 138.1kV、D 接阀侧绕组为 239.2kV。网侧绕组额定电压为 294.5kV，低端换流变压器网侧绕组额定电压为 606.2kV；Y 接阀侧绕组为 131.8kV，D 接阀侧绕组为 228.3kV，额定频率 50Hz。

高端换流变压器网侧绕组主分接额定连续电流为 1993.8A、低端换流变压器网侧绕组主分接额定连续电流额定值为 968.4A；Y 接阀侧绕组为 4454A、D 接阀侧绕组为 2572A。高端换流变压器网侧绕组最负分接 1.05（标幺值）下 2h 无备用连续电流为 2276A、低端换流变压器网侧绕组最负分接 1.05（标幺值）下 2h 无备用连续电流为 1109A；Y 接阀侧绕组为 4454A、D 接阀侧绕组为 2572A。额定分接下绕组的电流密度不能超过 3.2A/mm²，磁通密度不能超过 1.75T。

网侧与阀侧之间（YNyn0，YNd11）阻抗电压及允许变化范围：额定分接（主分接）为（22±1.0）%，最小分接（−5 分接）为（22±1.0）%，最大分接（+25 分接）为（22±1.0）%。所有换流变压器间阻抗偏差不大于 2%；直流偏磁电流 10A。

绝缘水平见表 3-1-5 和表 3-1-6。

表 3-1-5　　　　　　　　高 端 绝 缘 水 平

名称		网侧绕组（kV）	阀侧绕组（kV）	
			Y1	D1
雷电全波 *LI*	端 1	1550	2300	1930
	端 2	185	2300	1930
雷电截波 *LIC*（型式）	端 1	1705	2530	2125
	端 2	—	2530	2125
操作波 *SI*	端 1	1175	—	—
	端 2	—	—	—
	端 1+端 2	—	2100	1785
交流短时外施（中性点）	端 1+端 2	95	—	—
交流短时感应	端 1	680		
交流长时感应+局部放电	端 1（U1）	550	234	405
	端 1（U2）	476	206	358
交流长时外施+局部放电	端 1+端 2	—	1292	982
直流长时外施+局部放电	端 1+端 2	—	1786	1347
直流极性反转+局部放电	端 1+端 2	—	1384	1018

表 3-1-6　　　　　　　　低 端 绝 缘 水 平

名称		网侧绕组（kV）	阀侧绕组（kV）	
			Y2	D2
雷电全波 *LI*	端 1	2250	1350	1235
	端 2	185	1350	1235
雷电截波 *LIC*（型式）	端 1	2400	1485	1355
	端 2	—	1485	1355
操作波 *SI*	端 1	1800	—	—
	端 2	—	—	—
	端 1+端 2	—	1250	1165
交流短时外施（中性点）	端 1+端 2	95	—	—
交流长时感应+局部放电	端 1（U1）	1100	234	405
	端 1（U2）	953	206	358
交流长时外施+局部放电	端 1+端 2	—	672	362
直流长时外施+局部放电	端 1+端 2	—	908	470
直流极性反转+局部放电	端 1+端 2	—	653	287

（五）性能要求

（1）额定容量时的温升限值，顶层油温升要求≤45K，绕组平均温升要求≤53K，绕组热点温升要求≤66K，油箱、铁芯及结构件温升要求要求≤73K，短时过负荷绕组热点温度要求≤120℃。

（2）在系统最高电压和频率下，且阀侧为最高稳态电压时，换流变压器应能正常运行；换流变压器空载时在110%的额定电压下应能连续运行。

（3）网侧套管出线端子应按防电晕要求进行设计。

（4）换流变压器阀侧套管对地/对墙最小空气间隙要求值，具体见表3-1-7。

表3-1-7　　　　　换流变压器阀侧套管对地/对墙最小空气间隙要求值

	换流变压器类型	端子	昌吉换流站	古泉换流站
阀侧套管对墙/对地空气间隙（m）	Y1	阀a（对墙/对地）	11.1	11.1
		阀b（对墙/对地）	10.7	10.7
	D1	阀a和b（对墙/对地）	10.5	10.5
	Y2	阀a（对墙/对地）	4.6	4.6
		阀b（对墙/对地）	4.6	4.6
	D2	阀a和b（对墙/对地）	4.5	4.5

二、技术关键点

（一）技术特点

将±800kV特高压直流输电工程的输电容量从8、10GW提升至12GW、电压等级提升至±1100kV、受端分层接入500/1000kV交流电网，为实现该目标，大容量及分层接入技术的换流变压器是主设备研发的关键。在此情况下，换流变压器容量增加了20%、电压提升了37.5%，导致换流变压器温升及绝缘设计难度大幅增加。研制的1100kV换流变压器如图3-1-1及图3-1-2所示。

图3-1-1　昌吉换流站1100kV换流变压器

图 3-1-2　古泉换流站 1100kV 换流变压器

1. 短路阻抗大

换流变压器的阻抗通常高于交流变压器，这不仅是为了根据换流阀承受短路的能力限制短路电流，也是为了限制换相期间阀电流的上升率。但短路阻抗太大会增加无功损耗和无功补偿设备，并导致换相压降过大。随着直流输电电压的提高，单台换流变压器容量进一步增大，由于制造的原因及大件运输的限制，昌吉换流站换流变压器达到 20%、古泉换流站换流变压器达到 22%。此外，换流变压器各相阻抗之间的差异必须保持最小（一般要求不大于 2%），否则将引起换流变压器电流中的非特征谐波分量的增大。

2. 额定容量大

±1100kV 特高压直流输电工程直流输送容量达到 12GW，换流变压器的容量也随之增大，昌吉换流站换流变压器额定容量达到 607.5MVA，古泉换流站换流变压器额定容量达到 587.1MVA。

3. 短路电流耐受能力高

由于故障电流中存在直流分量，换流变压器承受的最大不对称短路电流衰减时间较长，会保持在比较高的水平直到保护动作。短路电动力与短路电流幅值的平方成正比，短路电动力施加在绕组和引线支撑结构上，换流变压器应能承受较大的短路应力。而换流阀的换相失败也会使换流变压器遭受更多的电动力冲击。

4. 有载调压范围大

换流变压器有载调压范围大，以保证电压变化及触发角运行在适当范围内。尤其是直流降压运行时，正分接挡数最高达 20 挡以上。昌吉换流站换流变压器调压范围为（-5，+25）×0.86%，古泉换流站换流变压器调压范围为（-5，+25）×1.25% 和（-10，+20）×0.65%。

（二）铁路运输大容量换流变压器关键技术

1. 器身结构

昌吉换流站低端单相 4 柱式换流变压器器身如图 3-1-3 所示，绕组上下端部的绝缘端圈中设有磁分路，为分瓣结构，每柱上下各 4 块，其接地引线与夹件相连。

图 3-1-3　昌吉换流站低端单相 4 柱式换流变压器器身

上下端部绝缘压板磁分路位置设有异形的静电屏蔽管，与夹件相连接，改善局部电场分布。器身绝缘结构复杂，采用大量的成型绝缘件，以保证电气强度。

器身下部支撑采用导油垫块结构，网、阀侧绕组独立进油，散热效果好、强度好且装配简便。器身端部绝缘采用端圈、角环、密封圈配合结构，油路结构合理，保证油量分配均匀。

器身压紧靠压块来完成，避免压钉结构对端部出线的影响，使结构紧凑，性能可靠。

器身上所有零部件均倒圆角，以减小局部放电的发生概率。每柱间的阀侧绕组采用"手拉手"连接，屏蔽筒外包绝缘纸。

屏蔽筒内有等电位连接线。阀侧绕组"手拉手"连接和出线均从绕组侧面出线，网侧绕组在同一侧的上端出线，空间布局较为紧凑。引线选用大直径金属管屏蔽，屏蔽管一端伸入绕组器身中，另一端直接伸入套管尾部的均压球内，屏蔽结构合理可靠。屏蔽管外有纸包绝缘，满足交直流绝缘耐压要求。

2. 特殊拱形油箱结构

铁路运输大容量换流变压器采用特殊弧形油箱结构，保证了绕组绝缘距离、磁通密度（1.78T）、电流密度（调压 2.9A/mm^2、网侧 3.5A/mm^2、阀侧 3.5A/mm^2）等控制指标与常规换流变压器相比不增加，且总损耗（1400kW）在相同水平。油箱结构优化如图 3-1-4 所示。

昌吉换流站换流变压器油箱用槽形加强铁加强，油箱箱壁、箱底、箱盖及加强铁的材料均为高强度结构钢，其中箱底采用整块钢板，每块整钢板在焊接前均用超声波进行探伤以保证钢板质量，油箱的拼接焊缝及重要加强筋焊缝也用超声波检验。油箱焊接采用优质焊条，用埋弧焊机、气体保护焊

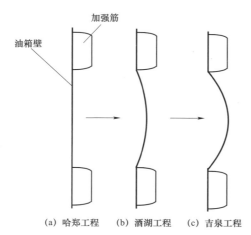

加强筋

油箱壁

(a) 哈郑工程　(b) 酒湖工程　(c) 吉泉工程

图 3-1-4　油箱结构优化

机等先进设备，确保焊接的质量。密封件采用成型橡胶材料。油箱内壁焊铜屏蔽。箱沿法兰长形定位槽与箱盖配装定位，密封面平整，为焊死结构，以保证密封性能。

3. 强油导向冷却方式

图 3-1-5 所示为铁路运输大容量换流变压器强油导向冷却方式，冷油主要经过管道直接进入绕组（绕组损耗），部分通过旁通管或开孔进入油箱（铁芯损耗及其他杂散损耗），而强油非导向冷却方式，则是经冷却器冷却的油主要经过管道直接进入油箱，油的流动主要靠油的温差引起，如图 3-1-6 所示。

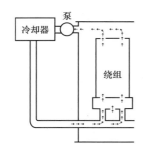

图 3-1-5 强油导向冷却方式

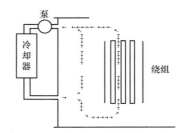

图 3-1-6 强油非导向冷却方式

温升试验采用了更为严格的温度稳定标准，由 1h 内温升不超过 1K，提高到 3h 内温升不超过 1K，整体温升过程超过 30h。

（三）网侧接入 1000kV 换流变压器关键技术

网侧接入 1000kV 换流变压器面临绝缘设计与漏磁控制的"双难"，且网侧绕组采用结构简洁、无须分裂绕组的端部出线结构，进一步增加了绝缘设计难度。

1. 绕组结构

网侧接入 1000kV 换流变压器绕组结构排序为铁芯—阀侧—网侧—调压。调压绕组采用单层圆筒式结构，网侧绕组采用纠结连续式结构，阀侧绕组上下端部采用内屏连续式结构，通过改变绕组端部线饼内屏蔽的匝数来调节纵向电容，以获得良好的雷电冲击电压波形分布。这种结构便于网侧 1000kV 端部出线，可较好地控制短路阻抗尺寸偏差。

2. 出线结构

为了适应网侧接入 1000kV 的分层接入特点，同时综合考虑绝缘距离和机械强度，研发了图 3-1-7 所示的绕组开孔压板设计，解决了绝缘和机械对开孔要求的冲突。

为严格考核 1000kV 网侧出线结构的绝缘性能，带局部放电测量的长时感应耐压试验（ACLD）时，施加 1100kV 电压 5min（不进行频率修正）进行激发，实现了无局部放电的设计目标。

3. 屏蔽结构

由于换流变压器网侧电压达到 1000kV，其漏磁及温升控制成为必须解决的问题。为此，采用大体积复合屏蔽新结构，解决了大电流下的漏磁屏蔽难题。油箱两侧内壁铺设铝屏蔽，油箱上下内壁（即箱顶和箱底）铺设磁屏蔽。

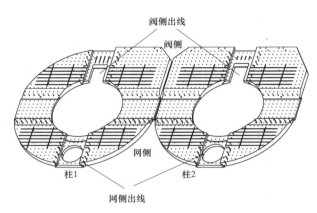

图 3−1−7　绕组压板结构

此外，网侧接入 1000kV 换流变压器网侧绕组采用组合自黏扁导线，通过合理的设计有效地控制了绕组损耗，损耗计算结果如表 3−1−8 所示。从表 3−1−8 中可以看出，总负载损耗计算结果均小于保证值 1150kW。

表 3−1−8　　　　　　　　　　　负 载 损 耗 计 算　　　　　　　　　　（kW）

项目	基本电阻损耗	涡流损耗	杂散损耗	总负载损耗	谐波损耗
Y 接网侧绕组	856	158	272	1286	1551
D 接网侧绕组	855	148	271	1274	1529

综上，网侧接入 1000kV 换流变压器温升试验结果如表 3−1−9 所示。从表 3−1−9 中可知，其温升裕度充足（较要求值约低 15K）。

表 3−1−9　　12GW 网侧接入 1000kV 换流变压器温升测量结果（平均值）　　（K）

绕组	绕组平均温升		绕组热点温升		油顶层温升		油平均温升
	实测值	保证值	实测值	保证值	实测值	保证值	实测值
网侧绕组	33	53	40	66	20	50	17
Y 接阀侧绕组	36	53	49	66			
D 接阀侧绕组	36	53	47	66			

（四）阀侧接入 1100kV 换流变压器关键技术

±1100/825kV 换流变压器阀侧套管布置与 ±800kV 级换流变压器存在差异，未放置在短轴箱壁上，而是布置在箱盖上的大型拐弯升高座上，保证了阀侧套管顶部的均压环对地绝缘距离。昌吉换流站、古泉换流站高端换流变压器外形、器身示意图分别见图 3−1−8 和图 3−1−9。

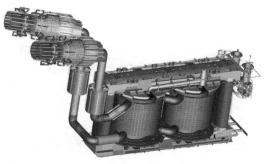

图 3-1-8　昌吉换流站高端换流变压器
外形和器身示意图

图 3-1-9　古泉换流站高端换流变压器
外形和器身示意图

（五）大件运输

高端换流变压器运输参数大、公路运输距离长，为满足工程需要新研发设计了 650t 桥式框架车和 600t 换流变压器现场转运小车，均为当前世界之最，见图 3-1-10 和图 3-1-11。

图 3-1-10　650t 桥式框架车

图 3-1-11　600t 换流变压器现场转运小车

（六）设备升级改造

1100kV 换流变压器因设备尺寸、质量增大，绝缘材料增厚，相应的绕组绕制、铁芯加工、器身总装、气相干燥罐、吊装运输、加工车床等设备均需升级改造。生产设备升级改造要求见表 3-1-10。

表 3-1-10　　　　　　　　　　生产设备升级改造要求

设备名称	参数要求	设备名称	参数要求
线圈立绕机	直径 4.2/3.5m，绕制绕组重 20t	煤油气相干燥罐	15m×6m×7m，最小功率 600kW
线圈压床	可压装直径 4.5/3.8m，压力 200～450kN	"沙漠房"环境要求	24m×7m×7.5m，湿度应＜30%
气垫车	最大载重 850t	抽真空和热油循环泵	单台容量≥6000m³/h
起重吊装施施	总装车间行吊 450t	油箱喷砂间及喷漆间	15m×6m×6m

1100kV 换流变压器、直流套管的直流耐压、交流耐压、冲击耐压试验装置和试验大厅等试验设施需全面升级，新建装配车间和试验大厅效果如图 3-1-12 所示。试验设备升级

改造要求见表 3-1-11，各厂主要升级改造设备情况见表 3-1-12。

(a) 装配车间   (b) 试验大厅

图 3-1-12 新建装配车间和试验大厅

表 3-1-11 试验设备升级改造要求

设备名称	参数
串联谐振装置	额定电压：1800kV，额定容量：25 200kVA
直流电压发生器	额定电压：2250kV，额定电流：35mA
冲击电压发生器	额定电压：6000kV，能量要求：900kJ
接地电阻	<0.5Ω

表 3-1-12 各厂主要升级改造设备情况

厂家	承制换流变压器情况	工序	改造项目
换流变压器制造厂 1	昌吉换流站低端 275kV 1 台、550kV 1 台、高端 825kV 1 台、1100kV 1 台	铁芯叠装	铁芯剪切装置
			铁芯叠装设备
			工作平台
		绕组绕制	立式绕线机
			卧式绕线机
			可调模具
			绕组压力机
			绕组提升架
			绕组转运系统
		油箱制作	自动喷砂机
		器身干燥	气相干燥罐
		转运工具	高吨位气垫车
			大型行车

续表

厂家	承制换流变压器情况	工序	改造项目
换流变压器制造厂 1	昌吉换流站低端 275kV 1 台、550kV 1 台，高端 825kV 1 台、1100kV 1 台	出厂试验	交流耐压试验装置
			直流耐压系统试验
			局部放电监测设备
			超声探测仪
			紫外成像仪
换流变压器制造厂 2	古泉换流站低端 275kV 1 台、550kV 1 台，高端 825kV 1 台、1100kV 1 台	铁芯叠装	铁芯叠装平台
		线圈绕制	绕组吊装系统
		器身装配	器身吊装系统
		转运工具	气垫车
		试验	冲击发生器
			试验大厅布局
		套管车间	新建生产厂房
			现有厂房与试验大厅连通改造
			升级芯体托架
			升级加工成形装置
			升级整机运输工装
换流变压器制造厂 3	古泉换流站低端 275kV 1 台、550kV 1 台，高端 825kV 2 台、1100kV 2 台	绕组	绕组套装台
			绕组压具
		铁芯	铁芯叠装平台
		器身干燥	气相干燥罐
		转运工具	气垫运输车
			变压器吊梁及吊绳
		总装配	滤油机
			装配工作架
		出厂试验	冲击电压发生器
			截波装置
			电容分压器
			补偿电容塔
			串联谐振装置
			直流电压发生器
			变频电源
			屏蔽大厅

续表

厂家	承制换流变压器情况	工序	改造项目
换流变压器制造厂4	古泉换流站高端825kV 4台、1100kV 4台	油箱制作	起重设备
			埋弧焊
			焊接机器人
		器身制作	整套绕组的吊装设备
			器身吊具
		器身干燥	气相干燥罐
			汽相干燥罐基础
			煤油含水量试验
			购置气垫车2台（载重400t）
		总装配	低频加温装置
			装配厂房
			气垫车
			新建移动真空机组1台
			新建真空滤油机1台
			总装桥式起重机
		出厂试验	试验大厅
			工频及串谐
			直流耐压装置
			冲击电压发生器
换流变压器制造厂5	古泉换流站低端275kV 5台、550kV 5台	绕组	改造卧式绕线机1台
			新增专用可调模具16台（最大直径3300mm）
			升级线圈压力机
		转运工具	购置气垫车2台（载重280t）
		油箱制作	新建喷烘一体室（20m×9.5m×10m）
换流变压器制造厂6	昌吉换流站高端825kV 6台、1100kV 6台	绕组	新增绕组吊具1套
			改造喷砂间
			绕线机改造
		出厂试验	串联谐振装置
			直流电压发生器
			冲击电压发生器
			接地电阻

（七）关键制造问题的解决

铁芯叠装平台、直流发生器分别见图 3-1-13 和图 3-1-14。

图 3-1-13 铁芯叠装平台 　　　　图 3-1-14 直流发生器

（1）工装、试验设施改造及验证：解决了雷电冲击、直流发生器等的试验装置损坏问题、铁芯起立工装角度问题。

（2）设计问题：先后两次设计优化，提升昌吉换流站低端换流变压器热点温升裕度，详见表 3-1-13。

表 3-1-13　　　　昌吉换流站低端换流变压器热点温升裕度一览表　　　　（K）

优化措施	原方案，改热点系数		采用堵孔等措施				更改线规位置
台号	Y1	Y2	Y3	Y4	Y5	Y6	Y7
网侧热点温升	66.0	60.0	65.1	64.2	63.7	59.0	58.0
优化措施	原方案，改热点系数		采用堵孔等措施				更改线规位置
台号	D1	D2	D3	D4	D5	D6	D7
网侧热点温升	63.4	62.1	57.7	58.7	62.1	58.6	56.7

（3）设计问题：昌吉换流站 1100kV 换流变压器改正出线装置内部"上下颠倒"错误，825kV 换流变压器出线装置外部加装悬挂框架，确保超重绝缘件可靠的支撑和悬挂。1100kV 换流变压器出线绝缘脱落、825kV 换流变压器原出线结构示意和改进后结构见图 3-1-15。

(a) 1100kV 换流变压器出线绝缘脱落　　(b) HD 原出线结构示意　　(c) 改进后结构

图 3-1-15　1100kV 换流变压器出线绝缘脱落、HD 原出线结构示意和改进后结构

（4）设计问题：古泉换流站低端换流变压器网侧加装夹件铜屏蔽绝缘，解决铁芯夹件

的"地电位、高场强"设计薄弱点，提升绝缘裕度，后续产品试验均一次性通过。夹件铁轭垫块爬电、网侧出线装置爬电分别见图3-1-16和图3-1-17。

图3-1-16　夹件铁轭垫块爬电

图3-1-17　网侧出线装置爬电

（5）试验问题：通过多项技术措施（如均压环替代等），解决多个换流变压器制造厂等试验大厅条件差、试验过程曲折等问题，编制试验总结，预控试验风险。加装屏障确保大厅湿度较低、较大均压环屏蔽套管高场强位置分别见图3-1-18～图3-1-20。

图3-1-18　加装屏障确保大厅较低湿度

图3-1-19　较大均压环屏蔽套管高场强位置

图3-1-20　使用硬管连接减少干扰

（6）设计问题：昌吉换流站 1100kV 换流变压器阀侧套管根部首次应用降低局部电场的尾环，阀侧出线装置（升高座）内部绝缘紧配合，距套管尾部间隙≤16mm，套管固定点距尾部近 3000mm，套管自重大。当套管首端悬空下垂、尾端上翘导致多台出现机械损伤"压痕"。改进套管尾环径向尺寸，在保证交直流电场均衡的前提下增大绝缘间隙，采用粘结纸板加强机械强度。上述措施已成功在 2 台换流变压器本体上通过内窥镜检验和绝缘试验验证，并开发了单独试验装置进一步加强考核。1100kV 换流变压器套管尾环改进前后对比、1100kV 换流变压器单独试验装置见图 3−1−21。

（a）套管尾环改进前后对比　　　　（b）HY单独试验装置

图 3−1−21　1100kV 换流变压器套管尾环改进前后对比、HY 单独试验装置

（7）设计问题：825kV 换流变压器出线装置在交流电场下绝缘设计裕度偏紧，对安装工艺容错性偏低，未充分考虑严苛的试验条件及安装误差，约 50%换流变压器在阀侧交流外施试验时放电。增加成型角环提升爬电距离，扩大升高座外壳直径并严控均压球偏心度增加对地距离，后续试验一次通过。825kV 换流变压器升高座爬电见图 3−1−22，设计改进（加角环＋扩径）见图 3−1−23。

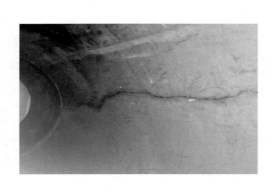

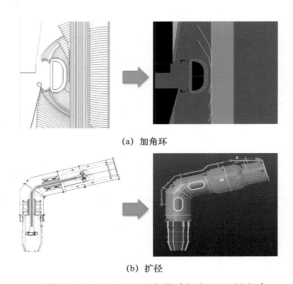

（a）加角环

（b）扩径

图 3−1−22　825kV 换流变压器升高座爬电　　　图 3−1−23　设计改进（加角环＋扩径）

（8）工艺问题：昌吉换流站高端换流变压器阀侧套管面临电压等级显著提升、电容芯体油腔增大、安装就位倾斜角度偏小等技术环境，换流变压器注油要求采用全新的高真空

度低含气量指标控制，较我国常用的含气量指标提高约 1 个数量级，原有工艺水平不足引发多支套管试验时局部放电超标。阀侧套管使用高密封金属软管抽空，最后 1 级滤油机真空脱气罐压力控制到≤40Pa，全过程实时监测气泡。工艺调整后试验均一次通过。注油工艺改进见图 3-1-24。此工艺已在现场组装和多个变压器厂推广使用。

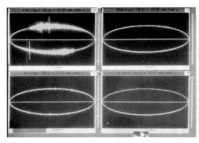

　(a) 气泡放电波形　　　　(b) 滤油机真空显示　　(c) 高密封金属软管　　(d) 注油气泡监测

图 3-1-24　注油工艺改进

第二节　阀侧套管和穿墙套管

　　特高压换流变压器阀侧套管是换流变压器的关键组部件之一，起着导电连接、绝缘隔离和机械连接的作用，是特高压变电站和换流站电能送出的必经通道。穿墙套管是连接直流输电工程换流站阀厅内部和外部高电压大容量电气装备的唯一电气连接设备，处于直流输电系统的"咽喉"位置，单体承载着整个系统的电压和电流，发挥绝缘和机械支撑作用。穿墙套管长期承受高电压大电流，运行工况复杂，套管内外部绝缘场强以及中心导体发热控制比较难。

一、技术要求

（一）阀侧套管

（1）各型号换流变压器阀侧套管型式见表 3-2-1。

表 3-2-1　　　　　　　　各型号换流变压器阀侧套管型式

套管型号	Y1	D1	Y2	D2
型式	充 SF_6	充 SF_6	干式或充 SF_6	干式或充 SF_6

　　（2）如果采用 SF_6 气体绝缘，应加装可观测的密度（压力）表计或密度继电器，采用模拟信号远传。

　　（3）套管电流要求见表 3-2-2。

　　（4）温升试验采用沿导杆布点测试的方法，电容芯体的两端必须布点，任何两个温度测点之间的距离不能大于 300mm，施加电流不小于表 3-2-2 规定值。阀侧套管的温升试验需要考虑变压器油温（90℃）、阀厅温度（50℃）的影响。

（5）套管介质损耗及电容量测量电压见表 3-2-3。

表 3-2-2 套 管 电 流 要 求 （A）

站址	名称	阀侧套管			
		Y1	D1	Y2	D2
昌吉换流站	额定电流	5033	2906	5033	2906
	温升试验电流	5879	3395	5879	3395
古泉换流站	额定电流	5032	2906	5032	2906
	温升试验电流	5879	3395	5879	3395

表 3-2-3 套管介质损耗及电容量测量电压 （kV）

站址	电压	阀侧绕组			
		Y1	D1	Y2	D2
昌吉换流站	$0.5U_r/\sqrt{3}$	440	334	229	123
	$1.05U_r/\sqrt{3}$	923	702	480	259
	$1.5U_r/\sqrt{3}$	1319	1003	686	369
古泉换流站	$0.5U_r/\sqrt{3}$	438	333	227	122
	$1.05U_r/\sqrt{3}$	920	699	477	255
	$1.5U_r/\sqrt{3}$	1315	998	681	365

注 U_r 为套管额定电压的有效值，kV。

（6）换流变压器阀侧套管绝缘水平比换流变压器绕组绝缘水平均提高不等的系数，其中直流电压 1.15、直流极性反转 1.15、外施交流电压 1.10、雷电冲击 1.10（例行试验可按 1.05）、操作冲击 1.10（例行试验可按 1.05），阀侧套管型式试验电压必须按上述要求进行，具体数值见表 3-2-4。

表 3-2-4 换流变压器阀侧套管型式试验电压 （kV）

站址	试验项目	阀侧绕组			
		Y1	D1	Y2	D2
昌吉换流站	雷电全波 LI	2530	2178	1485	1364
	操作波 SI	2310	2024	1375	1293
	交流长时外施＋局部放电	1427	1086	744	403
	直流长时外施＋局部放电	2060	1556	1051	546
	直流极性反转＋局部放电	1594	1174	753	332
古泉换流站	雷电全波 LI	2530	2123	1485	1359
	操作波 SI	2310	1964	1375	1282
	交流长时外施＋局部放电	1421	1080	739	398
	直流长时外施＋局部放电	2054	1549	1044	541
	直流极性反转＋局部放电	1592	1171	751	330

（7）高端换流变压器阀侧套管不开展工频 1min 短时耐受试验，使用外施交流长时耐受试验代替。

（8）阀侧套管电容抽头交流 1min 耐受试验电压均为 2.0kV。

（9）阀侧套管最小爬电比距 14.0mm/kV。

（二）穿墙套管

（1）自然环境条件见本章第一节中相关要求。

（2）阀厅环境条件：① 全封闭户内，微正压，带通风和空调；② 最高气温＋50℃；③ 最低气温＋10℃；④ 最大湿度 60%RH。

（3）户内直流场环境条件：① 全封闭户内，带通风；② 最高气温＋50℃；③ 最低气温＋10℃；④ 最大湿度 60%RH。

（4）直流系统条件：① 工程额定电压为 1100kV；② 持续运行电压：1122kV（直流）＋谐波 75kV（均方根值）；③ 安装环境：户内场、户外场、阀厅。

（5）套管泄漏率：保证 10 年不能达到报警值，同时泄漏率不大于 0.5%/年。

（6）套管的接线端子为高电导率的平板式端子，端子表面镀银。

（7）套管接线端子应承受的拉力不小于：水平纵向 3000N，水平横向 2000N，垂直方向 2000N。

（8）端子承受至少 400N·m 扭矩而不变形。

（9）套管温升试验在最大运行温度的模拟条件下进行，在最大运行温度下，对套管施加温升试验电流，待套管温升稳定并持续 2h 后记录温升数据，温升不得超过标准规定限值，方可认为套管通过温升试验。

（10）穿墙套管的伞型为大小伞非螺旋结构，伞形系数不大于 4。1100kV 穿墙套管户外干弧距离不小于 12.6m。

（11）套管额定值要求见表 3－2－5。

表 3－2－5　　　　　　　套 管 额 定 值 要 求

项目		1100kV 母线
套管电压位置		昌吉换流站/古泉换流站
长期直流电流（A）		5523
温升试验电流（A）		5839
短时耐受电流（kA，均方根值）1s		16
峰值耐受电流（kA，峰值）		40
额定直流电压，对地 U_{dN}（kV）		1100
最高连续直流电压，对地 U_{dmax}（kV）		1122，同时叠加含谐波 75kV（均方根值）
介质损耗因数，电容测量电压	第 1 级试验电压（kV，均方根值）	424
	第 2 级试验电压（kV，均方根值）	891
	第 3 级试验电压（kV，均方根值）	1273
	雷电冲击试验电压（kV，峰值）	2420
	操作冲击试验电压（kV，峰值）	2100
	工频 1min 试验电压（kV，均方根值）	1190

项目		1100kV 母线
介质损耗因数，电容测量电压	工频 1h 试验电压（kV，均方根值）＋ 局部放电	1190
	直流 2h 试验（kV）＋ 局部放电	1683
	直流极性反转试验（kV）＋局部放电（90/90/45min）	−1403/＋1403/−1403
	直流湿态耐受电压（kV）	1403
	局部放电测试的最高试验电压	
	第 1 级试验电压（kV，均方根值）	424
	第 2 级试验电压（kV，均方根值）	891
	第 3 级试验电压（kV，均方根值）	1273
	用于无线电干扰测试的试验电压，端对地（kV，均方根值）	849
最小爬电距离	户外（kV/mm）	45
	户内直流场（kV/mm）	25
	阀厅（kV/mm）	14

二、关键技术

套管既有内绝缘也有外绝缘，电场复杂，结构和尺寸要求严格。在实际设计中，主要解决发热、介质损耗、热击穿和密封等问题。在特高压系统中，由于电场很高，其长度和直径的要求很苛刻，往往成为设备制造的一个制约环节。

在±1100kV、12GW 工程中，阀侧套管主绝缘为油浸或胶浸纸电容芯体，电容芯体与套管外套间充 SF_6 气体，穿墙套管采用纯 SF_6 气体绝缘和胶浸纸芯子加 SF_6 气体绝缘型式，无论是阀侧套管还是穿墙套管都采用复合绝缘外套结构。但无论何种技术路线，都需要解决和平衡套管绝缘性能、温升性能和机械性能所带来的问题。±1100kV、12GW 工程中的高端换流变压器阀侧套管和直流穿墙套管通常都采用水平小角度布置，由于尺寸较大，对其耐弯曲负荷提出的要求很高；负荷电流大再加上换流站区域的热岛效应，使得套管的热点温升问题凸显出来；为了兼具冲击、工频、直流、极性反转电压耐受能力，必然对绝缘设计提出挑战。

电压和容量提升后，换流变压器阀侧套管和直流穿墙套管的设计主要面临设备绝缘、散热能力问题，同时尺寸和质量的进一步增加对机械强度提出更高要求。

（一）技术参数对比

1. 阀侧套管主要参数对比

换流变压器阀侧套管额定电流与直流系统额定电流直接相关。表 3-2-6～表 3-2-8 分别给出了±1100kV、12GW 和±800kV、10GW 及 8GW 工程阀侧套管电流的参数。对比可知，12GW 工程的换流变压器阀侧套管额定电流和温升试验电流、直流容量提升的倍数相近，考虑谐波和一定裕度，其倍数有所提高。由于容量提升后换流变压器油温和阀厅温度要求更加严苛，因此在对阀侧套管进行温升试验时，需要对换流变压器油温和阀厅温度进行明确限定。

表 3-2-6　　　　　±1100kV、12GW 工程阀侧套管电流参数　　　　（A）

参数名称	阀侧套管			
	高端		低端	
	Y1	D1	Y2	D2
额定电流	5033	2906	5033	2906
温升试验电流	5879	3395	5879	3395

表 3-2-7　　　　　±800kV、10GW 工程阀侧套管电流参数　　　　（A）

参数名称	阀侧套管			
	高端		低端	
	Y1	D1	Y2	D2
额定电流	5766	3329	5766	3329
温升试验电流	6500	3900	6500	3900

表 3-2-8　　　　　±800kV、8GW 工程阀侧套管电流参数　　　　（A）

参数名称	阀侧套管			
	高端		低端	
	Y1	D1	Y2	D2
额定电流	4596	2653	4596	2653
温升试验电流	5390	3120	5390	3120

换流变压器阀侧套管绝缘水平比换流变压器绕组绝缘水平均会提高不等的系数，阀侧套管例行试验电压必须按此绝缘水平的要求进行。表 3-2-9～表 3-2-11 分别给出了 12、10GW 和 8GW 工程阀侧绕组的绝缘水平和试验电压参数。可以看出，12GW 工程的换流变压器阀侧套管绝缘水平与电压等级提升的倍数相近。

表 3-2-9　　　　　　　　12GW 工程绝缘水平　　　　　　　　（kV）

参数名称		网侧绕组	阀侧绕组			
			高端		低端	
			Y1	D1	Y2	D2
雷电全波 LI	端 1	1950	2300	1980	1350	1240
	端 2	185	2300	1980	1350	1240
雷电截波 LIC（型式）	端 1	2100	2530	2175	1485	1360
	端 2	—	2530	2175	1485	1360
操作波 SI	端 1	1550	—	—	—	—
	端 2	—	—	—	—	—
	端 1＋端 2	—	2100	1840	1250	1175
交流短时外施（中性点）	端 1＋端 2	95	—	—	—	—
交流短时感应	端 1	900	—	—	—	—
交流长时感应＋局部放电	端 1（U1）	800	239	414	239	414
	端 1（U2）	693	211	365	211	365

续表

参数名称	网侧绕组	阀侧绕组			
		高端		低端	
		Y1	D1	Y2	D2
交流长时外施＋局部放电	端1＋端2	—	1297	987	676	366
直流长时外施＋局部放电	端1＋端2	—	1791	1353	914	475
直流极性反转＋局部放电	端1＋端2	—	1386	1021	655	289

表 3-2-10　　　　　　10GW 工 程 绝 缘 水 平　　　　　（kV）

参数名称	网侧绕组	阀侧绕组			
		高端		低端	
		Y1	D1	Y2	D2
雷电全波 *LI*	端1	1550	1870	1600	1300	1175
	端2	185	1870	1600	1300	1175
雷电截波 *LIC*（型式）	端1	1705	2060	1760	1430	1293
	端2	—	2060	1760	1430	1293
操作波 *SI*	端1	1175	—	—	—	—
	端2	—	—	—	—	—
	端1＋端2	—	1675	1360	1175	1050
交流短时外施（中性点）	端1＋端2	95	—	—	—	—
交流短时感应	端1	680	—	—	—	—
交流长时感应＋局部放电	端1（U1）	550	178	307	178	307
	端1（U2）	476	154	265	154	265
交流长时外施＋局部放电	端1＋端2	—	941	724	481	264
直流长时外施＋局部放电	端1＋端2	—	1298	992	648	342
直流极性反转＋局部放电	端1＋端2	—	1004	749	462	207

表 3-2-11　　　　　　8GW 工 程 绝 缘 水 平　　　　　（kV）

参数名称	网侧绕组	阀侧绕组			
		高端		低端	
		Y1	D1	Y2	D2
雷电全波 *LI*	端1	1550	1800	1550	1300	1175
	端2	185	1800	1550	1300	1175
雷电截波 *LIC*（型式）	端1	1705	1980	1705	1430	1293
	端2	—	1980	1705	1430	1293

续表

参数名称		网侧绕组	阀侧绕组			
			高端		低端	
			Y1	D1	Y2	D2
操作波 SI	端 1	1175	—	—	—	—
	端 2	—	—	—	—	—
	端 1＋端 2	—	1620	1315	1175	1050
交流短时外施（中性点）	端 1＋端 2	95	—	—	—	—
交流短时感应	端 1	680	—	—	—	—
交流长时感应＋局部放电	端 1（U1）	550	180	312	180	312
	端 1（U2）	476	156	270	156	270
交流长时外施＋局部放电	端 1＋端 2	—	914	697	481	265
直流长时外施＋局部放电	端 1＋端 2	—	1260	954	648	342
直流极性反转＋局部放电	端 1＋端 2	—	972	717	462	207

2. 穿墙套管主要参数对比

表 3－2－12 和表 3－2－13 分别给出了 12、10GW 和 8GW 工程所采用的 1100、800、550kV 和 400kV 穿墙套管主要参数。通过数据对比可以看出，穿墙套管提升容量前后，套管额定电压及相关试验电压不变，额定电流及过负荷电流有所增大，而短时耐受电流不变。提高输送容量后穿墙套管的设计在很大程度上与 8GW 工程的设计相类似。

表 3－2－12 　　　　　　　　1100、800kV 穿墙套管主要参数对比

参数名称	12GW 工程	10GW 工程	8GW 工程
额定电流（A，直流）	5523	6328	5046
2h 过负荷电流（A，直流）	5839（温升试验电流）	6693	5335
短时耐受电流（kA，均方根值）1s	16	16	16
峰值耐受电流（kA，峰值）	40	40	40
额定直流电压，对地 U_{dN}（kV）	1100	800	800
最高连续直流电压，对地 U_{dmax}（kV）	1122	816	816
设备的最高电压 U_m 相对地（kV，均方根值）	—	577	577
雷电冲击试验电压（kV，峰值）	2420	1870	1800
操作冲击试验电压（kV，峰值）	2100	1675	1620
工频 1min 试验电压（kV，均方根值）	1190	865	865
直流极性反转试验（kV）＋局部放电（90/90/45min）	－1403/＋1403/－1403	－1020/＋1020/－1020	－1020/＋1020/－1020
直流湿态耐受电压（kV）	1403	1020	1020

表 3-2-13　　　　　　　　　　550、400kV 穿墙套管主要参数对比

参数名称	12GW 工程	10GW 工程	8GW 工程
额定电流（A，直流）	5523	6328	5046
2h 过负荷电流（A，直流）	5839	6693	5335
短时耐受电流（kA，均方根值）1s	16	16	16
峰值耐受电流（kA，峰值）	40	40	40
额定直流电压，对地 U_{dN}（kV）	550	400	400
最高连续直流电压，对地 U_{dmax}（kV）	585	408	408
设备的最高电压 U_m 相对地（kV，均方根值）	—	289	289
雷电冲击试验电压（kV，峰值）	1350	980	903
操作冲击试验电压（kV，峰值）	1200	880	825
工频 1min 试验电压（kV，均方根值）	688	500	500
直流极性反转试验（kV）＋ 局部放电（90/90/45min）	－713/＋713/－713	－510/＋510/－510	－510/＋510/－510
直流湿态耐受电压（kV）	713	510	510

通过表 3-2-12、表 3-2-13 可见，与 ±800kV、8GW、10GW 工程相比，±1100kV、12GW 工程的 550、1100kV 穿墙套管额定电压和外绝缘水平均显著增加，短时耐受电流不变。此外，12GW 工程对大电流所带来的发热问题需要更加重视。同以往工程相比，在设计上对设备端子板的电流密度规定更加细致。对于穿墙套管，规定端子矩形导体接头的搭接长度不应小于导体的宽度，且按照表 3-2-14 对电流密度进行了明确规定。

表 3-2-14　　　　　　　　　无镀层接头的电流密度　　　　　　　　　　（A/mm²）

额定电流（A）	铜接头电流密度	铝接头电流密度
<200	0.258	0.78 倍铜接头电流密度
200～2000	$0.258-0.875\,(I_N-200)\times10^{-4}$	
>2000	0.1	

注　I_N 为穿墙套管的额定电流，A。

（二）技术路线 1 套管实现方法

与 ±800kV、8GW 工程相比，阀侧套管技术要求的改变主要体现在：额定电流和温升试验电流增加，而绝缘水平也同步提高；对直流穿墙套管仅为额定电流及过负荷电流有所增大。通流能力的增强必然对温升控制提出要求，在设备结构尺寸随之变化的同时也保证其机械特性，绝缘水平稍有提高或保持不变。在 12GW 工程的实际应用中，主要有两种主要技术路线可满足其技术要求，本节分别对其实现方法进行介绍。

1. 阀侧套管

阀侧套管采用油浸纸电容芯体，空气侧外绝缘采用硅橡胶复合绝缘子外套，外套内的电容芯体装有玻璃钢内绝缘套，内绝缘套与外绝缘套间充 SF_6 气体，油中电容芯无外绝缘套直接浸入变压器油中。采用这种设计时电容芯散热性能较好，且通过内绝缘套和绝缘子外套将换流变压器油与阀厅实现双重隔离。无论何种类型的套管，其散热过程主要依靠自身材料的导热，是一种被动散热过程。针对电流增加对阀侧套管带来的温升问题，通常可以采用的措施包括降低导电棒损耗、增加冷却效果、均匀热量分布等方法。热管是一种利用相变原理和毛细力作用的被动传热元件，其超导热性与等温性使其成为较好的控温工具，热传递效率比同样材质的纯铜高出很多。

采用热管技术改变载流导电杆结构，能够显著提高热量带出效率。尽管无须改变套管内外结构设计，但载流和热管结构复杂、密封要求高。此外，可以通过增大导电杆直径，提高载流面积来控制套管发热量，此方法结构简单，但需重新设计套管内外绝缘。

图 3−2−1 所示为复合绝缘外套设计改进示意图，从中可以看出，对于套管的复合绝缘外套，除了沿用更高电压等级的套管外形，也将伞裙尖的半径进行了优化，以减小端部电晕放电风险。同时，对绝缘外套的变径区域也进行了加长。

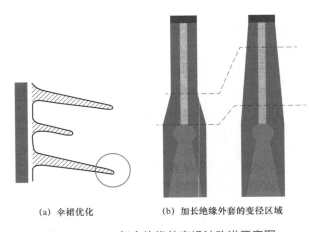

(a) 伞裙优化　　　　(b) 加长绝缘外套的变径区域

图 3−2−1　复合绝缘外套设计改进示意图

2. 直流穿墙套管

12GW 工程昌吉换流站直流穿墙套管采用纯气体绝缘的型式，空气侧采用硅橡胶复合绝缘子外套，完全摒弃了电容芯体。这种设计无油、无爆炸燃烧风险、散热性能好。通流导体一体化设计，导体棒无中间连接。

与±800kV、10GW 工程相比，1100kV 套管总长度比 800kV 套管增加了 5.58m，达 26.2m。绝缘外套直径保持不变；550kV 套管总长度比 400kV 套管增加了 2.96m，达 14.4m。绝缘外套直径从 786mm 增加至 902mm，从而使套管的散热能力大幅改善，同等损耗所需的温度差更小。550、1100kV 套管外形示意图分别见图 3−2−2、图 3−2−3。

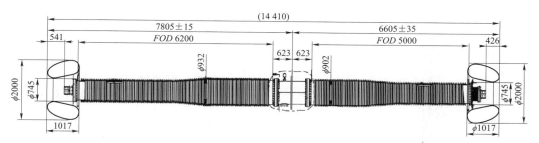

图 3-2-2 550kV 套管外形示意图

FOD—套管干弧距离

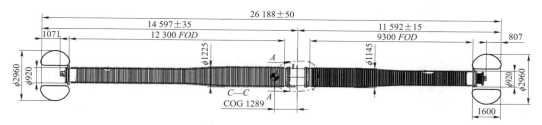

图 3-2-3 1100kV 套管外形示意图

与±800kV、10GW 工程相比，1100kV 和 550kV 套管采用优化的伞形结构，提高了绝缘伞群的高度和伞间距，防污秽、耐雨闪和雪闪的性能更加优异，伞形结构如图 3-2-4 和图 3-2-5 所示。

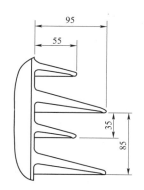

图 3-2-4 1100kV 套管户外侧伞形结构

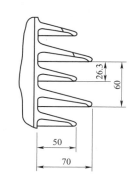

图 3-2-5 550kV 套管户外侧伞形结构

±1100kV、12GW 工程户外环境最低气温可达 −42℃，因此直流穿墙套管进行了专门的冷启动状态评估，基于 SF_6 气体的热传导和流动特性，经过专业的仿真分析后，确定所有应用于户外环境下的穿墙套管需配置加热装置，为避免套管在冷启动时内部 SF_6 气体可能存在的液化风险，在套管户内测法兰上安装加热带，为内部的 SF_6 气体进行加热。

（三）技术路线 2 套管实现方法

12GW 工程受端换流变压器的阀侧套管采用技术路线 2，其主绝缘采用环氧树脂胶浸纸电容芯体，外套采用硅橡胶空心复合绝缘子，在电容芯体和外套间充以 SF_6 气体。其散热性能比油浸纸套管差，但无油设计爆炸燃烧风险较低。

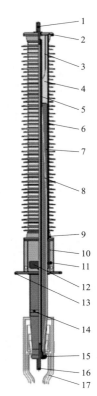

图 3-2-6 技术路线 2 阀侧直流套管内部结构

1—接线柱；2—头部端盖；3—均压罩；4—填充介质；

5—导电杆；6—复合外套；7—电容芯子；8—铝箔屏；

9—外套下法兰；10—套管法兰；11—DILO 阀（如有）；

12—分压盒；13—放气塞；14—接地带；

15—底部端盘；16—油中接线端子；17—成型件

在绝缘结构设计方面，沿用技术路线 2 成熟的主绝缘设计方案，即采用环氧树脂浸纸电容芯子，同时使用 SF_6 气体作为辅助绝缘。电容芯子用绝缘纸和铝箔缠绕组成同心圆柱形电容器，经过真空干燥浸渍环氧树脂固化而成，其内部结构见图 3-2-6。

技术路线 2 的阀侧套管采用电容式均压，通过合理的布置铝箔和内置均压方式，可以精确控制轴向和径向电场，达到均匀电场的目的。

（四）国产化穿墙套管研制

依托国家 863 课题，国内两种不同技术路线的国产 1100kV 直流穿墙套管于中国电科院先后通过型式试验，并安排在昌吉、古泉换流站各挂网试运行 1 支。

1. 国内厂家 1 研制的 1100kV 穿墙套管

总体结构主要分为空心复合绝缘子、穿墙筒体、均压系统、中心导体及支撑结构、内部屏蔽系统五个部分。昌吉换流站 1100kV 穿墙套管整体尺寸见图 3-2-7。

（1）空心复合绝缘子。空心复合绝缘子主要由玻璃纤维缠绕管、硅橡胶伞裙、上下法兰等组成，其中户外套管总长 14m，设计总爬电距离 58 300mm，干弧距离 13 180mm，爬电比距 52mm/kV。户内套管总长 13m，为了考虑伞群模具的通用性，设计总爬电距离 53 800mm，干弧距离 12 180mm，爬电比距 48mm/kV。伞形结构方面，对于水平使用的套管，发生雨水桥接，伞间短路的可能性较小，理论上来说，以下三种伞形都可以使用。但在相同干弧距离下，"一大一小伞"比"一大两小伞"可以获得更大的爬电距离，所以选择一大一小布置的伞结构。空心复合绝缘子及伞形结构见图 3-2-8。

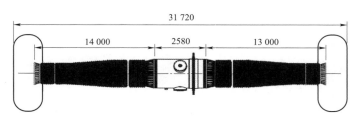

图 3-2-7 昌吉换流站 1100kV 穿墙套管整体尺寸

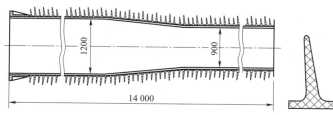

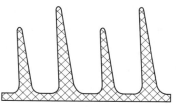

(a) 空心复合绝缘子　　　　　　　　　　　(b) 伞形结构

图 3-2-8　空心复合绝缘子及伞形结构

（2）穿墙筒体。穿墙筒体作为套管的关键零部件之一，属于压力容器元件，如图 3-2-9 所示。在建造、安装和运行过程中，筒体的材料和焊接工艺对于穿墙套管的安全运行至关重要，根据性能参数要求，筒体材料选择 Q345R 压力容器用钢板。

（3）中心导体及支撑结构。导电杆采用中间固定、两端滑动的设计方案，滑动部分采用弹簧触指连接，可以使导电杆在热胀冷缩过程中进行滑动，并保持良好的通流能力，如图 3-2-10 所示。

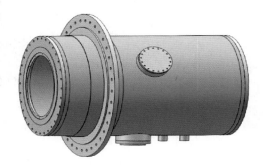

图 3-2-9　穿墙筒体

图 3-2-10　导电杆结构

防异物设计主要体现在两个方面：一是端部屏蔽罩的设计，屏蔽罩向内翻边，可以起到均匀电场的作用，对滑动部分可能产生的金属粉末进行有效控制；二是中间支撑绝缘子安装在一个凹陷的拔口中，可以使得中间筒体的杂质进入凹陷区域，不往外扩散。图 3-2-11 和图 3-2-12 所示为导电杆中间连接结构和端部滑动连接结构。

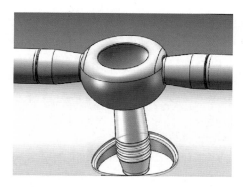

图 3-2-11　导电杆中间连接结构

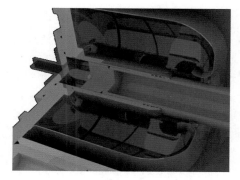

图 3-2-12　端部滑动连接结构

（4）内屏蔽结构。经过项目组大量的仿真计算，确定了单层屏蔽结构如图3－2－13所示，屏蔽下端法兰与穿墙筒体连接，为接地屏蔽。材质采用铝合金材质，重量轻，形变量小，可起到均匀轴向、径向电场的作用，是套管比较常用的屏蔽结构之一。

（5）端部均压环。端部均压系统主要通过均压环使端部电场均匀化，在结构设计上，要保证在外径不变的情况下，通过改变均压环外部的圆弧形状，来实现均压环的外表面电场分布的最小化，如图3－2－14所示。

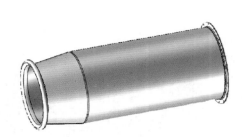

图3－2－13　内屏蔽结构　　　　　　　图3－2－14　均压环外形

2. 国内厂家2研制的1100kV穿墙套管

（1）整体结构。套管的主绝缘采用整只环氧树脂胶浸纸电容芯子，外绝缘选用空心复合绝缘子，电容芯子和空心复合绝缘子之间充SF$_6$气体，可满足套管在各种环境下的绝缘强度及局部放电要求。套管结构如图3－2－15所示。

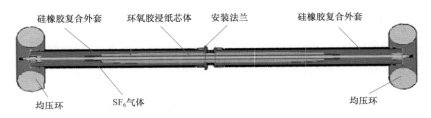

图3－2－15　套管结构

采用强力弹簧补偿结构对套管整体施加装配力，减小了中心导电管挠度对芯体的挤压；提高了外绝缘空心复合绝缘子的刚性，减小了其端部下垂的偏移量。

电容芯子与复合外套之间充SF$_6$气体构成环氧芯体——SF$_6$复合绝缘，绝缘强度高。中部采用整体导管载流，两端采用表带触指载流，载流可靠性高。

头部设计采用强力弹簧补偿结构，保证了套管端部在大弯矩条件下温度在 $-40\sim$ $+50℃$ 变化时各密封面的压强不小于 2MPa 的密封要求，套管整体密封的可靠性高。套管户内端结构和弹簧装配结构如图3－2－16所示。

中部采用法兰对接结构，对接处用高强度螺栓拧紧连接；芯体中部采用两处支撑防偏心，并在支撑点与芯体之间填充缓冲材料防止芯体局部应力过大受损。套管中部结构和户外端结构如图3－2－17所示。

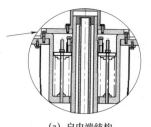

（a）户内端结构   （b）弹簧装配结构

图 3-2-16 套管户内端结构和弹簧装配结构

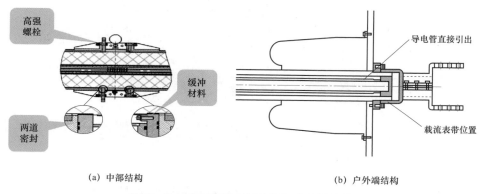

（a）中部结构   （b）户外端结构

图 3-2-17 套管中部结构和户外端结构

直流穿墙套管载流管采用整体结构，导电管直接伸出两端的盖板，表带处于套管绝缘之外的高压区域，通过强力弹簧拉紧导电管，导电管温度上升时，导电管的伸长，拉力减小，可有效减少导电管的伸长。

（2）载流能力设计。套管采用双导管结构，芯体卷制导管不载流，采用紫铜材质导电管，卷制管与导电管之间有间隙，抑制了载流发热导致的温度超标以及对主绝缘的影响，有效传热散热、解决聚热、实现均热，减少放热对主绝缘的影响。

±1100kV 直流穿墙套管导电管截面电流密度为 0.73A/mm²，在 ±1100kV 直流穿墙套管成功研制的基础上，按相似技术设计的 ±800kV 和 ±400kV 直流穿墙套管按照长期温升试验电流 6644A，导电管截面电流密度为 0.54A/mm²；按照 2h 温升试验电流 7025A，导电管截面电流密度为 0.57A/mm²，满足套管的载流和热性能要求。同时采用气室连通的方式使 SF_6 更好的流通，加强散热效果。

3. 试验情况

（1）国内厂家 1 的 1100kV 穿墙套管试验。国内厂家 1 设有特高压绝缘试验室、高压试验室和机械试验室，可以完成 ±1100kV 直流穿墙套管全部型式试验和出厂试验。±1100kV 直流穿墙套管进行出厂试验如图 3-2-18 所示。

其主要设备包括 ZDFI-2000kV/30mA 直流电压发生器［见图 3-2-19（a）］、1800kV/5000kVA 工频试验系统、4000kV/400kJ 气垫移动式冲击电压发生器、LDS-6 局部放电测量系统、WRV1.5/540G 变频谐振试验系统、1600kV/1000kVA 工频试验系统、3600kV/270kJ 冲击电压发生器成套试验装置［见图 3-2-19（b）］、温升试验设备、特性测试仪、温升自动测试仪等，可以进行 1100kV 及以下电压等级开关设备的直流耐压、工频耐压试验、雷电冲击、操作波冲击耐压试验、局部放电测量、长期通流发热、高电压绝缘试验、机械试验、密封试验、水分测量、温升试验、工频耐压试验、防雨试验、机械性能、机械耐久等型式、研究性试验。

图 3-2-18　±1100kV 直流穿墙套管进行出厂试验

(a) ZDFI-2000kV/30mA 直流电压发生器　　(b) 3600kV/270kJ 冲击电压发生器成套试验装置

图 3-2-19　国内厂家 1 试验设备

　　根据 GB/T 22674—2008《直流系统用套管》等标准的规定，同时考虑最新工程参数，确定了 ±1100kV 直流纯 SF$_6$ 气体绝缘穿墙套管的型式试验方案。产品一次性通过全套型式试验，共完成特高压试验项目 30 余项。

（2）国内厂家 2 的 1100kV 穿墙套管试验（见图 3-2-20）。根据 GB/T 22674—2008 等标准的规定，同时考虑最新工程参数，确定了 ±1100kV 直流纯 SF_6 气体绝缘穿墙套管的型式试验方案。产品电力工业电力设备及仪表质量检验测试中心一次性通过全套型式试验，共完成特高压试验项目 22 项。

（a）示例一

（a）示例二

图 3-2-20　国内厂家 2 的穿墙套管试验

1）型式试验项目，工频干耐受电压试验并局部放电测量、雷电冲击干耐受电压试验、操作冲击湿耐受电压试验、温升试验、悬臂负荷试验、气体绝缘和气体浸渍套管的内压力试验、尺寸检查。

2）例行试验项目，介质损耗因数和电容量测量、雷电冲击干耐受电压试验、工频干耐受电压试验、重复测量介质损耗因数和电容量、直流耐受电压试验并局部放电测量、重复测量介质损耗因数和电容量、抽头绝缘试验、气体绝缘和气体浸渍套管的内压力试验、气体绝缘和气体浸渍套管的密封试验、外观和尺寸检查。

3）特殊试验，均匀淋雨直流电压试验、不均匀淋雨直流电压试验。

4）增项试验，无线电干扰电压和可见电晕试验、热短时电流耐受试验。

（五）国外某厂家承制 1100kV 阀侧套管问题解决

研制之初，国外某厂家承制 1100kV 阀侧套管芯子浇注开裂问题严重（见图 3-2-21），老工艺 8 根损坏 6 根。

问题根源：对环氧固化过程工艺控制不到位，热反应不平衡，内部反应快，外部反应慢，环氧固化不充分导致热应力击穿。

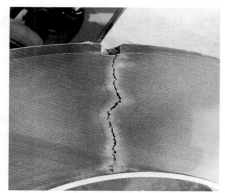

图 3-2-21　芯体开裂

解决措施：埋设温度传感器，确立工艺控制速度和标准；内部采用热管技术，进一步释放多余的热量等。采用新工艺后套管成功通过型式试验。

第三节 12GW/1100kV 换流阀

±1100kV、12GW 工程输送电压提升增加了对核心设备换流阀的外绝缘要求，给换流阀的设计和运行带来新的挑战，需要在以往工程基础上，对外绝缘设计开展研究攻关。本节主要介绍 1100kV 特高压直流输电换流阀研制工作及相应成果。

一、技术要求

（1）环境条件见本章第一节中相关要求。

（2）换流阀应为空气绝缘、水冷却的户内式二重晶闸管换流阀，外绝缘爬电比距不小于 14mm/kV（按最高直流电压计算）。

（3）换流阀不仅应具有承受正常运行电压和电流的能力，而且还应具有承受由于阀的触发系统误动或站内各部分故障或交流系统故障造成的冲击电压和电流的能力。

（4）换流阀必须设计成故障容许型。在两次计划检修之间的运行周期内，阀元部件的故障或损坏不会造成更多晶闸管级的损坏，阀仍具有运行能力。

（5）换流阀应采用低噪声元件，以降低阀在运行时的噪声水平。

（6）避雷器配置见图 3-3-1。

（7）晶闸管元件，换流阀采用 6in 晶闸管元件，同一单阀的晶闸管应采用同一厂家，不可混装，每只晶闸管元件都应具有独立承担额定电流、过负荷电流及各种暂态冲击电流的能力。主回路中不能采用晶闸管元件并联的设计。

（8）冗余度，在两次计划检修之间的 12 个月运行周期内，如果在此运行周期开始时没有损坏的晶闸管元件，并且在运行周期内不进行任何晶闸管元件更换，对全站双极 48 个单阀，冗余晶闸管级全部损坏的单阀不超过 1 个。各阀中的冗余晶闸管级数应不小于 12 个月运行周期内损坏的晶闸管级数的期望值的 2.5 倍或不应少于 3 级（两者中取大值）。

（9）机械性能，换流阀可采用悬吊式结构，应采用组件式设计，部件可以更换；触发系统布置应便于光纤的开断和更换，同时还应避免安装时对光纤造成的机械损伤；换流阀的结构应能保证泄漏出的冷却液体自动沿沟槽流出，离开带电部件，流至一个检测器并报警，而不会造成任何元部件的损坏。如果阀厅装设了水喷淋灭火系统，应保证在喷水系统动作时不会造成任何元部件的损坏。

（10）电压耐受能力，换流阀应能承受正常运行电压以及各种过电压。可以采用晶闸管串联的方式使换流阀获得足够的电压承受能力；应考虑过电压保护水平的分散性以及阀内其他非线性因素对阀的耐压能力的影响。在所有冗裕晶闸管级数都损坏的条件下，单阀和多重阀的绝缘应具有以下安全系数：① 对于操作冲击电压，超过避雷器保护水平的 10%；② 对于雷电冲击电压，超过避雷器保护水平的 10%；③ 对于陡波头冲击电压，超过避雷器保护水平的 15%。在最大设计结温条件下，当逆变侧换流阀处在换相后的恢复期时，晶闸管应能耐受相当于保护触发电压水平的正向暂态电压峰值。

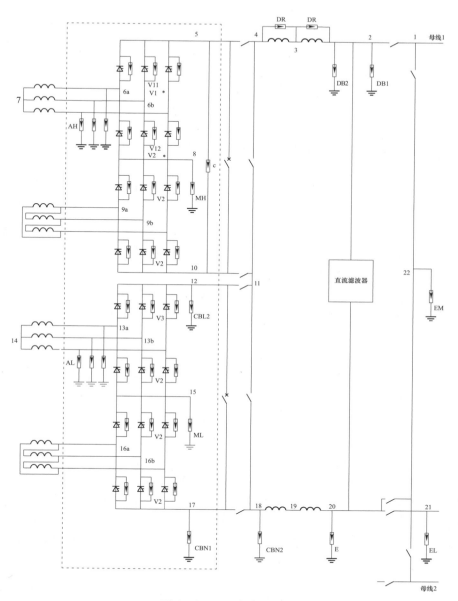

图 3-3-1 避雷器配置

V1（V11）、V2（V12）、V3—阀避雷器；ML—下 12 脉动换流单元 6 脉动桥避雷器；MH—上 12 脉动换流单元 6 脉动桥避雷器；CBL2—上下 12 脉动换流单元之间中点直流母线避雷器（对地）；DB1—直流线路避雷器；DB2—直流母线避雷器；CBN1、CBN2、E、EL、EM—中性母线避雷器；DR—平波电抗器并联避雷器；AH—上 12 脉动高端 YY 换流变压器阀侧套管避雷器；AL—下 12 脉动高端 YY 换流变压器阀侧套管避雷器

（11）电流耐受能力，换流阀应具有承担额定电流、过负荷电流及各种暂态冲击电流的能力。换流阀在最小功率至 2h 过负荷之间的任意功率水平运行后，不投入备用冷却时至少应具备技术规范的要求的 3s 暂时过负荷能力。主回路中不能采用晶闸管元件并联的设计。对于由故障引起的暂态过电流，换流阀应具有如下的承受能力：① 带后续闭锁的短路电流承受能力；② 不带后续闭锁的短路电流承受能力；③ 附加短路电流的承受能力。

（12）交流系统故障下的运行能力，在交流系统故障使得在换流站交流母线所测量到的三相平均整流电压值大于正常电压的 30%，但小于极端最低连续运行电压并持续长达 1s 的时段内，直流系统应能连续稳定运行；在发生严重的交流系统故障，使得换流站交流母线三相平均整流电压测量值为正常值的 30% 或低于 30% 时，如果可能，应通过继续触发阀组维持直流电流以某一幅值运行，从而改善高压直流系统的恢复性能。

（13）换流阀采用光电转换式触发系统。高、低压电路间采用光隔离。当交流系统故障引起换流站交流母线电压降低到下列幅值并持续对应时段时，所有晶闸管级触发电路中的储能装置应具有足够的能量持续向晶闸管元件提供触发脉冲，使得换流阀可以安全导通：① 交流系统单相对地故障，故障相电压降至 0，持续时间至少为 0.7s；② 交流系统三相对地短路故障，电压降至正常电压的 30%，持续时间至少为 0.7s；③ 当交流系统三相对地金属短路故障，电压降至 0，持续时间至少为 0.7s，紧接着这类故障的清除及换相电压的恢复，阀触发电路中应有足够的储能以安全地触发晶闸管元件。

（14）控制系统，换流阀的控制系统应保证换流阀在一次系统正常或故障条件下正确工作。在任何情况下都不能因为控制系统的工作不当而造成换流阀的损坏。控制系统应完全双重化，并应具有完善的自检及报警功能。

（15）晶闸管监视系统，在换流站控制室内进行远方监视，以便确认每一晶闸管级的状态，并正确指示任何晶闸管或其他相关电子设备的异常或损坏。在冗余晶闸管级损坏后，监视设备应发出警报。当损坏晶闸管级超过冗余数量，从而导致运行中的晶闸管换流阀面临更严重的损坏时，应向监视系统或其他保护系统发出信息使换流器闭锁。

（16）阀内每一晶闸管级都应具有保护触发系统，对晶闸管级进行过电压保护触发。设计中应允许晶闸管级在保护触发连续动作的条件下运行。在最大甩负荷工频过电压，如交流系统故障后的甩负荷工频过电压下，阀的保护触发不能因逆变换相暂态过冲而动作，且不能影响此后直流系统的恢复。此外，在正常控制过程中的触发角快速变化不应引起保护触发动作。

（17）冷却系统必须具有足够的冷却能力，以保证在各种运行条件下有效冷却换流阀。每个阀厅一组换流阀设置一套独立的闭式循环水冷却系统，阀内冷却系统主要设备（但不限于）包括循环水泵、去离子装置、除气罐（若需要时）、膨胀定压罐（或高位膨胀定压水箱）、机械式过滤器、补充水泵、电加热装置、配电及控制保护设备。

（18）晶闸管阀在设计、制造、安装上应能消除任何原因导致的火灾，以及火在阀内蔓延的可能性。阀内的非金属材料应是阻燃的，并具有自熄灭性能，材料应符合 UL94 V0 材料标准。所有的塑料中应添加足够分量的阻燃剂，如三氢化铝（AlH_3），但不应降低材料的其他必备的物理特性，如机械强度和电气绝缘特性。由于卤化溴燃烧后产生的物质具有高度的腐蚀性和毒性，不允许采用这种物质作为填充物。换流阀内应采用无油化设计。晶闸管电子设备单元设计要合理，不存在产生过热和电弧的隐患。

二、关键技术

（一）晶闸管研发

1. 阴极版图优化设计

研制成功世界上单片容量最大的新型 6in 晶闸管（8.5kV/5500A），优化了晶闸管的版图设计（见图 3-3-2），改善了晶闸管的开通特性及 dv/dt 的性能，并参照 800kV/10GW 工程进行了晶闸管特性及阀组件比对试验。

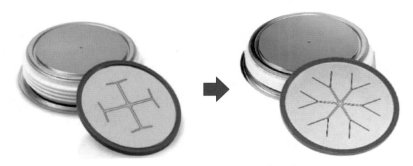

图 3-3-2　晶闸管内部版图设计优化

从阴极方向俯视晶闸管管芯，其阴极图形结构如图 3-3-3 所示。由图 3-3-3 可见，有效阴极面积为芯片总面积减去短路点、门极、放大门极及结终端所占用面积。

在图 3-3-3 中，从中心沿径向向外，黄色区域分别为门极、放大门极及短路点，设其总面积为 S_p；红色区域为有效阴极，面积为 S_e；紫色区域为结终端，面积为 S_t。针对通流能力而言，定义晶闸管有效导通

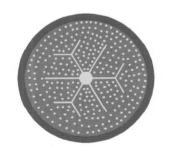

图 3-3-3　晶闸管阴极图形结构示意图

▢—短路点、门极及放大门极；▨—阴极有效导通面积；▩—结终端

面积比 R_s 为有效阴极面积 S_e 比芯片总面积（$S_p + S_e + S_t$），即 $R_s = S_e/(S_p + S_e + S_t)$。

从增大通流能力的角度出发，要增大红色区域即 S_e。在芯片总面积不变的条件下就是要减小紫色结终端 S_t 和黄色门极、放大门极及短路点的面积 S_p。从减小关断时间的角度出发，要增多黄色短路点、细化放大门极枝条、减小圆形门极及放大门极半径。通过仿真模拟与试验验证设计了一种小直径密分布短路点；细枝条，小半径放大门极的版图，简称密细小版图，如图 3-3-4 所示。定量计算表明这种密细小版图使阴极有效导通面积增加 7.8%。

细化放大门极枝条，减小圆形放大门极半径对减小关断时间及增大阴极有效导通面积

图 3-3-4　晶闸管阴极密细
小版图结构示意图

都有利，成为可兼容的、最值得探索的亮点，此优化方向是否成立是研发成功与否的关键所在。由晶闸管开通机理可知细化放大门极枝条，降低了放大门极强触发电流向阴极深处输运的能力与速率，因而降低开通临界电流上升率。开通临界电流上升率 $\mathrm{d}i/\mathrm{d}t$ 迄今为止难以准确计算和准确测定，通过深入研究后，发明一种"晶闸管分支满布 $N+$ 放大门极"结构，具有增高强触发电流传导能力与速度的强大功能，使细化放大门极枝条，减小圆形放大门极半径得以顺利实施。这一新型放大门极结构引入减小关断时间 t_q 约 100μs，而正向压降 V_{TM} 及恢复电荷 Q_{rr} 基本不变，实测数据在图 3-3-5 和图 3-3-6 中给出。

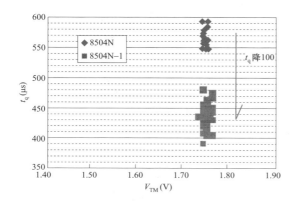

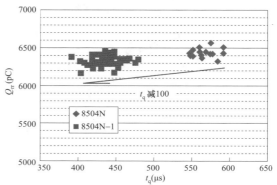

图 3-3-5　减小关断时间 V_{TM} 不变的测试结果　　图 3-3-6　减小关断时间 Q_{rr} 不变的测试结果

$\mathrm{d}i/\mathrm{d}t$ 能力也得到提高，将 $\mathrm{d}i/\mathrm{d}t$ 下限规范 S 值提高为 T 值，加严测试未见异常，结果如图 3-3-7 所示。

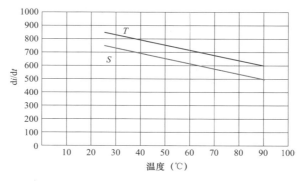

图 3-3-7　$\mathrm{d}i/\mathrm{d}t$ 加严测试数据

如上所述，通过新型增高强触发电流传导能力与速度的放大门极结构的引入，确保密细小的新型版图可靠应用，同时起到减小关断时间和增大有效导通面积的效果，解决了吉泉工程 5500A、8500V 晶闸管研发的技术难题。

2. P 型径向变掺杂

就晶闸管体内而言，对称 PNP 结构阻断结后沿仍需较高浓度 P 型层作为发射结衬底来优化高温耐压、dv/dt、关断时间等参数，一般由第二次 P 型掺杂形成。但放大门极及负角类结终端区域不希望有这个 P 型层。由于 P 型深扩散杂质掩蔽层制作困难，以往这个 P 型层制作时不加掩蔽，其结果是为了保证终端击穿电压第一次低浓度 P 型掺杂要求，要预留出被第二次 P 型掺杂淹没的厚度，这个厚度大于 30μm。从片厚角度看，计及双面效应有 60μm 片厚问题。从工艺角度看，扩散结深与扩散时间平方根成正比，扩散所需时间随结深增加按几何级数增长。第一次低浓度 P 型掺杂结深是最深的，继续加深耗时过大，减小深度就省时明显。假如铝扩散结深 100μm 耗时 40h，如果增加 30μm 则需要 67.6h，如果减小 30μm 则只需要 19.6h。可见第一次低浓度 P 型掺杂结深的减小对缩短工艺周期、提高工艺稳定性、节省能源的作用也不容忽视。

作为设计与工艺的深入挖潜优化，研发应用了深结 P 型径向变掺杂专利技术实现第二次 P 型掺杂的选择性，将第一次低浓度 P 型掺杂的结深减小了 30μm 以上，还使阻断结终端空间电荷区可展宽的低浓度区更加充足，经 P 型径向变掺杂优化后短基区厚度也减小到极致，电压片厚比达到前所未有的高度。

5500A、8500V 特高压晶闸管中心两重放大门极 P 型变掺杂结构特点是两级放大门极 1AG、2AG N+区以下横向基区 P 型掺杂浓度极低，增大了横向基区电阻，减小放大门极占用面积，提高触发灵敏度。此时两级放大门极占用面积比常规一级放大门极占用面积还小，di/dt 耐量却大幅提高。

3. 正反向对称类台面结终端

早在 20 世纪 60 年代末期，Kohl 研究了机械加工类台面晶闸管结终端。由于当时受各种条件限制，一方面加工过程复杂、效率低，另一方面原始硅材料水平低，晶闸管直径小电压低芯片薄，加工难度大成品率低。如今晶闸管芯片直径大电压高片厚足，加工手段多样，可以是水刀、激光。其效率、成品率以及控制精度已具备量产的要求；同时用类台面取代一般负角对提高电压、增大有效阴极面积的贡献显而易见。对此进行了专题攻关研制成专利技术定型了这种结构与加工工艺。类台面显著增大有效阴极面积，定量计算结果为增大有效阴极面积 6.1%，并在阻断结前沿形成更小的负角更有利于提高 P—N 结击穿电压，测试统计结果显示提高阻断电压 8%。

4. 优化分析汇总

基于电力半导体器件体特性理论和工艺实践，匹配新型正反向对称类台面结终端将晶闸管制造成体特性器件使长基区极薄化。结合应用专利技术"正反向对称 P 型径向变掺杂"，极限减薄短基区提高阻断电压，取得前所未有的电压片厚比。若以向家坝 4000A、8500V 的 6in 特高压晶闸管芯片的电压片厚比为基准设为 1，则其他典型工程所用的 8500V 晶闸管芯片的电压片厚比见表 3-3-1。

表 3-3-1　　　各典型工程应用的 6in、8500V 晶闸管归一化电压片厚比

规格	向上工程	哈郑工程、酒湖工程	吉泉工程
4000A、8000V	1		
5000A、8500V		1.06	
5500A、8500V			1.125

借助于专利技术"晶闸管分支满布 N+放大门极"的有效支撑，优化设计出一种小直径密分布短路点；细枝条，小半径放大门极的版图。不但显著增大了有效导通面积比，提高通态电流，同时无条件减小关断时间。这一双重优化效果，解决了关键技术难题。同时运用正反向对称类台面造型减小了结终端自身所占用面积、增大了有效导通面积比，使有效导通面积比也上升到极点。同样以向家坝 4000A、8500V 6in 特高压晶闸管芯片的有效导通面积比为基准设为 1，则其他典型工程所用的 8500V 晶闸管芯片的有效导通面积比见表 3-3-2。各典型工程应用的 6in、8500V 晶闸管技术参数规范变化见表 3-3-3。吉泉工程所用 5500A、8500V 晶闸管是迄今为止世界上有效导通面积比最大的晶闸管。

表 3-3-2　　　各典型工程应用的 6in、8500V 晶闸管归一化有效导通面积比

规格	向上工程	哈郑工程、酒湖工程	吉泉工程
4000A、8000V	1		
5000A、8500V		1.07	
5500A、8500V			1.135

表 3-3-3　　　各典型工程应用的 6in、8500V 晶闸管技术参数规范变化

参数规范	向上工程 4000A、8000V	哈郑工程、酒湖工程 5000A、8500V	吉泉工程 5500A、8500V
门槛电压 V_{T0}（V）	1.25	1.25	1.2
斜率电阻 ε_T（mΩ）	0.18	0.124	0.118
非重复临界电流上升率 di/dt（A/μs）	3200	3200	3500
浪涌电流 $ITSM$（kA）	48	51	58
关断时间 t_q（μs）	780	700	500
雪崩电压 V（V）	9100	9300	9500

由表 3-3-3 可见，6in、8500V 晶闸管从向上工程到吉泉工程有关电流、关断时间参数得到较大优化，主要制约参数雪崩电压及非重复临界电流上升率也得到适当提高，其他参数无任何妥协让步。足以说明晶闸管综合参数水平切实提高，因此彻底可靠满足吉泉工程 5500A、1100kV 特高压直流输电工程应用要求。

（二）晶闸管关键参数对比试验

8.5kV、5500A 晶闸管试验项目主要包括通态压降、关断时间、反向恢复电荷、门极触发电压/电流、反向雪崩能力及高温阻断试验，具体试验参数如表 3-3-4 所示。

表 3-3-4　　　　　8.5kV、5500A 晶闸管比对试验项目及试验参数

序号	参数名称	参数限值	测试条件
1	通态压降 V_{TM}（V）	≤1.81	结温 $T_{vj}=90℃$，通态平均电流 $I_T=5500A$
2	关断时间 t_q（μs）	≤500	$T_{vj}=90℃$，$I_T=2000A$，$V_R=200V$， di/dt 取 $-1.5A/μs$、$-4.0A/μs$ 两种
3	反向恢复电荷 Q_r（μC）	5400～55 000	$T_{vj}=90℃$，$I_T=2000A$， di/dt 取 $-1.5A/μs$、$-4.0A/μs$
4	门极触发电压 V_{GT}（V）	≤2.6	$T_{Vj}=25℃$，$V_{AK}=12V$
5	门极触发电流 I_{GT}（mA）	≤400	$T_{Vj}=25℃$，$V_{AK}=12V$
6	反向雪崩能力（长雪崩）I_{RAL}（A）	≤20	$T_{vj}=90℃$，$V_{RAL}=9100V$， $t_p=250+2500μs$，3 个脉冲
7	高温阻断试验		$T_{vj}=90℃$，① 交流全波，$V_{peak}≥6000V$，8h； ② 工频双正半波 $V_{peak}≥6400V$，3h

某厂家在吉泉工程中所用的 7.2kV、6250A 晶闸管试验参数要求与±800kV、10GW 工程用晶闸管对比试验参数一致，具体试验项目及试验参数如表 3-3-5 所示。

表 3-3-5　　　　　7.2kV、6250A 晶闸管比对试验项目及试验参数

序号	参数名称	参数限值	测试条件
1	通态压降 V_{TM}（V）	≤1.68	$T_{vj}=90℃$，$I_T=5500A$
2	关断时间 t_q（μs）	≤500	$T_{vj}=90℃$，$I_T=2000A$，$V_R=200V$， $di/dt=-1.5A/μs$、$-4.0A/μs$ 两种
3	反向恢复电荷 Q_{rr}（μC）	5400～55 000	$T_{vj}=90℃$，$I_T=2000A$， di/dt 取 $-1.5A/μs$、$-4.0A/μs$
4	门极触发电压 V_{GT}（V）	≤2.6	$T_{Vj}=25℃$，$V_{AK}=12V$
5	门极触发电流 I_{GT}（mA）	≤400	$T_{Vj}=25℃$，$V_{AK}=12V$
6	反向雪崩能力（长雪崩）I_{RAL}（A）	≤20	$T_{vj}=90℃$，$V_{RAL}=8100V$，$t_p=250+2500μs$，3 个脉冲
7	高温阻断试验		工频双正半波 $V_{peak}≥5700V$，3h

1. 两种 8.5kV、5500A 晶闸管在同一平台下的对比

（1）在国内试验平台 A 上，对两种 8.5kV、5500A 晶闸进行测量，测试数据如表 3-3-6 所示。

表 3-3-6　　　　　　　　国内试验平台 A 测量结果对比

晶闸管编号	Q_{rr}（μC）		t_q（μs）		V_{TM}（V）		I_{AL}（A）	
	$-1.5A/μs$，90℃		$-1.5A/μs$，90℃		5500A，90℃		8100V，90℃	
	A 公司平台	B 公司平台	A 公司平台	B 公司平台	A 公司平台	B 公司平台	A 公司平台	B 公司平台
1	5071	5358	424.1	383.2	1.76	1.79	0.8	0.6
2	5076	5296	399.7	367.4	1.77	1.79	0.6	0.7

| 晶闸管编号 | Q_{rr}（μC） | | t_q（μs） | | V_{TM}（V） | | I_{AL}（A） | |
| | $-1.5A/μs$，90℃ | | $-1.5A/μs$，90℃ | | 5500A，90℃ | | 8100V，90℃ | |
	A 公司平台	B 公司平台	A 公司平台	B 公司平台	A 公司平台	B 公司平台	A 公司平台	B 公司平台
3	5115	5375	370.2	372.5	1.76	1.78	0.9	0.7
4	5088	5366	409.0	382.6	1.76	1.77	0.7	0.8
5	5055	5385	406.8	383.3	1.75	1.79	0.6	0.7
6	5086	5391	409.4	377.4	1.75	1.78	0.5	0.7
7	5027	5380	388.6	393.4	1.76	1.77	1.1	0.6
8	4988	5349	408.5	393.7	1.76	1.78	1.2	0.7
9	5067	5388	401.9	376.0	1.76	1.78	0.5	0.8
10	5058	5359	431.1	398.5	1.73	1.78	0.7	1.2
平均值	5063.1	5364.7	404.93	382.8	1.756	1.781	0.76	0.75

（2）在国内试验平台 B 上，对两种 8.5kV、5500A 晶闸进行测量，测试数据如表 3－3－7 所示。

表 3－3－7　　　　　　　　　　国内试验平台 B 测量结果对比

| 晶闸管编号 | Q_{rr}（μC） | | t_q（μs） | | V_{TM}（V） | | I_{AL}（A） | |
| | $-1.5A/μs$，90℃ | | $-1.5A/μs$，90℃ | | 5500A，90℃ | | 8100V，90℃ | |
	A 公司平台	B 公司平台	A 公司平台	B 公司平台	A 公司平台	B 公司平台	A 公司平台	B 公司平台
1	5356.5	5788.3	414.0	407.0	1.78	1.79	0.42	0.34
2	5164.4	5689.5	430.0	356.0	1.75	1.81	0.42	0.42
3	5172.1	5843.6	413.0	389.0	1.78	1.79	0.40	0.40
4	5203.2	5750.6	436.0	379.0	1.78	1.79	0.42	0.42
5	5352.1	6042.1	404.0	360.0	1.77	1.79	0.40	0.38
6	5244.2	5943.0	427.0	387.0	1.78	1.80	0.48	0.42
7	5139.2	5862.6	409.0	363.0	1.78	1.80	0.48	0.36
8	5088.1	5805.9	389.0	366.0	1.77	1.80	0.42	0.38
9	5063.0	5853.3	419.0	369.0	1.78	1.79	0.46	0.38
10	5151.5	5813.3	392.0	386.0	1.78	1.80	0.46	0.38
平均值	5193.4	5839.2	413.3	376.2	1.78	1.80	0.436	0.368

（3）试验数据对比小结。通过对以上数据分析可以看出，虽然测量结果在两个平台存在一定的差异，但在总体趋势上是一致的：

1）在 $di/dt = -1.5A/μs$，晶闸管结温 90℃条件下，两种 8.5kV/5500A 晶闸管的关断时间 t_q 均远小于 500μs，满足技术规范要求。相对来说，国内试验平台 A 的晶闸管 t_q 普遍小于国内试验平台 B 的晶闸管。

2）两种 8.5kV、5500A 晶闸管的通态压降均小于 1.81V，满足技术规范要求。相对来说，国内试验平台 A 晶闸管的通态压降普遍小于国内试验平台 B 的晶闸管。

3）两种 8.5kV、5500A 晶闸管的晶闸管雪崩泄漏电流远远小于标准值 20A，满足技术规范要求。相对来说，国内试验平台 A 的晶闸管雪崩泄漏电流普遍小于国内试验平台 B 的晶闸管。

4）随着 di/dt 的增加，Q_{rr} 和 t_q 相应的增加，但 t_q 增加幅度较小。

2. 同一种 8.5kV、5500A 晶闸管在不同平台下的对比

（1）A 公司 8.5kV、5500A 晶闸管在两种平台下的测量数据对比。表 3-3-8 为 A 公司晶闸管在两种平台下的试验数据。

表 3-3-8　　　　　　　　　A 公司晶闸管在两种试验平台测量结果对比

序号	元件编号	Q_{rr}（μC）		t_q（μs）		V_{TM}（V）		I_{AL}（A）	
		−1.5A/μs，90℃		90℃		5500A，90℃		9100V，90℃	
		A公司平台	B公司平台	A公司平台 −1.5A/μs	B公司平台 −1.5A/μs	A公司平台	B公司平台	A公司平台	B公司平台
1	316H0855-20	5788.3	5359	407.0	398.5	1.79	1.78	0.38	1.2
2	316H0855-3	5689.5	5296	356.0	367.4	1.81	1.79	0.38	0.7
3	316H0855-13	5843.6	5380	389.0	393.4	1.79	1.77	0.38	0.6
4	316H0855-15	5750.6	5388	379.0	376.0	1.79	1.78	0.40	0.8
5	316H0855-10	6042.1	5391	360.0	377.4	1.79	1.78	0.42	0.7
6	316H0855-8	5943.0	5385	387.0	383.3	1.80	1.79	0.38	0.7
7	316H0855-5	5862.6	5375	363.0	372.5	1.80	1.78	0.34	0.7
8	316H0855-2	5805.9	5358	366.0	383.2	1.80	1.79	0.42	0.6
9	316H0855-6	5853.3	5366	369.0	382.6	1.79	1.77	0.36	0.8
10	316H0855-14	5813.3	5349	386.0	393.7	1.80	1.78	0.42	0.7
	平均值	5839.2	5364.7	376.2	382.8	1.80	1.781	0.368	0.75

（2）B 公司 8.5kV、5500A 晶闸管在两种平台下的测量数据对比。表 3-3-9 为 B 公司晶闸管在两种平台下的试验数据。

表 3-3-9　　　　　　　　　B 公司晶闸管在两种试验平台测量结果对比

序号	元件编号	Q_{rr}（μC）		t_q（μs）		V_{TM}（V）		I_{AL}（A）	
		−1.5A/μs，90℃		90℃		5500A，90℃		9100V，90℃	
		A公司平台	B公司平台	A公司平台 −1.5A/μs	B公司平台 −1.5A/μs	A公司平台	B公司平台	A公司平台	B公司平台
1	65.2.16470.36	5356.5	5071	414.0	424.1	1.78	1.76	0.48	0.8
2	65.2.16474.19	5164.4	5058	430.0	431.1	1.75	1.73	0.40	0.7
3	65.2.16472.29	5172.1	5067	413.0	401.9	1.78	1.76	0.46	0.5
4	65.2.16472.20	5203.2	4988	436.0	408.5	1.78	1.76	0.48	1.2
5	65.2.16471.31	5352.1	5086	404.0	409.4	1.77	1.75	0.42	0.5
6	65.2.16470.43	5244.2	5076	427.0	399.7	1.78	1.77	0.46	0.6
7	65.2.16471.02	5139.2	5115	409.0	370.2	1.78	1.76	0.40	0.9

续表

序号	元件编号	Q_{rr}（μC）		t_q（μs）		V_{TM}（V）		I_{AL}（A）	
		−1.5A/μs，90℃		90℃		5500A，90℃		9100V，90℃	
		A公司平台	B公司平台	A公司平台 −1.5A/μs	B公司平台 −1.5A/μs	A公司平台	B公司平台	A公司平台	B公司平台
8	65.2.16471.13	5088.1	5055	389.0	406.8	1.77	1.75	0.42	0.6
9	65.2.16472.14	5063.0	5027	419.0	388.6	1.78	1.76	0.42	1.1
10	65.2.16471.12	5151.5	5088	392.0	409	1.78	1.76	0.42	0.7
	平均值	5193.43	5063.1	413.3	404.93	1.775	1.756	0.436	0.76

（3）试验数据对比小节。从以上数据来看，同一晶闸管在 A 公司、B 公司两个平台上测量的数据存在一定偏差。

1）A 公司晶闸管 Q_{rr} 在 A 公司测试平台测量结果偏小，且 A 公司测试平台稳定性较好；A 公司晶闸管 t_q 在两个平台测试结果非常接近，在 A 公司平台上 t_q 稍大；A 公司晶闸管 V_{TM} 在 A 公司平台测量结果偏小，但偏差比较稳定，一般为 0.1～0.2V；A 公司晶闸管雪崩电流在 B 公司测试台测量结果偏小。

2）B 公司晶闸管 Q_{rr} 在 B 公司测试台测量结果偏小，且 A 公司测试平台稳定性较好，这与 A 公司晶闸管在两种试验平台对比试验结果一致；B 公司晶闸管 tq 在西安测试台测量结果偏小，这与 A 公司晶闸管在两种试验平台对比试验结果相反，但总体来说，在两个平台上测量的偏差较小，t_q 平均值偏差在 10μs 以内。

3）B 公司晶闸管 VTM 在 A 公司测试台上测量结果偏大，这与 A 公司晶闸管在两种试验平台对比试验结果一致。

4）B 公司晶闸管雪崩电流在 B 公司测试平台测量结果偏小，且 B 公司测试平台稳定性较好，这与 A 公司晶闸管在两种试验平台对比试验结果一致。

3. 两种 7.2kV、6250A 晶闸管在同一平台下的对比

（1）C 公司 7.2kV、6250A 晶闸管在 A 公司测试平台下的试验数据见表 3－3－10。

表 3－3－10　　　　　　　　A 公司试验平台测量结果对比

晶闸管编号	Q_{rr}（μC）		t_q（μs）		V_{TM}（V）		I_{AL}（A）	
	−1.5A/μs，90℃		−1.5A/μs，90℃		5500A，90℃		8100V，90℃	
	A公司平台	C公司平台	A公司平台	C公司平台	A公司平台	C公司平台	A公司平台	C公司平台
1	5083.6	5308.6	245.0	322.0	1.61	1.61	0.4	0.4
2	5060.2	5226.2	234.0	277.0	1.60	1.62	0.5	0.4
3	5050.0	5196.1	305.0	289.0	1.60	1.63	0.5	0.4
4	5051.9	5363.1	342.0	308.0	1.61	1.62	0.4	0.4
5	5091.2	5180.6	264.0	298.0	1.61	1.60	0.4	0.4
6	5193.2	5359.3	275.0	372.0	1.61	1.61	0.4	0.4
7	5143.9	5184.8	265.0	289.0	1.61	1.62	0.5	0.4
8	5004.8	5294.9	214.0	299.0	1.60	1.61	0.5	0.4

| 晶闸管编号 | Q_{rr}（μC） | | t_q（μs） | | V_{TM}（V） | | I_{AL}（A） | |
| | −1.5A/μs，90℃ | | −1.5A/μs，90℃ | | 5500A，90℃ | | 8100V，90℃ | |
	A 公司平台	C 公司平台	A 公司平台	C 公司平台	A 公司平台	C 公司平台	A 公司平台	C 公司平台
9	4997.4	5274.2	248.0	291.0	1.61	1.61	0.5	0.4
10	5009.3	5227.7	228.0	299.0	1.62	1.62	0.4	0.4
平均值	5068.6	5261.6	262.0	304.4	1.61	1.62	0.46	0.4

（2）试验数据对比小结。通过数据分析可以看出：

1）C 公司和 B 公司提供的 6250A 晶闸管反向恢复电荷 Q_{rr} 均满足技术规范要求的 5000～5400μC，相对来说 C 公司晶闸管的 Q_{rr} 较大。

2）C 公司和 B 公司提供的 6250A 晶闸管在关断时间 t_q 方面均远远小于 500μs 的技术规范要求，相对来说 C 公司晶闸管的 t_q 较大。

3）C 公司和 B 公司提供的 6250A 晶闸管在通态压降方面均满足小于 1.68V 的技术要求，C 公司和 B 公司的晶闸管在通态压降方面非常接近，且稳定性较好。

4）C 公司和 B 公司提供的 6250A 晶闸管在反向雪崩泄漏电流方面均满足小于 20A 的技术要求，C 公司和 B 公司的晶闸管在反向雪崩能力方面非常接近，且稳定性较好。

（三）组件专项试验

根据吉泉工程的特点制定了专项试验项目，试验项目有最大连续过负荷试验、保护性触发试验、最小关断角试验、单周波故障电流试验、3 周波故障电流试验，试验参数根据工程最严酷运行参数制定；通过这些试验可以证明换流阀具备完整的功能和充足的设计裕度。

（1）最大连续负荷试验结果表明：

1）折算到单个晶闸管级，开通关断电压应力为 3.0～3.4kV，通态电流约为 6160A，在最严重的、重复出现的各种条件下，开通和关断时的电压、电流不超过晶闸管元件和阀内其他电路元件的承受能力。

2）各阀厂阀损耗未超过所规定的极限；在连续运行电流最大、冷却流量最低、进水温度最高的运行条件下，阀组件可以长期安全运行，没有元部件产生过热现象。

3）电抗器可以在晶闸管开通瞬间抑制杂散电容放电速率，起到有效保护晶闸管的作用，饱和电抗器的非线性特性均可起到抑制开通电流上升率。

（2）保护性触发试验结果表明：

1）晶闸管级具有正确的正向过电压保护功能，当某一级晶闸管正常触发功能丢失，门极触发监测电路板检测到该级晶闸管正向电压超过某一限值之后，将会给晶闸管发出触发信号，避免该级晶闸管承受过电压而损坏。

2）各阀厂的晶闸管、门极电路、阻尼电阻的在连续正向过电压保护时，损耗略有增大，温度在安全限值内，没有发生过热现象。

（3）最小关断角试验表明：在最小关断角（12°）、最高晶闸管结温、$di/dt = -3A/μs$ 最严酷关断试验条件下，各阀厂的阀组件各项功能完善，不会发生换相失败，具有正确的电压和电流波形，所有的阀内部电路运行功能正确。

（4）单波故障电流试验结果表明：在晶闸管结温为 90°、单波故障电流为最大值、恢复期过电压同时出现的最严重情况下，在规定的最不利的闭锁恢复时间的条件下，单波故障电流发生后阀件仍具有足够的阻断能力，不会重新导通。

（5）3 周波故障电流试验结果表明：在晶闸管结温为 90°、3 周波故障电流为最大值同时出现的最严重情况下，在规定的最不利的反向恢复时间的条件下，3 周波故障电流发生后阀组件功能完善，没有晶闸管发生损坏。

综上所述：吉泉工程各阀厂换流阀组件的各项指标满足技术规范要求，阀的各项功能完善，没有元部件产生过热现象，在稳态或暂态 γ_{min} 值条件下阀组件能够可靠关断。

（四）1100kV 换流阀外绝缘性能研究

换流阀是阀厅内的主要设备，随着电压等级从 800kV 提升到 1100kV，直流母线的对地操作冲击电压耐受水平从 1675kV 提升至 2100kV，面临的首要问题是研究换流阀的外绝缘设计，提高其电气强度。

通常有两种方法可以提高换流阀的外绝缘电气强度：方法 1 增加换流阀对周围物体的空气净距；方法 2 优化换流阀屏蔽罩结构。对于方法 1，由于操作冲击下空气间隙的饱和特性，此方法需要大幅增加间隙距离，会造成阀厅尺寸显著增加；对于方法 2，增大屏蔽罩的曲率半径能显著的增加空气间隙的操作冲击电压耐受水平，减小换流阀对周围物体的空气净距要求，提高换流阀的外绝缘电气强度。

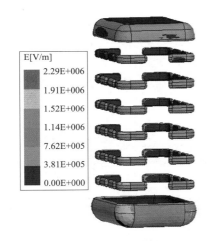

图 3-3-8 操作过电压下屏蔽罩表面的电场分布

吉泉工程换流阀外绝缘设计采用方法 2。首先，采用有限元仿真研究 1100kV 特高压直流换流阀屏蔽罩表面电场分布，并根据仿真结果进行了结构优化；然后，对屏蔽罩结构优化后的阀塔进行操作冲击电压耐受及 $U_{50\%}$ 试验，校核换流阀屏蔽罩设计以及实际阀厅中换流阀距周围墙壁和地面的最小空气净距。

仿真模型包括阀塔屏蔽罩和避雷器均压环，考虑换流阀的实际运行工况，对换流阀屏蔽罩进行电压赋值，并根据实际阀厅的地面、墙、阀厅顶的位置，在阀塔模型周围设置地电位，计算屏蔽罩表面电场强度。操作过电压下屏蔽罩表面的电场分布如图 3-3-8 所示。

根据以往工程设计经验，考虑一定的设计裕度，侧屏蔽罩、底屏蔽罩以及避雷器底部均压环超出电场强度的控制限值。所以，1100kV 换流阀屏蔽罩在 800kV 换流阀屏蔽罩及避雷器底部均压环结构基础上进行了优化设计。通过增大屏蔽罩对地方向曲面的曲率半径，1100kV 换流阀屏蔽罩表面电场强度改善效果明显，满足屏蔽罩表面电场强度控制范围的要求，最大电场降低幅度达到约 35%。

（五）换流阀外绝缘 $U_{50\%}$ 试验验证

对屏蔽罩改进后的 1100kV 换流阀高端阀塔进行外绝缘操作冲击电压试验，试验需模拟换流阀周围墙壁和地。

采用 GB/T 16927.1—2011《高电压试验技术 第 1 部分：一般定义及试验要求》附录 A 中规定的升降法进行操作冲击 $U_{50\%}$ 试验，当阀塔和侧面墙壁的距离为 5m 时，正极性 $U_{50\%}$

电压是 2498kV。负极性操作冲击电压下，施加 −2550kV 电压 10 次，未发生一次放电。多重阀操作冲击电压为 2155kV，实际阀厅阀塔对墙的最小空气净距为 13m，试验结果表明换流阀屏蔽罩设计合理，具有较大的安全裕度。

（六）换流阀冷却能力提升措施

1. 阀冷却总体设计方案

12GW/1100kV 换流阀冷却容量应保证在冷却系统非故障运行工况下，内冷系统留有至少 10%的冗余。外冷系统方面，采用空气冷却器+闭式冷却塔方式，每组空气冷却器换热管束冗余 30%，与空气冷却器串联的闭式冷却塔的冗余能力应满足当失去一个冷却塔时（出现混水且在丢失冷却塔后运行人员无法立即紧急关闭故障冷却塔阀门），仍能在最高环境温度下保证额定负荷的运行需要。

2. 内冷系统较 5000A 工程提升措施

（1）设计裕量。为保证阀冷系统满足换流阀各种工况下的冷却要求，12GW/1100kV 换流阀内冷系统在冷却能力的设计方面与当前 5000A 换流阀保持一致，即

1）在已知换流阀进阀温度报警值的前提下，取比换流阀进阀温度报警值低 2℃作为换流阀的额定进水温度。

2）内冷系统流量计算满足换流阀在 2h 过负荷运行（包括最高室外环温）条件下所需最大换热量的要求，并且按照阀冷流量保护定值要求留有大于 10%的冗余。

通过以上两方面的综合作用，可以确保内冷系统的设计满足各种工况条件下的换流阀冷却要求，以上设计裕量指标。

（2）管路优化。换流阀配水管采用以下设计方法和技术措施保证了并串联支路流量均匀，进而每个发热元件得到充分的冷却。

1）模块配水管采用对角进出水方式，提高了模块各支路水量分布的均匀性。

2）对饱和电抗器、水电阻和晶闸管散热器等元件压力—流量进行匹配组合设计，尽量保持各支路流阻一致。

3）对于无法满足流阻一致的支路，采用增加管长或阻力管的方式满足流阻基本一致的要求。

4）通过仿真软件 PIPEFLOW 进行计算，实现各支路流量均衡。

5）通过阀模块整体流量压力试验和各支路超声波流量测试，验证了配水流量设计的合理性。

6）每个阀组件支路水管耐水压能力均不小于 1.6MPa。

晶闸管散热器、阻尼电阻和饱和电抗器之间通过较小口径的 PVDF 管连接起来。PVDF 管的接头上配有采用三元乙丙橡胶材料（ethylene—propylene—diene monomer，EPDM）O 形密封圈，管接头与散热器、阻尼电阻和饱和电抗器间采用快速螺纹接头连接。其中与塑料材质元件（阻尼电阻）的连接采用 PVDF 螺母，与金属材质元件（散热器、饱和电抗器）的连接采用金属螺母，此种设计可使螺母与被冷却元件的热膨胀系数一致，不易出现因温度变化导致的松动漏水，提高了连接的可靠性，降低了漏水概率。

（3）电极防腐蚀等提升措施。冷却水要流过不同位置和不同电位的金属件，而不同电位金属件之间的水路中会产生微弱的漏电流。因此，这些金属件可能受到电解腐蚀。水管

中压差产生的漏电流密度控制在每平方厘米微安数量级。然而，即使是如此低的电流密度，如果不采取保护措施，仍可能发生铝制散热器和饱和电抗器的电解腐蚀。为了解决这一问题，采取了以下几种方法：

1）通过氮气稳压方式和脱氧装置将冷却系统中的冷却液电导率控制在 $0.3\mu S/cm$ 以内、含氧量在（2×10^{-5}）%以内，从而将泄漏电流控制在较低水平，延缓了管路的腐蚀速率。

2）与冷却介质接触的金属选用耐腐蚀材料，如 316L、铝合金。

3）所有的不锈钢设备、管道焊接采用对焊缝背面保护气体吹扫，管道内部经过严格酸洗、脱脂、清洗、漂洗等清理措施，保持管道内部的洁净。

4）阀模块层间采用螺旋形水管，水路电阻高，大大降低了主水管中的杂散电流，减少了电腐蚀量。

5）阀模块内主水管配置的固定电位电极采用等电位电极与水管密封元件的一体化设计、迎向电流和水流的轴向方向布置的锥形等电位电极设计、不锈钢材料和纳米涂层相结合的工艺方法，有效避免了金属元器件本体及 O 形密封圈的氯电流腐蚀，提高了水路的密封可靠性。

6）每个散热器、阻尼电阻和饱和电抗器进出口安装了防腐蚀电极，可避免铝散热器、阻尼电阻和饱和电抗器本体与冷却剂接触表面的电解腐蚀。经过法拉第电解定理计算并结合工程实际经验，防电腐蚀电极设计可满足至少 40 年使用寿命技术要求。经防腐试验证明，采用以上方法后换流阀及其组部件即使长期工作在高温冷却介质中并且漏电流超出正常工作值，仍具有极高的抗腐蚀能力。

（4）主泵可靠性。

1）主循环泵底座设置减振装置。主循环泵选型时，选用防锈蚀的型号或进行防锈蚀处理。

2）额定流量时主循环泵处于高效区运行。主循环泵在工作点的流量、扬程、效率不产生负偏差，正偏差时不超过 3%。主循环泵组的最大振幅极限处在 GB/T 29531—2013《承约振动测量与评价方法》规定的范围之内，主循环泵组的运行振动限幅不大于 0.05mm。主循环泵组由于突然停电引起泵反转时，其反转转速不大于主循环泵额定转速的 120%，并且不会对设备造成任何损害。主循环泵可连续运行 25 000h 以上，机械密封可连续运行 8000h，主循环水泵设计寿命大于 131 000h。

3）主循环泵冗余配置，定期自动切换，切换周期不长于一周（可设定）；在切换不成功时能自动切回。主循环泵切换时不影响软启动器正常运行。主循环泵切换具有手动切换功能。

4）主循环泵采用交流电源，水泵在电源波动 −10%~+15% 范围内能正常工作，在交流系统故障使得在换流站交流母线所测量的三相平均整流电压值大于正常电压的 30%，但小于极端最低连续运行电压并持续长达 1s 的时段内，阀冷系统能连续稳定运行，可以耐受相电压有效值过电压的水平不小于 1.5（标幺值），耐受时间 300ms；耐受线电压有效值过电压的水平不小于 1.3（标幺值），耐受时间 300ms。

5）主循环泵切换不成功判据延时与回切时间的总延时小于流量低保护动作时间。流量低保护动作时间不小于 10s。

6）主循环泵在停运瞬间，考虑到流量惯性流动的原理，并且结合换流阀的要求，冷却水流量超低跳闸保护动作延时一般设置 15s，动作延时整定时间长于 400V 备自投整定延时。考虑阀冷系统主循环泵失电重启建压和流量建立的时间，主循环泵最大允许失电时间不大于 6s，主循环泵切换不成功判据总延时为 5s。换流阀冷却系统各级流量报警及跳闸保护定值能满足包含主循环泵切换及配电装置备自投在内的各种运行要求。

3. 外冷系统较±800kV、8GW 工程提升措施

（1）极低温防护措施。

1）设置电加热器换流站冬季气温较低，为了防止换流阀冬季停运时室外换热设备（空气冷却器和闭式冷却塔）及管道内的水结冰或水温过低，在阀冷设备间的循环水管路上设置电加热装置，并设计为换流阀停运期间泵不停运的操作模式（除非阀冷设备故障停运），以此达到防止室外设备及管道内的水结冰的目的。电加热设备设置在空气冷却器进水管道，当冬天室外广场温度极低时，可避免进入室内的冷却介质温度过低损害换流阀，又可在换流阀停运时防止室外空气冷却器和闭式冷却塔管道结冻。

2）设置百叶窗。如阀冷系统全部停运，通过关闭百叶窗等措施，减少自然辐射散热，保证 4h 内部管路不会结冻，以便有足够的时间进行防冻处理，如安装防冻设备。

3）阀门、电机、钢结构设计。电机轴承采用 SKF/NSK 轴承，并加注耐低温润滑油脂，可在–40℃的环境下长期平稳运行及防冻。阀门满足低至–40℃的低温使用要求，钢构架选用 D 级钢材，耐低温。

（2）针对热岛效应外冷布置优化提高散热效率。由于热岛效应主要造成空冷器冷却能力下降，因此对高温干旱地区的外风冷布置进行了优化以提高局部热量耗散效率的措施：

1）增加空气冷却器进风高度，提高散热效率；

2）空气冷却器巡视通道四周设置防热风回流封板；

3）空气冷却器采用引风式设计，防止热风回流。

（3）阀冷配电及控保可靠性。

1）阀内冷主循环泵设备分两路电源单独供电，当一路电源故障时自动切换至另一路电源投入，此时主循环泵不发生切换，主循环泵由一组独立的双电源切换后供电，不与其他设备共用电源，可以防止其他设备发生短路等故障时引起的主循环泵误停动。阀外冷设备由至少两路交流电源分别进行供电，通过接线端子分成多组独立的双电源，分别给外冷设备进行供电。

2）阀冷控制保护系统采用经 DC 220V/DC 110V 转 DC 24V 开关电源转换后供电，A 控制系统接入两路直流电源，B 控制系统接入两路直流电源。对于不冗余的仪表、单一信号，由专用 C 路电源提供。对于控制保护下行的信号，采用直流 DC 110V 电压，由于下行信号有四路，所以分别使用四路直流电源，任意一路电源故障，均不影响下行信号正确传输到两个 PLC 控制系统。主循环泵、电加热器的控制回路不采用直流电源，而采用与该设备主回路相同的交流电源。

3）阀冷控制保护系统冗余设置，两套阀冷控制保护系统同时采样、同时工作，但只有一个在激活状态，双主机均发生故障时才闭锁直流，且采用动断触点的跳闸回路具有触

点监视功能。阀水冷保护按双重化配置，每套完整、独立的水冷保护装置能处理可能发生的所有类型的阀冷系统故障。正常情况下，双重化配置的水冷保护系统均处于工作状态，允许短时退出一套保护系统。

4）为确保系统安全稳定工作，防止由于仪表故障导致阀停运，对换流阀冷却系统重要参数（冷却水进阀温度、冷却水电导率、冷却水流量等）监测均设冗余仪表，互为热备，具备可靠的防拒动和防误动措施。按照"三取二"原则，三重化配置相互独立的输入、输出单元；配置冗余的光纤接口，以实现与直流控制保护系统和外阀冷监控系统之间的通信。

三、设计技术方案

（一）换流阀总体设计方案

昌吉换流站换流阀采用空气绝缘、去离子纯水冷却、悬吊式二重阀结构，采用集成式阀塔设计方案，将换流阀的装配、试验、运输单元扩展阀模块，不仅提高了生产试验效率，同时也方便了现场的安装施工，设计时综合考虑了阀塔在运行过程中交流、直流和冲击电压应力，选择了合理的空气净距和爬电距离，确保换流阀在运行过程中不出现击穿或者闪络情况，也不会因为绝缘材料老化或者污秽而产生绝缘材料沿面放电。换流阀内部空气净距按最严格的工况选取，爬电比距按不小于 14mm/kV 设计。

表 3-3-11 给出了 800kV 换流阀与 1100kV 换流阀的主要技术差异。综合比较表 3-3-11 中 1100kV/5455A 和 800kV/5000A 换流阀的规范参数可知，两类工程的差异主要体现在额定电压、过负荷、直流电压耐受等方面。在明确以上差异的基础上，换流阀厂开展了更高电压耐受的换流阀设计。

表 3-3-11　　　　　800kV 换流阀与 1100kV 换流阀主要技术差异

参数名称		800kV/5000A	1100kV/5455A	备注
电流值	额定直流电流（A）	5000	5455	
	2h 过负荷电流（A）	5335	5523	
电压值	额定空载直流电压（kV）	231.5	319.04	
	最大空载直流电压（kV）	240	329	
	暂时过电压甩负荷系数（标幺值）	1.3	1.3	
大角度运行	额定电流降压运行触发角（°）	15.0	20.9	整流
	额定电流降压运行息弧角（°）	35.4	31.4	逆变
	电感压降	10.5	10.0	
短路电流	单个短路电流峰值，带后续闭锁（kA）	50	55	
	三周波短路电流峰值，不带后续闭锁（kA）	50	55	
	带后续闭锁电压峰值（kV）	292	379	
绝缘水平	$SIWL$（kV，峰值）	451	627	
	$LIWL$（kV，峰值）	445	606	

（二）换流阀结构设计

特高压直流输电工程从 800kV 提升至 1100kV 后，换流阀设备主参数如表 3–3–12 所示。由于 1100kV 换流阀采用的 8.5kV/5500A 晶闸管，单阀晶闸管串联数大于 5000A 换流阀晶闸管串联数。

表 3–3–12　　　　　　　　　整流侧换流阀结构及其参数

参数名称	800kV/5000A	1100kV/5455A
SIWL（kV）	451	627
阀基类型（悬吊式或支撑式）	悬吊式	悬吊式
多重阀型式（二重阀或四重阀），数量	二重阀	二重阀
晶闸管类型	8.5/5000	8.5/5500
单阀晶闸管串联数	57+3	81+3
单阀阀模块数量	4	6
阀电抗器数量	8	12
阻尼电容（μF）	2.0	2.0
阻尼电阻（mΩ）	40	40
直流均压电阻（mΩ）	88	88
FOP 保护水平（V）	8.1	8.1

换流阀均采用空气绝缘、去离子水冷却、户内安装的悬吊式双重阀结构，共 6 层；每个单阀包括 6 个阀模块，每个二重阀共 12 个阀模块，如图 3–3–9 所示。换流阀主要由悬吊部分、阀架、母线、晶闸管组件、PVDF 水管、层屏蔽、光缆槽、层装配、阀避雷器等组成。

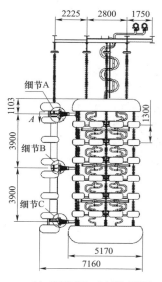
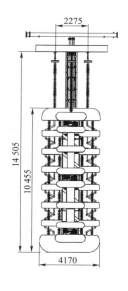

(a) 低压阀厅二重阀塔正视图　　　　　(b) 低压阀厅二重阀塔侧视图

图 3–3–9　双重阀塔结构尺寸图

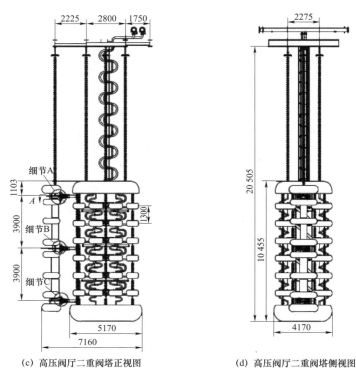

(c) 高压阀厅二重阀塔正视图 (d) 高压阀厅二重阀塔侧视图

图 3-3-9 双重阀塔结构尺寸图（续）

为了满足不同工程的不同技术要求，换流阀采用标准化、模块化设计。工程运行表明，模块化设计具有良好的可用率、高的可靠性及最经济的工程造价，是实现标准化的最好途径。1100kV/5455A 换流阀沿用了标准的换流阀模块化设计，每个单阀由 6 个模块组成，每个模块包含 2 个组件，每个组件由 7 个晶闸管级、1 个阀电抗器等组成，如图 3-3-10 所示。

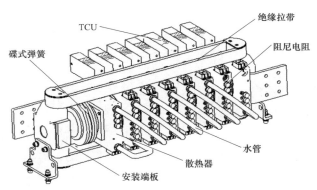

图 3-3-10 1100kV 换流阀组件

1100kV/5455A 换流阀采用小组件结构，结构紧凑、灵活，方便安装，且满足防火和抗震性能要求，主要具有以下技术优点：

（1）采用标准化的组件设计。

（2）去离子水冷却晶闸管及阀电抗器。

（3）采用通过散热器间接冷却的阻尼电阻，功率大、散热能力强。

（4）冷却回路采用合理的布局并使用经验证的防火材料。

（5）减少了辅助零部件的数量，使故障率降低，维修简便。

（5）整个阀塔采用悬吊结构设计，增加换流阀的抗震能力。

（三）换流阀电气设计

换流阀电气设计应考虑各种情况下可能引起的电压应力、电流应力。电气设计主要包括以下方面：① 晶闸管选型；② 串联级数设计；③ 正向过电压保护；④ 阻尼均压电路设计；⑤ 阀电抗器设计；⑥ 换流阀绝缘配合设计。

根据 1100kV/5455A 特高压直流输电系统参数要求，确定的 1100kV/5455A 换流阀主要电气参数如表 3-3-13 所示。

表 3-3-13　　　　　1100kV、5455A 换流阀单阀主要设计参数

名称	送端站	受端站	名称	送端站	受端站
晶闸管类型	6in	6in	阻尼电阻 R_{sn}（Ω）	3360	3108
单阀晶闸管串联数 n_t	84	84	阀段冲击均压电容（nF）	—	—
单阀冗余数 n_{red}	3	3	饱和电抗器数 n_{rea}	12	12
单阀组件数 n_{mod}	12	12	触发方式	电触发	电触发
阻尼电容 C_{sn}（μF）	0.023 8	0.021 4	阀塔结构	双重阀塔悬吊式结构	双重阀塔悬吊式结构

第四节　平波电抗器

吉泉工程平波电抗器为国内自主研发和制造，是世界上单台电压等级最高的干式空芯平波电抗器。单台平波电抗器电感 75mH，绕组重达 98～106t，较以往工程的平波电抗器在质量和尺寸上都有较大的增加，这对生产制造工艺提出了新的要求。

一、技术要求

（1）环境条件见本章第一节相关要求，户内场条件见本章第二节相关内容。

（2）直流场极线和中性线平波电抗器支撑均要求采用复合绝缘子，爬电比距要求如下：

1）昌吉换流站 1100kV 和 550kV 设备外绝缘所需爬电比距不小于表 3-4-1 中的数值。

表 3-4-1　　　　　昌吉换流站极线及中点设备外绝缘爬电比距要求值　　　　　（mm/kV）

位置	绝缘类型	伞型		各类支柱绝缘子和垂直套管			
		平均直径（mm）	250～300	400	500	600
极线及中点设备	复合绝缘	大小伞（C 形）	47	49	51	53

2）昌吉换流站中性线爬电比距不小于表 3-4-2 数值。

表 3−4−2　　　　　　昌吉换流站中性线外绝缘爬电比距要求　　　　　　（mm/kV）

绝缘类型	伞型	各类支柱绝缘子	水平套管
	平均直径（mm）	250～300	
复合绝缘	大小伞（C 形）	46	45

3）古泉换流站 1100kV 和 550kV 设备外绝缘所需爬电比距不小于表 3−4−3 中的数值。

表 3−4−3　　　　　古泉换流站极线及中点设备外绝缘爬电比距要求值　　　　　（mm/kV）

位置	绝缘类型	伞型	各类支柱绝缘子和垂直套管			
		平均直径（mm）	250～300	400	500	600
极线及中点设备	复合绝缘	大小伞（C 形）	52	53	55	57

4）古泉站中性线爬电比距不小于表 3−4−4 数值。

表 3−4−4　　　　　　古泉换流站中性线外绝缘爬电比距要求值　　　　　　（mm/kV）

绝缘类型	伞型	各类支柱绝缘子	水平套管
	平均直径（mm）	250～300	
复合绝缘	大小伞（C 形）	45	44.6

（3）运输条件，昌吉换流站和古泉换流站换流站运输限制外径（宽度）×运输高度：5.5m×4.5m，运输限制重量 100t。

（4）昌吉换流站极线和中性母线上的干式平波电抗器均由 2 台 75mH 线圈串联组成。古泉换流站极线和中性母线上的干式平波电抗器也均由 2 台 75mH 线圈串联组成。

（5）干式平波电抗器型式：空芯、户外型、自然冷却；额定电感：$2×75mH$，$0\%～+5\%$。

（6）电流额定值（最高环境温度时）见表 3−4−5。

表 3−4−5　　　　　　　　电流额定值（最高环境温度时）

理想条件下输送额定功率时的直流电流 I_{dN}（A）	5455
最大连续直流电流 I_{mcc}（A）	5523
2h 过负荷电流 I（A）	5839
暂态故障电流（kA，峰值）（波形见图 3−4−1）	40

（7）电压额定值见表 3−4−6。

表 3−4−6　　　　　　　　　电 压 额 定 值　　　　　　　　　（kV）

理想条件下，输送额定功率时，直流电压，对地 U_{dN}	极线	1100
	中性线	150
最高连续直流电压，对地 U_{dmax}	极线	1122，同时叠加谐波 75kV
	中性线	200

（8）绝缘水平和试验电压（串联后总的试验水平）见表 3-4-7。

表 3-4-7　　　　　　绝缘水平和试验电压（串联后总的试验水平）　　　　　　（kV）

项目		绝缘水平	
		极线	中性线
操作冲击耐受水平（峰值）	端子间	2100	2100
	端对地	2100	2100
雷电冲击全波耐受水平（峰值）	端子间	2600	2600
	端对地	2580	600
雷电冲击截波耐受水平（峰值，端子间）		2860	2860
直流耐受（120min，对地）		1755	225

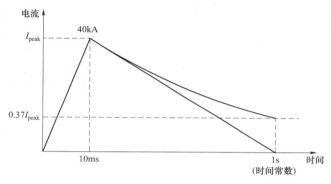

图 3-4-1　暂态故障电流

（9）最大连续电流下的稳态温升限值：当户外使用时，在最大连续电流（5523A）并加上谐波等效电流后的温升要求：热点温升不超过 105K，平均温升不超过 80K（长期运行电流 5523A 并加上等效谐波电流）。

（10）平波电抗器投运后，在平波电抗器轮廓线 5m 远，距地面 2m 高的地方进行噪声测量，测量的噪声（声压级）水平应不大于 75dB（A）。

（11）绝缘的耐热等级：要求使用多股型换位导线绕制绕组，股间带 H 级的绝缘层，其他绝缘材料耐热等级不低于 F 级。

二、关键技术

吉泉工程平波电抗器的额定直流电压由 ±800kV 提升到 ±1100kV，额定电感由 50mH 提升至 75mH，设备厂商攻克难关，最终完成了设备的设计、制造。当单台特高压平波电抗器额定电流增大、容量增大后，设计难度、体积和质量也随之增大。干式空心平波电抗器从设计角度需要面对绕组的外径变大、包封层数增多，同时为了获得满足要求的温升限值，需要增大导线通流面积，降低导线电流密度，部分辅件如降噪装置不适用于容量增大后的平波电抗器，支撑体系部分的结构也需要进行加固等新问题。

在 ±1100kV/5455A 平波电抗器设备研制过程中，针对以上系列问题进行了技术攻关、深入研究、仿真模拟、真型试验，设计并制造出平波电抗器，经过在权威机构测试，试验值均满足技术要求，为设备的顺利制造做好了基础，图 3－4－2 和图 3－4－3 所示为设备实物图。

图 3－4－2　昌吉换流站平波电抗器实物图　　　图 3－4－3　古泉换流站平波电抗器实物图

（一）12GW 工程平波电抗器特点

1. 线圈电感的提升

极性线单极是由两个 75mH 绕组串联组成，总电感 150mH。与以往相比，总电感保持不变，但单个绕组的电感相比以往工程提高了 50%（由 50mH 提高至 75mH），电感是平波电抗器的关键参数，电感提升意味着在相同条件下，电抗器的质量将大幅提高。

2. 线圈冲击水平提升

由于极性线单极是由两个 75mH 的平波电抗器串联连接，额定电压由 ±800kV 提高至 ±1100kV 后，线路的绝缘水平首次提高至 2600kV，使得单个绕组的绝缘水平和 ±800kV 时完全不一致，通过仿真软件模拟计算出了在 2600kV 水平的雷电冲击波入侵时，绕组首末端所承受的雷电冲击峰值电压值，根据仿真结果，确定每个绕组雷电冲击电压。图 3－4－4、图 3－4－5 给出了 ±1100kV 平波电抗器串联绕组雷电冲击仿真结果。

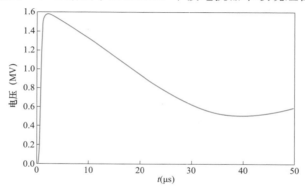

图 3－4－4　第一个绕组雷电冲击波形

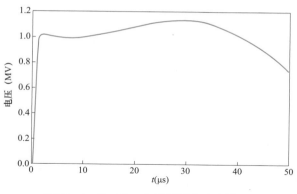

图 3-4-5 第二个绕组雷电冲击波形

3. 端对地绝缘水平的提升

额定直流电压由 ±800kV 提高至 ±1100kV 后，端对地的雷电冲击全波水平由 1950kV 提高至 2580kV，端对地操作冲击水平由 1675kV 提高至 2100kV，对地直流耐受水平由 1236kV 提高至 1755kV，绝缘水平的提升使得支柱绝缘子和 800kV 时完全不一致。为此，设备厂针对吉泉工程设计制造了专门的支柱绝缘子。

（二）串联绕组互感的研究

极性线单极是由两个 5455A/75mH 绕组串联组成，总电感 150mH。这样一个几何尺寸非常庞大的空心绕组，对应的磁场也是必须考虑的问题。空心电抗器的磁场是发散的，这种发散的磁场一方面影响两个绕组本身的自感，造成总电感远远大于设计值，从而影响整条线路，另一方面由于漏磁场的存在，对电抗器附近的其他设备也造成影响。图 3-4-6 给出不同距离下的磁感应强度的值，结合计算方法及仿真结果，确定两个绕组之间的距离，确保串联的两个绕组之间的互感系数满足要求，确保绕组对其他设备满足规范要求。

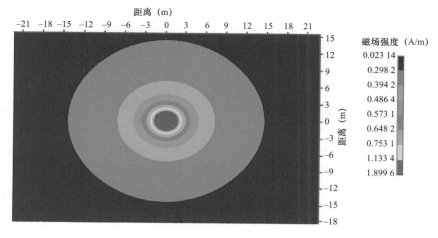

图 3-4-6 平波电抗器磁场仿真云图

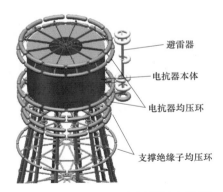

图 3-4-7 ±1100kV 平波电抗器
屏蔽结构布置方案示意图

（三）屏蔽结构的研究

额定直流电压由 ±800kV 提高至 ±1100kV 后，绕组和支柱绝缘子的冲击水平由 2100、1950kV 分别提升至 2600、2580kV，相比于以往 8GW 工程，电压水平分别提高了约 23%、32%。首先，通过仿真计算确定了满足 ±1100kV 平波电抗器电晕和无线电干扰要求的屏蔽结构，并通过一系列研究性试验，对电晕环进行了不同电极形态下屏蔽结构的放电特性研究。通过计算和试验验证，确定了满足 ±1100kV 平波电抗器端对端和端对地绝缘要求的屏蔽结构布置方案，如图 3-4-7 所示。

额定直流电压由 ±800kV 提高至 ±1100kV 后，端对地的操作冲击由 1675kV 提升至 2100kV，即要求设备到周围接地体的净空距可耐受 2100kV 的操作电压。根据真型试验及整体电位及表面电场分布云图（见图 3-4-8），最终确定了极性线电抗器屏蔽装置由 7 层均压环，其中绕组本体 4 层均压环，支撑结构 3 层均压环，均压环管径由 200mm 提高至 300mm。

经过权威机构的测试，平波电抗器 $U_{50\%}$ 试验满足要求，操作冲击波形参数为 250/2500μs 时安全裕度为 1.7%，操作冲击波形参数为 500/5000μs 时安全裕度为 2.0%。

平波电抗器抗的抗短路能力主要是由包封材料的性能决定的。通过理化试验，对不同的配方及固化温度进行试验，经过研究，包封材料的抗冲击能力提高至 6.55kJ/m²，压缩强度提高至 147.6MPa，提高了径向和轴向应力的安全系数。

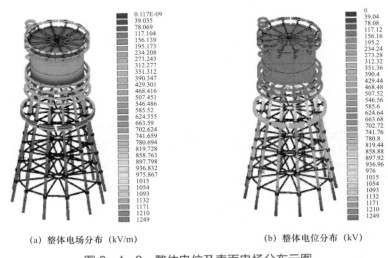

(a) 整体电场分布（kV/m）　　　　　(b) 整体电位分布（kV）

图 3-4-8 整体电位及表面电场分布云图

（四）直流电流和谐波电流分布研究

平波电抗器直流电流在各包封层按电导分布，谐波电流按电抗分布，±1100kV、12GW 工程额定直流电流相比以往 ±800kV、8GW 工程提高了 9%（由 5000A 提升至 5455A），各包封层的直流电流和谐波电流分布变得更加复杂。为此，设备厂研发出了适用于±1100kV/5455A/75mH 平波电抗器电流分布计算程序，可以准确计算出平波电抗器各包封层直流电流和谐波电流分布。

（五）温升分布研究

平波电抗器额定直流电流由 5000A 提高至 5455A，各层温升分布计算变得更加复杂，各个包封层的热对流、热传导及热辐射均与目前 5000A/75mH 电抗器不一致。通过仿真软件对平波电抗器在额定直流加谐波的工况下进行仿真，图 3-4-9 给出了 12GW 平波电抗器热力场仿真结果。从图 3-4-9 可知各包封层的温升分布情况，将仿真结果与设计方案进行对比和调整可最终确定方案。平波电抗器温升由±800kV、8GW 直流输电工程平波电抗器的 60K 优化至 47.2K，热点温升由 76.8K 优化至 73.3K。

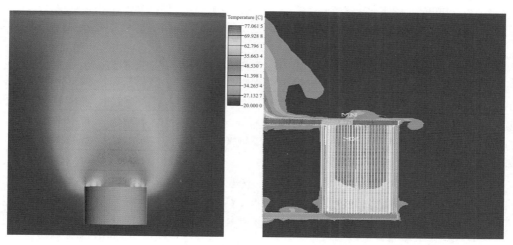

图 3-4-9 12GW 平波电抗器热力场仿真结果

（六）接线端子板发热控制

当额定直流电流提升至 5455A 时，应从提高加工、焊接、安装等方面的工艺水平着手优化，同时将接线端子板与管形母线金具由单面连接改为双面连接，使±1100kV、12GW 工程的接线端子板接触电流密度相比于±800kV、8GW 工程大幅降低，避免出现端子板异常过热现象发生。图 3-4-10 给出了 12GW/5455A 平波电抗器接线端子板双面连接三维示意图。

图 3-4-11 和图 3-4-12 分别给出了 8、12GW 工程接线端子板尺寸图，从图可以看出，8GW 特高压直流输电工程平

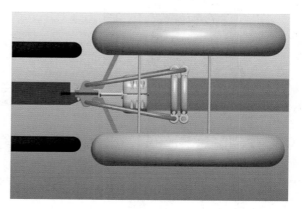

图 3-4-10 12GW/5455A 平波电抗器接线端子板双面连接三维示意图

波电抗器接线端子板尺寸为 200mm×250mm，±1100kV、12GW 工程平波电抗器接线端子板尺寸增大至 280mm×280mm，接线端子板接触电流密度由 0.063A/mm² 优化至 0.043A/mm²，大幅降低了端子板异常过热的现象发生。

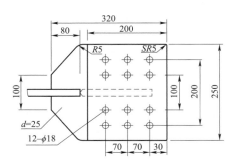

图 3-4-11　8GW 工程接线端子板尺寸图

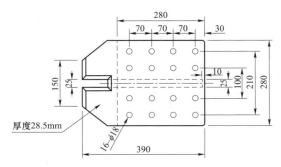

图 3-4-12　12GW 工程接线端子板尺寸图

（七）降噪措施

为了降低大电流下平波电抗器的噪声，需要考虑通过避开设备固有震动频率、优化降噪装置结构，选择合理的导线绝缘结构，采用严格的导线浸渍工艺和绕制工艺等方面进行优化：一方面在绕组绕制过程中，每根导线绕制时均通过环氧胶槽，使得环氧胶最大限度地填充了导线之间、导线和包封纱之间的空隙，使绕组形成一个整体，减小导线振动所产生的噪声，从平波电抗器绕组本体即声源上降低噪声；另一方面加装降噪装置，从噪声的传播途径上吸收平波电抗器发出的噪声。

降噪装置能降低平波电抗器本体的噪声，但是对平波电抗器本体的散热也有一定影响，需要主体的通风面积满足空气流动散热的要求，因此设备厂在保证降低噪声的同时，对降噪装置的结构进行优化。优化后的降噪装置相比于以往 5000A 平波电抗器的降噪装置，散热比由 1.11 提高到 1.14，空气流动散热效果更好。

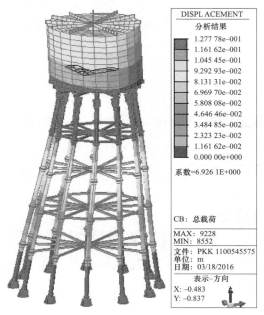

图 3-4-13　平波电抗器抗震仿真云图

（八）抗震研究

研制的 BKK-80000/110 高抗震并联电抗器在专业研究机构通过了水平设计加速度分别为 0.4g、0.5g 抗震原型试验。该抗震试验是国内迄今为止地震烈度最强、电抗器重达到最大的 1:1 原型抗震试验，为平波电抗器在抗震方面积累了丰富的设计经验。

基于对 BKK-80000/110 抗震原型试验时，对支撑结构各部件的力学性能参数的实测数据，平波电抗器设备厂对 ±1100kV/5455A/75mH 平波电抗器的支撑方案进行了建模和仿真，图 3-4-13 给出了相应的抗震仿真云图。为确保 0.2g 水平加速度下平波电抗器支撑体系符合抗震要求，平波电抗器设备厂对支撑体系进行了研究分析，并确定了最终的设计方案，使质量加大后的平波电抗器能够满足稳定运行的要求。

三、设计技术方案

（一）总体结构

昌吉换流站平波电抗器绕组共 26 个包封、古泉换流站平波电抗器绕组共 31 个包封。以昌吉换流站为例，极母线侧平波电抗器的整体安装结构见图 3−4−14。其支撑部分采用 12 柱实心复合绝缘子倾斜 10°支撑，每柱由 5 节高低不尽相同的绝缘子组成，并在各绝缘子之间使用金属拉筋将各柱绝缘子固定。极母线侧平波电抗器为户内布置，无须加装降噪装置。绕组上、下两端配备有安装避雷器的托架用以安装避雷器。平波电抗器运行在特高压直流线路，所以在平波电抗器的各高场强位置均装配有屏蔽装置，以防其产生电晕。

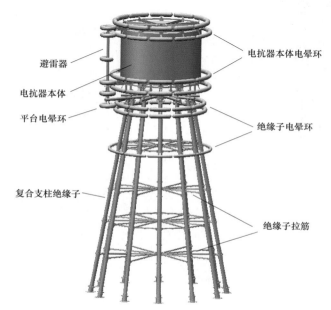

图 3−4−14　极母线侧平波电抗器整体安装结构

中性线侧平波电抗器的整体安装结构如图 3−4−15 所示。支撑部分采用 12 柱实心复合绝缘子垂直支撑，中性线侧平波电抗器为户外布置，在电抗器本体的上方、中部、下方以及内部，设计有降噪装置，将电抗器完全包裹在其内部，可以起到降低噪声和防止雨淋的作用。中性线侧平波电抗器无须加装避雷器。另由于平波电抗器运行在特高压直流线路，所以在平波电抗器的各高场强位置均装配有屏蔽装置，以防其产生电晕。

（二）降噪装置结构

在平波电抗器运行时，工作电流由若干谐波电流和直流电流组成，他们产生多种频率的振动磁场力和稳定不变的静态磁场力。前者产生电磁噪声，后者对噪声没有贡献。当电抗器绕组通过电流时，流经绕组的电流会在电抗器内部、外部产生磁场，磁场反过来作用于载流的绕组，于是对绕组产生磁场力。当通过的电流随时间交变时，磁场的大小和方向随之变化，于是绕组导线所受的磁场力在大小上发生变化，引起绕组的振动，多个不同频率的电流相互作用的结果是产生多个不同频率的振动。

为减小噪声，平波电抗器设置了降噪装置，与以往工程基本相同。降噪装置由上部消声器、外部筒形吸声罩、内部吸声筒、底部筒形吸声罩和底部栅式消声器五部分组成。其中，内部吸声筒在出厂前已经被安装到电抗器内部；外部筒形吸声罩是由数十片中部声腔相互拼接而成的圆筒，需要现场安装在电抗器本体外围起到降低声音向外界空间辐射的作用；为防止雨水进入声腔，在电抗器的顶部装配有上部消声器，为电抗器本体遮挡雨水。上部消声器主要由消声器顶盖、消声器隔板和消声器主体三部分组成，消声器主体和电抗器本体、消声器主体与消声器顶盖之间均通过内外两圈金属杆进行支撑，如图3-4-16所示。

（三）防鸟栅结构

平波电抗器防鸟栅结构与以往工程基本相同。由于消声器主体中心和平波电抗器主体下端部中心有一些缝隙和空档，鸟可通过这些缝隙进入消声器主体内并在电抗器主体上筑巢，当筑巢位置在包封上部端圈时会电抗器运行产生一定影响。12GW昌吉换流站平波电抗器设置了防鸟栅，结构示意图如图3-4-17和图3-4-18所示。该防鸟栅材料耐热等级高，并有一定的硬度、韧性，满足安装使用的要求，底部防鸟网在平波电抗器出厂时已装入电抗器内部，上部防鸟网在消声器主体拼装完成后，现场按说明书示意的安装位置固定。

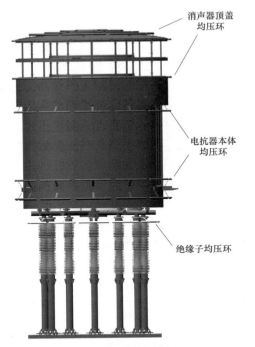

图3-4-15 中性线侧平波电抗器整体安装结构

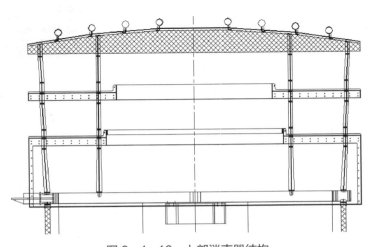

图3-4-16 上部消声器结构

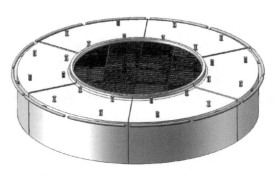

图 3-4-17 上部防鸟网结构示意图

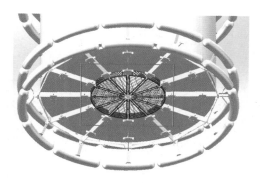

图 3-4-18 底部防鸟网结构示意图

（四）导线

为保证平波电抗器的各项技术指标均能满足要求，设备厂对电抗器最关键材料换位电磁线进行了特殊设计，换位电磁线的线径、截面和尺寸根据反复迭代计算的结果进行设计，从而保证电抗器产品的最优性能，为确保换位线的绝缘密闭性，设备厂在换位线表面缠绕了环氧浸渍玻璃纤维混织带，导线结构示例见图 3-4-19。

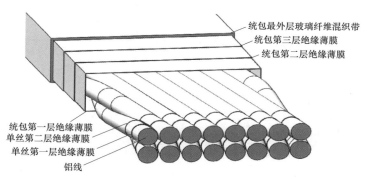

图 3-4-19 导线结构示例

第五节 直流开关设备

直流开关设备是特高压直流输电系统通流回路的关键设备。特高压直流输电容量的进一步提升，特别是将系统电压从 800kV 提高到 1100kV，对开关类设备的技术性能提出了更高的要求。

特高压换流站内直流开关设备主要包括直流隔离开关及接地开关、直流转换开关和直流旁路开关。直流开关设备研制的技术难点主要在于电流提高之后带来的导体发热、外绝缘和设备机械稳定性问题。大容量直流开关设备的型式继承了 ±800kV 特高压工程直流开关设备的设计，针对电流提高后产品发热等问题进行了改进或重新设计。本节重点阐述直流开关设备的技术要求，特别是对于额定电流和过负荷电流的要求，以及开关设备的研制成果。

一、技术要求

（一）直流隔离开关和接地开关

（1）环境条件见本章第一节相关要求。

（2）直流滤波器高压隔离开关在50%直流额定电压及以下应具备在线投切直流滤波器的能力。

（3）1100kV极线隔离开关对地干弧距离不应小于13m，断口距离按不小于7.3m考虑。

（4）极线隔离开关和接地开关采用硅橡胶复合绝缘子。

（5）隔离开关结构与型式参数见表3-5-1。

表3-5-1 隔离开关结构与型式参数

序号	名 称	标准参数值
1	结构型式或型号	双柱水平伸缩式
	接地开关	不接地
2	电动或手动	电动并可手动
	电动机电压（V）	AC 380/220
	控制电压（V）	DC 220/110

（6）接地开关操动机构参数见表3-5-2。

表3-5-2 接地开关操动机构参数

序号	名 称		标准参数值
1	电动或手动		电动并可手动
	电动机电压（V）		AC 380/220
	控制电压（V）		DC 220/110
2	备用辅助触点	隔离开关（对）	10
		接地开关（对）	8

（7）隔离开关额定参数见表3-5-3。

表3-5-3 隔离开关额定参数

序号	名 称		标准参数值
1	额定直流电压（kV）		1122
2	额定直流电流（A）		6000
3	2h过负荷直流电流（A）		6600
4	额定雷电冲击耐受电压峰值（1.2/50μs）（kV）	断口	2550
		对地	2550
5	额定操作冲击耐受电压峰值（250/2500μs）（kV）	断口	2100
		对地	2100

续表

序号	名　　　称		标准参数值
6	直流耐受电压，1h（kV，直流）	断口	1683
		对地	1683
7	额定短时耐受电流及持续时间（kA/s）		2/14
8	额定峰值耐受电流（kA）		35
9	机械稳定性（次）		≥1000
10	辅助和控制回路短时工频耐受电压（kV）		2
11	无线电干扰电压（1.1U_d时）（μV）		≤2000
12	接线端子静态机械负荷（N）	水平纵向	3500
		水平横向	3500
		垂直	3500
		安全系数	静态2.75，动态1.7
13	直流滤波器高压隔离开关开断谐波电流能力	开断电流（A，均方根值）	300
		恢复电压（kV）	82.5

（8）接地开关额定参数见表3-5-4。

表3-5-4　　　　　　　接地开关额定参数

序号	名　　　称		标准参数值
1	额定电压（kV，直流）		1122
2	额定雷电冲击耐受电压峰（kV） 值（1.2/50μs）（kV）	断口	—
		对地	2550
	额定操作冲击耐受电压峰（kV） 值（250/2500μs）（kV）	断口	N.A
		对地	2100
3	直流耐受电压，1h（kV，直流）	断口	N.A
		对地	1683
4	额定短时耐受电流及持续时间（kA/s）		2/14
5	额定峰值耐受电流（kA）		35
6	无线电干扰电压（1.1U_d时）（μV）		≤2000

（二）直流转换开关

（1）环境条件见本章第一节相关要求。

（2）特高压换流站内的直流转换开关包括有金属回路转换开关（MRTB）、大地回路转换开关（GRTS）、中性母线转换开关（NBS）、中性母线快速接地开关（NBGS）。直流转换开关原理示意图如图3-5-1所示。

电抗器、电容器以及非线性电阻器安装在绝缘

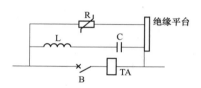

图3-5-1　直流转换开关原理示意图

B—SF$_6$断续器；L—电抗器；C—电容器；
R—非线性电阻器；TA—电流互感器

平台上。电容器、非线性电阻器、SF_6 断续器与绝缘平台有电气连接，电抗器与绝缘平台绝缘。

（3）MRTB：送端换流站金属转换回路配置有 1 台 MRTB。MRTB 由 3 个并联支路组成，即 SF_6 断续器、振荡回路和非线性电阻器。为达到转换的要求，在其内部必须产生振荡以实现在 SF_6 断续器内的电弧可在电流过零时熄灭。MRTB 通用要求见表 3-5-5。

表 3-5-5　　　　　　　　　MRTB 通 用 要 求

序号	参　数	要求值
1	额定电流（A，直流）	6000
2	过负荷电流（A）	6600
3	额定电压（kV，直流）	150
4	最大转换电流（A，直流）	5059

（4）GRTS：送端换流站大地转换回路配置有 1 台 GRTS。组成其的 3 个并联路为 SF_6 断续器、振荡回路和非线性电阻器，通用要求见表 3-5-6。

表 3-5-6　　　　　　　　　GRTS 通 用 要 求

序号	参　数	要求值
1	额定电流（A，直流）	6000
2	过负荷电流（A）	6600
3	额定电压（kV，直流）	150
4	最大转换电流（A，直流）	1647

（5）NBS 和 NBGS：送端与受端换流站均配置有 2 台 NBS 和 1 台 NBGS，NBS 其组成 SF_6 断续器、振荡回路、非线性电阻器 3 个并联路。NBGS 应带有快速隔离开关，必须实现快速接地，否则中性母线电压升高将失去控制。NBGS 应具备转移直流电流的能力，通用要求见表 3-5-7。

表 3-5-7　　　　　　　　　NBGS 通 用 要 求

类型	序号	参　数	要求值
NBS	1	额定电流（A，直流）	6000
	2	过负荷电流（A）	6600
	3	额定电压（kV，直流）	150
	4	最大转换电流（A，直流）	5839
NBGS	1	额定电流（A，直流）	—
	2	过负荷电流（A）	—
	3	额定电压（kV，直流）	150
	4	最大转换电流（A，直流）	5839

（6）接线端子板应为双面平板式。主接线端子板及线夹允许的静态机械荷载不得小于下列数值：① 其静态安全系数为 2.75；② 水平纵向为 3000N；③ 水平横向为 2000N；④ 垂直方向为 2000N；⑤ 主接线端子板及线夹均应能承受 1000N·m 的扭矩而不变形。

（7）SF$_6$ 断续器一般选用交流 SF$_6$ 断路器，断续器应为户外单相式，弹簧或液压操动机构。操动机构必须可靠，通过"远方/本地/关"选择开关可以实现远方、本地关、合操作，本地操作选择开关应放于开关操动机构内。在不进行机械调整、维修或更换部件情况下，SF$_6$ 断续器的空载操作次数不应少于 10 000 次。

（8）操作顺序，直流转换开关的正常操作为 O—C—O 操作。在反向操作时，断路器的动作为 C—O—C；NBS 中的断续器必须实现 C—O—C 操作循环。在转换失败或电动机掉电情况下，此功能可以保证断续器到达闭合位置；MRTB、GRTS 和 NBGS 中的断续器必须实现 O—C 操作循环，在转换失败或电动机掉电情况下，此功能可以保证断续器到达闭合位置；高速隔离开关必须实现 C—O 操作循环。

（9）所有设备材料（包括绝缘子）均应考虑风沙的影响。设备本体承受风速的大小应采用折算至设备最高处的风速，同时应充分考虑沙暴对风压的增益作用。设备外壳钢板应采取加厚壁厚等措施；密度表等表计的防护等级为 IP55，应加装防护罩等措施避免沙尘进入。户外端子箱等所有箱体采用加厚的不锈钢外壳，选用双层或三层门密封结构，选用防风沙继电器。

（10）开关汇控柜和端子箱应采用良好的密封性能，具有双重保温结构，柜内附带加热功能及温控装置，当温度低于零度是自动启动，保证柜内温度不低于零度，加热器功率应能满足极低温度下的运行要求。端子箱电缆应采用从下部进入的方式。

（11）直流转换开关采用瓷绝缘或硅橡胶复合绝缘，且根据运行管理单位要求，若设备采用瓷绝缘需加涂 RTV－Ⅱ型涂料(厂内涂覆,若损坏现场修补)，由厂家涂覆的 RTV－Ⅱ质保三年，如质保期间憎水性低于 HC6，厂家负责补充涂覆。

（12）温升试验方式为"设备按额定电流做到温度稳定后，再将电流提高到过负荷电流做 2h"。

（三）直流旁路开关

（1）环境条件见本章第一节相关要求。

（2）防风沙低温要求见本章第五节相关要求。

（3）极线旁路开关技术参数见表 3－5－8。

表 3–5–8　　　　　　　　　　极线旁路开关技术参数

序号	名　称		要求值
1	断口数（个）		2
2	额定电压（kV，直流）	对地	1122
		断口间	561
3	电流应力	最大运行电流（A，直流）	5838
		额定短时耐受电流（2s）（kA，直流）	14
		额定峰值耐受电流（kV，峰值）	35

续表

序号	名 称		要求值
4	外绝缘试验电压		
4.1	雷电冲击耐受	对地（kV，峰值）	2550
		断口间（kV，峰值）	1313
4.2	操作冲击耐受	对地（kV，峰值）	2100
		断口间（kV，峰值）	1180
4.3	直流电压耐受，1min	对地（kV，直流）	1683
		断口间（kV，直流）	815
5	最大合闸时间（ms）		≤90
6	机械稳定性（次）		≥3000
7	额定操作顺序		CO－15s－CO
8	无线电干扰试验电压（μV）		≤2000
9	SF$_6$气体湿度（μL/L）	交接验收值	≤150
		长期运行允许值	≤300
10	SF$_6$气体漏气率（%/年）		≤0.5
11	SF$_6$气体纯度（%）		99.8
12	操动机构型式或型号		液压或弹簧
	电动机电压（V）		AC 380/220，DC 220/110
	合闸操作电源	额定操作电压（V）	DC 220、DC 110
		操作电压允许范围	85%～110%，30%不得动作
		每台绕组数量（只）	2
		每只绕组稳态电流	DC 220V、2.5A 或 DC 110V、5A
		额定操作电压（V）	DC 220、DC 110
		操作电压允许范围	65%～110%，30%不得动作
		每台绕组数量（只）	2
		每只绕组涌电流（A）	投标人提供
		每只绕组稳态电流	DC 220V、2.5A 或 DC 110V、5A
	加热器	电压（V）	AC 220
		每相功率（W）	投标人提供
	备用辅助触点	数量（对）	10
		开断能力	DC 220V、2.5A 或 DC 110V、5A
13	检修周期（年）		≥20
	液压机构	24h 打压次数（次）	≤2
	弹簧机构	储能时间（s）	≤20
14	端子静负载	水平纵向（N）	3500
		水平横向（N）	2000
		垂直（N）	2000
		安全系数	静态 2.75，动态 1.7

二、关键技术

（一）直流开关技术特点

1. 直流隔离开关和接地开关技术参数

在系统为 1100kV/5455A 的情况下，直流隔离开关的额定电流设置为 8000A，温升试验电流为 8800A，可以满足 1100kV/12GW 级特高压直流输电工程的需求。

2. 直流转换开关和旁路开关的技术参数

直流转换开关和旁路开关是换流站直流场的重要设备，主要用于进行直流输电系统各种运行方式的转换、接地系统转换等。直流转换开关（MRTB、GRTS、NBGS、NBS）均安装在中性线上，完成的是直流电流的转换工作，本身承受的直流电压并不高，但直流电流提升后的转换电流会比以往特高压直流输电工程更大，尤其是直流线路加长后转换能量更大需重新设计转换回路。直流旁路开关分为极线旁路开关和中点旁路开关，主要是用于隔离换流阀，对通流要求不高。

表 3-5-9 给出了 ±1100kV、12GW 工程直流转换开关主要技术参数，表 3-5-10 给出了 ±800kV、10GW 工程直流转换开关的主要技术参数，表 3-5-11 给出了以往 7.2GW 特高压直流输电工程的直流转换开关要求。由表 3-5-9～表 3-5-11 可以看出，输送容量提高以后，MRTB、GRTS 和 NBS 的转换电流都有较大地增加，转换过程中辅助回路的避雷器所要吸收的能量增大，所以需重新研发直流断路器的辅助回路。因此，以往特高压直流输电工程中的直流断路器并不能在 10GW 特高压直流输电工程中直接使用。需在原有基础上深入研究，重新设计辅助回路，以满足较大转换电流的要求。吉泉工程直流转换开关取消了分流的并联支路，采用新型通流断口，额定通流能力 6000A，2h 过负荷电流可达 6600A。

表 3-5-9　　　　　±1100kV、12GW 工程直流转换开关主要技术参数

参数	MRTB	GRTS	NBS	NBGS
额定电流（A，直流）	6000	6000	6000	—
峰值耐受电流（kA，峰值）	35	35	35	35
短时耐受电流，2s（kA，峰值）	14	14	14	14
最大转换电流（A，直流）	5059	1647	5839	5839

表 3-5-10　　　　　±800kV、10GW 工程直流转换开关主要技术参数

参数	MRTB	GRTS	NBS	NBGS
额定电流（A，直流）	6600	6600	6600	—
峰值耐受电流（kA，峰值）	45	45	45	45
短时耐受电流，2s（kA，峰值）	18	18	18	18
最大转换电流（A，直流）	5900	2500	6400	6400

表 3-5-11 ±800kV、7.2GW 特高压直流输电工程直流转换开关主要技术参数

参数	MRTB	GRTS	NBS	NBGS
额定电流（A，直流）	5017	5017	5017	—
峰值耐受电流（kA，峰值）	30	30	30	30
短时耐受电流，2s（kA，峰值）	12	12	12	12
最大转换电流（A，直流）	4463	972	5017	—

±1100kV、12GW 工程和±800kV、10GW 工程旁路开关的主要技术参数如表 3-5-12 所示，可以看出±1100kV、12GW 工程旁路开关主要技术差别在于电压等级和绝缘耐受水平显著提升，需增加断口和支柱绝缘子长度，并通过相应的型式试验。

表 3-5-12　　　　　　　　直流旁路开关主要技术参数

序号	项目名称	±1100kV、12GW 工程	±800kV、10GW 工程
1	最大运行电流（A，直流）	5839	6600
2	额定短时耐受电流（2s，min）	14	18
3	额定峰值耐受电流（kA，峰值）	35	45
4	温升试验电流（kA，峰值）	—	
5	额定电压（kV，直流）	550	408
	最高电压（kV，直流）	561	408
	断口间最大持续电压（kV，直流）	561	408
	绝缘水平		
6	雷电耐受电压（断口间，kV）	1313	950
	雷电耐受电压（对地，kV）	1313	950
	操作耐受电压（断口间，kV）	1180	850
	操作耐受电压（对地，kV）	1180	850
	直流电压耐受，1min（对地，kV）	815	612
	直流电压耐受，1min（断口间，kV）	815	612

（二）直流开关温升试验

通过优化设计，±1100kV、12GW 工程采用的直流转换开关通流能力可达 6000A，且通过相应的温升试验，关键部位的温升结果见表 3-5-13。由表 3-5-13 可知，新型直流转换开关额定通流和过负荷通流能力均满足相关规范的要求。关键部位温升值见表 3-5-13。

表 3-5-13　　　　　　　　关 键 部 位 温 升 值

产品	温升试验电流（A）	接线端子温升（K）	触头（K）	温升限值（K）
直流转换开关	6000	28.1	55.4	65
直流转换开关	6600（2h 过负荷电流）	30.3	62.9	65

（三）外绝缘试验

直流极线区域设备绝缘水平高，放电曲线进入饱和区，设备均压屏蔽装置电极形状十分敏感，需要精细化设计，确立户内直流场设备均压屏蔽装置选型，大幅提升工程可靠性。

结合极线设备的特点，开发了"苹果型"均压罩等新型均压屏蔽装置，开展全三维电场仿真计算，反复迭代确立装置选型，并进行了 $U_{50\%}$ 真型试验验证，如图 3-5-2～图 3-5-4 所示。

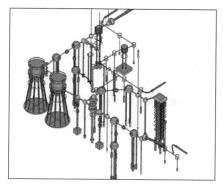

图 3-5-2 户内直流场全三维电场仿真

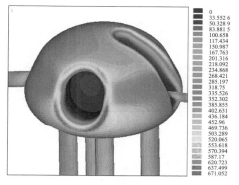

图 3-5-3 "苹果型"均压罩电场仿真

图 3-5-4 "苹果型"均压罩放电真型试验

1100kV 极线设备表面场强均小于 15kV/cm，并一次性通过 $U_{50\%}$ 试验，彻底解决户内直流场设备电极形状敏感的问题。

三、直流开关技术方案

（一）直流隔离开关技术方案

常规±800kV 隔离开关为成熟产品，为双柱水平伸缩式结构，支柱绝缘子采用三脚架结构增加稳定性（见图 3-5-5）。在±1100kV 电压下，设备的爬电距离、过电压水平大幅增加，特别是绝缘水平的要求大大增加，对设备的绝缘水平提出了极高的要求。

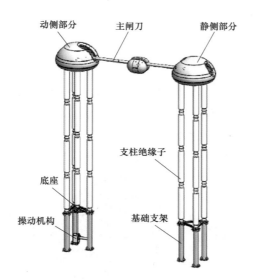

图 3-5-5　直流隔离开关

　　最终采用的方案为：±1100kV 双柱水平伸缩式户外特高压直流隔离开关主要由底座、支柱绝缘子、操作绝缘子、主闸刀、静触头、均压罩、操动机构等组成。支柱绝缘子并立在底座上，操作绝缘子安装在动侧三脚架的中心位置，主闸刀和动侧均压罩装在动侧支柱绝缘子的顶部，静触头和静侧均压罩装在静侧支柱绝缘子顶部，支柱绝缘子采用三脚架结构增加稳定性。

　　主要技术措施如下：

　　（1）动、静侧采用新型馒头状半球形均压罩（见图 3-5-6），肘节采用新型半球壳型均压罩，能有效减小主闸刀电场的不均匀程度、消除边缘效应，极大提高隔离开关的绝缘性能。

　　（2）采用新型复合支柱绝缘子，高度为 14m，爬电距离 52 100mm。

　　（3）动触头采用环形触指结构（见图 3-5-7），环形触指通过触指外缘的环形弹簧产生接触压力，啮合点多；触指直接与导电管外连接，减少固定连接点，易于控制装配质量，比内连接更加可靠，保证通流的可靠性。

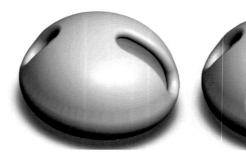

图 3-5-6　馒头状半球形均压罩

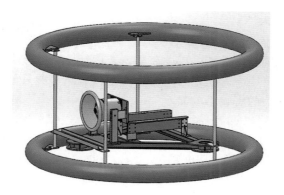

图 3-5-7 环形触指结构

（二）直流转换开关技术方案

直流转换开关的电流转换过程复杂，涉及振荡回路参数配合，非线性电阻器的能量吸收，电弧的自激振荡。容量提升后直流转换开关的研制具有相当高的难度。根据现有设备通流及电流转换能力，研制额定电流 6600A 的直流转换开关，需重点关注以下方面的研究。

1. 通流能力

±1100kV、12GW 工程采用新型的 HPL245B1 断口，断口额定通流能力 6000A，2h 过负荷电流可达 6600A。

传统的交流断续器最大通流能力为 5000A（均方根值），为满足 6600A（直流）的通流要求，需设计新型的交流断续器或采用断续器并联结构。研发新型的交流断续器周期长、技术难度大，且新的断续器电弧特性不确定，对直流转换开关的设计造成很大的挑战。而采用 5000A 断续器并联的结构既可以满足通流要求，又不改变断续器的电弧特性，可以适应工程的建设需求。

2. 直流转换开关的电流转换能力

在 7.2GW 特高压直流输电工程中的直流转换开关已具备 5000A 的转换电流能力，但是不能满足新工程 6400A 转换电流的要求。需进一步提升直流转换开关转移电流能力，并通过转移电流试验验证设备满足工程需求。

3. 转换回路的参数配置

无源型转换开关主要利用电弧的负阻特性，但电流越大则自激振荡越不利，转换越难，因此需要转换回路与开断装置的参数有较好配合。通过试验及仿真计算，提炼电弧仿真模型，对直流转换开关的开断过程进行仿真计算，研究不同参数配置下转换回路与开断装置的配合情况。

4. 直流转换开关吸能装置及绝缘平台设计

线路和大地存在较大电感，储存巨大能量，电流转换后这部分能量需要由直流转换开关的非线性电阻器吸收，其中 MRTB 承受的工况最为严苛。而且，额定运行电流由 5000A 提升至 6250A 后，直流转换开关非线性电阻器吸收能量增大为以前的 1.56 倍。吸收能量的增加，导致非线性电阻器数量增多，绝缘平台负荷增加，需要对绝缘平台的结构强度进行优化设计。

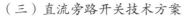

（三）直流旁路开关技术方案

特高压直流输电工程中每个12脉动换流器都有并联的旁路开关，旁路开关的主要功能是旁路退出运行的换流阀，使系统能以不完整方式运行，从而减少功率损失和对两侧交流系统的冲击，提高系统可用率。在正常运行情况下，旁路开关只是短时参与到通流回路中去，提升电流对旁路开关的影响不明显。

由于额定电压和绝缘耐受水平的显著提升，12GW 特高压直流输电工程的HPL1100B2 型极线旁路开关结构变化明显，相比于 8、10GW 特高压直流输电工程，断口长度由 5.86m 增加至 6.99m；高度相比于 8、10GW 特高压直流输电工程旁路开关增加了 6m，高达 18.9m。

中点旁路开关在原 8、10GW 特高压直流输电工程的 HPL800B2 型旁路开关的基础上，进行了优化设计，绝缘断口长度由 5.86m 增加至 6.99m，开关高度保持不变。

所有新型的旁路开关均重新开展了各项型式试验，产品设计和试验结果均满足技术规范的要求。

第六节　直流分压器

吉泉工程直流分压器采用阻容型分压器，就地通过远端模块转换为串行数字光信号。该设备绝缘水平与 ±800kV 直流分压器相比有较高提升，在满足绝缘水平要求的前提下，对其抗干扰能力、测量精度、可靠性等均有较高要求。

一、技术要求

（1）环境条件见本章第一节相关要求，户内场条件见本章第二节相关内容。

（2）直流分压器为具有电容补偿的电阻分压器，包括高压臂、低压臂、控制室内电子测量设备及连接电缆，分压器本体部分装在绝缘子（绝缘筒）内。

（3）采用模拟信号，每通道要具有独立的低通滤波器、高稳定性电阻二次分压器、以及隔离放大器，任一路输出通道故障都不应导致其他输出通道信号异常。

（4）每台直流分压器在设备本体处配置一套 IED 在线监测系统，用于监测分压器的 SF_6 气体压力。电源及信号传输光纤由其他供货商提供。

（5）技术参数见表 3-6-1。

表 3-6-1　　　　　　　技 术 参 数

项目	参数
极线设备最大持续直流电压（kV）	1122，另含 60kV（均方根值）谐波电压
550kV 极线设备最大持续直流电压（kV）	561（古泉）
中性母线设备最大持续直流电压（kV）	150/40（昌吉/古泉）
极线设备额定一次直流电压（kV）	1100
550kV 极线设备额定直流电压（kV）	550（古泉）

续表

项目	参数
中性母线设备额定一次直流电压（kV）	60/20（昌吉/古泉）
极线电压测量范围（kV）	±1800
550kV极线电压测量范围（kV）	±850
中性母线设备电压测量范围（kV）	±200
中性母线设备暂态电压测量范围（kV）	±400
隔离的A/D系统输出（标幺值）	1.0
此时极母线电压（kV）	1100
550kV极母线电压（kV）	550
中性母线电压（kV）	100

（6）绝缘水平见表3-6-2。

表3-6-2　　　　　　　　　　绝　缘　水　平

项目	参数
极线设备额定雷电波冲击耐受电压（1.2/50ms）（kV，峰值）	2600
550kV极线设备额定雷电波冲击耐受电压（1.2/50ms）（kV，峰值）	1450
中性母线设备额定雷电波冲击耐受电压（1.2/50ms）（kV，峰值）	600
极线设备额定操作波冲击耐受电压（kV，峰值）	2100
550kV极线设备额定操作波冲击耐受电压（kV，峰值）	1250
中性母线设备额定操作波冲击耐受电压（kV，峰值）	550
极线湿态直流耐压以及局部放电测量试验（60min，湿）（kV）	1683
550kV极线湿态直流耐压以及局部放电测量试验（60min，湿）（kV）	842
中性母线直流耐压以及局部放电测量试验（60min，干）（kV）	225
极线工频耐压试验（1min）（kV，均方根值）	1264
550kV极线工频耐压试验（1min）（kV，均方根值）	632
中性母线工频耐压试验（1min）（kV，均方根值）	275

二、关键技术

下面是针对1100kV直流分压器的关键元器件进行的设计计算。

（一）1100kV直流分压器套管计算

1. 外绝缘爬电距离

考虑系统最高工作电压和各种修正系数，空心复合套管所需外绝缘爬电距离 L 计算式如下

$$L = RUK_1K_2K_3 \qquad (3-6-1)$$

式中　R——爬电比距，一般取 52mm/kV；

　　　U——设备最高电压，kV；

　　　K_1——海拔修正系数，按照海拔 1000m 计算；

　　　K_2——硅橡胶耐污缩小系数，取 0.9；

　　　K_3——直径修正系数，取 1.2。

根据式（3-6-1），$L = 52 \times 1100 \times 1 \times 0.9 \times 1.2 = 61\ 776$（mm）。

2. 套管干弧距离

根据爬电距离计算套管干弧距离 S，计算式如下

$$S = L/\alpha_{CF} \qquad (3-6-2)$$

式中　α_{CF}——复合套管的爬电系数，直流一般取 4.5。

根据式（3-6-2），$S = 61\ 776/4.5 = 13\ 728$（mm）。

套管实际爬距 $L_1 = 63\ 594 > L$；实际干弧距离 $S_1 = 14\ 400$mm $> S$，满足要求。

（二）1100kV 直流分压器外电场仿真分析

1. 均压环设计

±1100kV 直流分压器高压端采用两个双层均压环，均压环环径 ϕ600mm，大环中心直径 ϕ3000mm，内小环中心直径 ϕ1800mm，大小环之间距离为 700mm（见图 3-6-1）。在电磁场作用下，均压环周围的电磁场分布类似于球形，改进屏蔽效果，电场分布均匀。低压端采用环径 ϕ400mm，中心直径 ϕ1700mm 的单环（见图 3-6-2）。

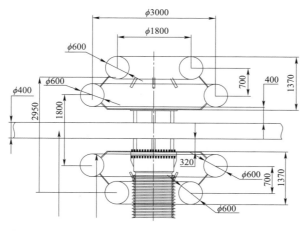

图 3-6-1　高压端均压环安装示意图

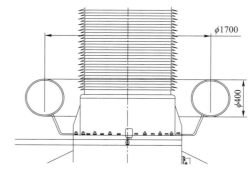

图 3-6-2　低压端均压环安装示意图

2. 建立三维模型

本次直流场设备为户内站，根据±1100kV 直流分压器的安装位置，建立三维模型。对直流场内侧墙面和顶部屋顶建立模型，如图 3-6-3 所示。

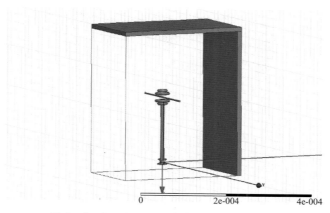

图3-6-3 1100kV直流分压器三维模型

3. 仿真分析结果

±1100kV 直流分压器在直流耐压状态下进行电场仿真结果如下：

（1）±1100kV 直流分压器整体电场分布云图和电压分布云图如图3-6-4所示，其中电场强度最大值为 1.423 0kV/mm，集中在高压端均压环外边缘区域。

（2）绝缘套管电场强度最大值为 0.387 8kV/mm，集中在高压端均压环下部区域，绝缘套管低压端电场强度值约为 0.09～0.12kV/mm，如图3-6-5所示。

（3）高压端均压环电场强度最大值为 1.423 0kV/mm，集中在高压端均压环外边缘区域，低压端均压环电场强度最大值为 0.27kV/mm，集中在低压端均压环外边缘区域，如图3-6-6所示。

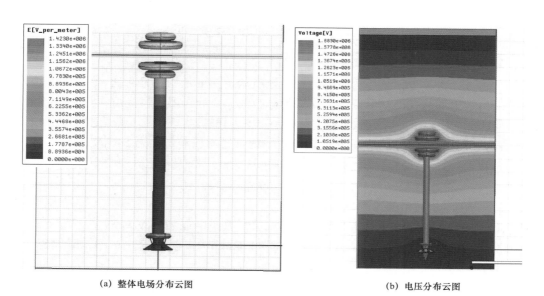

（a）整体电场分布云图   （b）电压分布云图

图3-6-4 ±1100kV 直流分压器整体电场分布云图和电压分布云图

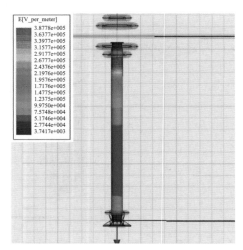

图 3-6-5　绝缘套管电场分布

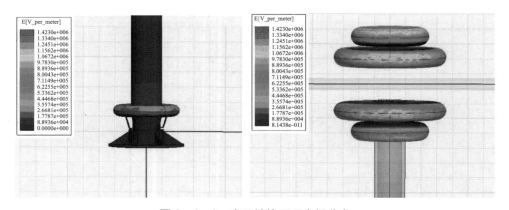

图 3-6-6　高压端均压环电场分布

4. 径向绝缘校核

（1）仿真分析。直流分压器阻容单元中电阻从上往下是均匀分布的，故可以认为由电阻引起的内部电场从高压端至低压端是均匀分布的。在分压器不同高度，分别和外电场之间有径向压差，图 3-6-7 给出了直流分压器在电压 1683kV 下内部电场和外部电场之间的径向压差，可以看出在分压器高 10m 的位置，内部径向压差最大为 546kV。

（2）理论计算。通过理论计算，±1100kV 直流分压器径向绝缘强度 U

$$U = LE_O \tag{3-6-3}$$

式中　L——径向最大绝缘距离，mm；

E_O——SF_6 气体在一个标准大气压下的临界场强，一般为 8kV/mm。

±1100kV 直流分压器径向最大绝缘距离为 262mm，根据式（3-6-3）最大径向绝缘强度大于 2096kV。

综上所述，±1100kV 直流分压器径向绝缘设计强度远大于实际运行工况下的绝缘强度，满足产品性能要求。

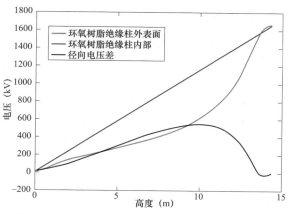

图 3-6-7 直流分压器不同高度下的径向压差

（三）1100kV 直流分压器强度校核

风载荷计算公式为

$$P_w = Ck_n qA \qquad (3-6-4)$$

式中 P_w——作用在物品上的风载荷，N；

C——风力系数，取 1.3；

k_n——风压高度变化系数，取 1；

q——基本风压，按持续风速 34m/s 核算；

A——水平迎风面积，A。

基本风压计算公式为

$$q = \frac{1}{2}\rho v^2 = 0.646\,5 \times 34^2 = 747.5\,(\text{N/m}^2)$$

水平迎风面积

$$A = 3.5 \times 2.64 + 15.5 \times 1 = 24.74 \ (\text{m}^2)$$

故风载荷

$$P_w = 1.3 \times 1 \times 747.5 \times 24.74 = 24 \ (\text{kN})$$

采用 ANSYS 软件进行仿真计算，在 1100kV 直流分压器高压端施加 24kN 的力，仿真结果如图 3-6-8～图 3-6-10 所示，最大偏移为 64.655mm，底座螺钉最大受应力为 150.13MPa。

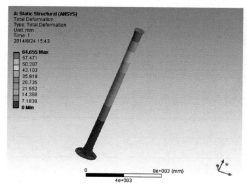

图 3-6-8 风载下最大偏移量

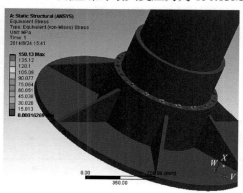

图 3-6-9 风载下的最大应力

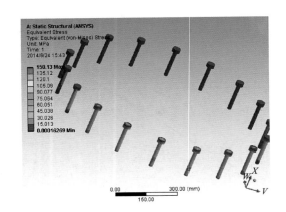

图 3-6-10　风载下螺钉的最大应力

M20 热镀锌 8.8 级螺钉在 220N·m 力矩作用下的预紧力为 $F = C/[0.16P + U_0(0.58d_2 + d_m/2)]$。M20 螺钉螺距为 2，则螺纹小径为 17.835mm。

由预紧力产生的应力为 43 400/（8.92×8.92×3.14）＝173.7（MPa）。

综上所述，作用在螺钉上的最大应力为 323.7MPa，小于 8.8 级热镀锌螺栓 M20 的公称抗拉强度 800MPa，满足要求。

（四）1100kV 直流分压器抗震分析

根据 GB/T 26217—2019《高压直流输电系统直流电压测量装置》、GB 50260—2013《电力设施抗震设计规范》的要求，应对直流分压器产品进行抗震能力校核或进行相关试验。

依据 GB 50260—2013 对 1100kV 直流分压器进行抗震能力校核。GB 50260—2013 指出，电气设施可采用静力法、底部剪力法、振型分解反应谱法或时程分析法进行抗震分析。根据 GB 50260—2013 设计方法的要求，直流分压器产品宜采用振型分解反应谱法。

1. 静态预应力分析

（1）互感器抗震分析建模及说明。互感器抗震分析使用通用商业分析软件 Ansys Workbench 15.0 进行，建模及分析过程所用到的几何参数、材料属性、连接结构根据实际互感器产品设计参数设置，为保证计算的准确性及恰当的效率，对模型做了适当的简化处理。

1100kV 直流分压器的主体结构为空心复合套管，其重占互感器重的 60% 以上，互感器的刚度、强度主要由复合套管保证，其环氧玻璃钢筒内径为 800mm。

互感器主要材料参数性能如表 3-6-3 所示。

表 3-6-3　　　　　　　　　互感器主要材料参数性能

材料	弹性模量（GPa）	破坏应力（MPa）	许用应力（MPa）	密度（kg/m³）	泊松比
环氧玻纤缠绕管	21	225	90	2000	0.3
ZL104-T6	70	257	103	2800	0.33
5A02	70	240	120	2850	0.33
Q235	210	235	120	7850	0.3

注　此处材料的许用应力为考虑互感器产品载荷特性给定的设计允许值。

互感器有限元模型采用三维软件 Creo 初始建立，导入至通用有限元分析软件

Workbench 中划分网格、设置材料属性并求解，模型采用实体单元（solid22），环氧管、铝法兰、底座之间的连接均为刚性，在 Worbench 程序中采用 Bonded 连接方式。

（2）静态预应力分析。建立电压互感器计算模型，如图 3-6-11 所示，静强度计算施加风载荷、自重、拉力载荷等。

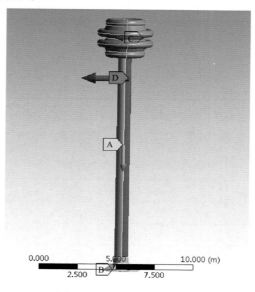

图 3-6-11 互感器模型

根据图 3-6-12 静态预应力分析结果显示，静态应力条件下，互感器最大应力发生绝缘子下法兰根部，远低于材料许用应力 11.7MPa。

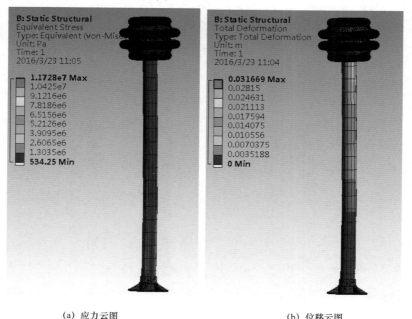

(a) 应力云图   (b) 位移云图

图 3-6-12 应力/应变仿真分析图

2. 模态分析

电力设备抗震分析，往往是前几阶振型起主要作用，因此，计算中只提取前 6 阶振型再将结果迭加。求解的互感器模态振型及固有频率见表 3-6-4 和图 3-6-13。其中第一二阶、第三四阶模态频率和振型相同，这是由互感器结构的对称回转体结构决定的。

3. 加速度谱分析（抗震）

根据互感器模态振型数据，考虑动力放大系数、阻尼比等因素后绘制地震加速度规范谱曲线作为谱分析的输入条件，分别进行水平、垂直双向谱分析，并校核强度安全系数。

由于结构基本是中心对称，在分析时均只考虑 $X+Z$ 方向施加载荷，分析结果显示，上述双向地震响应情况下，危险断面出现在套管下法兰及玻璃钢管根部区域，计算应力值为 29MPa，如图 3-6-14、图 3-6-15 所示。

表 3-6-4　　　　　　　　　　求解的互感器模态振型及固有频率

模态序号	频率（Hz）	振型
1	1.34	X 轴横向弯曲
2	1.340 1	Y 轴横向弯曲
3	7.636 9	X 轴横向弯曲
4	7.753 4	Y 轴横向弯曲
5	9.550 6	Z 轴纵向拉伸
6	11.849	X 轴横向弯曲

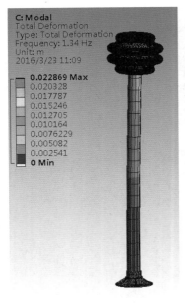 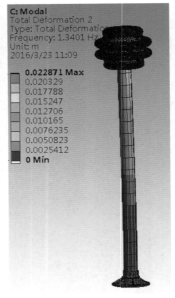 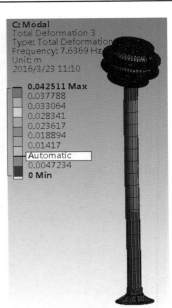

(a) 一阶模态　　　　　　(b) 二阶模态　　　　　　(c) 三阶模态

图 3-6-13　直流分压器振型图

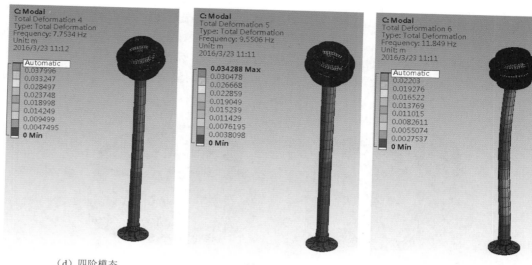

（d）四阶模态　　　　　　　　　（e）五阶模态　　　　　　　　　（f）六阶模态

图 3-6-13　直流分压器振型图（续）

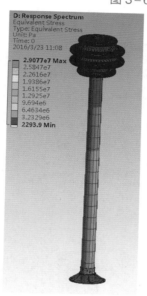

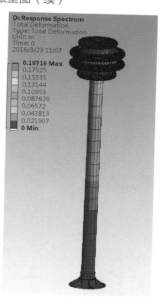

图 3-6-14　地震作用下互感器最大应力图　　　图 3-6-15　地震作用下互感器最大位移图

最大应力发生在复合套管根部区域，值为 29MPa，最大变形发生在互感器顶部，值为 197mm。

综合上述，1100kV 直流分压器为对称结构，内部质量分布均匀且重心偏低，外套管刚度好，在地震激励下的破坏性不强，仿真分析的计算应力结果也符合上述分析，结构抗震满足 8 度地震强度要求。

三、设计技术方案

（一）昌吉换流站直流分压器

直流分压器主要依靠复合空心绝缘子绝缘，为确保直流分压器的绝缘水平，需要根据

189

工程电压等级和工程爬电比距计算得出工程要求爬距，然后根据爬距设计合适的直流分压器复合空心绝缘子。电压等级由±800kV 提升至±1100kV 时，为满足工程爬距要求，复合空心绝缘子干弧距离在±800kV 特高压直流输电工程的基础上大约需要增加 37.5%。

由于复合空心绝缘子长度增加，受力改变。对加长后的复合空心绝缘子进行了机械仿真，仿真结果如图 3-6-16～图 3-6-18 所示。

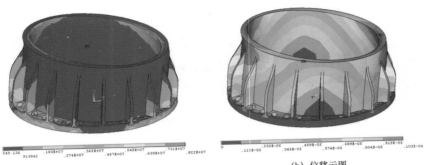

(a) 应力云图   (b) 位移云图

图 3-6-16 ±1100kV 下法兰应力和位移云图

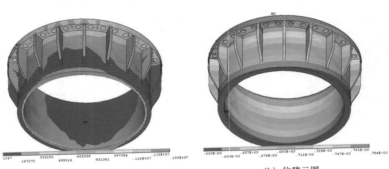

(a) 应力云图   (b) 位移云图

图 3-6-17 ±1100kV 上法兰应力和位移云图

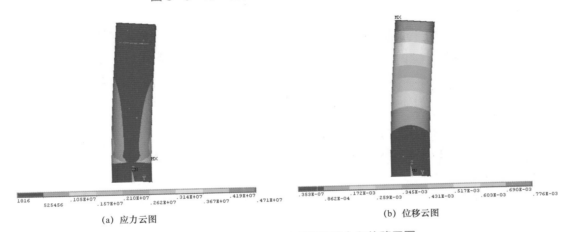

(a) 应力云图   (b) 位移云图

图 3-6-18 ±1100kV 环氧管应力和位移云图

通过仿真计算得出，产品的上下法兰、环氧管的最大应力值与允许的零部件破坏强度值相比还有很大的裕度，机械性能满足使用要求。

　　随着电压等级升高，直流分压器的电场强度增大。通过合理设计均压环降低设备电场强度，满足±1100kV 特高压直流输电工程要求。±800kV 均压环尺寸为直径 2200mm、管径 600mm，±1100kV 均压环尺寸增大至直径 3000mm、管径 800mm，根据±1100kV 直流分压器实际尺寸进行电场仿真，仿真结果如图 3-6-19～图 3-6-21 所示。

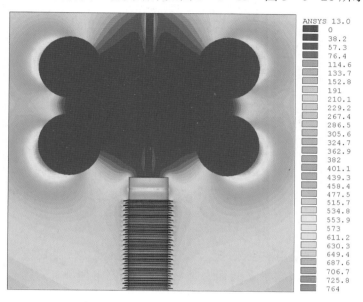

图 3-6-19 ±1100kV 母线侧电场分布

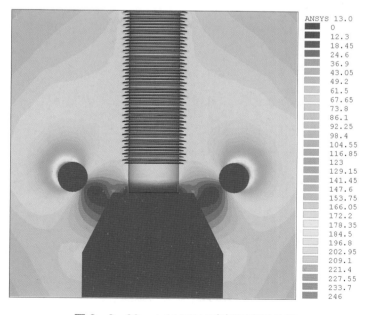

图 3-6-20 ±1100kV 支架侧电场分布

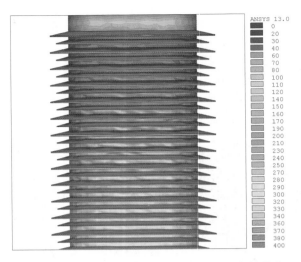

图 3-6-21　±1100kV 母线侧伞裙电场分布

通过对±1100kV 直流分压器电场仿真计算，母线侧均压环表面最大场强为 768V/mm，支架侧均压环表面最大场强为 246V/mm，均低于控制场强 1500V/mm 的要求，发生电晕放电的可能性极小。

（二）古泉换流站直流分压器

吉泉工程古泉换流站采用的直流分压器，主要由高压支路、低压支路（低压臂和电阻盒）、远端模块、合并单元及多模光缆等组成。直流分压器本体部分安装在复合硅橡胶套管内，采用充气（SF_6）绝缘结构。每台直流分压器本体顶部均配置均压装置，顶部和底部均配置法兰，并在底部配置 3 块 SF_6 气体压力检测装置和 1 套在线监测装置。直流分压器结构如图 3-6-22 所示，原理如图 3-6-23 所示。

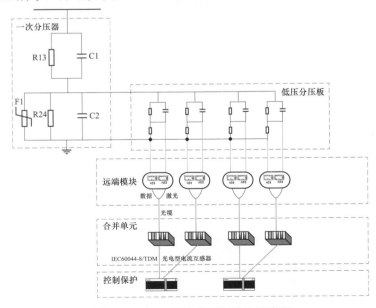

图 3-6-22　直流分压器结构示意图

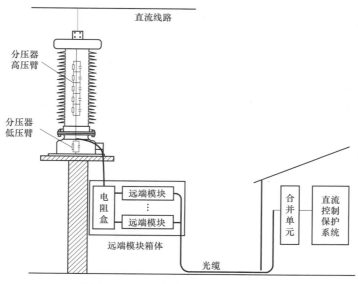

图 3-6-23 直流分压器原理示意图

在图 3-6-23 中，并联的电阻 R_{13} 和电容 C_1 为高压支路，其余则为低压支路。R_{24} 为低压臂的电阻，C_2 为低压臂的电容，R_{24}、C_2 和低压分压板电阻、电容并联后的电阻 R_3、电容值 C_3 为低压支路的电阻和电容，F1 为限压装置。

极母线直流分压器的外形如图 3-6-24 所示。

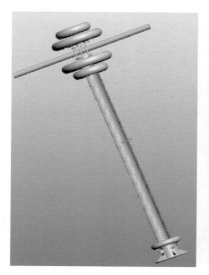

图 3-6-24 极母线直流分压器的外形图

第七节　1100kV 直流滤波器

相较于传统直流输电工程中 800kV 及以下电压等级的直流滤波装置，1100kV 直流滤波设备在设计和制造中存在机械强度与抗震设计、高压电容器塔电场分布、安装高度限制、元件噪声控制等方面的问题，通过优化设计方案，有效提高抗震性能和稳定性，降低表面电场强度及电容器塔总体安装高度，减小设备噪声水平。

一、技术要求

（1）环境条件见本章第一节相关要求。

（2）直流滤波器 HP2/12 滤波器组电容器装置参数见表 3-7-1。

表 3-7-1　　　　　直流滤波器 HP2/12 滤波器组电容器装置参数

序号	项目	高压参数	低压参数
1	电容量		
1.1	额定电容（C_N）25℃（μF）	0.6	0.6
1.2	制造公差（%）	±1.0	±1.0
1.3	环境温度从最低到最高，电容参数变化范围（%）	−2.185%/2.552%	−2.185%/2.552%
2	电压		
2.1	最大持续运行电压（U_{Nb}）（kV，均方根值）	1722	1722
2.2	主要谐波（n/kV，均方根值）	2/301.62	2/301.62
		12/23.22	12/23.22
		6/6.52	6/6.52
		3/3.73	3/3.73
		14/1.28	14/1.28
		10/1.27	10/1.27
2.3	最大暂时电压，持续 10min（kV，均方根值）	1725	1725
2.4	最大暂时电压，持续 30s（kV，均方根值）	1730	1730
2.5	最小持续电压，不包括谐波（kV，均方根值）	880	880
2.6	爬距计算用电压		
2.6.1	两端间（直流）（kV，均方根值）	1163	1163
2.6.2	高压端对地（直流）（kV，均方根值）	1200	1200
2.6.3	低压端对地（交流）（kV，均方根值）	298.0	298.0
2.6.4	低压端对地（直流）（kV，直流）	40	40
3	额定谐振频率（Hz）	100/600	100/600
4	额定电流		
4.1	最大电流（A，均方根值）	211.6	211.6

续表

序号	项目	高压参数	低压参数
4.2	主要谐波（n/A，均方根值）	2/112.23	2/112.23
		12/54.96	12/54.96
		6/8.39	6/8.39
		24/6.59	24/6.59
		30/3.14	30/3.14
		14/3.09	14/3.09
5	噪声要求		
5.1	噪声计算用谐波电流（A，均方根值）	137.8	137.8
5.2	主要谐波（n/A，均方根值）	2/61.01	2/61.01
		12/38.18	12/38.18
		6/9.60	6/9.60
		24/4.31	24/4.31
		30/3.78	30/3.78
		33/2.52	33/2.52
5.3	最大噪声水平（dB）	70	70
6	损耗角（$\tan\delta$）（W/kvar）	0.3	0.3
7	绝缘水平		
7.1	操作波耐受水平 SIWL		
7.1.1	高压端（kV，均方根值）	2100	2100
7.1.2	两端间（kV，均方根值）	3526	3526
7.1.3	低压端（kV，均方根值）	1334	1334
7.2	雷电波耐受水平 LIWL		
7.2.1	高压端（kV，均方根值）	2700	2700
7.2.2	两端间（kV，均方根值）	4267	4267
7.2.3	低压端（kV，均方根值）	1633	1633

二、关键技术

（一）直流滤波电容器

与以往±800kV 直流滤波电容器装置相比，±1100kV 直流滤波电容器装置单组容量大、额定电压高、绝缘水平高、电容器塔架高，且安装在户内，因此电容器装置的抗震问题、表面电场强度、绝缘配合、塔架高度控制等都是比较突出的问题。因此±1100kV 直流滤波电容器在设计和制造中存在以下几个方面难点：

（1）机械强度与抗震问题。昌吉换流站±1100kV 直流滤波电容器装置安装在户内，每极为单个塔架布置，塔架高度达 25.95m、重达 65t，塔架高度和整体重都与以往±800kV直流滤波电容器装置相差不大。以往±800kV 直流滤波电容器装置为三塔并联品字形布置，

195

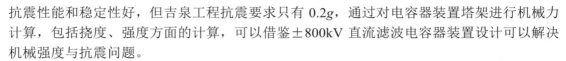

抗震性能和稳定性好，但吉泉工程抗震要求只有 0.2g，通过对电容器装置塔架进行机械力计算，包括挠度、强度方面的计算，可以借鉴 ±800kV 直流滤波电容器装置设计可以解决机械强度与抗震问题。

（2）电场强度分布问题。户内 ±1100kV 电容器塔的绝缘设计本身就比较紧张，其空间尺寸和复杂程度都大大增加，而其电场分布又对结构设计非常敏感，为防止装置对周围环境放电，装置表面电场强度要求小于 12kV/cm。以往 ±800kV 直流滤波电容器装置表面电场强度达 20kV/cm 以上，按以往均压装置设计类型根本就不可能满足要求。因此需要优化设计整个装置的电场分布，重新设计均压防晕装置。

（3）电容器塔架高度限制问题。以往 ±800kV 直流滤波电容器装置安装在户外，装置低压端对地绝缘水平相对较低，高度一般控制在 25m。±1100kV 直流滤波电容器装置低压端对地 *BIL/SIL* 为 1633kV/1334kV，按相关标准查询及计算可知，装置对地需要 750kV 电压等级的绝缘子。而装置安装在户内，电容器塔架高度要求控制在 26m 以内，需要重新优化电容器装置结构。

1. 主要技术参数比较

±1100kV 与 ±800kV 直流滤波电容器装置主要技术参数比较见表 3-7-2。

表 3-7-2　　±1100kV 与 ±800kV 直流滤波电容器装置主要技术参数比较

技术参数	扎鲁特 HP12/30	昌吉 HP2/12
电容值（μF）	0.8	0.6
串/并联数	112 串/2 并	120 串/2 并
电容器塔高度（m）	22.0	25.95
额定电压（含谐波）（kV）	1349	1732
额定电流（含谐波）（A）	379.09	213.4
高压端对地 *BIL/SIL*	2075kV/1703kV	2700kV/2100kV
两端间 *BIL/SIL*	2927kV/2651kV	4267kV/3526kV
低压端对地 *BIL/SIL*	1086kV/875kV	1633kV/1334kV

2. 1100kV 直流滤波电容器装置电场强度分布研究

吉泉工程特高压直流滤波电容器组的额定电压为目前世界上特高压直流输电工程中最高，且安装在户内，因此电容器组的电晕问题就比较突出。为了防止电晕的产生，电容器组表面的最大电场强度要求小于 12kV/cm。为此对电容器组的电场分布进行研究分析，设计出合理的均压结构成为电容器组设计过程中较为重要的一个方面。

（1）均压结构初步设计及仿真验算。根据以往 ±800kV 特高压直流输电工程设计经验，电容器组均压结构采用终端球式进线管形母线和均压环配合，并采取加大管形母线和终端球外径的措施。通过三维仿真模型计算最大电场强度为 16.59kV/cm 分布在终端球上，与要求值 12kV/cm 相差较大。

（2）均压结构的设计优化及仿真验算。

1）终端球改进为均压罩及仿真验算。采用终端球式进线管形母线和均压环配合的结构已无法满足要求。为了防止电容器组产生电晕，必须将均压结构全面的优化改进。考虑到户内安装，将终端球式进线管形母线设计优化为均压罩形式。通过三维仿真模型计算最大电场强度为 13.24kV/cm 分布在均压罩倒角处下沿，虽然没有满足要求值，但比优化前电场强度已有大幅度的下降。

2）增加均压罩倒角曲率半径及仿真验算。采用均压罩形式能明显降低装置表面电场强度，若要再进一步的减小电容器组电场强度，可考虑增加均压罩下沿倒角直径的措施。均压罩下沿倒角直径增加 100mm 后，通过三维仿真模型计算最大电场强度为 11.97kV/cm，分布在均压罩倒角处下沿，满足要求值。计算结果详见图 3－7－1。

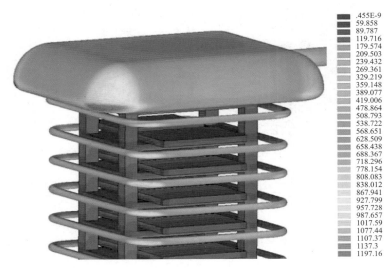

.455E-9
59.858
89.787
119.716
179.574
209.503
239.432
269.361
329.219
359.148
389.077
419.006
478.864
508.793
538.722
568.651
628.509
658.438
688.367
718.296
778.154
808.083
838.012
867.941
927.799
957.728
987.657
1017.59
1077.44
1107.37
1137.3
1197.16

图 3－7－1 电容器组整体电场分布（一）（kV/cm）

3）均压环改进为梯形结构及仿真验算。若将均压罩下面五层均压环改进为梯形结构，且均压环外沿不超出均压罩外沿，并保持均压环下面三层直径不变。将第一、二层均压环直径增加 1 倍，均压环外沿仍不超出均压罩外沿。通过三维仿真模型计算最大电场强度为 11.38kV/cm，分布在均压罩倒角处下沿和第 1 层均匀环倒角处，满足要求值。计算结果见图 3－7－2。

在装置电场设计研究中：通过将均压结构优化改进为均压罩与均压环配合的形式，能有效地改善电容器组整体表面电场分布；再通过加大均压罩曲率半径和增加均压环外径的措施，能进一步地降低电容器组整体表面电场强度，并通过有限元仿真三维模型验算，满足最大电场强度小于 12kV/cm 的要求值。

3. 1100kV 直流滤波电容器塔高度控制

±1100kV 直流滤波电容器装置为户内安装、最高直流电压 1122kV，高度要求控制在 26m 以内。装置高度主要由底座绝缘子、高压端与低压端之间电容器、顶端均压罩构成。

（1）底座绝缘子高度的设计。装置低压端对地 BIL/SIL 为 1633kV/1334kV，爬距为 7775mm，要满足 BIL/SIL（1633kV/1334kV）及对应的净距要求，底座绝缘子高度需 5.6m，相当于 750kV 电压等级绝缘子再加上调整板、地脚螺栓、地脚板、间隔板等，底座总高度约 5.9m。

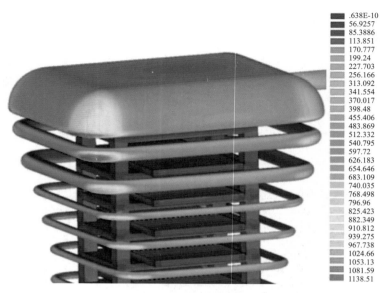

图 3-7-2　电容器组整体电场分布（二）（kV/cm）

（2）层间绝缘子高度的设计。装置额定电压高、单元串数多、层数多。在装置层数较多的情况下，层间绝缘子的设计对于装置高度起着决定性作用。对于直流滤波电容器装置的绝缘子设计，主要考虑爬距和绝缘水平。层间绝缘子爬距为：1164（爬距计算电压）×25（爬电比距）÷29（层间绝缘子层数）=1004mm；层间绝缘子绝缘水平 *BIL/SIL* 为157kV/130kV。对于这个爬距和绝缘水平，500mm 高的绝缘子就能满足。

层间绝缘子的设计，还需要考虑上下两层间电容器进出线端子间的安全净距。其绝缘水平为层间绝缘子的2倍，所以上下两层间电容器进出线端子间的 *BIL/SIL* 为314kV/260kV。由 GB 311.1—2012《绝缘配合　第 1 部分：定义、原则和规则》查得雷电 325kV 对应的绝缘等级为 66kV。而 66kV 电压等级在 GB 50060—2008《3～110kV 高压配电装置设计规范》中对应的室内安全净距为 550mm。要满足这个净距要求，至少需要 600mm 高的绝缘子。加上斜塔部分钢支座、层间台架法兰高度，装置高低压端之间电容器台架，总高度约 18.8m。

（3）装置顶端均压罩及安装支座高度的设计。在满足装置表面电场强度 12kV/cm 的条件下，均压罩高度至少为 1m。再加上均压罩与顶层电容器台架之间 200mm 的安全净距，均压罩及安装支座总高度为 1.2m。而均压罩与顶层电容器台架之间还需安装 ϕ400mm 的进线管形母线，进线管形母线加上安装金具高度为 600mm。此时，装置总高度为 26.5m，已超出高度限制值 26m。装置底座和层间电容器台架高度已没有优化的空间。为了满足装置高度要求，只能优化改进装置的进线方式。在均压罩进线侧面开一个进线孔，将进线改进为穿过均压罩的进线方式，降低装置高度。最终装置总高度为 25.95m，满足要求。

（二）1100kV 滤波装置元件的噪声控制

1100kV 直流滤波器设备谐波含量相对以往工程比例更高，同时由于其电容器塔高度高，其产生的噪声更加难以控制。以往工程仅仅通过增加隔音屏障的方法已经不能完全满足噪声控制的需要，必须对各个噪声元器件进行特殊的设计和处理。

1. 滤波电容器降噪措施

优化电容器的串并联数量，尽量减少单台电容器的谐波电流。同时，根据工程实际的谐波电流，对单台电容器进行噪声测试，针对不同频率的电容器，采取不同的降噪措施。图 3-7-3 给出了不同谐波频率对噪声的影响结果。对于不同的滤波器组，流过的谐波电流不同，对电容器本体产生噪声的影响也不同。通过大量测试，找出电容器单元对不同频次谐波的造成的噪声影响规律，指导电容器降噪措施的设计。

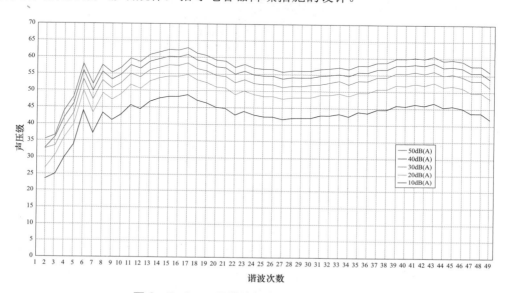

图 3-7-3 不同谐波频率对噪声的影响结果

（1）单元外部加吸音装置。在底部吸音罩包裹的壳体内部无带电元件，无发热点，尽量减小底部温升。

从图 3-7-4 可以看出，箱盖上增加电容器外罩，距离箱盖 20mm，在套管爬距的设计裕度内，保证爬电距离的同时进行隔音，在电容器外罩与电容器本体连接处无发热点，均留有足够散热距离。吸音材料已进行耐燃、耐酸、耐水、耐油及污染性等试验，均通过试验。保证材料在使用过程中不存在风险。顶部及底部胶圈采用耐候性好的硅橡胶密封胶圈进行密封，并用螺栓螺母等连接件进行紧固，达到完全密封及紧固等电位等效果，如图 3-7-5 所示。

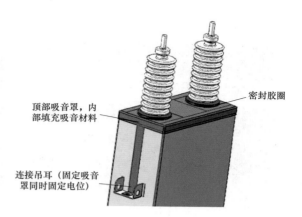

图 3-7-4 电容器单元顶部加装吸音装置示意图

（2）单元内部加装降噪元件。具体措施如下：

首先制造一个不锈钢材质的金属空腔元件，如图 3-7-6 所示。金属空腔整体厚度约为 13mm，所使用的的金属板厚度约为 3mm，空腔的厚度约为 7mm。

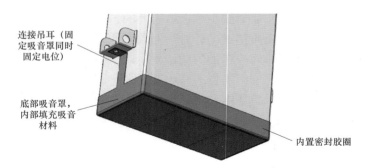

图 3-7-5 电容器单元底部加装吸音装置示意图

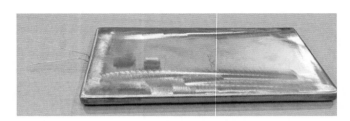

图 3-7-6 金属空腔元件实物图

其次，将制造好的金属空腔元件插入电容器内部电容元件的串联段中，并与其他电容元件相连，保证此金属空腔的电压稳定。金属空腔元件插入的位置主要在电容器的顶部和中部，并与其他电容器元件一起包封，如图 3-7-7 所示。

再次，利用不锈钢板，先在电容器的底部加焊出一个空腔，再把这个底部与电容器外壳焊接在一起，如图 3-7-8 所示。

图 3-7-7 金属空腔元件在电容器中的包封图　　图 3-7-8 电容器底部加焊出空腔的实物图

或者直接在电容器单元的壳体底部增加一层隔音夹层，如图 3-7-9 所示。

（3）在电容器和框架之间加装减振垫（见图 3-7-10），吸收并减少电容器振动能量向框架之间的传递量，从而进一步降低噪声。

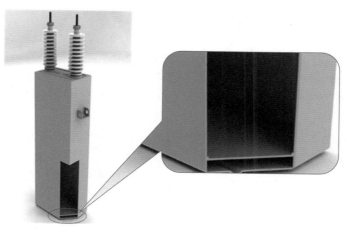

图 3-7-9 电容器单元的壳体底部增加的隔音夹层图

图 3-7-10 电容器和框架之间加装减振垫实物图

目前，在已投运的扎青和即将投运的上山工程中都采用了相应的电容器降噪措施，降噪效果能够达到 5dB 以上，很好地满足了工程需要，节约了隔声屏障的造价。

2. 滤波电抗器降噪措施

（1）噪声控制。对于空心电抗器的噪声问题，由于干式空心电抗器与铁芯电抗器结构上的根本区别：没有铁磁回路，所以当电抗器正常运行时，会在绕组上产生强大的交变磁场，身处磁场中的导线会因交变磁场产生振动，从而发出声响，即噪声。此外，通过计算机计算出电抗器的固有振动频率，在设计过程中，将这一固有频率调整到避开各次谐波的强迫振动频率，以避免机械共振的发生，从而降低噪声。

为了从根本上控制噪声的水平，在绕组绕制过程中，从工艺上保证整台电抗器各包封结构密实，包封不留任何空隙。在导线绕制过程中预先对导线进行浸胶处理，使各层绕组层间及匝间经固化后非常密实。同时，导线外使用无纺布材料，可使导线与包封环氧层黏合更紧密，当绕组完成高温固化后，导线与环氧层会形成一个整体，排除各种松动现象，也提高了电抗器的整体性，有效地将导线的振动控制在一定的范围内，从而降低了噪声水平。

除了上述改善电抗器本身结构设计的措施外，还在电抗器外加装了防雨隔音罩装置。

该防雨隔音装置总体结构，采用给绕组"穿衣戴帽"的形式。

设计原则：在不影响电抗器通风散热的前提下，尽量简单、适用、便于安装。绕组外隔音罩，采用电抗器假层的形式，即在电抗器主线包外增加一个无绕组的纯玻璃钢罩体。这种结构整体性好，工艺更加简单可操作性更强，更重要的是减少安装和连接的环节，减少连接部件能更好地减少连接不紧密带来的噪声增加。这种整体罩体的优点还有：无拼接罩体的拼缝，消除了部分电气运行的安全隐患，对绕组可起到遮风挡雨、遮挡阳光紫外线的保护作用。

这种结构使声波在罩内经过多次反射而逐次减弱，最大限度降低噪声。这些设计措施已在多个换流站工程的滤波电抗器中进行了广泛使用。

（2）声级模拟计算。根据已完成测试的滤波电抗器实测结果，对吉泉工程电抗器的声级水平进行了模拟试验计算如下：

1）声级水平模拟计算参数：试验室表面积：4894m²；试验室吸声系数 a：0.15；环境修正值 K：1.866；吸声面积 A：734.1m²。

2）计算方法采用已测试的试验结果，进行折算，计算结果见表3-7-3。

表3-7-3   计 算 结 果

型号和规格	HP12/24 高端	HP12/24 低端	HP3
试验频率（Hz）	50	50	50
额定电流（A）	305.66	387.04	256.03
实际施加电流（A）	916.5	916.5	916.5
实际测试声压级［dB（A）］	44	45	43
修正后声压级［dB（A）］	42	43	41
折算现声压级［dB（A）］	46	47	45

结论：声级水平的计算结果，满足标书要求的声压级噪声水平≤50dB（A）。

第八节 直 流 避 雷 器

直流避雷器是±1100kV 特高压直流输电工程的重要设备，可有效抑制雷电或操作过电压，保护换流站内设备免受站内、外故障及其他系统扰动所产生的过电压的影响。根据用途，可分为直流换流站用避雷器和直流线路用避雷器两大类，其中直流换流站用避雷器详见第二章第三节，本节重点介绍直流线路用避雷器。

一、±1100kV 直流带间隙线路避雷器

（一）电阻片选型

采用高耐量电阻片制造的避雷器至今均安全运行，且情况良好。此次±1100kV 特高压直流线路避雷器用电阻片选用在±800、±660、±500kV 直流输电系统中广泛使用的性能国际领先的高耐量直流系统用 QE36 型电阻片，其主要规格特性如下：

（1）电阻片尺寸为 36mm。

（2）电位梯度为 220V/mm。

（3）电阻片吸收能力为 41.35kJ/只。

（4）2ms 方波耐受电流能力为 2000A。

（5）4/10μs 大电流冲击能力为 100kA。

此高耐量电阻片将应用于 ±1100kV 直流复合外套型线路避雷器。

（二）电气参数设计

1. 电阻片数量

每片 QE36 电阻片直流 1mA 参考电压中心值为 7.80kV，根据直流 2mA 与直流 1mA 参考电压试验数据的最小比值 1.007，每片高耐量电阻片的直流 2mA 参考电压目标值为 7.86kV，则避雷器共需 1250/7.86≈159.03（片），取整 160 枚。

每片高耐量电阻片的持续运行电压为 7.02kV，则避雷器共需 1122/7.02＝159.83 片，取整为 160 枚。

2. 能量吸收能力

按照电阻片许用吸收能力 260J/cm³ 计算折算到电阻片的能量吸收能力为 41.35kJ/片，折合到整只避雷器的能量吸收能力为 160×41.35＝6616kJ≈6.6MJ，满足系统吸收能量的要求。

3. 冲击残压核算

表 3−8−1 给出的避雷器雷电冲击标称放电电流为 30kA，QE36 型电阻片雷电冲击电流 40kA 下的压比为 1.842，考虑 1.04 倍的配组范围，1247kV/1.007×1.842×1.04≈2372（kV）＜2500kV，即按 40kA 偏严计算，整只避雷器的雷电残压也能满足技术规范要求。

QE36 型电阻片在 40kA 陡波冲击电流下的压比为 1.974，考虑 1.04 倍的配组范围，配组时考虑的配组范围 1.04，1247kV/1.007×1.974×1.04≈2542（kV），即按 40kA 偏严计算，整只避雷器的陡波残压满足也能技术规范要求。

4. 爬电距离

由于直流线路绝缘子对污秽要求较高，所以需选择污秽等级较高的爬电比距 20mm/kV，即避雷器要求的爬电距离为 1122kV×20mm/kV＝22 440（mm）。根据芯体最小高度所设计外套的最小爬电距离为 24 440mm，满足爬电距离要求。

5. 本体耐受电压

避雷器本体外套应能够耐受不低于 1.4 倍雷电冲击保护水平（对应标称电流 30kA）的雷电冲击耐受电压，以及耐受不低于 1.5 倍持续运行电压的直流电压。

避雷器在 30kA 下的雷电冲击保护水平为 2500kV，即要求的雷电耐受电压为 3500kV，经过计算本体可耐受 3500kV 雷电冲击电压，满足要求。

避雷器的持续运行电压为 1122kV（直流电压），要求的直流耐受电压为 1683kV，经过计算本体单元节（1 节）的耐受直流电压为 705kV，4 节整体直流耐受电压约 2820kV，高于要求值，满足要求。

6. 整只避雷器放电电压及耐受电压

避雷器的正极性雷电冲击 50% 放电电压不应大于 3900kV。整只避雷器的直流电压耐受性能考虑本体失效短路和未失效短路两种情况：

（1）避雷器本体未失效短路情况下直流耐受电压不小于 1347kV，避雷器本体失效短路情况下直流耐受电压不小于 1122kV。

（2）整只避雷器的正极性操作冲击耐受电压尽量满足不应小于 2000kV。

上述电气性能将通过调整空气间隙距离来满足。

（三）机械结构设计

避雷器悬挂安装在杆塔的顶部，在设计时需要考虑本体的抗拉及抗弯强度，另外±1100kV 特高压直流输电线路杆塔高度一般在 60m 以上，甚至超过 100m，杆塔顶部由于风的影响，长期处于微振动状态，固定在杆塔顶部的避雷器也将随之一起振动，所以避雷器在设计时也需考虑抗振动特性。

1. 抗拉强度计算

对于悬挂安装的复合外套避雷器，按照 DL/T 815—2012《交流输电线路用复合外套金属氧化物避雷器》，要求避雷器应承受至少 15 倍避雷器自重的额定拉伸负荷 1min 而不损坏。±1100kV 复合外套型线路避雷器采用了高强度复合外套，通过合理优化设计后，避雷器本体及放电间隙环的总重为 675kg，需施加在避雷器上的抗拉负荷为 99.3kN，而所用的复合外套拉伸破坏负荷为 110kN，裕度为 1.11 倍，可以满足抗拉的要求。

2. 抗弯强度计算

按照 DL/T 815—2012，线路用复合外套避雷器由于其自身特点，可以设计成悬挂式和水平式两种安装结构，它的机械性能要求随结构型式之不同而有所区别：当避雷器作悬挂式安装时，机械性能主要由拉伸负荷试验考核；当避雷器做水平式安装时，主要由抗弯负荷试验考核；虽然悬挂型避雷器不需要进行抗弯强度的校核，但是考虑到特高压复合外套型线路避雷器安装在 60～100m 高的杆塔上，这时候作用在避雷器上的风压力非常大，因此需要按避雷器标准要求的 35m/s 进行计算，经过计算避雷器承受的风弯矩为 6.0kN·m，而所用的复合外套额定抗弯负荷 MML 为 6.8kN·m，裕度为 1.13 倍，在外套的 $1.5MML$ 许用抗弯复合机械强度时，裕度为 1.7 倍，可以满足抗弯强度的要求。

3. 避雷器压力释放性能计算

特高压复合外套型线路避雷器元件的压力释放装置引进了 TOSHIBA 独特的设计结构，此结构方式广泛应用在交流 35～1000kV 瓷外套避雷器产品上。计算表明在通过 0.2s、50kA 短路电流时，复合外套内部压力实际最大值为 7.13MPa，而复合外套内部压力耐受保证值为 9.0MPa，安全裕度达 1.26 倍以上，可以保证产品正常压力释放，完全可以满足产品的放压性能要求。另外，中国电科院和 PTA 联合研究的交流 1000kV 特高压直流线路避雷器采用相同的外套结构设计，且单元节长度超过本次研发的直流±1100kV 特高压直流线路避雷器的单元节。相关交流线路避雷器已通过压力释放试验。

（四）样机设计方案

样机为串联间隙结构（纯空气间隙），本体为复合外套避雷器，本体高度约 7.7m，本体和电极重约 700kg，间隙距离 2.8m±0.2m。避雷器安装示意图、结构尺寸图分别见图 3－8－1 和图 3－8－2。

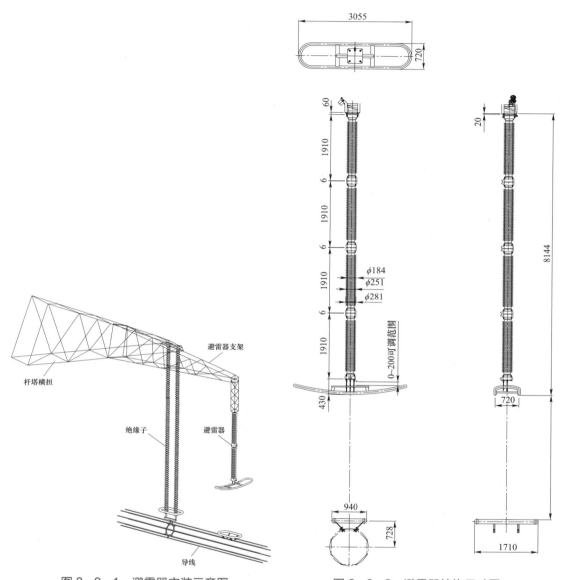

图 3-8-1 避雷器安装示意图　　　　图 3-8-2 避雷器结构尺寸图

（五）试验

1. 总体试验方案

综合国内外线路避雷器的相关标准，并结合 ±1100kV 特高压直流线路避雷器的特点制订了整体试验方案。依据该试验方案对样机进行了全部试验。试验结果表明研制的样机满足 ±1100kV 特高压直流线路避雷器规定的性能参数要求。

型式试验项目根据试品的不同可以分为本体试验、本体比例单元试验、整只避雷器电气试验、整只避雷器机械性能试验、压力释放试验等。±1100kV 特高压直流线路避雷器具体试验方案见表 3-8-1。

表 3-8-1 直流特高压线路避雷器型式试验方案

序号	项目		试品	数量	试验条件
1	残压试验	雷电	电阻片	12 片	5、10、15、20、40kA
		操作		12 片	500A、1kA、2kA、2.5kA、3kA
		陡波		9 片	5、10、15、20、40kA
2	电流冲击耐受试验			3 片	2ms 方波，2000A
				3 片	4/10μs，150kA，2 次
3	动作负载试验			3 片	6 组能量，75%，30min
4	加速老化试验			3 片	75%荷电率（直流 2mA）
5	复合外套外观检查		本体	1 只	检查复合外套表面缺陷
6	本体爬电比距检查			1 只	≥22 440mm
7	直流参考电压试验			1 只	$U_{2mA.DC} \geq 1250kV$
8	直流漏电流测量			1 只	$0.75U_{2mA.DC} \leq 50\mu A$
9	局部放电试验				工频试验电压为 $1250 \times 0.75/\sqrt{2} \times 1.05$
10	拉伸负荷试验			1 只	15 倍自重
11	湿气浸入试验			1 节	拉伸负荷；冷热循环；42h 沸水煮
12	气候老化试验			1 节	实测分压比后考虑不施加电压
13	压力释放试验			1 节	50kA；800A
14	密封性能试验			1 节	He 质谱仪法；6.65×10^{-5} (Pa·L) /s
15	本体外绝缘	直流受	本体外套	1 只	1683kV，1min，湿耐受
		操作耐受		1 只	—
		雷电耐受		1 只	1.3 倍残压，正负极性各 15 次
16	雷电冲击放电电压			1 只	3700kV，$U_{50}\%$
17	雷电冲击伏秒特性			1 只	时间在 1~10μs，4 个点；实际安装
18	直流耐受电压（湿）			1 只	本体正常±1347kV，本体故障±1122kV
19	操作冲击电压（湿）			1 只	2000kV，15 次，正负极性

2. 残压试验

规定的雷电冲击残压不超过 2500kV（峰值），陡波冲击残压不超过 2750kV。

按照规定进行的试验结果表明雷电冲击残压为 2356kV（峰值），陡波冲击残压为 2523kV（峰值），满足技术要求，表 3-8-2~表 3-8-4 所列为试验数据。

表 3-8-2 雷电冲击残压试验数据

序号	电流值	试品 1 残压		试品 2 残压		试品 3 残压		整只残压（kV）
		试品	整只	试品	整只	试品	整只	
1	1mA（直流）	7.93	1267.7	7.9	1267.7	7.92	1267.7	1267.7
2	5kA（8/20μs）	11.75	1878.4	11.7	1877.5	11.7	1872.7	1878.4

续表

序号	电流值	试品 1 残压		试品 2 残压		试品 3 残压		整只残压（kV）
		试品	整只	试品	整只	试品	整只	
3	10kA（8/20μs）	12.43	1987.1	12.43	1994.6	12.43	1989.6	1994.6
4	15kA（8/20μs）	13.01	2079.8	13.01	2087.7	13.01	2082.4	2087.7
5	20kA（8/20μs）	13.43	2146.9	13.37	2145.5	13.37	2140.0	2146.9
6	40kA（8/20μs）	14.68	2346.8	14.68	2355.7	14.68	2349.7	2355.7

表 3－8－3　　　　　　　　　操作冲击残压试验数据

序号	电流值	试品 1 残压		试品 2 残压		试品 3 残压		整只残压（kV）
		试品	整只	试品	整只	试品	整只	
1	1mA（直流）	7.93	1267.7	7.9	1267.7	7.92	1267.7	1267.7
2	500A（30/60μs）	10.29	1645.0	10.29	1651.2	10.24	1639.0	1651.2
3	1000（30/60μs）	10.6	1694.5	10.55	1692.9	10.5	1680.7	1694.5
4	2000（30/60μs）	11.07	1769.7	11.07	1776.4	11.07	1771.9	1776.4
5	2500（30/60μs）	11.18	1787.2	11.18	1794.0	11.18	1789.5	1794.0
6	3000（30/60μs）	11.34	1812.8	11.34	1819.7	11.34	1815.1	1819.7

表 3－8－4　　　　　　　　　陡波冲击残压试验数据

序号	电流值	试品 1 残压		试品 2 残压		试品 3 残压		整只残压（kV）
		试品	整只	试品	整只	试品	整只	
1	1mA（直流）	7.93	1267.7	7.93	1267.7	7.93	1267.7	1267.7
2	5kA（1/3μs）	12.43	1987.1	12.43	1994.6	12.43	1989.6	1994.6
3	10kA（1/3μs）	13.27	2121.4	13.22	2121.4	13.22	2116.0	2121.4
4	15kA（1/3μs）	13.79	2204.5	13.79	2212.9	13.79	2207.3	2212.9
5	20kA（1/3μs）	14.31	2287.6	14.31	2296.3	14.26	2282.5	2296.3
6	40kA（1/3μs）	15.72	2513.0	15.72	2522.6	15.72	2516.2	2522.6

3. 直流参考电压试验

根据研发的±1100kV 线路避雷器电阻片特性，选定直流参考电流为 2mA，直流参考电压取不小于 1247kV。

表 3－8－5 给出了直流参考电压试验数据，结果表明整只直流参考电压为 1267.7kV，满足要求。

表 3－8－5　　　　　　　　　直流参考电压试验数据

单元节	DC 2mA（kV）
1	316.3
2	316.7
3	317.3
4	317.4

4. 0.75 倍直流参考电压下漏电流试验

表 3-8-6 给出了 0.75 倍直流参考电压下泄漏电流，结果表明四个单元节中最大泄漏电流为 27μA，满足要求。

表 3-8-6   0.75 倍直流参考电压试验数据

单元节	0.75 倍直流参考电压下泄漏电流（μA）
1	26
2	25
3	27
4	26

5. 内部局部放电试验

表 3-8-7 给出了内部局部放电试验数据，结果表明四个单元节中最大局部放电量为 5pC，满足要求。

表 3-8-7   内部局部放电试验数据

单元节	局部放电（4pC）
1	5
2	5
3	5
4	5

6. 爬电距离检查

GB/T 11032—2020《交流无间隙金属氧化物避雷器》和 ±1100kV 特高压直流线路避雷器技术规范规定：外套绝缘部分爬电距离不应小于 22 440mm。

实测爬电距离 24 668mm，满足标准要求。

7. 复合外套外观检查

GB/T 11032—2020 和 ±1100kV 特高压直流线路避雷器技术规范规定：检查复合外套表面缺陷情况，复合外套表面单个缺陷面积（如缺胶、杂质、凸起等）不应超过 25mm^2，深度不大于 1mm，凸起表面与合缝应清理平整，凸起高度不得超过 0.8mm，黏接缝凸起高度不应超过 1.2mm，总缺陷面积不应超过复合外套总表面 0.2%。

实测表明复合外套外观满足要求。

8. 密封试验

试验按氦质谱检漏仪检漏法进行，表 3-8-8 给出了密封试验试验数据，结果表明四个单元节中最大局部放电量为 5pC，满足要求。

表 3-8-8   密 封 试 验 数 据

单元节	密封泄漏率 [（Pa·L）/s]
1	1.8×10^{-5}
2	1.0×10^{-5}
3	2.2×10^{-5}
4	1.7×10^{-5}

9. 外套绝缘耐受试验

按照 GB/T 11032—2020《交流无间隙金属氧化物避雷器》规定，雷电冲击耐受试验时对避雷器施加 15 次正极性雷电冲击电压波，试验电压及波形满足要求，即峰值（3062kV）偏差不超过 ±3%，波前时间偏差不超过 ±30%，半峰值时间偏差不超过 ±20%，试验过程中没有出现外绝缘闪络或击穿现象，试验通过。

直流电压耐受试验时对避雷器本体施加 1690kV 的直流电压，持续时间 1min；试验时同时模拟淋雨条件，试验过程中没有出现外绝缘闪络或击穿现象，试验通过。

10. 大电流冲击耐受试验

按照 GB/T 11032—2020 规定进行的试验结果表明：试验过程中试品没有出现击穿、闪络或损坏现象，且试验前后标称放电电流下残压变化率最大值仅 0.59%，试验通过。表 3-8-9 给出了大电流冲击耐受试验数据。

表 3-8-9　　　　　　　　大电流冲击耐受试验数据

序号		DZ-1	DZ-2	DZ-3
直流参考电压		7.95	7.95	7.95
试验前残压（kV，峰值）		13.59	13.57	13.56
大电流冲击	第 1 次（kA，峰值）	100.2	100.2	100.2
	第 2 次（kA，峰值）	100.2	100.2	100.2
试验后残压（kV，峰值）		13.62	13.61	13.64
残压变化率（%）		+0.22	+0.29	+0.59

11. 方波通流试验

按照 GB/T 11032—2020 规定进行的试验结果表明：试验过程中试品没有出现击穿、闪络或损坏现象，且试验前后标称放电电流下残压变化率最大值低于 5%，试验通过。

12. 动作负载试验

表 3-8-10～表 3-8-12 分别给出了老化试验数据、能量耐受试验数据和动作负载试验数据，图 3-8-3 给出了散热试验中比例单元和整只避雷器散热曲线。

表 3-8-10　　　　　　　　老化试验数据

试品编号	直流参考电压 U_{1mA}（kV，峰值）	试验电压 U_{TA}（kV，均方根值）	荷电率（%）	初始功率 P_{1TA}（W）	最终功率 P_{2TA}（W）	温度（℃）	持续时间（h）
1	5.37	4.57	85	4.30	1.74	115	1008
2	5.37	4.57	85	2.79	1.02	115	1008
3	5.35	4.55	85	2.50	0.99	115	1008

表 3-8-11　　　　　　　　能量耐受试验数据

试品		冲击电流 I、残压 U 和吸收能量 W 试验数据								
1	I（A）	2575	2525	2539	2525	2462	2535	2520	2459	2426
	U（kV）	7.36	7.50	7.56	7.38	7.52	7.62	7.45	7.56	7.60

续表

试品		冲击电流 I、残压 U 和吸收能量 W 试验数据								
1	W（kJ）	45.58	45.55	46.12	44.95	44.64	46.55	45.22	44.82	44.48
	I（A）	2512	2454	2425	2507	2443	2415	2551	2521	2471
	U（kV）	7.41	7.56	7.62	7.39	7.51	7.58	7.32	7.46	7.51
	W（kJ）	44.91	44.73	44.50	44.69	44.26	44.11	45.06	45.39	44.71
2	I（A）	2513	2471	2442	2535	2484	2476	2514	2574	2533
	U（kV）	7.42	7.54	7.61	7.37	7.51	7.58	7.35	7.51	7.59
	W（kJ）	44.94	44.93	44.74	45.07	45.02	45.21	44.62	46.60	46.30
	I（A）	2514	2519	2493	2499	2425	2414	2527	2474	2451
	U（kV）	7.35	7.45	7.45	7.40	7.50	7.57	7.40	7.49	7.52
	W（kJ）	44.62	45.27	45.07	44.58	43.88	44.04	45.10	44.71	44.47
3	I（A）	2529	2464	2515	2522	2489	2457	2511	2451	2440
	U（kV）	7.40	7.54	7.63	7.42	7.52	7.59	7.42	7.54	7.59
	W（kJ）	45.17	44.83	46.23	45.14	45.10	44.94	44.89	44.57	44.64
	I（A）	2510	2511	2468	2487	2445	2414	2505	2472	2442
	U（kV）	7.36	7.42	7.53	7.39	7.52	7.58	7.41	7.51	7.54
	W（kJ）	44.57	44.89	44.83	44.32	44.34	44.18	44.73	44.75	44.41

表 3-8-12　　　　　　　　动 作 负 载 试 验 数 据

试品号		DZ-1	DZ-2	DZ-3
直流参考电压 U_{1mA}（kV，直流）		5.32	5.35	5.33
8/20μs 残压（kV，峰值）		8.20	8.15	8.15
试品持续运行电压 U_C（CCOV）（kV，直流）		4.52	4.55	4.53
升高的试品持续运行电压 U_{C*}（kV，均方根值）		4.52	4.55	4.53
4/10μs，100kA	第 1 次电流值（kA，峰值）	102	102	102
冲击耐受 2 次	第 2 次电流值（kA，峰值）	101	102	102
经预热后的试品温度（℃）		61	61	61
2 次能量耐受	第 1 次耐受能量（kJ）	44.91	44.48	44.58
	第 2 次耐受能量（kJ）	44.74	44.47	44.70
第二次能量耐受后，在不大于 100ms 时间内对试品施加 U_{C*}				
持续运行	实加的 U_C 值（kV，直流）	4.52	4.55	4.53
电压 U_C 下功耗（W）	起始	48.8	43.5	41.1
	第 10min	13.9	12.0	16.1
	第 30min	4.0	10.4	11.3

续表

试品号	DZ－1	DZ－2	DZ－3
试验后 8/20μs 下残压（kV，峰值）	8.31	8.31	8.36
试验前后残压变化（%）	＋1.27	＋1.92	＋2.56
试验后的试品情况	未击穿未闪络	未击穿未闪络	未击穿未闪络

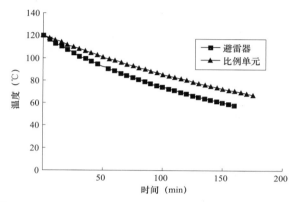

图 3－8－3　散热试验中比例单元和整只避雷器散热曲线

13. 湿气浸入试验

实际试验时施加拉力 31kN，拉伸负荷保持不变直到试验结束。试验前后电气参数满足标准要求。试验前后电气参数见表 3－8－13。

表 3－8－13　　　　　　　　　　　试验前后电气参数比较

试验项目	试验前	试验后	变化量
U_{2mADC}（kV）	133.0	132.9	0.1
0.75 倍 U_{2mADC} 下泄漏电流（μA）	7	9	2
局部放电（pC）	＜10	＜10	＜10

14. 雷电冲击放电电压试验

试验时避雷器按照实际安装情况布置，包括本体、间隙、模拟横担、模拟导线、复合绝缘子或瓷绝缘子。

试验表明，±1100kV 线路避雷器间隙距离为 2.7m 时，整只避雷器的正极性雷电冲击 50%放电电压 $U_{50\%}=3739kV$，间隙距离为 2.6m 时，整只避雷器的正极性雷电冲击 50%放电电压 $U_{50\%}=3335kV$。按照线性折算，间隙距离为 2.74m 时，整只避雷器的正极性雷电冲击 50%放电电压应不大于 3900kV，满足要求。

15. 雷电冲击伏秒特性试验

试验按 IEC 60099－8：2017《交流 1kV 以上架空输电和配电线路用外串联间隙金属氧化物避雷器（EGLA）》规定的试验方法进行，在进行雷电冲击伏秒特性试验时，放电路径均在沿避雷器两个电极之间。

表3-8-14给出了整只避雷器的雷电冲击伏秒特性的试验数据。

表3-8-14　　　　　　　整只避雷器雷电冲击伏秒特性试验数据　　　　　　（kV）

极值	序号	1	2	3	4	5	平均
正极性	时间1	8.9	9.48	9.15	10.0	9.95	9.50
	电压2	3726	3754	3755	3752	3745	3746
	时间2	6.19	6.07	6.70	6.42	6.34	6.34
	电压2	3965	3981	3990	3982	3971	3978
	时间3	7.55	7.92	7.92	7.51	7.69	7.72
	电压3	3861	3849	3805	3819	3831	3833
负极性	时间1	8.91	8.42	8.97	7.56	7.85	8.34
	电压2	3836	3861	3859	3898	3885	3868
	时间2	6.61	7.00	6.39	7.01	6.79	6.76
	电压2	4050	4052	4039	4065	4063	4054
	时间3	5.37	5.78	5.47	5.03	5.66	5.46
	电压3	4276	4283	4227	4267	4227	4256

16. 操作冲击电压耐受试验

试验结果表明，间隙距离为2.3m时且本体不短路时，整只避雷器能够耐受的操作过电压＞2000kV，满足要求。

17. 直流电压耐受试验

试验结果表明，间隙距离为2m时且本体不短路时，整只避雷器能够耐受的正极性或负极性直流电压均不低于1683kV。

间隙距离为2.6m且本体失效短路时，整只避雷器能够耐受的正极性或负极性直流电压均不低于1122kV。试验结果满足要求。

18. 机械试验

按GB/T 11032—2020要求，避雷器应能承受15倍自重的拉伸负荷和按正常使用条件计算的2.5倍风压力的抗弯负荷。

本体自重约675kg，按GB/T 11032—2020规定施加的拉伸负荷不应小于675×15×9.8＝99 225（kN）。实际试验时施加93kN的拉力，持续时间1min。

试验后，局部放电量小于10pC，直流参考电压无变化，满足要求。

19. 压力释放试验

试验布置按照GB/T 11032—2020的要求，具体布置参见图3-8-4。

试验表明，大电流压力释放试验（50kA）和小电流压力释放试验（800A）后试品均没有爆炸破裂，满足要求，试验通过。

（a）小电流压力释放试验 　　　　　（b）大电流压力释放试验

图 3-8-4　线路避雷器压力释放试验

二、±1100kV 直流无间隙线路避雷器

（一）大容量电阻片的选用

国内电力行业已开发出 1000kV 及以下电压等级交流系统用避雷器及 ±800kV 及以下直流系统避雷器。根据国内避雷器运行情况和直流母线避雷器技术要求与国内避雷器实际制造水平，选用与 ±800kV 及 ±1100kV 直流母线避雷器一致的大容量电阻片，该电阻片规格及特性如下：

（1）电阻片尺寸：$\phi100\text{mm} \times 22\text{mm}$。

（2）电位梯度：230V/mm。

（3）直流 1mA 参考电压（中心值）：5.1kV。

（4）2ms 方波耐受电流能力：2800A。

（5）4/10μs 大电流冲击能力：100kA。

（二）电阻片配置

依据避雷器直流参考电压要求不小于 1308kV，避雷器共需 $1308 \times 1.015/5.18 \approx 256$ 片（1.015 倍为避雷器出厂试验要求控制值，5.18 为单片电阻片直流参考电压平均值）；避雷器荷电率 $CCOV/U_{1\text{mADC}} = 1122/（256 \times 5.18）= 84.6\% < 85\%$，满足设计要求，因此避雷器阀片串联数量最小值为 256 片。

依据避雷器吸收能量要求不小于 2000kJ，PTA 电阻片单片能量吸收能力为 44.5kJ，单柱的能量吸收能力为 $44.5 \times 256 = 11\ 392（\text{kJ}）> 2000\text{kJ}$，单柱即能满足能量要求。

根据电阻片 256 串 1 并的结构，避雷器残压详见表 3-8-15。

雷电残压（8/20μs，20kA）要求值不大于 2200kV（峰值），残压裕度为 1.016，操作（30/60μs，1kA）要求值不大于 1826kV（峰值），残压裕度为 1.004，陡波（1/10μs，20kA）要求值不大于 2446kV（峰值），设计裕度为 1.069，能够满足设计要求。

表 3-8-15　　　　　　　　　　　电阻片比例单元试验结果

试品编号	U_{1mADC}	电阻片残压			比例系数	整只避雷器残压		
		雷电 8/20μs (20kA)	操作 30/60μs (0.5kA)	陡波 1/10μs (20kA)		雷电 8/20μs (20kA)	操作 30/60μs (0.5kA)	陡波 1/10μs (20kA)
	(kV, 直流)	(kV, 峰值)	(kV, 峰值)	(kV, 峰值)	n	(kV, 峰值)	(kV, 峰值)	(kV, 峰值)
7	5.21	8.44	6.56	8.92	254.8	2150.5	1671.5	2272.8
8	5.21	8.50	6.58	8.98	254.8	2165.8	1676.6	2288.1
9	5.18	8.38	6.5	8.9	256.3	2147.8	1666.0	2281.0

（三）关键电气性能

1. 大电流冲击耐受能力

（1）试验要求：试品为 3 只比例单元（电阻片），连续施加 2 次 100kA 大电流冲击，每两次之间时间间隔为 1min。

（2）试验判定：试验前后参考电压变化不超过 5%，500A 操作冲击电流下残压变化不超过 -2%～+5%，试验后检查试品，电阻片应无击穿、闪络和破碎或其他明显破坏痕迹。

（3）试验结果：见表 3-8-16。

表 3-8-16　　　　　　　　　　　大电流冲击耐受试验

试品编号	18	19	20	要求值
U_{1mADC}（kV）	5.21	5.20	5.21	—
第 1 次冲击（kA）	100.0	100.4	100.2	100.0
第 2 次冲击（kA）	100.2	100.0	100.2	100.0
试验前操作冲击 500A 残压（kV）	6.54	6.53	6.54	—
试验后操作冲击 500A 残压（kV）	6.44	6.45	6.44	—
残压变化率（%）	-1.5	-1.2	-1.6	-2～+5
试验后外观	合格	合格	合格	合格

根据试验结果表明电阻片满足大电流 100kA 的要求。

2. 方波冲击电流耐受值

（1）试验要求：试品为 3 只比例单元（电阻片），连续施加 2ms 方波 18 次，幅值不小于 2000A。

（2）试验判定：试验前后参考电压变化不超过 5%，500A 操作冲击电流下残压变化不超过 -2%～+5%，试验后检查试品，电阻片应无击穿、闪络和破碎或其他明显破坏痕迹。

（3）试验结果：通过试验。

根据试验结果表明电阻片满足 2ms 方波 2000A 的要求。

3. 动作负载试验

电阻片依据 GB/T 22389—2008《高压直流换流站无间隙金属氧化物避雷器导则》中动作负载试验流程进行试验，具体如下。

（1）动作负载试验流程：

1）加速老化试验，直流电压荷电率 95%；

2）试品的热耗散特性；

3）10kA 雷电冲击电流下残压试验；

4）6 组能量耐受，每组 3 次，各组间冷却到环境温度（每次注入能量 45kJ /2ms）；

5）冷却到环境温度 25℃±10℃，装成 3 只比例单元；

6）2 次 100kA 大电流冲击（4/10μs），两次之间间隔 50～60s；

7）组装成热比例单元，预热到 60℃±3℃；

8）2 次能量耐受（每次注入能量 45kJ/2ms），两次之间间隔 50～60s；

9）100ms 内施加 $CCOV$（直流电压，85%荷电率），持续 30min；

10）10kA 雷电冲击电流残压试验，试品检查。

（2）试验结果：试验前后阀片参数满足要求，通过试验。

（四）基本构成介绍

避雷器由 7 个元件串联构成，元件外套内径为 300mm，避雷器总高度 19 660mm，避雷器每个元件内部采用单柱结构，直流线路避雷器外形尺寸详见图 3-8-5。

（五）外绝缘设计

1. 外绝缘爬距

吉泉工程要求爬电距离为 63 910mm，避雷器第 1 个元件外套爬距为 9800mm，避雷器第 2～7 节 9280mm，避雷器设计爬电距离为 65 480，满足爬电距离要求。

2. 外绝缘耐受电压

直流线路避雷器外套外绝缘要求如下。

（1）外绝缘雷电冲击耐受电压。避雷器雷电冲击耐受电压不应低于 4500kV，海拔 2500m，修正系数：1.202，试验要求值：5409kV（峰值）。雷电冲击耐受试验按照 IEC 60099-4：2014《交流无间隙金属氧化物避雷器》8.2.6 要求如果干弧距离或部分干弧距离（单位为 m）之和大于试验电压（单位为 kV）除以 500kV/m，则本试验不需要进行。

雷电冲击耐受电压不低于 5409kV（峰值），则干弧距离 d 需大于 10.8m（d＝试验电压/500＝5409/ 500＝10.8）；实测干弧距离为 18.8m，所以该外绝缘能够满足要求。

（2）外绝缘操作冲击耐受电压。避雷器操作冲击耐受电压应不低于 2200kV，海拔 2500m，修正系数：1.057，试验要求值：2325kV（峰值）。

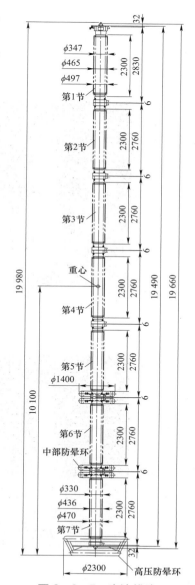

图 3-8-5 直流线路避雷器外形尺寸图

操作冲击耐受试验按照 IEC 60099-4：2014 要求如果干弧距离或部分干弧距离（单位为 m）之和大于式 $d = 2.2 \times (e^{U/1069} - 1)$，则本试验不需要进行。

操作冲击耐受电压不低于 2325kV，则干弧距离 d 需大于 17.2m[$d = 2.2 \times (e^{2325/1069} - 1)$]。

实测干弧距离为 18.8m，所以该外绝缘能够满足要求。

（3）外绝缘直流耐受电压。避雷器直流（湿）耐受电压应不低于 kV，海拔 2500m，修正系数：1.057，试验要求值：2325kV（峰值）。

（六）机械结构设计

1. 压力释放性能

压力释放电流要求大电流 40kA，小电流 600A。

直流线路避雷器元件采用的是特高压直流输电工程常用的复合外套元件结构，技术成熟，该外套元件 2015 年在日本东芝大功率试验站进行压力释放试验，通过了 65kA、25kA、12kA、600A 压力释放试验。试验前后情况见图 3-8-6。

(a) 65kA 试验前

(b) 65kA 试验后

(c) 25kA 试验前

(d) 25kA 试验后

图 3-8-6　压力释放试验照片

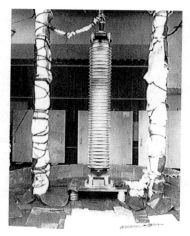

(e) 12kA试验前　　　　　　　　　　　　　(f) 12kA试验后

(g) 600A试验前　　　　　　　　　　　　　(h) 600A试验后

图3-8-6　压力释放试验照片（续）

2. 抗拉强度

依据GB 11032—2020要求，悬挂型避雷器拉伸负荷要求不小于15倍避雷器自重，避雷器自重为2500kg，即避雷器抗拉强度不小于 $15 \times 2500 \times 9.8 = 367\,500$（N）= 367.5kN，避雷器外套抗拉强度设计值为400kN，满足设计要求。

（七）直线塔避雷器安装方式

直线塔和耐张塔上安装避雷器均推荐采用避雷器悬挂于外挑支架上的安装方案。直线塔上避雷器悬挂于导线正上方，避雷器通过铰链金具与专用联板相连；耐张塔上避雷器通过金具与鼠笼式硬跳线上的抱箍间隔棒相连。

避雷器接地端通过铰链金具与外挑避雷器支架相联，高压端通过铰链金具与专用联板相联。鉴于导线八分裂系统的复杂性，避雷器高压端用专用联板仅与四根子导线相联，减少导线系统对避雷器的影响。在常态下避雷器自身需承受风荷载，其高压端铰链金具需留有裕度，减少避雷器风荷载对导线系统的影响以及导线系统各工况下荷载变化对避雷器的影响，详见图3-8-7。

图 3-8-7　直线塔安装方式

避雷器悬挂于导线正上方时，上层导线 V 串投影串长 12.4m，小于单柱避雷器挂点间长度 19.66m。因此，悬挂避雷器采用在直线塔导线横担上设计外挑支架的方式，外挑支架上避雷器挂点需自横担底面（V 串挂点）提高 8.0m。剩余长度上的差值可通过调节铰链金具长度，实现外挑支架到导线的距离与避雷器长度相当。

分节避雷器法兰与铁塔（接地件）的空气间隙取值如下：第 7 节与第 6 节为 1.3m，第 6 节与第 5 节为 2.6m，第 5 节与第 4 节为 3.9m，第 4 节与第 3 节为 5.2m。避雷器分为 7 节，每节长度 2.76m，分节避雷器法兰带有压力释放口。施工安装时，应将压力释放口背向铁塔布置以增大安全距离。

1. 避雷器连接金具

（1）引流线型式及连接金具设计。操作过电压工况下，流经避雷器的电流不足 300～500A，因此推荐采用引流线将线路导线与避雷器相连接。引流线采用 LJ-300 铝绞线，载流量 550A。为减小电晕影响，采用 2 根引流线，引流线下端通过液压方式与 TL 型线夹压接，TL 型线夹螺栓段安装在避雷器与铁塔之间的上层子导线上。

引流线上端采用 SY 液压型设备线夹与避雷器高压端（下端）连接，金具厂家根据避雷器接地端子图在出厂前对 SY 引流板进行打孔处理，并配置螺栓螺母，SY 引流板倾斜角 30°，如图 3-8-8 所示。

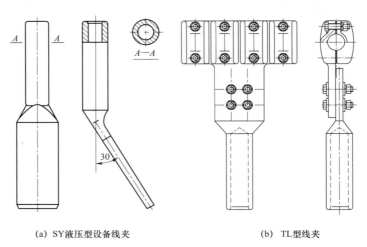

(a) SY 液压型设备线夹　　　　　　　　(b) TL 型线夹

图 3-8-8　避雷器高压端引流线连接金具

引流线的长度以略长于铰链金具为准，即在保持引流线不受力，施工单位在施工前现场比对确认避雷器高压端（下端）铰链金具安装后实际长度小于引流线长度。对于两根引流线和铰链金具，安装时注意保持一定距离，不能相互缠绕，并使引流线和 TL 型线夹均在避雷器均压环所罩范围内，引流线余长应在八分裂导线内侧。

（2）铰链连接金具设计。避雷器悬挂于导线正上方时，避雷器接地端（上端）采用 EB 挂板与铁塔连接，避雷器高压端（下端）采用四分裂专用联板与导线连接，详见图 3−8−9。

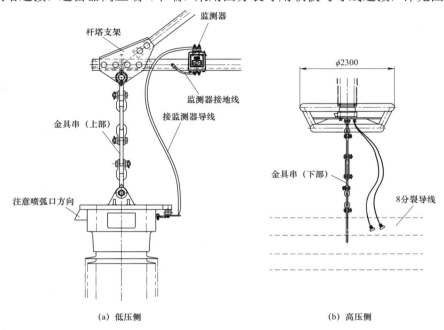

(a) 低压侧　　　　　　　　(b) 高压侧

图 3−8−9　避雷器低压侧及高压侧安装示意图

专用联板 A、B 线夹与普通间隔棒 FJGY−855/48D 线夹相同，且内附橡胶垫；C、D 线夹与预绞式间隔棒 FJGY−855/48DY 预绞式线夹相同；单线夹握力不小于 2.5kN，单线夹轴（横）向、斜向强度不小于 2.5kN，向心力和扭握力矩等其他要求与工程间隔棒相同，连接尺寸与 U−16 匹配；专用联板 A、B 线夹与导线紧固时，紧固螺栓穿向须朝向避雷器均压环内侧以减小电晕影响，见图 3−8−10。

2. 避雷器计数器安装设计

避雷器计数器采用夹具安装在铁塔外挑支架正三角的横材上，并通过避雷器接地线与避雷器接地端（上端）的接地端子连接，如图 3−8−11 所示。安装时避雷器计数器显示屏朝向外侧便于观测，并保持避雷器接地线松弛。施工安装时，实际量取计数器与避雷器接地端子之间的直线距离，避雷器接地线长度在直线距离基础上适当增加余度截取，并保证计数器与避雷器接地端子在同一侧，铰链金具与接地线不能交叉。正三角的横材上预留接地孔，

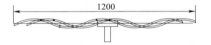

(a) 专用联板 C、D 线夹预绞丝安装示意图

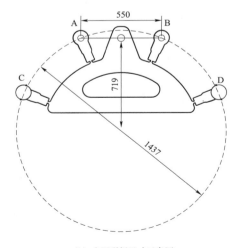

(b) 专用联板尺寸示意图

图 3−8−10　四分裂导线专用联板（一）

计数器接地线采用螺栓与接地孔相连接。

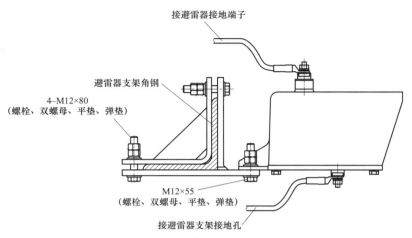

接避雷器接地端子

避雷器支架角钢

4—M12×80
（螺栓、双螺母、平垫、弹垫）

M12×55
（螺栓、双螺母、平垫、弹垫）

接避雷器支架接地孔

图 3－8－11　四分裂导线专用联板（二）

（八）耐张塔避雷器安装方式

避雷器接地端通过铰链金具与外挑避雷器支架相联，高压端通过铰链金具与鼠笼硬跳专用抱箍相联。在常态下避雷器自身需承受风荷载，其高压端铰链金具需留有裕度，减少避雷器风荷载对跳线系统的影响以及跳线系统各工况下荷载变化对避雷器的影响。

避雷器与导线系统通过引流线联通。引流线联通避雷器与导线后，会产生一定的电晕，为降低电晕对线路运行的影响，引流线的长度以略长于铰链金具为准，即在常态下，引流线不受力。

避雷器悬挂于鼠笼式刚性跳线正上方时，跳线 V 串投影串长 13.7m，小于单柱避雷器挂点间长度 19.66m。因此，悬挂避雷器采用在耐张塔导线横担上设计外挑支架的方式，外挑支架上避雷器挂点需自横担顶面提高 7.2m。剩余长度上的差值可通过调节铰链金具长度，实现外挑支架到导线的距离与避雷器长度相当。安装间隙要求与直线安装要求相同。引流线型式及连接金具设计与直线安装要求相同。

避雷器悬挂于导线正上方时，避雷器接地端（上端）采用 EB 挂板与铁塔连接，避雷器高压端（下端）采用抱箍式间隔棒（专用联板）与跳线鼠笼连接，详见图 3－8－9。

抱箍式间隔棒（专用联板）在常规抱箍式跳线间隔棒基础上改造，增加一个延长板，板上开孔，用于与 U 形挂环（U－1695）连接。抱箍式间隔棒（专用联板）与普通间隔棒 FJGY－855/48DZ 线夹相同，且内附橡胶垫；单线夹握力不小于 2.5kN，单线夹轴（横）向、斜向强度不小于 2.5kN，向心力和扭握力矩等其他要求与吉泉工程间隔棒 FJGY－855/48DZ 相同，连接尺寸与 U－1695 匹配；抱箍式间隔棒（专用联板）A、B 线夹与导线紧固时，紧固螺栓穿向须朝向避雷器均压环内侧以减小电晕影响，如图 3－8－12 所示。

避雷器计数器安装设计与直线塔安装要求相同。

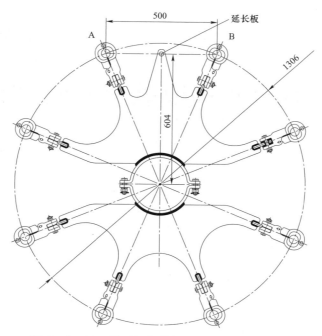

图 3-8-12 避雷器抱箍式间隔棒（专用联板）

第四章

±1100kV 换流站总平面布置

  ±1100kV 换流站较 ±800kV 换流站运行电压更高、输送容量更大，交流场、交流滤波器、换流场、直流场等模块区域占地面积更大，合理布置的难度也增大。送端昌吉换流站与 750kV 变电站同址合建，每极高、低端阀厅采用"面对面"布置方式，极线及直流滤波器采用户内布置方案。受端古泉换流站采用 500kV 和 1000kV"分层"接入方案，阀厅采用"一字形"布置方式，极线及直流滤波器采用户内布置方案，并建有两组调相机。两个站基本包含了我国特高压换流站布置的所有可能因素，各具特点，对后续工程有较大的借鉴意义。

第一节 换流区域布置

  阀厅及换流变压器区域是换流站的和核心区域，其布置位置也是换流站中心区域，其他各区域均围绕该区域布置。±1100kV 特高压换流站的设备高度、空气间隙比 ±800kV 及以下的要大得多，本节就其特点，分析确定了换流变压器区域布置方案、阀厅尺寸、换流场地纵向及横向尺寸、阀厅土建及其附属设计特点。

一、换流变压器区域布置

（一）换流变压器区域每极高、低端"面对面"布置方案

  每极高、低端阀厅"面对面"布置方案示意图如图 4-1-1 所示，每极高、低端阀厅

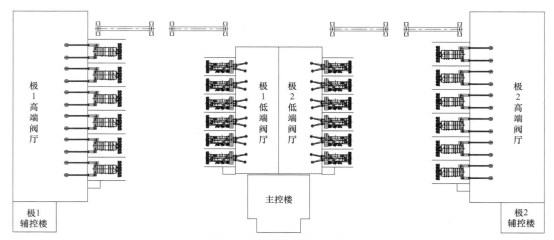

图 4-1-1　每极高、低端阀厅"面对面"布置方案示意图

采用"面对面"布置，其中，两极的高端阀厅布置在外侧、低端阀厅"背靠背"布置在内侧。全站 8 组（24 台）换流变压器，每个阀厅对应的 2 组（6 台）换流变压器紧靠阀厅一字排开布置，其布置特点如下：

（1）"面对面"布置的高、低端阀厅对换流变压器噪声的传播有很好的阻挡和吸收作用，有利于换流站围墙位置的噪声控制。但换流变压器噪声向直流场和交流场两侧传播，使直流场运行环境变差。

（2）减小了阀厅、换流变压器区域和直流场的横向尺寸，以交流场、换流场、直流场功率流向为纵向尺寸。

（3）辅助设备按阀厅分区布置，单元体系清晰，功能分区明确。

（4）直流穿墙套管从阀厅短轴方向出线，与已有的±800kV 特高压直流换流站类似，布置较为成熟。

（5）换流变压器组装场地可以考虑同一极的高、低端换流变压器，可同时面对面安装检修，运行检修比较灵活。

（6）换流变压器汇流母线跨距较大，汇流母线构架钢材消耗量较大，火灾防护难度大。

（7）备用换流变压器按极分散布置，不同极的备用换流变压器更换时运输距离较长，可能需要多次转向。

（8）当低端换流变压器接入 1000kV 电压等级时，换流变压器的汇流需要通过在换流变压器防火墙上空架设 1000kV 跨线完成，由于 1000kV 跨线相间距较大，换流变压器的引接比较困难，需要在换流变压器广场上装设支柱绝缘子实现引接。

（二）换流变压器区域"一字形"布置方案

阀厅"一字形"布置方案示意图如图 4-1-2 所示，每极的高、低端阀厅并排布置。全站 8 组（24 台）换流变压器一字排开布置于阀厅的同一侧，其布置特点如下：

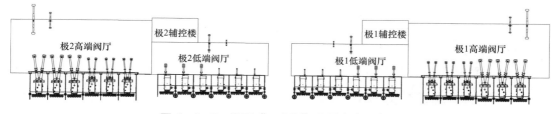

图 4-1-2 阀厅"一字形"布置方案示意图

（1）"一字形"布置的阀厅对换流变压器噪声有明显的阻挡作用，直流场方向基本不受换流变压器的影响，但 24 台换流变压器一字排开面向交流场，其噪声向交流场及其两侧传播，噪声覆盖范围广，影响相对大些。

（2）增大了直流场和阀厅横向尺寸。

（3）换流变压器进线构架正对阀厅，换流变压器引线容易。

（4）辅助设备按极分区布置，单元体系清晰。

（5）直流穿墙套管从阀厅长轴方向出线，与已有的±500kV 直流输电工程类似，接线相对简单。

（6）每个阀厅对应 2 个换流变压器进线架，全站共 8 个。由于换流区域仅考虑 1 台换流变压器安装空间及后部过车空间，换流变压器进线跨距小。

（7）极 1、极 2 组装场地相通，备用换流变压器更换时运输距离较短，并且高、低端备用换流变压器的布置方向均与工作变压器同向，在更换时可做到不旋转，快速便利。

结合系统接入、站址地理位置等条件，送端昌吉换流站采用"面对面"布置。受端古泉换流站采用"一字形"布置。

二、高、低端阀厅的布置

±1100kV 特高压直流输电工程换流变压器和换流阀等设备外形尺寸较±800kV 特高压直流输电工程有较大变化。高端换流变压器防火墙间距控制因素由阀厅内阀组布置所需空气间隙控制。受端站低端换流变压器交流侧接入 1000kV 后，换流变压器防火墙间距控制因素由换流变压器风扇尺寸改为交流 1000kV 相间空气净距。±1100kV 特高压直流输电工程阀厅电气布置及阀厅尺寸较±800kV 特高压直流输电工程有较大变化。

（一）阀厅内电气布置

阀厅内电气布置原则与以往±800kV 特高压直流输电工程类似，高、低端阀厅内电气布置如图 4−1−3、图 4−1−4 所示。

（二）阀厅设计优化

阀厅内一般设置巡视通道供运行人员巡检使用。为确保运行人员巡视安全，±800kV 特高压直流输电工程在计算换流阀至巡视通道安全空气净距时，放电标准偏差一般按照 5σ 考虑。若按照±800kV 特高压直流输电工程计算原则，±1100kV 特高压直流输电工程换流阀与巡视通道的距离至少需要 22m，这将大大增加阀厅跨度，经济性较差，同时也会增加运行人员的巡视难度。为解决该问题，提出采用双层屏蔽巡视通道保护巡视人员安全。采用该优化方案后，换流阀与巡视通道的安全净距仅需要 15m。

此外，为满足换流阀着火后的消防需求，在距离换流阀中部位置增设专门的消防灭火通道。当换流阀发生火灾时，运行人员在确认换流阀停运后，可进入消防通道进行灭火（正常运行时消防通道门锁闭，禁止任何人员进入）。

巡视通道和消防通道设置方案如图 4−1−5 所示。

三、换流变压器区域尺寸

（一）昌吉换流站

1. 换流变压器尺寸

昌吉换流站换流变压器交流侧电压为 750kV、直流侧电压 1100kV，与网侧接 750kV、直流侧接 800kV 的换流变压器的外形有所不同。其尺寸及质量较±800kV 换流变压器大大增加，见图 4−1−6、表 4−1−1 和表 4−1−2。

2. 换流场地尺寸确定

（1）换流变压器运行更换场地纵向尺寸（从阀厅外墙面至运输道路中心的距离）的确定。换流变压器区域纵向尺寸主要受阀厅长度、控制楼长度及备用换流变压器在横向轨道运输时，风扇与控制楼的距离控制，换流变压器运行更换场地纵向尺寸示意图见图 4−1−7。

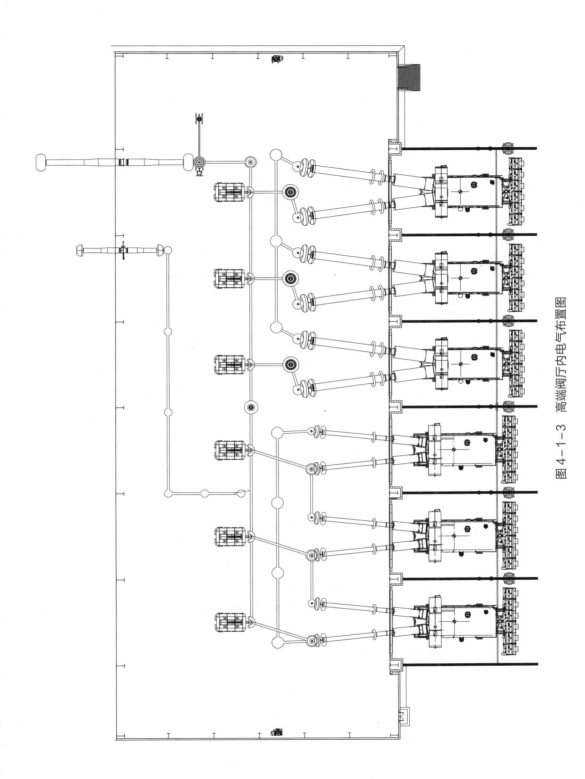

图 4-1-3　高端阀厅内电气布置图

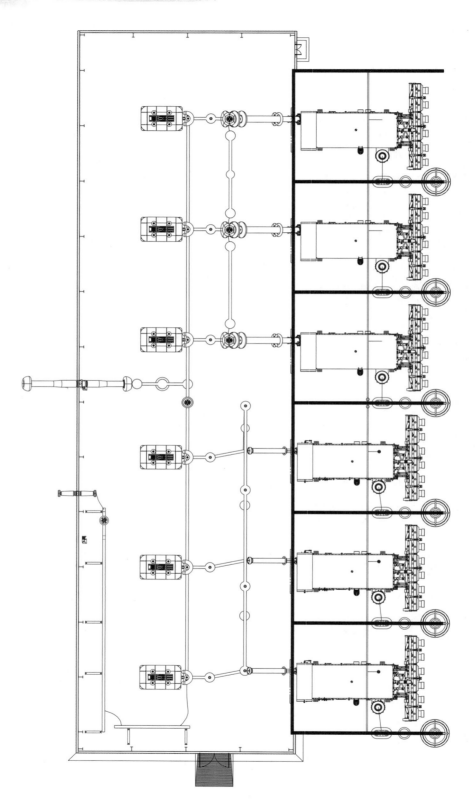

图 4-1-4　低端阀厅内电气布置图

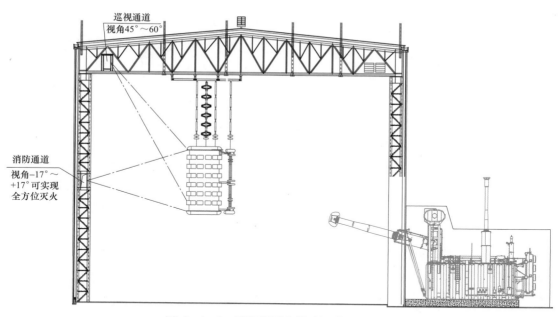

图 4-1-5 巡视通道和消防通道设置方案

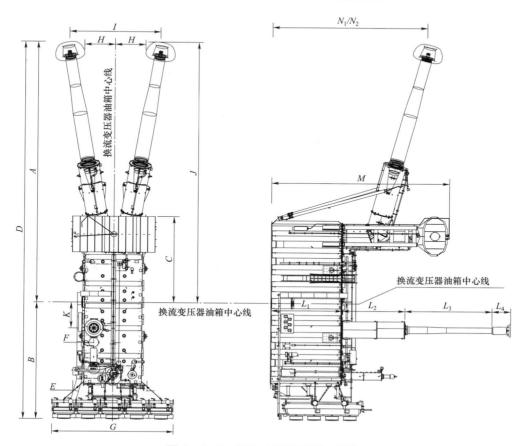

图 4-1-6 换流变压器外形示意图

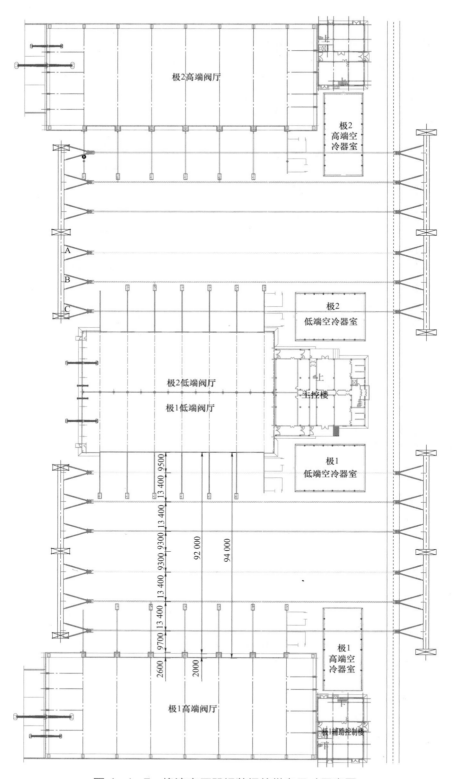

图 4-1-7 换流变压器组装场的纵向尺寸示意图

表4-1-1　　　　　　　　　　　昌吉换流站高端换流变压器尺寸

设备名称	尺寸（mm）							
	A	B	C	D	E	F	G	H
高端换流变压器	23 919	9488	9823	33 407	4316	2158	9521	3931
设备名称	尺寸（mm）							
	I	J	K	L_1+L_2	L_3+L_4	M	N_1	N_2
高端换流变压器	7862	13 716	2109	10 486	8291	13 928	12 766	13 195

表4-1-2　　　　　　　　　　　昌吉换流站低端换流变压器尺寸

设备名称	尺寸（mm）							
	A	B	C	D	E	F	G	H
低端换流变压器	13 598	8818	6210	22 448	3502	1230	9590	2469
设备名称	尺寸（mm）							
	I	J	K	L_1+L_2	L_3+L_4	M	N_1	N_2
低端换流变压器	5016	13 630	1946	9107	8182	11 006	6051	7087

　　高端阀厅长度增大到 118.5m 后，本站换流变压器区域的纵向尺寸主要受高端阀厅控制。换流变压器区域侧道路中心线至辅助控制楼轴线 13.1m；辅助控制楼宽 19.8m；高端阀厅长 118.5m，辅助控制楼与高端阀厅轴线间距离 0.9m；计算到换流区域的纵向尺寸如下：13.1+19.8+0.9+118.5=152.3（m）。在初步设计阶段该数值为 157.5m，施工图阶段节省长度 5.2m。

　　（2）换流变压器运行更换场地横向尺寸（每极高、低端阀厅外墙面之间距离）的确定。高端换流变压器采用阀侧套管从油箱顶部出线的换流变压器尺寸，低端采用阀侧套管从油箱侧面出线的换流变压器尺寸。换流变压器外形尺寸见表 4-1-1 和表 4-1-2。

　　根据 GB 50229—2019《火力发电厂与变电站设计防火标准》，换流变压器油坑应超出风扇端部 1m，防火墙端部应超出油坑 1m，即防火墙长度应为"$B+C+2$"。高端防火墙考虑裕度设为 21.5m 长，低端防火墙按照 17.5m 长设置。具体换流变压器组装场地横向尺寸确定示意图见图 4-1-8。

　　从图 4-1-8 来看，21.5m（高端换流变压器防火墙长度）+1m（安全间隙）+24m（高端换流变压器 A 值）+13.6m（低端换流变压器的 A 值）+1m（安全间隙）+17.5m（低端换流变压器防火墙长度）=78.6（m）。

　　此时，高端换流变压器运输时，换流变压器风扇端部距控制柜的尺寸 4.5m，满足设定的控制安全距离；高端换流变压器不安装风扇时，也满足运输通道 3m 的要求。

　　（3）换流变压器构架确定的广场尺寸。昌吉换流站换流变压器交流侧接入 750kV：一方面 750kV 空气净距要求较大，另一方面吉泉工程换流变压器进线跨档距大，且昌吉地区风大，导线风偏摇摆严重，故换流变压器广场的尺寸主要受到 750kV 导线相间距离控制。

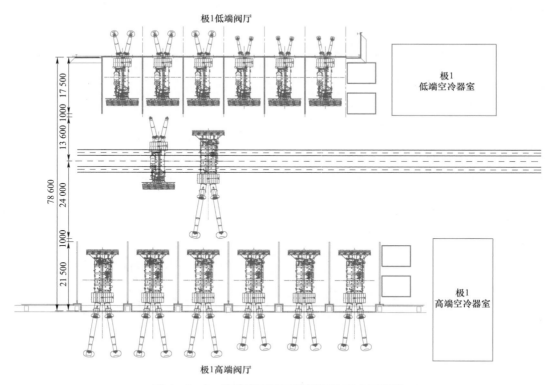

图 4-1-8　换流变压器更换时场地需求示意图

结合导线拉力，换流变压器进线跨导线弧垂取 6.5m，换流变压器进线构架的风偏摇摆计算结果见表 4-1-3。

表 4-1-3　　　　昌吉换流站换流变压器进线跨 750kV 导线相间、相地距离　　　　（m）

项目	大气过电压（风偏、不短路）	操作过电压（风偏、不短路）	最大工作电压（风偏、不短路）	最大工作电压（风偏、短路）	750kV 出线的要求	电晕无线电干扰的要求	临界起晕电晕电压核实	电气设备的要求
换流变压器进线	9.12	13.2	12.9	12.6	14.0 满足要求	14.0 满足要求	14.0 满足要求	14.0 满足要求

根据上述各种条件控制的相间、相地距离计算结果，考虑 750kV 跨导线长（160m）、电压等级高等特点，考虑适当裕度，推荐吉泉工程 750kV 换流变压器进线跨相间距离为 13.4m，相地距离为 9.3m，进线间隔构架宽度取 45.4m。

结合已经建成换流站设计及运行经验，采用 V 形绝缘子串能够有效减少导线的风偏摇摆，故昌吉换流站由于换流变压器进线跨度较大，750kV 换流变压器进线跨推荐采用 V 形绝缘子串。

根据风偏摇摆计算确定的相间距，确定换流变压器运行更换场地宽度为 94m，换流变压器横向尺寸确定示意图见图 4-1-9、图 4-1-10。

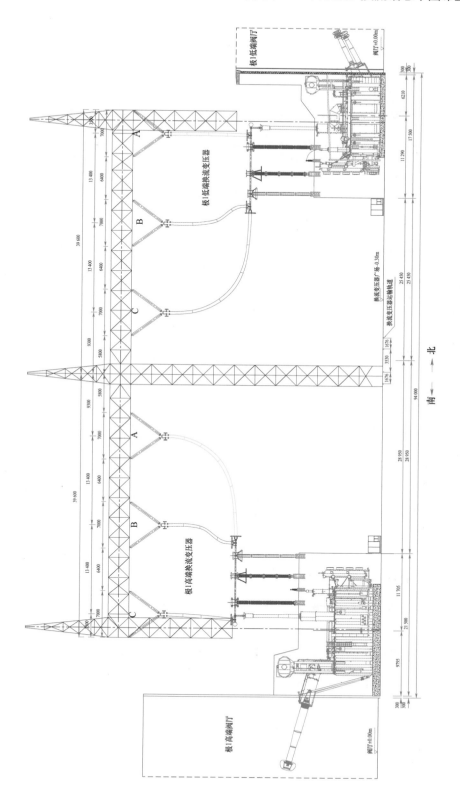

图 4－1－9 换流变压器广场断面图

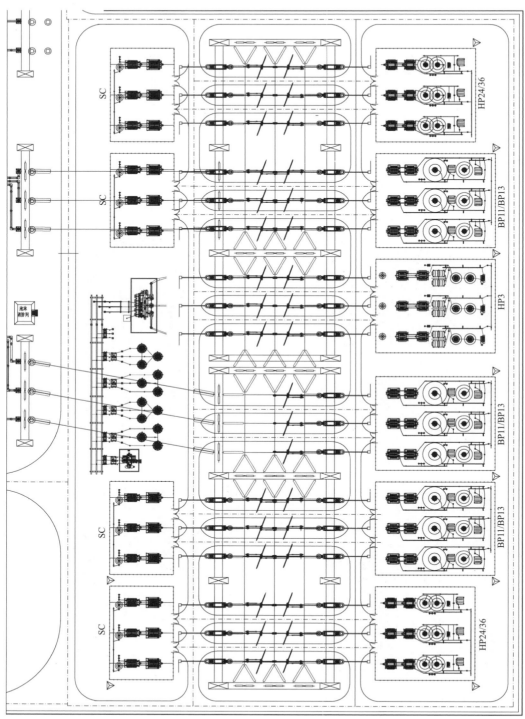

图 4－1－10　昌吉换流站换流变压器广场区域布置图

（二）古泉换流站

1. 换流变压器尺寸

古泉换流站换流变压器交流侧电压为高端 500kV/低端 1000kV，直流侧电压 1100kV，与网侧接 500kV、直流侧接 800kV 的换流变压器的外形有所不同，其尺寸及质量较±800kV 换流变压器大大增加，分别见图 4-1-11、图 4-1-12 和表 4-1-4、表 4-1-5。

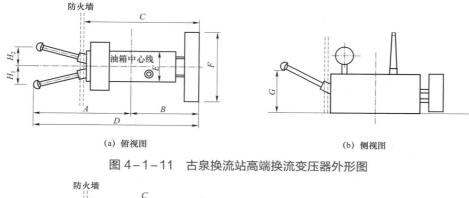

（a）俯视图　　　　　　　　　　　　（b）侧视图

图 4-1-11　古泉换流站高端换流变压器外形图

（a）俯视图　　　　　　　　　　　　（b）侧视图

图 4-1-12　古泉换流站低端换流变压器外形图

表 4-1-4　　　　　　　　　古泉换流站高端换流变压器外形尺寸

直流输送容量（MW）	交流电压等级（kV）	尺寸（m）							
		A	B	C	D	E	F	G	H_1/H_2
12 000	500	25.47	10.62	22.12	37.42	5.42	12	11.09	4.18/4.18

表 4-1-5　　　　　　　　　古泉换流站低端换流变压器外形尺寸

直流输送容量（MW）	交流电压等级（kV）	尺寸（m）							
		A	B	C	D	E	F	G	H
12 000	1000	16.7	9.48	17.48	27.17	5	12	4.36	1.45

2. 换流场地尺寸确定

换流变压器组装场地位于阀厅与交流配电装置之间的空地，换流变压器进线位于换流变压器上方，利用架空线引接至 1000kV/500kV 交流配电装置。

（1）换流变压器场地组装原则。根据以往±800kV 特高压直流输电工程的建设经验，吉泉工程换流变压器场地组装原则为：

1）运行中考虑最大 1 台换流变压器能搬运。

2）换流变压器退出运行的临时放置位置不影响备用换流变压器进入组装场地。

3）1 台换流变压器组装时，不考虑其他换流变压器运输通道。

（2）换流变压器组装场地的确定。由于阀厅"一字形"布置，组装场地尺寸主要由最长 1 台变压器组装尺寸和高端变压器在低端区域搬运时安全净距决定。

高端 Yy 换流变压器本体尺寸（包括套管和冷却器）最长，约为 37.5m，按该设备确定高端换流变压器防火墙长度为 24.3m，但由于低端换流变压器网侧为 1000kV 设备，安全净距要求更严格，防火墙侧的尺寸实际上是由低端换流变压器控制的，按设备确定防火墙长度为 19.5m；满足高端换流变压器转运对 1000kV 避雷器安全净距不小于 7.85m 净距要求；根据设备外形尺寸，接线端子板到油箱中心线取 25.5m；按转运变压器的散热器布置在道路上，不超过路右侧时，散热器到换流变压器油箱中心线最长为 11m。因此，组装场地（从阀厅外墙面至运输道路中心的距离）要求为 59m，即按 59m 设计可适应组装时或转运时的要求，满足换流变压器的运行更换的场地需要。换流变压器安装时的场地要求见图 4-1-13。

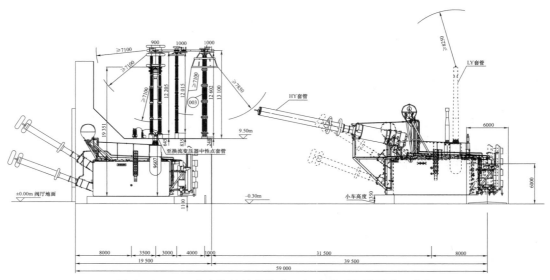

图 4-1-13　古泉换流站换流变压器安装时场地要求示意图

（3）阀厅与换流变压器场地尺寸。

1）纵向尺寸。对于"一字形"阀厅布置方案而言，纵向尺寸主要受主控楼、阀厅、换流变压器组装场地及运输通道的布置尺寸控制。根据换流变压器组装场地的结论，阀厅及换流变压器组装场地总的纵向尺寸为 59m（换流变压器组装场地宽度）+46m（高端阀厅宽度）=105m。

2）横向尺寸（垂直于换流变压器进线方向，阀厅及换流变压器区域两侧道路中心线）。由于阀厅采用一字形布置，4 个阀厅建筑总长度超过 350m，根据 GB 50016—2014《建筑设计防火规范（2018 年版）》要求，需要增加消防通道。因此总横向尺寸主要由高、低端阀厅，消防及运输通道的布置尺寸控制。结合换流变压器搬运轨道与高、低端阀厅布置，阀厅及换流变压器组装场地总的横向尺寸为：2×119m（高端阀厅长度）+2×98m（低端阀厅长度）+2×9m（高端阀厅侧墙至道路边引接坡道的距离）+2×11.5m（低端阀厅侧墙至道路中心线的距离）+5m（消防通道宽度）=480m。

综上所述，阀厅及换流变压器区域布置尺寸为 480m×105m，布置图见图 4-1-14。

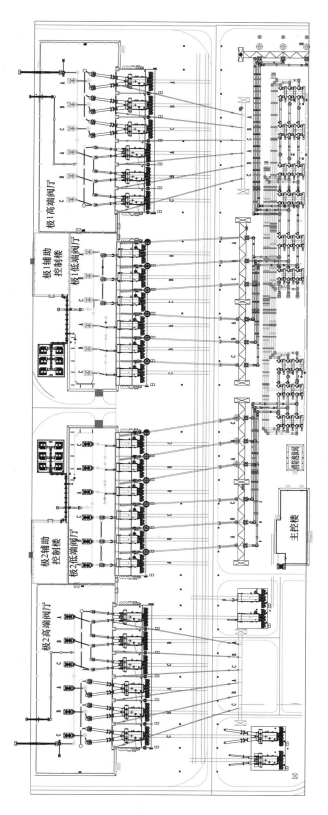

图 4-1-14 古泉换流站站阀厅及换流变压器区域布置图

四、阀厅土建及附属电气设计

阀厅土建及附属电气设计的目的是在满足阀厅内设备/材料的电气布置要求的基础上，辅以阀厅建筑、结构、暖通及附属电气设计，确保阀厅设备正常稳定运行。

（一）阀厅建筑设计

昌吉换流站阀厅建筑面积及相关尺寸见表 4-1-6。

表 4-1-6　　　　　　　　　昌吉换流站阀厅建筑面积及相关尺寸

序号	建筑物名称	建筑面积（m²）	轴线尺寸（m）
1	极 1、极 2 低端阀厅	4690	81.4×（27.3＋27.3）
2	极 1 高端阀厅	5660	118.5×48.1
3	极 2 高端阀厅	5660	118.5×48.1

1. 阀厅建筑设计原则

（1）生产过程的火灾危险性分类：丁类。

（2）建筑耐火等级：二级。

（3）阀厅结构类型：钢结构。

（4）屋面防水等级：Ⅰ级。

（5）建筑使用年限：50 年。

2. 阀厅建筑设计实现的功能

建筑设计应确保阀厅满足电磁兼容要求、防水防风要求，确保恶劣气象条件下阀厅围护结构的安全，以及正常运行状态下阀厅的气密性和散热保温性的要求。同时，还需保证阀厅外立面美观简洁。

（1）防风：要保证在恶劣的大风条件下阀厅围护结构的完整性和安全性。

（2）防渗水：防止在大雨条件下，阀厅屋顶和侧墙围护结构漏水，影响设备的正常运行。

（3）防潮和保温：通过阀厅围护结构的设计，保证各气象条件下均满足阀厅内的温、湿度要求。

（4）维持微正压：通过阀厅围护结构的气密性设计，确保阀厅内压力高于阀厅外 5～10Pa，保持一定的微正压。

（5）电磁屏蔽：由于换流阀的导通开断要产生高频的电磁干扰，所以为确保设备的正常运行和运行人员的健康，必须在围护结构中设置良好的屏蔽，有效地防止电磁辐射对阀厅外设备和运行人员的影响。

（6）外形美观：通过不同色调的压型钢板组合配色，使得阀厅外立面与换流站建筑群风格相统一。

（二）阀厅结构设计

结构设计应确保其设计寿命与主设备设计寿命相当、在地震等恶劣环境条件下可靠运行，以及整个生命周期内免围护。

昌吉换流站抗震设防烈度为 7 度，设计基本地震加速度值为 0.125g，百年一遇基本风压为 0.73kN/m²。

换流站阀厅结构设计遵循了技术先进、安全适用、经济合理的原则。在结构设计时综合考虑建筑的使用功能、设备工艺布置、荷载性质、材料供应、制作安装、施工条件、维护方便性等因素，具体如下。

1. 高端阀厅

高端阀厅采用全钢结构，通过焊接型钢格构柱排架与平面梯形钢屋架形成大跨度、高层高的钢排架结构。防火墙采用现浇钢筋混凝土墙板。阀厅钢结构与防火墙脱开。全钢结构有利于高端阀厅大跨度、高层高的工程特点。48.10m的跨度采用梯形屋架轻巧合理；悬吊阀塔与其他悬挂设备通过钢梁组成的悬吊系统传力于屋架上，并通过屋架传至型钢格构柱；全钢结构有利于阀厅屏蔽与接地的要求，同时符合建筑外墙采用压型钢板的特点。

防火墙采用钢筋混凝土墙板能有效地把易燃的换流变压器与阀厅隔离开，同时在混凝土墙板上易于安装设备预埋件及后装钢制设备。作为阀厅外墙的组成部分之一，钢筋混凝土墙板能满足阀厅的防水、抗渗的要求。高端阀厅结构示意图如图4-1-15所示。

(a) 示意图（一）　　　　　　　(b) 示意图（二）

图4-1-15　高端阀厅结构示意图

2. 低端阀厅

低端阀厅为极1、极2两座背靠背阀厅。低端阀厅结构采用钢屋架与混凝土墙柱组成的混合结构，如图4-1-16所示。

屋架采用单坡梯形屋架。屋架跨度27.30m。两座背靠背阀厅间屋架设计成分离式，有利于阀厅的防火。悬吊阀塔与其他悬挂设备通过钢梁组成的悬吊系统传力于屋架上，并通过屋架传至混凝土墙、柱。同高端阀厅一样，低端阀厅室外防火墙也采用现浇钢筋混凝土墙板。

钢筋混凝土框架及砌体填充墙作为两座背靠背阀厅中间的防火墙，满足3h防火的要求。

图 4-1-16　低端阀厅结构示意图

3. 阀厅结构抗震设计措施

（1）合理设置结构缝。高、低端阀厅与控制楼相连处用 100mm 宽抗震缝断开。抗震缝的设置满足阀厅结构平面规则的要求。抗震缝的宽度满足大震下结构变形的要求。

（2）结构合理选型与布置。高端阀厅结构体系为抗震性能良好的钢结构。型钢格构柱、梯形钢屋架、屋面支撑系统、墙梁及型钢格构桁架柱间斜撑作为抗震的主要防线。主体结构与混凝土防火墙脱开保证了结构刚度的对称性，避免了因结构刚度的严重不对称而会带来结构发生破坏的隐患。

低端阀厅由于结构两侧均有对称防火墙而可采用混凝土框架、剪力墙与钢屋架的组合结构方案。结构抗侧力体系主要利用混凝土防火墙的强大刚度。

（3）其他抗震措施。

1）结构具有足够的抗侧刚度。在小震作用情况下柱顶位移控制值取 1/400。

2）多道抗震设防，保证结构的延性。罕遇地震作用下柱顶位移控制值取 1/50。

3）采用轻型压型钢板墙屋面系统，减小地震作用对结构的输入。

（三）阀厅暖通设计

暖通空调系统设计要满足极端运行工况以及极端天气状态下设备的运行环境要求，应保证阀厅的微正压和洁净度，维持必需的温度和湿度，确保阀厅内不凝露，以及火灾状态下空调系统与消防系统的正确联动。

阀厅暖通设计基本原则及要求如下：

（1）空调设备间一般布置在室内，如条件不允许需要布置在室外时，应采取必要的防护措施，确保空调设备寿命周期内正常工作。

（2）通风空调设备的室外机应根据阀厅和控制楼的具体位置进行布置，尽可能地减小室外机和室内设备的距离。

（3）应充分考虑空调设备和阀厅消防排烟设备的联动逻辑。

（4）空调设计的总体外部条件。

1）阀厅长期运行温度：10～50℃。

2）相对湿度：10%～50%。

3）微正压：5～10Pa。

4）阀厅排风量：0.5 次/天。

5）阀厅空气循环量：0.5 次/h。

6）阀厅通风空调过滤等级：F9。

（5）阀厅内风管走向需与工艺配合，保证空调通风管道与阀厅其他设备间的带电距离。

（6）阀厅通风及空调系统按完全双重化设计，保证 100%备用。

（7）高低端阀厅内设置电加热系统，用于在冬季等酷寒条件下阀厅内的辅助加热。

（8）空调系统温度、湿度传感器等应合理布置，既要保证能准确地采集到相关数据，又要保证其布置满足电气安全距离的要求。

（9）阀厅排烟风口要求防紫外线、不透光，阀厅排烟风口配置屏蔽钢网，并保证这些屏蔽网的可靠接地。

阀厅通风空调系统构成如图 4-1-17 所示。

（a）阀厅内风管　　　　　　　（b）阀厅空调设备间　　　　　　　（c）空调室外机组

图 4-1-17　阀厅通风空调系统构成

（四）阀厅附属电气设计

1. 阀厅屏蔽及防雷接地

（1）阀厅应满足六面体屏蔽要求。阀厅四周和顶面的屏蔽是靠阀厅四面墙的内层压型钢板和屋顶内层压型钢板来实现，阀厅地面的屏蔽是靠敷于地坪抹面以下的金属网来实现。阀厅地面接地开关地沟、电缆沟地沟各方面抹面中，均应有金属网覆盖并与阀厅地面金属屏蔽网连通成一个整体。

（2）阀厅内所有金属构件（钢桁架、钢柱、钢斜撑、钢檩条、桥架、钢线槽、钢爬梯、巡视通道、钢围栏、花纹钢板、风管、吊架、支架、空调机组外壳、灯具外壳、火灾探测器金属外壳、摄像头金属外壳、摄像头转接箱金属外壳、消防模块箱金属外壳、照明箱外壳、配电箱外壳、插座箱外壳等），均需采用 35mm² 铜绞线可靠接地。

（3）主钢构接地一般采用 150mm² 铜绞线，辅助金属构件接地一般采用 35mm² 铜绞线。

（4）对于低端阀厅，在中间框架填充墙处设置专门的接地母线，保证压型钢板后面的

檩条、埋铁等金属构件通过此接地母线可靠接地。

（5）阀厅穿墙洞口处的所有金属边框（门、巡视观察窗、排烟窗、送风窗、风管留洞、换流变压器阀侧套管留洞、直流穿墙套管留洞边框等），均须用 35mm² 铜绞线两点可靠接地。

（6）阀厅门及门上连锁装置用 35mm² 铜绞线可靠接地。

（7）阀厅巡视观察窗、排烟窗、送风窗在靠阀厅内侧配置 25mm×25mm×1.8mm 钢筋网实现屏蔽并接地。

2. 阀厅照明及配电

阀厅照明应满足照度大于 200Lux，采用从屋架向下的 LED 节能型投光灯。投光灯具的下缘不应低于屋架下弦。

3. 阀厅火灾探测系统

阀厅火灾探测系统采用多重化设置，包括极早期烟雾探测系统、紫外探测系统及声光报警系统等。

4. 阀厅自控系统

（1）阀厅通风空调系统电源及自控系统按完全双重化设计。阀厅通风空调上传至站 SCADA 系统信号分为 A、B 两类报警。其中，A 为紧急事故报警，B 为一般事件报警。高、低端阀厅的电加热设备，也通过阀厅通风空调系统进行控制。

（2）每个阀厅设一套双重化电源灾后排烟风机，火灾确认扑灭后可以远程或就地开启风机排烟。

5. 阀厅图像监视系统

每个高端阀厅配置 7 台轨道式红外测温摄像机，每个低端阀厅配置 7 台轨道式红外测温摄像机，并在每个阀厅配置 10 台网络高速球机，监视各阀厅设备运行情况。

6. 带电磁屏蔽的防火封堵模块

阀厅 0m 以上所有穿越阀厅/控制楼墙面的电缆、光缆、冷媒管等，都必须通过带电磁屏蔽的防火封堵模块做屏蔽接地及封堵。每个预埋在阀厅墙壁内的带电磁屏蔽的防火封堵模块框架，通过 2 根 120mm² 铜绞线与阀厅内其他金属构件或接地铜线连成一体。

第二节　直流场布置

特高压直流场具有设备电压等级高、空气间隙要求大、设备种类多样及接线复杂等特点，对于 ±1100kV 特高压换流站，由于空气间隙要求的进一步提高，设备高度不断增加，直流场极线设备受环境条件的影响变大。因此，工程前期对特高压直流场布置方案进行了详细研究。

一、直流场布置方案研究

（1）1100kV 户内/户外直流场从技术上说均可行，其中户内直流场与 ±800kV 户外直流场设备绝缘子技术指标差异不大，设备较为成熟，大部分厂家已开发出样机；±1100kV 户外直流场设备绝缘子技术指标较 ±800kV 户外直流场有显著地提升，很多设备需重新研发，对于如直流分压器等设备，存在一定的研发风险。

（2）采用户内直流场，设备不受外界环境条件制约，能够降低绝缘子污闪的概率，降低设备的整体高度，更好地保证设备在机械性能方面的稳定性，有更大的空间适应更恶劣的环境，可获得更大的设计裕度，设计风险较小，可靠性较高。

（3）采用户内直流场，初期投资费用较高，较户外直流场投资增加约12%，主要是建筑物本体的投资。综合考虑设备运行环境和工程可靠性及运行维护等因素，则采用户内场更优。

（4）户内、外直流场在经济上的主要差异在两方面：一是户内、外直流场极线侧设备造价差异；二是户内、外直流场土建造价差异，主要体现在户内直流场建筑物本体投资上。

（5）当暖通方案只考虑通风不考虑空调时，户内直流场可节省约1000万元。采用单空调费用约2000万元、采用单通风800万～1000万元。

二、直流场空气净距

吉泉工程直流场采用户内直流场，将直流极线设备（直流穿墙套管及其户外侧的六柱并联绝缘子除外）、高端阀厅旁路设备以及直流滤波器的高压电容器塔设置于户内。根据绝缘配合结论，考虑±1100kV直流系统过电压的长波头特性，针对户内的温度、湿度进行修正后，确定直流场空气净距按表4-2-1取值。

表4-2-1 直流场空气净距表

序号	典型间隙	$SIWL$（kV）	间隙系数	最小净距（m）
	一、户内间隙（45℃）			
1	±550kV对地净距	1180	1.15	5.0
2	±1100kV设备对±550kV设备空气净距	1290	1.2	5.2
3	±1100kV均压环对不带电均压环	2100	1.3	12.0
4	±1100kV带电部分对支架（含邻近支架）	2100	1.25	13.0
5	±1100kV普通设备、管形母线对围栏、护笼	2100	1.2	15.0
6	±1100kV软导线对地	2100	1	18.0
7	±1100kV软导线对钢结构	2100	1	18.0
8	±1100kV导线对支架（含邻近支架）	2100	1	18.0
9	±1100kV导线对围栏、护笼	2100	1	18.0
10	半压检修时带电部分对人（5σ）	1265	1	10.5
11	±1100kV套管均压环对底部横穿550kV管形母线	1290	1.2	5.2
12	±1100kV极线设备均压环对直流滤波器低压侧设备	2100	1.28	10.8
13	±1100kV高压电容器C1低压侧对地	1334	1.2	5.5 5.4
14	高压电容器塔进线处上悬垂球对屋顶	2100	1.25	13
15	高压电容器塔进线处下悬垂球对不平衡TA/电容器塔	1049	1	5
16	高压电容器不平衡TA对墙	1675	1.15	8.5
17	1100kV旁路断路器处净距	2100		11.9
18	户内中性线对地净距	550（$LIWV$=600kV）	1.1	1.2

续表

序号	典型间隙	SIWL（kV）	间隙系数	最小净距（m）
二、户外间隙				
19	户外 1100kV 多柱并联主间隙（临界波头）	2100	1	17.6
20	户外 1100kV 对地间隙（临界波头）	2100	1.05	16.0
21	户外 1100kV 设备对人安全距离	2100	1.05	29.0
22	户外 1100kV 设备对 550kV 设备	1290	1.2	5.2
23	户外 ±550kV 对地间隙	1180	1.15	5
24	金属回线、中性线对地间隙	550（LIWV = 600kV）	1.05	1.2
25	直流滤波器 L_1/R_1 高压端对地	1334	1.2	4.5
26	直流滤波器 L_1/R_1 高压端对围栏	1334	1.23	4.0
27	直流滤波器 L_1 低压侧对地	1099	1.2	3.5
28	直流滤波器 L_2 低压侧对地	550（LIWV = 600kV）	1.15	1.2
29	直流滤波器 L_1 低压侧对围栏	1099	1.2	3.5
30	直流滤波器 L_2 低压侧对围栏	550（LIWV = 600kV）	1.05	1.2
31	直流滤波器 L_1 高低压端间	948	1.15	3.5
32	直流滤波器 L_2 高低压端间	998	1.15	3.5
33	金属回线对直流滤波器 L_1 高压侧	1516	1.3	5.5
34	金属回线对直流滤波器 L_2 高压侧	1559	1.3	5.6

三、直流场具体布置方案

直流场布置与换流站阀厅的布置相适应，户内直流场与阀厅紧贴布置，位于直流场两极，中性线设备户外布置于直流场中部。户内直流场将极线和高压电容器塔与部分 550kV 管形母线布置在直流配电装置室内。直流配电装置室布置在直流场的两侧。室内的高压电容器塔 C_1 通过穿墙套管穿出屋外与滤波器低压侧连接。阀组的高端旁路回路的 550kV 母线通过穿墙套管穿出直流配电装置室后，与低端阀厅 550kV 旁路回路连接。极线通过穿墙套管穿出后，通过出线塔引出。±1100kV 户内直流场有以下设计特点。

1. ±1100kV 隔离开关

±1100kV 隔离开关采用双柱水平伸缩式，为节省占地尺寸，极线—旁路回路和极线—金属回路隔离开关采用共静触头组合式布置方式。±1100kV 隔离开关外形尺寸如图 4-2-1 所示。

2. 巡视通道布置

户内直流场正常运行时按不进人工况进行考虑，户内直流场设置屏蔽笼仅通至隔离开关操动机构箱位置，方便运行人员进行现场操作。同时兼顾考虑运行人员对关键设备进行观察考虑。

户内巡视通道按照全封闭的法拉第笼来进行设置。法拉第笼对设备带电部分需满足

15m 的最小空气净距。在极母线导体高度约为 18m 的工况下，法拉第笼的总高度取 2.1m。

屏蔽笼采用双层金属网笼设计，其设计目的主要是保护运行人员以及满足运行人员打开端子箱等操作的需求，如图 4-2-2 所示。

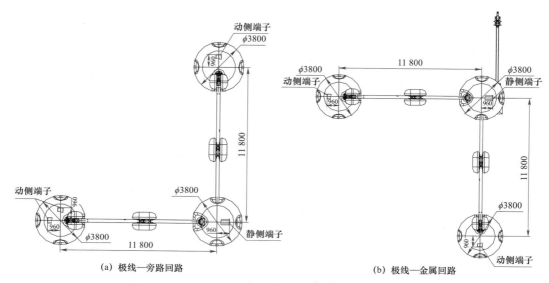

(a) 极线—旁路回路

(b) 极线—金属回路

图 4-2-1 ±1100kV 隔离开关外形尺寸

由于运检人员日常运维时需要打开端子箱查看，应允许运检人员到达端子箱近处。当运检人员打开端子箱时，其双手仍然不允许暴露在屏蔽笼外，因此在地面巡视通道主干道经过具有端子箱（操作箱）的设备支架底部时，应该制作一个小型的 T 形支路，如图 4-2-3 所示，将设备端子箱罩起来，使得运检人员得到保护。

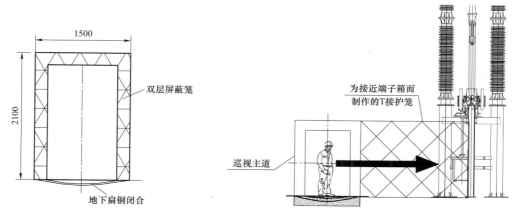

图 4-2-2 地面双层金属网屏蔽笼

图 4-2-3 地面巡视通道操作端子箱方案

3. 检修空间

户内直流场平时正常运行时不考虑进人，仅设置屏蔽笼至隔离开操动机构箱，以便运行人员现场操作需要。由于滤波器高压电容器塔全压检修时要求的空气净距过大，导致户内建筑尺寸难以满足需要。仅考虑滤波器高压电容器塔半压检修工况（高压电容器退出检修时，对应极只允许半压运行），在户内地面设置检修围栏，检修时仅能在围栏内进行作业。古泉换流站户内直流场检修平面图如图4-2-4所示。

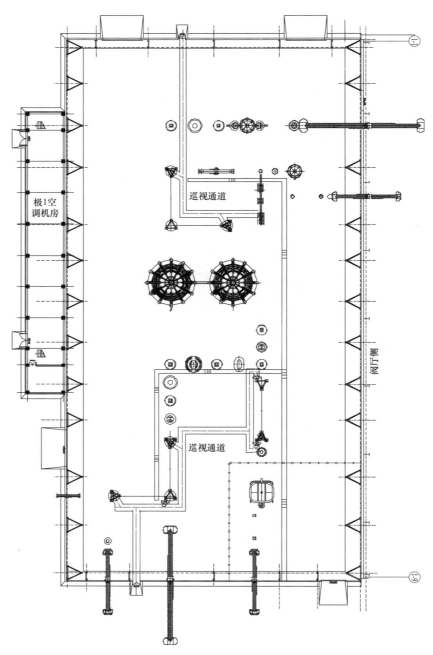

图4-2-4　古泉换流站户内直流场检修平面图

第三节 交流场布置

结合阀厅及换流变压器区域布置方案，兼顾交流出线规模和出线方向，昌吉换流站交流场布置 750kV 采用户外 GIS 一字形布置方案；古泉换流站交流场布置 1000kV 采用户外 GIS 一字形布置方案，500kV 采用户内 GIS 一字形布置方案。

一、昌吉换流站

昌吉换流站 750kV 交流开关场采用 3/2 断路器接线。出线 13 回（至合建变电站 3 回，至电源 10 回），4 回换流变压器进线、4 回交流滤波器进线，共 21 个元件，组成 10 个完整串和 1 个不完整串。800kV GIS 采用母线集中外置的一字形布置方案。断路器单元靠近联络变压器运输道路侧，设备的吊装及运输可利用联络变压器运输道路，运行巡视均较方便。

昌吉换流站 750kV 交流配电
装置电气平面布置图

二、古泉换流站

古泉换流站 1000kV 交流开关场采用 3/2 断路器接线，出线 2 回（不考虑扩建）、低端换流变压器进线 2 回、交流滤波器 2 大组，共 6 个元件，组成 3 个完整串。500kV 出线 8 回、高端换流变压器进线 2 回、交流滤波器 3 大组，2 组 500kV/10kV 站用变压器（直接接母线），2 组接调相机，共 17 个进出线元件（其中 2 个接母线），组成 7 个完整串、1 个不完整串。古泉换流站 500kV 交流配电装置采用户内 GIS 布置，1000kV 交流配电装置采用户外 GIS 布置。500kV GIS 室尺寸为 197m×16.6m（长×宽），布置于站区南侧。本期和远期 500kV 交流出线均向南出线。1000kV GIS 布置于站区北侧，呈南北向布置。1000kV 交流出线向北出线。

古泉换流站 500、1000kV 交流配电装置电气平面布置图分别见图 4-3-1 和图 4-3-2。

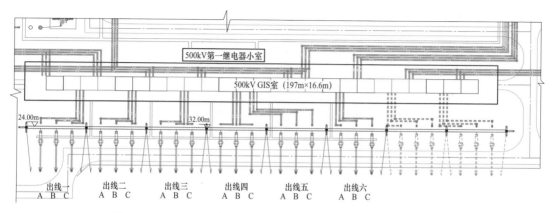

图 4-3-1 古泉换流站 500kV 交流配电装置电气平面布置图

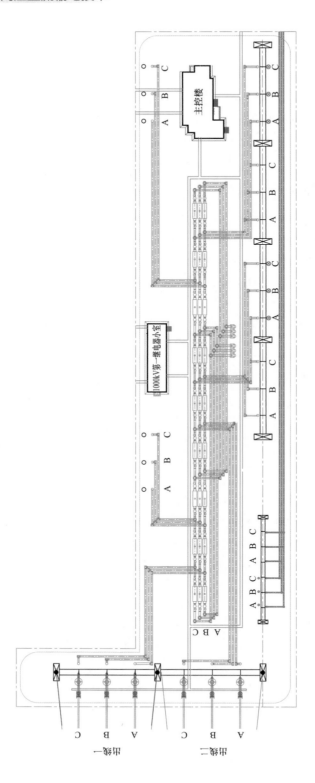

图 4-3-2　古泉换流站 1000kV 交流配电装置电气平面布置图

第四节 交流滤波器场布置

昌吉换流站 750kV 容性无功补偿总容量 6700Mvar，分为 4 大组、20 小组；古泉换流站 1000kV 容性无功补偿总容量 4080Mvar，分为 2 大组、12 小组，500kV 容性无功补偿总容量 3990Mvar，分为 3 大组、14 小组，两站交流滤波器场均采用新的改进田字形布置。

一、昌吉换流站

昌吉换流站容性无功补偿总容量 6700Mvar。交流滤波器和并联电容器共分成 4 大组、20 小组，其中 12 小组为滤波器小组，每组容量为 305Mvar；8 小组为并联电容器小组，每组容量为 380Mvar。每个大组作为一个电气元件接入交流 3/2 断路器接线串中。交流滤波器大组内采用单母线接线，小组及大组母线设备直接接至母线。

交流滤波场围栏内主要由电容器塔、电抗器、电流互感器、避雷器等设备组成。围栏内尺寸主要考虑各设备的安装、检修、巡视，并满足 DL/T 5352—2018《高压配电装置设计规范》的空气间隙要求。昌吉换流站滤波器围栏尺寸如表 4-4-1 所示。

表 4-4-1　　　　　　　昌吉换流站滤波器围栏尺寸表　　　　　　　（m×m）

滤波器名称	HP24/36	BP11/BP13	HP3	SC
围栏尺寸（L×W）	37.5×36.5	45×36.5	45×36.5	24×36.5（带阻尼）

1. 交流滤波器大组的布置方式

目前换流站交流滤波场的布置由若干个大组排列而成，主要分三种，即一字形布置、常规田字形布置和改进田字形布置。根据在建工程经验，昌吉换流站滤波器场采用新的改进田字形布置。

新的改进田字形布置是在传统的田字形布置的基础上，将滤波器进线从母线上部跨越改为从 SC 滤波器组进线跨越方式，这样一方面使滤波器大组进线的位置比较灵活，可以在任一小组上方，有利于节约 GIL 管道；另一方面构架数量相对以往的改进田字形布置大大减少，节约了投资；占地方面新的改进田字形占地面积更优。

交流滤波场新的改进田字形布置的典型平面图见图 4-4-1，断面图见图 4-4-2。

2. 交流滤波器布置重要尺寸确定

昌吉换流站 750kV 滤波器大组母线采用软导线，大组母线构架宽度 42m，构架高度 41.5m，相间距离为 11.25m，相对地 9.75m；滤波器进线构架宽度为 41m，构架高度为 30m，相间 11.25m，相对地 9.25m。通过优化，采用组合式五柱水平伸缩式隔离开关，面对面两组滤波器围栏之间的间距压缩至 76m。

二、古泉换流站

1000kV 无功补偿总容量为 4080Mvar，分为 2 大组、12 小组，每大组滤波器采用单母线接线，作为 1 个元件接入交流串中。500kV 无功补偿总容量为 3990Mvar，分为 3 大组、14 小组，每大组滤波器采用单母线接线，作为 1 个元件接入交流串中。

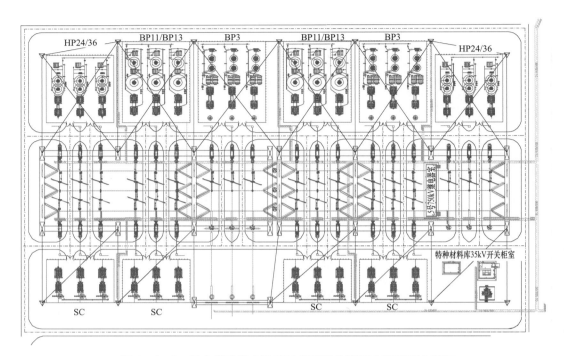

图 4-4-1　昌吉换流站交流滤波场新的改进田字形平面布置图

交流滤波场围栏内主要由电容器塔、电抗器、电流互感器、避雷器等设备组成。围栏内尺寸主要考虑各设备的安装、检修、巡视，并满足 DL/T 5352—2018 的空气间隙要求。古泉换流站滤波器围栏尺寸如表 4-4-2、表 4-4-3 所示。

表 4-4-2　　　　　　　古泉换流站 1000kV 滤波器围栏尺寸表　　　　　　（m×m）

滤波器名称	HP12/24	HP3
围栏尺寸（L×W）	45×49	48×49

表 4-4-3　　　　　　　古泉换流站 500kV 滤波器围栏尺寸表　　　　　　（m×m）

滤波器名称	HP12/24	HP3	SC
围栏尺寸（L×W）	36×28	46×28	25×28

1. 交流滤波器大组的布置方式

古泉换流站 1000、500kV 交流滤波场新的改进田字形布置的典型平面图、断面图分别如图 4-4-3～图 4-4-6 所示。

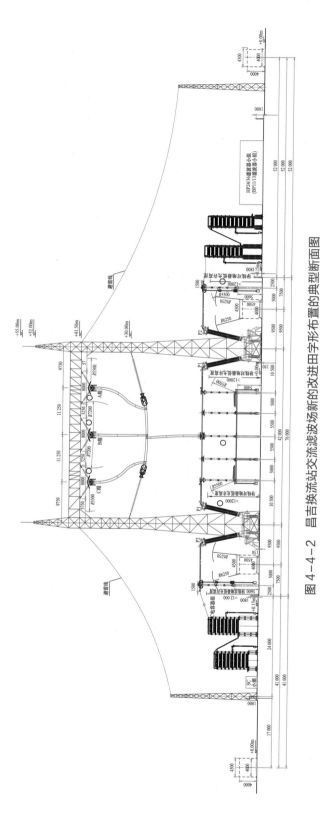

图 4－4－2 昌吉换流站交流滤波场新的改进田字形布置的典型断面图

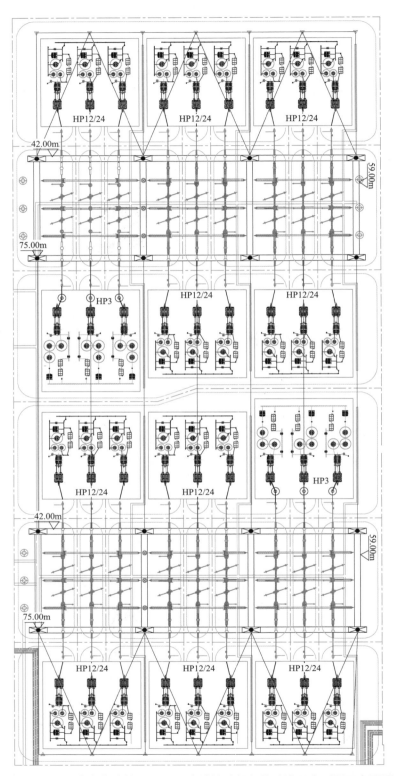

图 4−4−3 古泉换流站 1000kV 交流滤波场新的改进田字形平面布置图

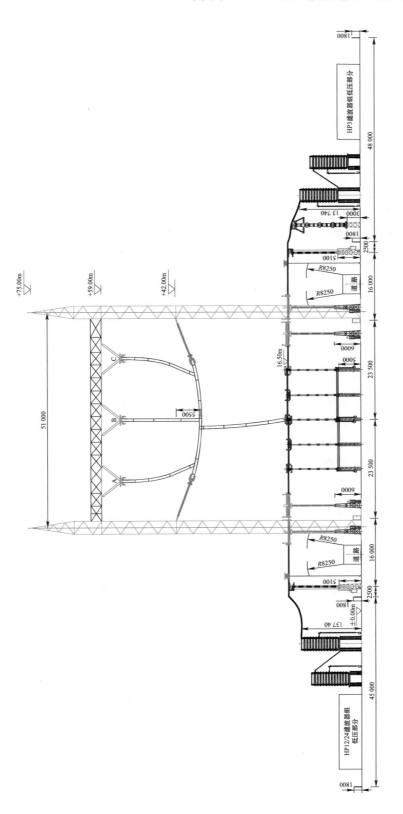

图4-4-4 古泉换流站1000kV交流滤波场新的改进田字形布置的典型断面图

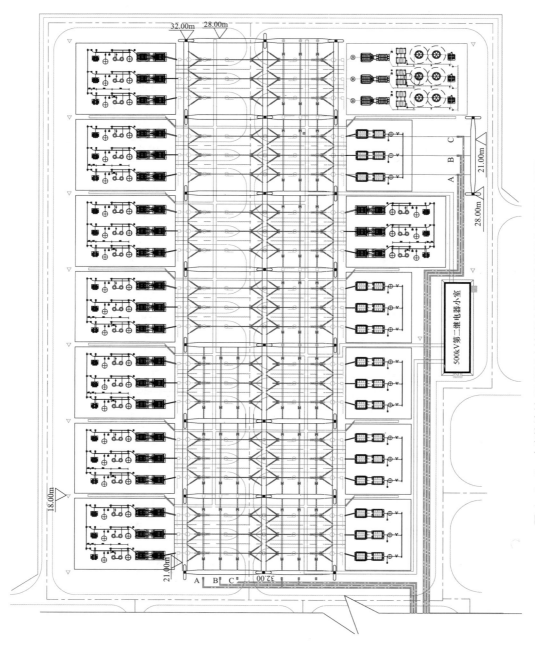

图 4-4-5 古泉换流站 500kV 交流滤波场新的改进田字形平面布置图

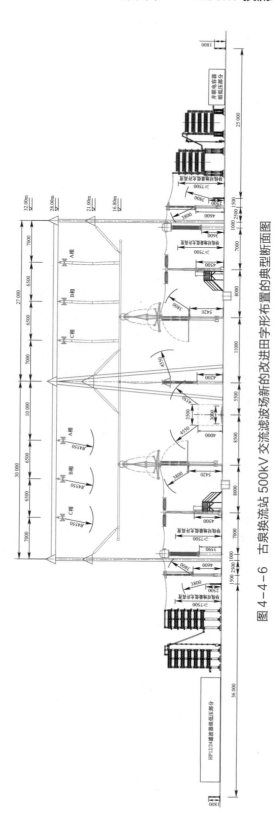

图 4-4-6 古泉换流站 500kV 交流滤波场新的改进田字形布置的典型断面图

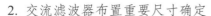

2. 交流滤波器布置重要尺寸确定

古泉换流站 1000kV 滤波器大组进线挂点高度取 59m，下层跨线挂点高度 42m，大组母线构架宽度为 51m，上层跨线相间距离 14.2m，相对地 11.3m；交流滤波器小组间隔宽度均为 53m，其中相间 14.2m，相对地 12.3m。通过优化，隔离开关采用组合式五柱水平伸缩式隔离开关。

古泉换流站 500kV 滤波器大组管形母线中心线高度取 16.8m，小组间联络管形母线挂点高度 21m，上层跨线挂点高度 28m。其中一回大组母线构架下考虑设置检修道路，因此两回大组母线构架宽度分别为 27、30m。上层跨线相间距离 6.5m；悬吊管形母线相间距离 7.5m，相对地 7.0m；交流滤波器小组间隔宽度均为 30m，其中相间 7.5m，相对地 7.0m。

第五节 总 平 面 布 置

依据电气主接线、交直流线路出线方向、换流变压器、阀厅及配电装置型式、进站道路、换流站地形及构筑物的布置等综合条件，确定电气总平面布置方案。

总平面布置的基本原则：在站址确定后，电气总平面布置应结合系统规划的要求，合理规划出线，确保电气设备安全运行，满足运行检修需要等，电气总平面布置按下列原则考虑：

（1）出线方向应适应交、直流线路走廊要求，尽量减少出线转角塔及避免线路交叉。

（2）交流配电装置采用交流 GIS 布置方案。

（3）阀厅采用二重阀塔，高端阀厅、低端阀厅及换流变压器采用面对面/一字形布置方案。

（4）直流场采用户内直流场。

一、昌吉换流站

（一）换流站与变电站合建

昌吉换流站与五彩湾 750kV 变电站合建，其合建主要原则：

（1）采用架空管形母线将换流站交流侧 3 回 750kV 联络线接入变电站 750kV 敞开式配电装置相应间隔，同时在换流站的 3 回联络线上预留远期安装 750kV 限流电抗器位置。

（2）换流站布置在 750kV 变电站南侧，拆除原变电站南侧围墙，以围墙中心线作为进站道路，换流站西侧围墙接变电站西围墙。

（3）考虑到五彩湾 750kV 变电站已基本建成，该站原设计主控楼无法满足同时作为换流站综合楼使用，同时变电站站前区较为紧凑，紧邻主控楼扩建综合楼较为困难，因此换流站按照设置综合楼考虑。

（4）换流站组装厂房和试验大厅按照设置在换流站围墙内考虑，工程量计入换流站本体工程。

（二）总平面布置需要着重考虑的问题

昌吉换流站换流变压器网侧电压接 750kV，13 回出线，4 大组交流滤波器，4 回换流变压器进线，规模大，如何合理优化换流站的占地是电气总平面设计的关键问题之一。750kV 管道较贵，减少管道母线的长度是平面优化的一个关键问题。

结合工程特点，电气总平面布置重点考虑以下问题：

（1）合理优化平面布置，协调好于五彩湾 750kV 变电站的关系。

（2）优化滤波器组进线方式，减少 GIL 分支管道的长度。

（3）合理布置交流滤波器位置，减少 GIL 分支管道长度。

（4）设备布置及选型方便运行维护。

（5）换流站设计及设备选择充分考虑防风、防沙。

（6）减少户内直流场体量，节约工程投资。

1. 合理优化布置节约占地

换流站节约用地的意义不仅是节约了土地资源，更主要的是使得换流站整体布置更为紧凑，大大节约了接地、电缆等辅助材料的用量，从而起到控制工程造价的目的。工程在节约用地方案做了以下工作：

（1）优化滤波器大组布置，采用新的改进田字形布置。该方案通过优化大组滤波器的进线方式，避免了以往改进田字形布置方案不同大组母线跨越的问题，只是从本组 SC 滤波器上部跨越；另一方面该布置方案较传统田字形布置方案节约占地 0.76hm²。

（2）优化换流区域布置，最大限度节约占地。换流区域的设计，以能够适应各种型式换流变压器为原则，通过分析换流变压器运输搬运所需的组装场地（高、低端阀厅轴线之间）为 78.6m，以及 750kV 构架进线导线相间所需的空气净距尺寸，通过使用 V 形耐张绝缘子串等方式限制导线风偏摇摆，将高、低端阀厅轴线间的尺寸控制为 94m，有效减少了换流区域占地。

2. 优化 750kVGIS 断路器布置方式，节约管道

750kV GIS 断路器采用边相断路器折叠式布置，节约占地。

3. 优化滤波器小组围栏尺寸，解决占地

通过对比 750kV 交流滤波器组围栏尺寸受相间距控制的特点，将 750kV 交流滤波器组的围栏尺寸较宁浙工程进行了大幅度压缩。交流滤波器器围栏的尺寸分别如下：

（1）HP3 交流滤波器小组 36.5m×45m。

（2）BP11/BP13 交流滤波器小组 36.50m×45m。

（3）HP24/36 交流滤波器小组 36.5m×37.5m。

（4）SC 并联电容器小组 36.5m×24m。

4. 优化直流场设计，减少直流场占地

结合工程户内直流场设计充分利用横向尺寸，采用 L 形布置，户内直流场也相应采用异形布置，充分利用中性线区域的区域来压缩直流场的纵向尺寸。

（三）总平面布置

昌吉换流站总体布局按照"五彩湾 750kV 变电站—750kV 交流滤波器组—750kV 交流开关场（东）—阀厅及换流变压器广场（中），直流开关场（西），交流滤波器组（东）"的工艺流向由北向南布置；综合楼、综合水泵房、车库等布置于站区西南侧；进站道路从站区西侧进站。

昌吉换流站电气总平面布置图

全站布置紧凑，分区明确，具有占地小，GIL 管道短，土方量少，进站道路顺畅，综合楼采光好，与 750kV 变电站协调性好、换流变压器组装运输距离短等特点，围墙内占地约 26.51hm²。

二、古泉换流站

（一）电气总平面布置原则

电气总平面布置按下列原则考虑：

（1）阀厅及换流变压器区域采用二重阀塔、高端阀厅和低端阀厅一字形布置方案。

（2）1000kV 交流配电装置采用新的交流 GIS 户外布置方案，500kV 交流配电装置采用交流 GIS 户内布置方案。

（3）1000kV 交流滤波器采用新的改进田字形布置方案，500kV 交流滤波器采用新的改进田字形布置方案，减少占地面积。

（4）总平面布置应尽量压缩占地尺寸，减少对基本农田的占用。

（二）电气总平面布置方案

直流场配电装置布置总体按极对称布置，直流中性点设备和接地极出线设备布置在直流配电装置的中央，直流高压极线设备布置在直流配电装置的两侧。每极 1 组直流滤波器组布置在直流中性点设备和直流高压极线设备之间，每组滤波器为 1 个双调谐接线。平波电抗器采用干式电抗器，在极母线和中性母线上分别串接 2 台干式平波电抗器，采用一字形布置方式，并紧靠阀组安装。

古泉换流站电气总平面布置图

阀厅采用一字形布置方案，排列顺序为"极 1 高—极 1 低—极 2 低—极 2 高"。同时，将高、低端阀厅紧邻布置。阀冷、阀控、阀厅空调、阀组配电设备间等房间按阀组集中布置在阀厅与直流场之间，紧靠低端阀厅布置。全站 8 组（24 台）换流变压器一字排开布置于阀厅的同一侧。换流变压器组装场地位于阀厅与交流配电装置之间的空地，换流变压器进线位于换流变压器上方，利用架空线引接至交流配电装置。

1000kV 交流配电装置采用户外 GIS，断路器一字形布置方案。同组的 Yy、Yd 换流变压器之间的连接通过 1000kV GIS 母线完成。500kV 交流配电装置采用户内 GIS，断路器单列式布置方案。

1000kV 交流滤波器采用新的改进田字形布置方式，同一大组的交流滤波器小组布置在大组母线两侧。大组母线构架与小组进线构架联合采用双层构架形式，大组母线采用软导线布置在上层，小组进线采用软导线布置在下层。小组进线回路隔离开关采用五柱水平隔离开关。隔离开关通过引下线与下层导线连接。

500kV 交流滤波器大组也采用新的改进田字形布置方式，同一大组的交流滤波器小组和并联电容器组布置在大组母线两侧。大组母线构架与小组进线构架联合采用双层构架形式，大组母线采用软导线布置在上层，小组进线采用管形母线布置在下层。小组进线回路隔离开关采用单柱垂直伸缩隔离开关。

直流场布置于站址西侧，±1100kV 直流线路向西出线；1000kV 交流场布置在站址中北部；500kV 交流场布置在站址南侧，500kV 交流线路向南出线；1000kV 交流滤波器场和500kV 交流滤波器场布置在站址东侧。阀厅及换流变压器区域布置在交流场和直流场之间，直流场、阀厅及换流变压器、交流场呈由西向东的三列式布置格局。进站大门布置于站址南侧，进站道路从站址南侧引接，直接连接换流变压器的运输道路，有利于换流变压器的运输和检修。全站总平面整体布置紧凑合理，功能分区明确，各配电装置及其之间的连接顺畅。全站围墙内占地面积为 27.43hm^2。

施 工 关 键 技 术

本章提炼、总结了吉泉工程现场建设过程中具有代表性的施工关键技术，内容涵盖了土建专业、电气专业及智慧工地建设领域，从大跨度钢结构吊装、高端换流变压器阀侧出线装置及套管安装、换流变压器安装工器具及作业平台、换流变压器油处理、换流站 BIM 技术、换流站"集控平台"等七个方面，详细叙述了每项关键技术的施工要点、施工难点、管控措施及管控成效。

第一节 大跨度钢结构吊装

吉泉工程不仅代表电压地提升，还体现在设备体量大、带电间隙大，进而影响建筑物空间体量远超常规直流工程，两站建筑物钢结构吨位重、跨度大，特别是户内直流场为单层大跨度空旷工业厂房，内部空间无分隔，采用全钢结构体系，跨度最大处超过 80m、高度超过 46m，与阀厅联合布置，是迄今为止跨度最大的变电站钢结构建筑，阀厅和户内直流场辅助钢结构和配件多且安装精度要求高，户内直流场全部采用高空焊接，安装条件苛刻、施工难度极大、施工风险高。本节以昌吉换流站阀厅和户内直流场为例，介绍钢结构吊装施工技术。

一、吉泉工程概况及工程量

昌吉换流站户内直流场位于高端阀厅西侧，采用空间立体钢管桁架结构，横向跨度北部 80m、南部 62.5m，成 L 形布置。南北方向纵深 99m，屋面覆盖面积 7075m²。户内±0.00m 相当于绝对标高 513.05m。屋面檐口标高 43.00m，屋脊标高 45.50m，采用立体管桁架，立体桁架宽度为 3m，桁架柱高度均为 3m，桁架梁高度从 4.5m—3m—4.5m 渐变。内檐口最低标高 38.50m，轴距为 11、12m 和 13m。桁架柱为 3m 三角形立体管桁架，抗风柱为 1.5m 平面管桁架结构。钢结构总重 1310t。

高端阀厅位于辅控楼西侧，采用门式刚架轻型房屋钢结构，横向跨度 48.1m，纵向跨度 118.5m。屋面覆盖面积 5672.5m²。户内±0.00m 相当于绝对标高 513.05m。屋面檐口标高 39.4m，屋脊标高 41.50m；GZ-1、GZ-2 柱为 1200mm×400mm×25mm×30mm 的 H 形钢双肢柱，双柱轴间距为 1600mm，双柱间缀条主要为角钢与柱焊接连接；抗风柱为格网柱结构，双柱均采用角钢和钢板焊接成[型柱结构，双柱轴间距 1400mm 对称布置，双柱间缀条主要为角钢与柱焊接连接，钢结构总重约 2176t。

二、吉泉工程重点、难点

户内直流场钢结构跨度大，施工场地受限，且在施工过程中存在较多技术难关：

（1）户内直流场桁架梁跨度最大为 80m，最大起吊高度为 47.5m，是在建特高压项目中的首例，同比古泉换流站户内直流场（最大跨度 61.6m）跨度大 18.4m，对于吊装过程要求均高于世界先进水平。

（2）户内直流场钢柱及屋架梁均为三角空间桁架结构，空中对接焊接时需要调整和校正（每根柱与屋架梁有 3 个主连接点和 2 个斜支撑关键连接点，共 5 个关键连接点），对于结构加工尺寸和吊装过程产生的形变量控制有相当严格的要求。

（3）极 2 户内直流场 Z2-2 轴屋架梁一端需与联系桁架处进行固定，所以在 Z2-1 轴与 Z2-3 轴处钢柱吊装完毕后立即安装联系桁架，增加了高空对接焊接的难度。

（4）屋架梁跨度较大且部分屋架不对称，在采用双机抬吊的过程中对 2 台履带起重机的协调性上要求较高，并且需对屋架吊装过程中形变量通过计算进行控制，计算难度较大。

（5）由于工程地处新疆准噶尔盆地东部，施工时昼夜温差大（夜间最低温度 18℃，白天最高温度 65℃，昼夜温差可达 50℃左右），导致钢结构表面温度起伏较大，因环境温度产生的材料形变控制难度大。

（6）单榀钢柱高度较高且质量较大（单根钢柱高度为 44.9m，单重 30t），在实际施工过程中对于柱的垂直度控制难度较大。

高端阀厅钢结构安装施工工期较短，与高端防火墙存在交叉作业情况，且在施工过程中存在较多技术难关：

（1）高端阀厅钢柱及抗风柱均为双肢柱结构，高端阀厅桁架梁跨度为 48.1m，钢柱最大起吊高度为 44.55m，对于结构加工尺寸和吊装过程产生的形变量控制有相当严格的要求。

（2）因一级网络计划要求高端阀厅钢结构安装工期短，且与极 2 高端防火墙施工部分时间重叠，吊装 A 轴钢柱、抗风柱及柱间支撑时与防火墙结构施工存在交叉作业情况，需要提前策划钢结构安装与防火墙结构施工工序，避免对施工安全和施工工期造成不良影响。

（3）由于工程地处新疆准噶尔盆地东部，施工时昼夜温差大（夜间最低温度 18℃，白天最高温度 65℃，昼夜温差可达 50℃左右），导致钢结构表面温度起伏较大，因环境温度产生的材料形变控制难度大。

（4）单根钢柱高度较高且质量较大（单根钢柱最高高度为 42.55m，最大起重量 51t），在实际施工过程中对于柱的垂直度控制难度较大。

（5）对钢结构厂家配合要求较高，钢结构构件到场顺序和连续性要求符合现场安装进度，要求钢结构柱和屋架拼装速度满足现场吊装要求，要求钢结构拼装质量一次合格。

三、作业程序

（一）古泉换流站情况

1. 屋架拼装

（1）屋架拼装宜在安装轴线下相应空余场地完成。

（2）拼装好的屋架，必须用枕木垫平，防止屋架变形。

（3）对拼装好的屋架质量进行检查，包括构件的几何尺寸、永久变形。拼接过程的防变形措施：

1）拼装前在拼装区域放置枕木，用水准仪超平，防止侧向变形。

2）拧紧螺栓前，对构件整体长度和高度进行测量，防止尺寸超差造成就位困难。

3）在拼装过程中，在构件两段挂水平线，保证构件直线度。

4）根据设计要求，设置屋架预拱度。

2. 吊点设置

根据屋架跨度及质量，确定吊点数量，宜在构件上设置专门的吊装耳板或吊装孔。吊装前应对各吊点位置进行受力计算，确保屋面钢桁架吊装过程中整体稳定性。

在屋架吊装前，该跨所有柱间支撑及连系梁必须已完成吊装，且钢柱、屋架焊接探伤合格，框架结构未形成稳定的结构时严禁起吊桁架。

（二）昌吉换流站情况

1. 户内直流场钢结构吊装施工方案和工艺流程

户内直流场采用空间立体钢管桁架结构。通过 BIM 可视化模拟的分析及策划、就地立式组装平台组装组拼的方式及独立高空焊接平台运用，使得施工更安全、便捷，提高了拼装精度和受力焊口质量，且节省了施工成本、缩短了施工工期。户内直流场钢结构三维效果图见图 5-1-1。

图 5-1-1　户内直流场钢结构三维效果图

（1）吊装顺序布置。吊装自钢柱开始，然后吊装屋架。依次进行从内到外的吊装顺序实施。

（2）空间立体钢管桁架柱吊装。

1）单榀钢柱吊装时使用 150t 履带起重机系于柱顶以下 13.32m 处做主吊装，50t 汽车起重机系于柱底以上 13.32m 处作辅助吊装，主起重机吊勾距柱顶距离为 14m。吊装过程中主起重机进行钢柱的垂直吊装，辅助起重机只做均衡钢柱两端受力防止钢柱变形的措施用。钢柱吊离地面 100～200mm 后停止起吊，待 10min 后由专业起重工观察钢丝绳的受力状态、吊点处有无滑动等现象（试吊），确认无误后继续吊装，在后续钢柱垂直立起过程中，辅助起重机只做防止钢柱发生形变措施用，不再参与钢柱的垂直起吊，待钢柱垂直立起后辅助起重机摘勾，后续钢柱与基础对接工作由主起重机进行，钢柱与基础对接完毕后使用缆风绳、地锚对钢柱进行临时固定并进行地脚螺栓的初拧，完毕后主起重机摘勾。

2）钢柱安装校正措施。

a. 柱子的校正工作一般包括平面位置、标高及垂直度这三个内容。

b. 柱子校正工作用测量工具（经纬仪、水准仪）同时进行。用经纬仪进行柱子垂直度的校正，校正时还要注意风力和温度的影响。用水准仪测量钢柱与地脚螺栓就位平整度。

c. 钢柱吊装柱脚穿入基础螺栓就位后，柱子校正工作主要是对标高进行调整和垂直度进行校正；它的校正方法可选用经纬仪、缆风绳、千斤顶、撬杠等工具，对钢柱施加拉、顶、撑或撬的垂直力和侧向力，并调整柱底螺母，在柱底板与基础之间调整校正后用螺栓固定，并加双重螺母防松。缆风绳固定好，起重机即可松钢丝绳。钢柱吊装过程示意图见图 5-1-2，吊装校正示意图见 5-1-3。

图 5-1-2　钢柱吊装过程示意图

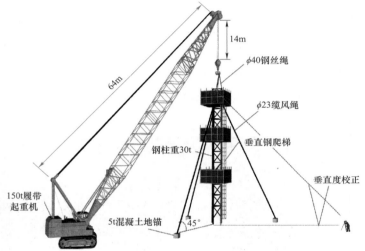

图 5-1-3　吊装校正示意图

（3）空间立体钢管桁架屋架吊装。

1）户内直流场钢屋架共九榀，其中 80m 跨度钢屋架共四榀，62.5m 钢屋架共五榀。

2）屋架由加工厂分 2 段运输至现场后，在事先装配完成的就地立式组装平台上立式拼装。首先用起重机将屋架就位到对应位置，固定定位块，调节调整板，确保钢构件之间相对位置无误。在确定主管相对位置时，必须预留焊接收缩余量，在组装平台上对主管各节点中心线进行画线。在整体焊接前先装配支管并定位焊，对支管定位焊时，不得少于 4 点。定位好后，对主桁架进行全位置焊接，为保证焊接质量，进行仰焊、立焊、焊接时，3 根主管的焊缝必须交替焊接，不得全焊 1 根主管，再全焊另一主管，上弦支撑交叉的焊接要先进行，尽量使其收缩后再与主管定位焊接，由于在趾部为熔透焊缝，在根部为角焊缝，侧边由熔透焊缝逐渐过渡到角焊缝，因此考虑焊接变形必须先焊趾部，再焊根部，最后焊侧边。屋架吊装前对焊口进行无损探伤检测合格，并对脚手架、脚手板、水平拉锁固定等检查合格。钢屋架组装见图 5-1-4。

3）80m 屋架吊装采用 2 台 150t 履带起重机主吊，吊装开始前对 8 个吊点（为确保吊装安全采用 8 根钢丝绳受力均匀，对屋架吊装过程钢丝绳长度进行定量计算）分别进行钢丝绳绑扎后起重机缓慢抬钩，使吊装钢丝绳绷紧并处于受力状态，需用 20t 链条葫芦进行桁架的调平工作。在此过程中需使用倒链拉拽两侧钢丝绳进行屋架的起吊找正工作，同时检查钢屋架的各项数据偏差。62.5m 跨度屋架吊装图见图 5-1-5，80m 屋架双机抬吊施工见图 5-1-6。

图 5-1-4 钢屋架组装

图 5-1-5 62.5m 跨度屋架吊装图

图 5-1-6 80m 屋架双机抬吊施工

4）屋架起吊离地 100～200mm 时，起重工应对钢丝绳受力等进行全面检查，检查无误后再继续起吊，若发生倾斜现象，需立即使用倒链拉拽钢丝绳进行找正，防止安全事故发生。

5）屋架吊起后，先使一端缓慢靠近钢柱连接板，接近后安装人员扶住屋架梁，配合起重工将屋架梁一端进行就位，另一端通过拖拽缆风绳的方法使梁柱连接节点对接，然后对于梁柱节点部位的节点进行焊接，为消除焊接过程中产生的应力，高空中梁柱节点的 6 个焊口需同时施焊，焊接使梁柱间节点稳定连接后主起重机松勾。屋架校验各项数据偏差应符合现场控制偏差标准。

2. 高端阀厅钢结构吊装施工方案和工艺流程

钢结构吊装方案采用分件安装法：先使用 450t 履带起重机安装全部柱子，并对柱子进行校正和最后固定，连系梁和柱间支撑等使用 50t 汽车起重机安装。柱子、连系梁等吊装完毕后，使用 450t 履带起重机及汽车起重机分节间安装屋架、屋面支撑等。

高端阀厅钢柱、抗风柱吊装使用 1 台 450t 履带起重机起吊，单榀钢柱立起并按基础杯口轴线位置调整固定完毕后，使用缆风绳加地锚临时固定钢柱，然后主起重机摘勾。

高端阀厅钢屋架吊装使用 1 台 450t 履带起重机起吊，屋架与钢柱连接节点处高强螺栓全部安装并初拧后起重机摘钩。在安装第一榀屋架时，由于没有形成稳定结构，需在屋架两端设置 ϕ17mm 的缆风绳，以预防突然大风情况的事件。吊装前一天查看天气预报，起吊前 1h 连续监控风速，桁架吊装遇突起大风，如能落地及时落地，如不能落地则及时与固定构件靠近，并与固定构件使用钢丝绳捆扎临时固定。起吊到就位高度，可以及时临时固定并设缆风绳。在吊装过程中，需要两端加设 20t 链条葫芦用于防止变形调整，同时端部加设刚性内支撑。

钢柱顶部操作平台在钢柱 34.5m 处水平缀条上搭设操作平台，平台上铺设脚手管，脚手板每端伸出钢柱 200mm，然后在脚手板平台上搭设 1.2m 高、立管间距 1.5m、横管间距 600mm 的脚手管形成环形通道，脚手管外边缘搭设密目网，钢柱、钢柱与梁连接节点处作业时人员在搭设的安全平台上进行，平台固定移动电源箱，并放置电焊机、灭火器（电焊机的二次线长度不得大于 30m）。

利用屋架上弦焊接钢管作为水平扶绳固定点。钢柱设置垂直拉索、钢爬梯、安全自锁器。钢梁安全绳设置见图 5-1-7。

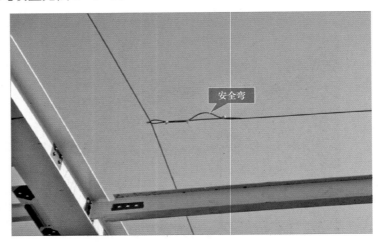

图 5-1-7 钢梁安全绳设置

（1）钢柱的吊装方法及要求。高端阀厅钢柱吊装自 J—9 轴开始，逆时针至 J—8 轴结束，最先吊装 J—9 轴角柱，然后吊装 9 轴抗风柱，A 轴钢柱，吊装完毕后使用地锚、缆风绳临时固定，临时固定完毕后起重机摘勾。

高端阀厅钢柱最大重约为 51t，最大起吊重为 $51 \times 1.2 = 61.2$（t）（1.2 为动力系数和安全系数之和），450t 履带起重机主臂长度 61m、作业半径 16m、额定起重荷载为 88.2t，负荷率 69.4%，符合吊装要求。钢丝绳选用 ϕ52mm 钢丝绳，10 倍安全系数。钢柱吊装时每个吊点捆绑 4 根钢丝绳，4 根钢丝绳同时受力，抗风柱吊装时钢丝绳绑扎于格网柱顶以下 $L/3$m（约 13m，L 为钢柱的长度）处，主钢柱吊装采用两种吊点吊装：第一种为吊点绑扎于柱顶以下 $L/3$m（约 13m）处，第二种为利用端部钢柱侧面高强螺栓孔安装吊耳吊装。吊点绑扎时为防止钢丝绳摩擦对钢结构油漆造成破坏，在钢丝绳与钢柱接触处加防滑胶皮。吊装前检查基础面标高并报监理单位组织验收，吊装高度大于"就位高度＋钢丝绳高度＋吊钩"的限位高度。经核查，450t 履带起重机副臂端点高度为 61.8m的起重机符合吊装要求。钢柱吊点 1 示意图见图 5—1—8，钢柱吊点 2 示意图见图 5—1—9，耳板示意图见图 5—1—10。

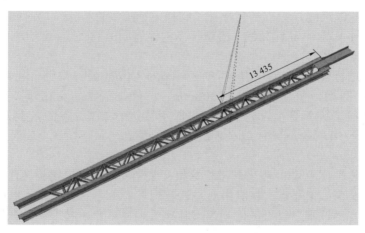

图 5—1—8　钢柱吊点 1 示意图

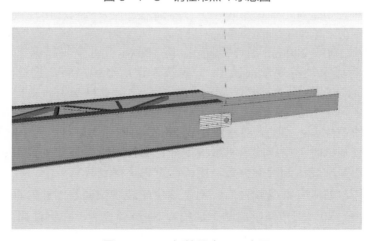

图 5—1—9　钢柱吊点 2 示意图

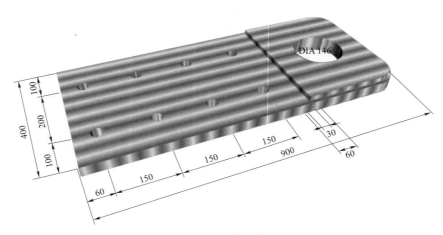

图 5-1-10　耳板示意图

钢柱在地面拼装完毕后，监理组织对钢柱进行验收，合格后进行吊装，起勾前于钢柱顶端附近位置绑扎缆风绳、垂直钢爬梯并于爬梯上捆绑垂直拉锁，同时画出钢柱上下两端的安装中心线和柱下端+1m 标高线，清理干净构件表面上的灰尘、油污和泥土等杂物，检查基础顶面柱边框墨线，完毕后准备起勾。

垂直钢爬梯进行现场预制，爬梯两侧为 40mm×4mm 镀锌扁铁，间距 400mm；人员上下使用 φ16mm 圆钢，相邻圆钢间距 300mm。圆钢与扁铁间穿孔焊接。爬梯绑扎于柱间缀条间，爬梯挂于脚手管上，后续爬梯与脚手管进行绑扎固定。爬梯顶部与底部安装垂直拉锁，垂直拉锁顶端与钢柱最水平缀条捆绑固定，垂直拉锁上安装自锁器供人员上下使用。

单榀钢柱吊装时使用 450t 履带起重机单机吊装，柱的起吊采用旋转法，旋转法吊装要求柱的平面布置做到：绑扎点、柱脚中心与柱基础杯口中心三点共弧（以吊柱的起重半径 R 为半径的圆弧），"柱脚"靠近基础。起吊时起重半径不变，起重臂边升勾边回转。柱在直立前柱脚不动，柱顶随起重机回转及吊钩上升而逐渐上升，使柱在柱脚位置竖直。然后，把柱吊离地面，回转起重臂把柱吊至杯口上方，插入杯口。旋转法吊柱使柱所受振动小，安装效率高。

钢柱吊离地面 100～200mm 后停止起吊，待 10min 后由专业起重工观察钢丝绳的受力状态、吊点处有无滑动等现象（试吊），确认无误后继续吊装，钢柱与基础对接完毕后使用缆风绳、地锚对钢柱进行临时固定，完毕后主起重机摘勾。单根钢柱吊装顺序见图 5-1-11。

为避免吊起的钢柱自由摆动，应在距柱底 2m 处用麻绳绑好，作为牵制溜绳调整方向。钢柱吊至对应安装基础时，指挥起重机缓慢下降，当柱底距离基础位置 100～200mm 时，调整柱身与基础两基准线达到准确位置，指挥起重机下降到杯口就位。

钢柱吊装入杯口基础并准确就位后，用全站仪或经纬仪调整钢柱的垂直度（两个方向成大于 90°且小于 180°夹角同时监测、调校），柱身调直后，在钢柱四面焊接 φ28mm 钢筋，使钢筋顶在杯口内壁，然后拉紧缆风绳临时固定钢柱，详见图 5-1-12。

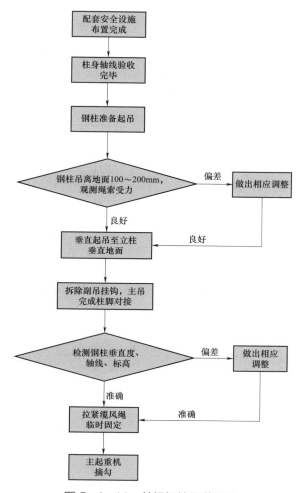

图 5-1-11　单根钢柱吊装顺序

　　临时加固措施采取两种方案：第一方案利用已完成构筑物，如防火墙、辅控楼框架结构上利用钢筋或型钢制作一个临时加固点，另一条缆风绳设置于地锚；第二方案用于远离建筑物的钢柱，根据吊装顺序，在吊装后立即安装先前吊装完成的钢柱间支撑梁，另一条缆风绳设置于地锚，详见 5-1-3。

　　用上述方法进行相邻的第二根柱的吊装，第二根柱吊装完成并临时固定后，随即安装两根钢柱间的支撑或系杆，使两根柱连接起来，形成结构单元以加强稳定性。依次类推。每道轴线的钢柱吊装完成并用系杆或支撑连接成整体结构后，进行轴线的整体验收。验收合格后进行柱脚的二次细石混凝土灌浆，永久性固定钢柱。浇筑前，清理并湿润杯口，待浇筑的混凝土强度达到 70% 后，方可拆除缆风绳或临时加固措施。

　　根据吊装顺序，进行第二道轴线钢柱吊装，待整体吊装完成后，所有柱间支撑及系杆安装完成后，进行整体验收，合格后转入下榀钢柱吊装。

　　（2）钢屋架的吊装。高端阀厅钢屋架共九榀，跨度 46.6m。整体吊装顺序由 9 轴、1 轴向中间安装。屋架吊装前应及时与厂家沟通好设备到货及现场组合的事宜，协调好场地事宜。

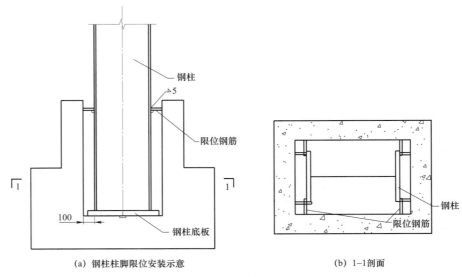

(a) 钢柱柱脚限位安装示意　　　　　　　(b) 1-1剖面

图 5-1-12　单根钢柱吊装临时固定措施示意图

屋架由厂家分段运输至现场后在施工现场拼装。

钢柱吊装完毕后进入钢屋架吊装。钢屋架吊装前需通过监理组织的验收，屋架安装需要使用的脚手架、脚手板、水平拉锁固定到位。单榀屋架吊装顺序见图 5-1-13。

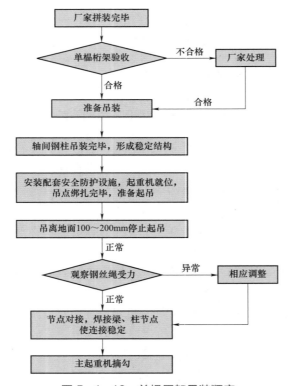

图 5-1-13　单榀屋架吊装顺序

屋架吊装采用 1 台 450t 履带起重机主吊，吊装开始前对 4 个吊点分别进行钢丝绳绑扎后起重机缓慢抬钩，使吊装钢丝绳绷紧并处于受力状态，在此过程中需使用倒链拉拽两侧钢丝绳进行屋架的起吊找正工作，同时检查钢屋架的各项数据偏差，且形成文件资料进行移交。钢丝绳绑扎节点图见图 5−1−14，48.1m 跨度屋架吊点示意图见图 5−1−15。

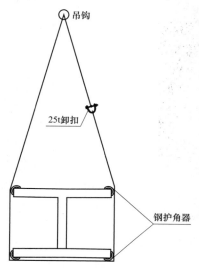

图 5−1−14　钢丝绳绑扎节点图

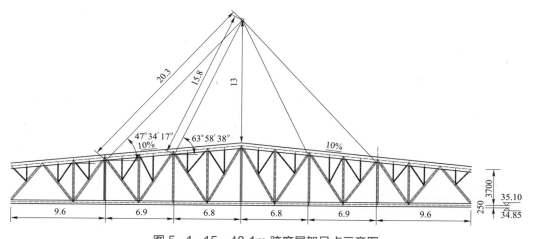

图 5−1−15　48.1m 跨度屋架吊点示意图

　　屋架起吊离地 100～200mm 时，起重工应对钢丝绳受力等进行全面检查，检查无误后再继续起吊。若发生倾斜现象，需立即使用倒链拉拽钢丝绳进行找正，防止安全事故发生。

　　屋架吊起后，先使一端缓慢靠近钢柱连接板，接近后安装人员扶住屋架梁，配合起重工将屋架梁一端进行就位，另一端通过拖拽缆风绳的方法使梁柱连接节点对接，然后安装高强螺栓，待高强螺栓全部安装并初拧完成，梁柱间节点稳定连接后主起重机松钩。屋架校验各项数据偏差应符合现场控制偏差标准。屋架与钢柱连接节点图见图 5-1-16。

图 5-1-16　屋架与钢柱连接节点图

第一榀屋架吊装完成，拉紧缆风绳并在地面设置地锚进行临时固定，1 轴、9 轴第 1 榀屋架安装完毕后除及时设置缆风绳外，采用直径 20mm 圆钢与户内直流场钢柱、辅控楼结构临时焊接连接，等相邻屋架间水平支撑安装使屋架间连接稳定后，屋架缆风绳即可撤掉。

相邻两轴屋架吊装完毕后，使用 50t 汽车起重机吊装屋架间水平支撑、斜撑。

（3）柱间支撑、柱间连系桁架、屋架间水平支撑、斜撑的吊装。相邻钢结构柱吊装完成后开始进行柱间支撑、柱间连系桁架的吊装，柱间支撑吊装使用 50t 汽车起重机进行，在吊装过程中需注意柱间支撑的安装方向。

（三）焊接

屋架与钢柱、屋架与水平支撑、相邻柱间连系桁架的连接均以焊接方式连接，因户内直流场高度较高，高空气流、气压不稳定，高空焊接采用手弧焊方式进行。屋架间弦杆焊接时使用工厂化加工的高空焊接操作平台悬挂于屋架管上，焊接人员站在高空焊接操作平台内作业。每道焊口焊接完成后经专业检测单位无损检测合格后进入下一施工工序。

（四）防火涂料、面漆喷涂

构件焊接完毕并经无损检测合格后涂刷防锈底漆，然后进行防火涂料施工，喷枪选用重力式涂料喷枪，喷嘴口径为 6~10mm（采用口径可调的喷枪），空气气压控制在 0.4~0.6MPa。喷嘴与喷涂面相距 25~30cm，喷嘴与基面基本保持垂直，喷枪移动方向与基材表面平行。施工工程中，每遍喷涂完成后采用测厚针检测涂层厚度，直到符合设计规定的厚度，停止喷涂。喷涂后的涂层要适当维修，对明显的乳突，应采用抹灰刀等工具剔除，以确保涂层表面均匀。

四、关键技术和创新点

（一）关键技术

1. 空间立体钢管桁架柱吊装

单榀钢柱吊装时使用 150t 履带起重机，吊点设在柱顶以下 13.32m 处做主吊，吊装过程中主起重机进行钢柱的垂直吊装，钢柱与基础对接就位完毕后使用缆风绳、地锚对钢柱进行临时固定并进行地脚螺栓的初拧，完毕后主起重机摘钩。

主钢柱最大重为 30t，钢柱吊装时每个吊点分别捆绑 2 根钢丝绳，即主钢柱使用 6 根钢丝绳起吊，抗风柱使用 4 根钢丝绳起吊。吊点位于柱顶以下柱总长 0.3L 处，即吊点距离柱顶 13.32m。挂钩距离柱顶垂直距离 14m，即挂钩距离吊点平面距离 H 为 27.32m。因此可知，抗风柱吊装时由挂钩处至吊点处单根钢丝绳长度 L 为 27.36m。2 台起重机同时起吊，辅助起重机为 50t 汽车起重机，起重机受到最大的力为钢柱最大的一半（15t），然后辅助起重机受力从 15t 至 0t。根据 50t 汽车起重机工况表，半径 6m 的最大起重量为 28t，满足吊装要求。

2. 空间立体钢管桁架屋架梁吊装

（1）户内直流场屋架梁最大重为 44t。屋架采用 2 台 150t 履带起重机吊装，每台 150t 履带起重机起重荷载为屋架重的 50%。经计算，起重机选型满足吊装需求和规范要求。

屋架梁吊装均采用双车抬吊，每台起重机连接 4 个吊点，4 个吊点同时受力，故钢丝绳需满足 80m 跨度屋架吊装即可同时满足 62.5m 跨度屋架吊装。

（2）屋架梁由加工厂分 2 段（每段 40m）运输至现场后，在事先装配完成的就地立式组装平台上立式拼装。首先用起重机将屋架梁就位到对应位置，固定定位块，调节调整板，确保钢构件之间相对位置无误。在确定主管相对位置时，必须预留焊接收缩余量，在组装平台上对主管各节点中心线进行画线。在整体焊接前先装配支管并定位焊，对支管定位焊时，不得少于 4 点。定位好后，对主桁架进行全位置焊接，为保证焊接质量，进行仰焊、立焊、焊接时，3 根主管的焊缝必须交替焊接，不得全焊 1 根主管，再全焊另 1 根主管，上弦支撑交叉的焊接要先进行，尽量使其收缩后再与主管定位焊接，由于在趾部为熔透焊缝、在根部为角焊缝，侧边由熔透焊缝逐渐过渡到角焊缝，因此考虑焊接变形必须先焊趾部、再焊根部、最后焊侧边。拼装焊接完成对焊口进行无损探伤检测合格后吊装屋架。钢屋架吊装前需对脚手架、脚手板、水平拉锁固定等检查合格。就地立式组装平台示意图见图 5−1−17，屋架现场拼装示意图见图 5−1−18。

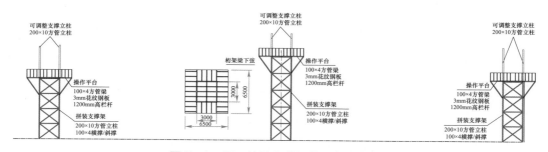

图 5−1−17　就地立式组装平台示意图

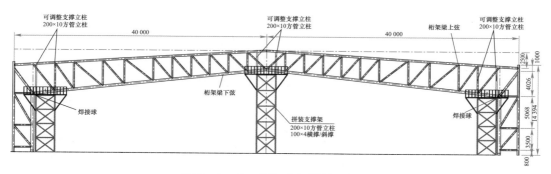

图 5−1−18　屋架现场拼装示意图

（二）创新点

（1）应用 BIM 技术就空间立体钢管桁架结构施工中的重要环节进行可视化模拟分析，

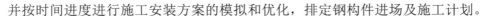

并按时间进度进行施工安装方案的模拟和优化，排定钢构件进场及施工计划。

（2）采用工厂化模块加工钢构件，设计了专用的组装模具，利用就地立式组装平台组装组拼屋架钢结构，直接垂直起吊避免了屋架吊装变形，减少高空作业量，提高了工作效率，降低了安全风险。

（3）采用工厂化加工的独立高空焊接平台，减少高空搭设、拆除脚手架安全防护平台带来的安全风险、节省了搭拆脚手架平台的人工费用和施工工期。

五、质量控制标准及措施

（一）构件安装前对构件的质量检查

钢构件、材料验收的主要目的是将清点构件的数量，并将可能存在缺陷的构件在地面进行处理，使得存在质量问题的构件不进入安装流程。钢构件进场后，按货运单检查所到构件的数量及编号是否相符，发现问题应及时在回单上说明并反馈制作工厂，以便工厂更换补齐构件。按设计图、规范及制作厂质检报告单，对构件的质量进行验收检查，做好检查记录。对于制作超过规范误差或运输中变形、受到损伤的构件，应送回制作工厂进行返修。

（二）安装质量控制措施

（1）安装过程应严格按照方案进行，安装程序必须保证结构稳定性和不导致永久性变形。

（2）构件存放场地平整坚实，无积水，应按种类、型号、安装顺序分区存放，底层垫枕应有足够的支承面，相同型号的叠放时，各层的支点应在同一垂直线上，并应防止钢构件被压坏和变形。

（3）结构设计顶紧的节点、接触面应和 70%的面紧贴，用 0.3mm 厚塞尺检查，可插入的面积之和不得大于接触顶紧总面积的 30%，边缘最大间距不应大于 0.8mm。钢结构安装偏差的检测，应在结构形成空间刚度单元并连接固定后进行。

（三）焊接质量控制措施

（1）加强焊接质量管理工作，焊接开始，要求以保证质量为准，保证合格率，在合格的基础上再要求进度。

（2）焊前准备。

1）焊接平台搭设良好，平台高度及宽度应有利于焊工操作舒适、方便，并应有防风措施。

2）焊把线应绝缘良好，如有破损处要用绝缘布包裹好，以免拖拉焊把线时与母材打火；焊接设备应接线正确、调试好，正式焊接前宜先进行试焊，将电压、电流调至合适的范围。

3）检查坡口装配质量。应去除坡口区域的氧化皮、水分、油污等影响焊缝质量的杂质。如坡口用氧—乙炔切割过，还应用砂轮机进行打磨至露出金属光泽；当坡口间隙超过允许偏差规定时，通过在坡口单侧或两侧堆焊使其符合要求。

（3）定位焊。根据钢管直径大小，定位焊一般为 2~4 处，定位焊前应检查管端是否与球面或管面完全吻合，定位焊缝必须焊透，长度一般为 300mm 左右。根据管径大小而定，定位焊缝不宜过厚。

（4）正式施焊：

1）相贯口焊缝是以管子的中心线成弧形焊口，将环形焊口按照仰—立—平的焊接顺序，在仰焊及平焊处形成两个接头，此方法能保证铁水与熔渣很好地分离，熔深也比较容易控制。

2）第一遍打底焊完后，要认真清渣，检查有无漏焊缺陷，确认无误后方可开始第二遍的焊接。

3）焊条在施焊前应进行烘焙，烘焙温度一般为 70～150℃，烘干在 2h，下班时剩余焊条必须收回，进行恒温烘焙。

4）当杆件壁厚大于 4mm 时，焊接厚度为壁厚的 1.5 倍；当杆件壁厚小于 4mm 时，焊接厚度为壁厚的 1.2 倍。杆件壁厚小于 4mm 时，整条焊缝为 2 遍成型。杆件壁厚为 4～8mm 时，整条焊缝为 3 遍成型。杆件壁厚为 8～12mm 时，整条焊缝为 4 遍成型，即第一遍为打底焊必须焊透，不允许有夹渣、气孔、裂纹等，经认真清理检查合格后，进行后续焊接；最后一遍为成型焊接，成型后的焊缝要求表面平整，宽度、焊波均匀，无夹渣、气孔、焊瘤、咬肉等缺陷，焊缝周围不应存在熔渣和金属飞溅物。

5）采用合适的焊接坡口，减少焊接填充量；构件安装时不得强行装配，致使产生初始装配应力；采用合理的焊接顺序，对称焊、分段焊；先焊收缩量大的接头，后焊收缩量小的接头，应在尽可能小的拘束下焊接。

（5）焊接质量检查及探伤。

1）焊接完成后认真对焊缝外观进行检查，焊缝表面不得有裂纹、焊瘤等缺陷。一级、二级焊缝不得有表面气孔、夹渣、弧坑裂纹、电弧擦伤等缺陷，且一级焊缝不得有咬边、未焊满、根部收缩等缺陷。

2）无损检测在外观检查合格的基础上进行，施焊完毕的焊缝待冷却 24h 后，按设计要求对全熔透一级焊缝进行 100%的检测。超声波探伤的方法及评定标准按照 GB/T 11345—2013《钢焊缝手工超声波探伤方法和探伤结果分级》进行。

（6）焊接不合格时的处理措施。焊缝内部的缺陷，根据超声检测方法 UT 对缺陷的定位，用碳刨清除。对裂纹，碳刨区域两端要向外延伸至各 50mm 的焊缝金属。返修焊接时，对于厚板，必须按原有工艺进行预热、后热处理。预热温度应在前面基础上提高 20℃。焊缝同一部位的返修不宜超过 2 次。如若超过 2 次，则要制订专门的返修工艺并报请监理工程师批准。

（四）高强螺栓质量控制措施

（1）严格按高强度螺栓连接施工技术规程实施，对班组进行专项技术交底。

（2）设专人负责扭矩扳手的校验和复验工作，检查高强度螺栓的施工质量和初拧、终拧标记。

（3）认真落实高强度螺栓的现场管理，由专人提料、核料、发放和回收，并做好登记工作，以确保高强度螺栓使用型号、位置正确，保持库房的通风干燥，分类、型号码放。

（4）高强度螺栓的紧固与焊接的关系：初拧—终拧—焊接。

（5）所有高强度螺栓连接副在施工前，均要分批进行复验，不合格品不得使用。

（6）高强螺栓终拧必须保证施工扭矩，当天安装的高强螺栓必须终拧完毕，同时 24h 内须复检施工扭矩。

（7）高强螺栓的穿入应在结构中心调整后进行，其穿入方向应以施工方便为准，力求方向一致。安装时注意垫圈的正反面，螺母带圆台面的一侧应朝向垫圈有倒角的一侧。

（8）安装时严格控制高强螺栓长度，避免由于以长代短或以短代长而造成的强度不够、螺栓混乱情况，终拧结束后要保证有 2～3 个丝扣露在螺母外圈。

（9）连接副的紧固轴力和摩擦面的抗滑移系数试验制作单位在工厂进行。同时由制造厂按规范提供试件，安装单位在现场进行摩擦面的抗滑移系数试验。连接副复验用的螺栓应在施工现场待安装的螺栓批中随机抽取。

（五）防止高空坠物安全保障措施

（1）高空往地面运输物件时，应用绳捆好吊下。吊装时，不得在构件上堆放或悬挂零星物件。零星材料和物件必须用吊笼或钢丝绳、保险绳捆扎牢固后才能吊运和传递，不得随意抛掷材料物体、工具，防止滑脱伤人或意外事故。

（2）构件必须绑扎牢固，起吊点应通过构件的重心位置，吊升时应平稳，避免振动或摆动。

（3）起吊构件时，速度不应太快，不得在高空停留过久，严禁猛升猛降，以防构件脱落。

（六）防止起重机倾翻措施

（1）履带起重机行走区域必须平整、坚实、可靠，每天开班前专人对地面情况进行检查。

（2）起重机不得停放在斜坡道上工作，不允许起重机两条覆带或支腿停留部位一高一低或土质一硬一软。起重设备必须做到定机、定人、定岗，操作人员必须持证上岗。

（3）起吊构件时，吊索要保持垂直，不得超出起重机回转半径斜向拖拉，以免超负荷和钢丝绳滑脱或拉断绳索而使起重机失稳，起吊重型构件时应设牵拉绳。

（4）起重机操作时，臂杆提升、下降、回转要平稳，不得在空中摇晃，同时要尽量避免紧急制动或冲击振动等现象发生。未采取可靠的技术措施和未经有关技术部门批准，起重机严禁超负荷吊装，以避免加速机械零件的磨损和造成起重机倾翻。

（5）起重机应尽量避免满负荷行驶。在满负荷或接近满负荷时，严禁同时进行提升与回转（起升与水平转动或起升与行走）两种动作，以免因道路不平或惯性力等原因引起起重机超负荷而酿成翻车事故。

（6）吊装时，应有专人负责统一指挥，指挥人员应位于操作人员视力能及的地点，并能清楚地看到吊装的全过程。起重机驾驶人员必须熟悉信号，并按指挥人员的各种信号进行操作；指挥信号应事先统一规定，发出的信号要鲜明、准确。

（7）起重机停止工作时，应刹住回转和行走机构，锁好司机室门。吊钩上不得悬挂构件并应升到高处，以免摆动伤人和造成起重机失稳。

（七）防吊装结构失稳措施

（1）构件吊装应按规定的吊装工艺和程序进行，未经计算和采取可靠的技术措施，未经相关审批手续通过，不得随意改变或颠倒工艺程序安装结构构件。

（2）构件吊装就位，应经初校和可靠连接后始可卸钩，最后固定后方可拆除临时固定工具。

（3）构件固定后不得随意撬动或移动位置，如需重校时，必须回钩。

（八）防止雷击措施

（1）吊装区域应有专人负责安装、维护和管理用电线路和设备，各类电源线上高空，应采取绝缘包裹措施，避免线路意外漏电传递至钢结构上。

（2）履带起重机要有避雷防触电措施，各种用电机械必须有良好的接地或接零，接地电阻不应大于 4Ω，并定期进行接地极电阻摇测试验。

第二节　高端换流变压器阀侧出线装置及阀侧套管安装

825kV 和 1100kV 换流变压器均为首次使用，目前是世界直流电压等级最高的换流变压器，设备体积大，附件质量、安装难度和精度要求均超过以往直流工程，其中换流变压器阀侧套管与出线装置最具代表，体量大、结构形势与以往不同，本节就高端 825kV 和 1100kV 换流变压器阀侧出线装置和套管安装施工技术进行介绍。

一、施工简况

吉泉工程高端换流变压器阀侧出线装置共计（24+4）套［昌吉、古泉各（12+2）套］。由于昌吉换流站高端换流变压器设备内部结构不同，1100kV 高端换流变压器阀侧出线装置及套管安装方式不同于 825kV 高端换流变压器阀侧出线装置及套管安装。1100kV 换流变压器阀侧出线装置为整体运输，"L"形组装，配专用阀侧套管与阀侧出线装置的安装平台。而 825kV 换流变压器阀侧出线装置分为 3 节运输，阀侧出线装置与套管无需在安装平台上对接。1100kV 换流变压器阀侧出线装置重达 11.2t，825kV 换流变压器阀侧出线装置总重 13.3t，最重单节（第 2 节）为 5t。古泉换流站高端 1100kV 换流变压器阀侧出线装置尺寸为 8179mm×4481mm×2851mm，重 17.3t，为整体运输，"L"形组装，配专用阀侧套管与阀侧出线装置的安装平台。

吉泉工程高端换流变压器阀侧套管共计（24+4）支，昌吉换流站 1100kV 换流变压器阀侧套管共计（12+2）支，单根阀侧套管重达 9.87t，长 15.3m；古泉换流站高端 1100kV 换流变压器阀侧套管长 20.19m，重 15.5t；厂家配套吊具重 5.5t，吊装最大重为 21t。

二、工程重点与难点

±1100kV 换流变压器为首次使用，目前是世界上直流电压等级最高的换流变压器，设备体积大，阀侧套管与升高座安装角度控制高，全站 HY 换流变压器 7 台、HD 换流变压器 7 台，单台 HY 高端换流变压器总油重 280t，单台换流变压器总重约 909t，单台 HD 高端换流变压器总油重 247t，单台换流变压器总重约 845t，油务工作量巨大，附件重、安装难度和精度要求均超过以往直流输电工程。

三、施工简述

首先进行施工准备，包括技术准备、场地准备、施工机械、工器具、材料及安全用具准备；然后进行阀侧出线装置试验及安装、阀侧套管试验及安装；待换流变压器就位至基础后，进行套管抽真空（泄漏试验）；抽真空完成后，进行 SF_6 气体充注。

四、施工策划

（一）技术准备

（1）安装前，检查套管安装图纸、出厂技术文件、产品技术协议、有关验收规范及安装调试记录表格等是否备齐。

（2）安装前，技术负责人详细阅读产品的安装说明书、装配总图、附件一览表，以及各个附件的技术说明及产品技术协议等，了解产品及其附件的结构、性能、主要参数及安装技术规定和要求，并向施工人员做详细的技术交底及安全交底，同时做好交底记录。

（3）施工人员按技术措施和技术交底要求进行安装，清楚安装程序、方法和技术要求，同时熟悉厂家资料、安装图纸、技术措施及有关规程规范等，重点熟悉以下操作要点：

1）安装前应先进行现场检查，同时记录冲击记录仪在运输和装卸中的受冲击情况以及换流变压器本体的气体压力，纵向、横向、垂直三个方向均不应大于3g，油箱内气体压力保持在0.02～0.03MPa，本体内油样耐压值不小于50kV，含水量不大于15mg/L。

2）器身检查已完成结果无异常，阀侧出线装置及套管试验（绝缘电阻、介质损耗、电容量等）已完成且结果合格。

3）凡雨、雪、风（4级以上）和相对湿度75%以上的天气，不得进行安装（作业环境需同时满足厂家技术文件要求）。

4）在阀侧出线装置及套管安装过程中，应向体内持续补充露点为−55℃的干燥空气，补充干燥空气速率应符合产品技术文件规定，并应保证本体内空气压力值为微正压。

5）器身暴露在空气中（向油箱中吹入干燥空气）的时间要尽量缩短，允许暴露空气的最长时间（从开始打开盖板破坏产品密封至重新抽真空止）应符合规范及产品技术规定。

6）如装配工作持续暴露时间满足上述要求，夜间不装配时间，对主体充入干燥空气（露点不大于−55℃）至20～30kPa保存；如装配工作持续、暴露时间满足要求时，则应立即密封抽真空至100Pa并保持超出规定时间的时长的真空后，再充入露点不大于−55℃的干燥空气至微正压20kPa保存。

（4）与厂方人员进行沟通试验及安装等相关事宜。

（二）场地准备

换流变压器设备基础、广场路面及轨道系统等已经施工完成，满足换流变压器阀侧出线装置及套管施工要求。同时换流变压器广场由土建一次浇筑成形，为保证广场混凝土路面质量工艺，防止附件吊卸和存放过程中对广场地面面基污染及损坏，换流变压器阀侧出线装置及套管安装区域设置围栏进行隔离，油务区域地面铺设塑料布或防油布进行防护，并用围栏进行隔离，消防器材布置合理到位。

针对换流变压器阀侧出线装置及套管安装，进行合理的套管、试验设备、材料、工器具、辅材定置化摆放，在换流变压器本体旁预留出起重机械的位置后，按照各工序施工作业时间合理进行场地布置，确保换流变压器套管安装过程中吊装空间的合理应用。

（三）施工电源准备

施工电源箱采用自备三个末级配电箱，一机一闸一保护，电源使可以使用换流变压器广场检修箱可以满足要求。

（四）施工组织机构

根据换流变压器阀侧出线装置及套管的安装特点、安装工作量及工艺流程，设置总负责人 1 名、现场工作负责人 1 名、技术负责人 1 名、安全监护人 1 名、起重指挥 2 名、起重机司机 2 名、试验人员 2 名、地面作业人员 4 名、登高作业人员 3 名等。

（五）机具、工器具、材料及安全用具准备

安装前，应将换流变压器安装机具、工器具、安全用具、牵引器具和消耗性材料准备齐全，同时主要施工机具应试用检验合格，其数量和规格满足施工要求，具体见表 5-2-1。

表 5-2-1　　　　　　　　　　吊装用主要施工机具一览表

序号	机具设备名称	规格、型号	单位	数量	备注
1	真空泵	5000m³/h	台	2	
2	升降车	18m 高	台	1	
3	干燥空气发生器	露点 −55℃	套	2	
4	起重机	80t	台	1	其中 1 台带作业平台
		25t	台	2	
5	卸扣	30t	只	2	
		20t	只	4	
6	钢丝绳头	⌀22.0mm×4m	根	8	
7	链条葫芦	10t/5t	个	各 2	
8	道木	100mm×150mm×1000mm	根	15	
9	吊带	30t/10t/3t/2t	根	各 2	
10	钢丝绳	⌀21.5mm，8m、2m	根	各 2	
11	撬棍		根	2	
12	电子式真空表		套	1	需校验合格
13	温/湿度计		个	2	
14	压力表	0～1MPa	个	2	
15	活动扳手	6～32mm	把	30	
16	固定扳手	6～32mm	把	30	
17	力矩扳手	400N·m	套	1	
		310N·m	套	1	
18	万用表		台	1	
19	手电筒		把	2	
20	厂家吊装专用工具		套	1	
21	电源箱		个	2	
22	干粉灭火器	20kg	瓶	2	
23	移动台架		套	10	
24	防护围栏		m	200	
25	锤子		把	2	

续表

序号	机具设备名称	规格、型号	单位	数量	备注
26	管钳	大、小	把	2	
27	螺丝刀		套	4	
28	锉刀		套	2	
29	白棕绳	$\phi 6mm$	根	4	
30	水平尺		套	1	
31	角度尺		个	2	
32	卷尺	10m、5m	把	各2	
33	线坠		个	2	
34	应急照明灯		台	3	
35	无水酒精	99.99%	箱	5	
36	抽真空管路	金属钢丝管	m	100	
37	干燥空气管路	金属钢丝管	m	100	
38	白纱带、皱纹纸	绝缘材料		适量	制造厂提供
39	塑料布		m^2	50	
40	白布		m^2	20	
41	棉纱		kg	20	
42	全方位安全带		套	5	
43	接地线		m	50	
44	消防设施		套	2	

（六）设备到场验收和保管

（1）换流变压器阀侧出线装置及套管运至现场后，按订货合同验证产品铭牌、附件和厂家文件。

（2）检查并记录冲击记录仪在运输、装卸中的受冲击情况。

（3）充油套管的油位正常，无渗油、瓷体无损伤，充气套管检查气体压力满足厂家要求。

（4）检查换流变压器阀侧出线装置及套管所有附件齐全，无锈蚀及机械损伤，密封良好，外表面油漆无脱落现象。观察气体压力值和温度值，与厂家出厂值根据温度曲线进行比较，其气体压力保持在 0.02～0.03MPa，在存放的过程中每天至少巡查两次并做好记录。如果压力表的指示压力下降很快，必须查明原因，妥善处理，并及时将压力补到规定位置。

（5）阀侧出线装置及套管运至现场后，尽快准备安装工作，尽量减少储存时间。

（6）吊卸件的存放要妥善，注意防止雨水等浸泡，不得有锈蚀和污秽。

（7）阀侧出线装置及套管本体、其他外装零件可以保存在室外，应支垫道木。

（8）设备本体四周设置临时围栏，防止因外部因素造成对套管的损伤，以防漏气、漏油现象发生。

（9）现场施工机具、材料摆放要整齐，符合定置化摆放管理要求。

五、施工流程优化

（一）昌吉换流站：825kV 换流变压器阀侧出线装置在油箱上的安装

825kV 换流变压器阀侧出线装置分为三节，见图 5-2-1。阀侧出线装置总重 13.3t，其中第二节最重，为 5t。起重机位置参考 1100kV 套管吊装位置保持不变，选择卸扣均为 15t，四根规格为 16t×6m 的尼龙吊带，配合两个 15t 链条葫芦进行吊装，见图 5-2-2。

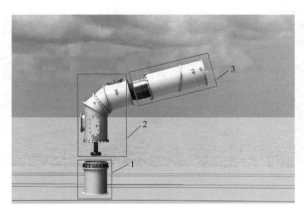

图 5-2-1　阀侧出线装置三部分示意图

图 5-2-2　吊出出线装置

（1）拆除阀侧出线装置 1 上部运输盖板，将阀侧出线装置从运输桶中吊出。

（2）阀侧出线装置 1 落下前，应将 6 根引线及 1 根等位线从阀出线内筒中用牵引绳（或白布带）引出，见图 5-2-3，引出前等位线需用白布带与一根导线捆绑一起，捆绑时注意等位线下部螺栓连接点位置留出足够的长度，避免引线引出时损坏等位线。

（a）换流变压器本体内 6 根引线及 1 根等电位线

（b）引出阀出线内筒中的 6 根引线及 1 根等电位线

图 5-2-3　拉引绳

（3）引线拉出后，将阀侧出线装置 1 落下并紧固连接螺栓。引线放置在阀出线绝缘与阀侧出线装置桶间的空间内。

（4）将阀侧出线装置1安装到油箱上，安装过程中注意阀侧出线装置1与箱盖间的定位，由厂家进行确认。

（5）阀侧出线装置2安装前，拆除两端的运输盖板，分别安装导电杆牵引工装和均压球，安装过程中用塑料布做好覆盖。将牵引绳通过牵引工装送入屏蔽筒中，并从屏蔽管中引出，连接挂钩处的绳头需用软皮（或其他材料）包裹防护，避免拉引线时划伤屏蔽管内壁，牵引绳的另一端连接配重。安装导电杆见图5-2-4，安装均压球见图5-2-5。

图5-2-4　安装导电杆　　　　　　　图5-2-5　安装均压球

（6）安装阀侧出线装置支撑杆，但与阀侧出线装置暂不固定，见图5-2-6。

图5-2-6　安装阀侧出线装置支撑杆

（7）阀侧出线装置2的安装。首先缓慢水平吊起阀升高阀侧出线装置2，将阀侧出线装置2吊至箱盖阀出线法兰的侧面处，将牵引绳的一端与引线端子连接牢固，并用软皮包裹好，避免牵引引线的过程中划伤屏蔽管内壁。随着阀侧出线装置2的落下，利用牵引绳将引线从屏蔽管中引出，阀侧出线装置完全落下后，紧固法兰处的螺栓。吊装示意图见图5-2-7。然后拆除阀侧出线装置2上部的牵引工装，将引线端子引出屏蔽管，拆下牵引绳及配重，并按照厂家图纸要求安装导电杆及均压球，见图5-2-8。

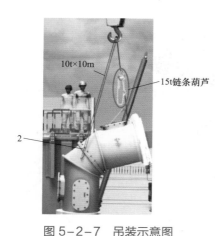

图 5-2-7　吊装示意图

图 5-2-8　安装导电杆及均压球

（8）阀侧出线装置 3 的安装。将阀侧出线装置 3 从运输桶中拆出，安装在阀侧出线装置 2 上，安装前应在导电杆上安装塑料护套，安装过程中按图纸检查阀侧出线装置的安装位置，见图 5-2-9。

图 5-2-9　阀侧出线装置 3 与 2 的对接

（9）固定阀侧出线装置支撑杆。

（二）昌吉换流站：套管试验及安装

（1）业主、监理、物资、施工、厂家五方见证开箱检查（出厂资料、产品序号、设备外观、冲击记录等）。套管安装前首先确认套管运输冲击记录三维值均小于 $2g$，同时结合厂家出厂试验报告及设备钢印铭牌进行核实确认。无误后，阀套管按照套管安装使用说明书吊出箱后，进行套管的外观检查和清理。套管安装前抽出运输桶中的变压器油，抽出阀套管油腔中的变压器油（要求施工过程中油设备区域满铺油布）。

（2）拆卸阀套管尾部的运输桶，将套管从运输桶中吊出，调节吊绳上的手动链条葫芦，使套管保持水平，见图 5-2-10。

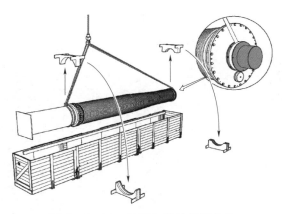

图 5-2-10　打开包装箱起吊套管

（3）参考出厂试验报告、常规试验规范要求进行阀套管单体试验，合格后方可进行吊装，见图 5-2-11。

图 5-2-11　套管单体试验

（4）安装阀套管吊具及导电杆牵引专用工装。将牵引杆工装拧在导电杆上，并将导电杆向套管尾部推入。

（5）拆卸阀侧出线装置套管侧运输盖板中心处的法兰盲板，松开内部的固定导电杆的螺栓，将专用吊具安装到运输盖板上，拆卸盖板的过程中始终向油箱中充入干燥空气，减少绝缘件的吸潮。

（6）在运输盖板上安装专用吊具，松开运输盖板与阀侧出线装置法兰连接处的螺栓，通过运输盖板顶部的吊耳，将运输盖板及里面的支撑管及工装吊起，并水平移出。移出的过程中要小心，避免支撑管损坏阀侧出线装置内的绝缘。运输盖板吊出后，拆下专用吊具，复装盖板，将运输盖板及支撑管用塑料布包裹好并妥善保管。

（7）检查阀侧出线装置内部出线绝缘的定位及完好性。在 TA 法兰上部的吊耳处安装专用吊具，确保 TA 吊运时能竖直吊运。将 TA 安装在阀侧出线装置上，安装前要检查密封圈是否完好，如密封圈变形或损坏及时更换。安装完成后，紧固法兰处的螺栓，然后再用塑料布覆盖法兰面，见图 5-2-12。

图 5-2-12　利用专用吊具吊装 TA

（8）拆卸阀套管尾部的运输桶，将阀套管从运输桶中吊出，调节吊绳上的手动链条葫芦，使阀套管保持水平。利用 75t 起重机及 25t 起重机前后配合将 9.87t 重的阀套管吊起，使用 2 根绳子 4 点固定套管以防风，每点配重 30kg。

（9）安装时阀套管固定不动，阀侧出线装置放置在小车上。将小车向阀套管方向移动，完成阀套管和阀侧出线装置对接安装，小车由链条葫芦控制前后移动。由于阀套管尾部长约 3.2m，对接前需测量阀侧出线装置法兰面至轨道顶端距离，确保满足对接安装要求。对接安装过程需使用防尘棚，确保对接安装面干净，分别见图 5-2-13 和图 5-2-14。

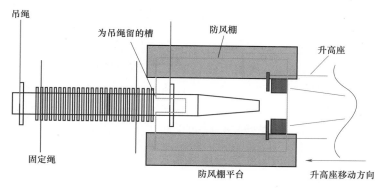

图 5-2-13　对接防尘棚示意图

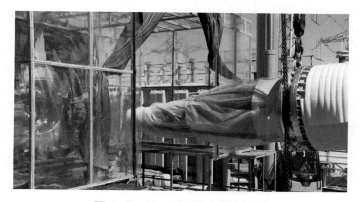

图 5-2-14　对接防尘棚实际图

（10）阀侧出线装置及阀套管水平缓慢对接，当阀套管尾部接近阀侧出线装置法兰面处时，连接导电杆。然后小心将阀套管送入到阀侧出线装置内的出线绝缘内，安装过程中要仔细检查，避免损坏出线绝缘，随着阀侧套管尾部的送入，逐渐拉出导电杆，当阀套管的法兰与阀侧出线装置的法兰对正并连接到一起后，紧固法兰上的螺栓。小心松开吊绳，检查阀侧出线装置的支撑工装，确保无误后拆卸吊绳。过程中避免阀套管晃动，确保阀套管法兰面与出线装置法兰面上、下、左、右四点的水平距离后进行对接，对接过程见图 5-2-15。

图 5-2-15　对接过程实时测量

（11）阀套管安装完成后，在阀套管头部安装密封盖，向阀侧出线装置内充入干燥空气，干燥空气的露点不大于-55℃，充气至阀侧出线装置内压力在 20～22kPa 范围后停止充气，充气保存。

（三）昌吉换流站：±1100kV 阀侧出线装置及套管整体在油箱上的安装

（1）根据阀侧出线装置套管的安装时间提前排净产品内油，排油过程中始终向油箱内吹入干燥空气，干燥空气的露点不大于-55℃。

（2）在油箱上盖上阀出线位置处安装阀侧出线装置定位柱（根据阀侧出线装置的安装顺序先安装 2 个定位柱）。

（3）在阀侧出线装置上安装 4 个定位框，与油箱上的定位柱配合，在阀侧出线装置安装过程中进行定位。

（4）在油箱阀侧油箱短轴侧壁上吊耳处安装 2 个手动链条葫芦，用于临时固定阀侧出线装置支撑杆，见图 5-2-16。

（5）将阀侧出线装置支撑杆和临时支撑杆用螺杆进行连接，连接完成后，将 2 个支撑杆整体安装在油箱的 2 个支座上，同时用手动链条葫芦进行临时牵引固定。

（6）在油箱阀侧油箱短轴侧壁上吊耳处安装 2 个手动链条葫芦，用于临时固定阀侧出线装置支撑杆。将阀侧出线装置支撑杆和临时支撑杆用螺杆进行连接，连接完成后，

图 5-2-16　安装手动链条葫芦

将 2 个支撑杆整体安装在油箱的 2 个支座上，同时用手动链条葫芦进行临时牵引固定，分别见图 5-2-17 和图 5-2-18。

图 5-2-17　临时支撑杆

图 5-2-18　手动链条葫芦临时固定支撑杆

（7）松开油箱上盖的一个阀出线法兰上运输盖板的螺栓，吊起并移走运输盖板，将安全踏板工装安装到阀出线法兰上，然后用塑料布覆盖，见图 5-2-19。

（8）起吊前，在阀套管头部安装套管吊具及导电杆拉伸工装，将导电杆牵引杆连接 1 根钢丝绳从导电杆拉伸工装的导轮上引向地面，把钢丝绳的另一端安装在一个手动链条葫芦上，然后将 200kg 的配重放置在手动链条葫芦下面。

（9）选用 1 台 75t（+12t 配重）起重机进行阀侧出线装置及套管的安装。

图 5-2-19　安全踏板工装

（10）起重机拉紧阀侧出线装置及套管上的吊绳，确认无误后，松开并拆除固定在阀侧出线装置上的 4 个固定拉紧杆。

（11）考虑 ±1100kV 换流变压器阀侧套管及出线装置在地面安装平台上组装后整体吊装（重 20t），吊装工具选用 4 根规格为 16t×6m 尼龙吊带、2 个 15t 手动链条葫芦及 3 个 15t 卸扣，吊装工器具累计总重 1t。

吊装第一步：将阀侧出线装置上两处吊点至吊钩距离调至 7m 长后起吊钩，当吊钩与阀侧重心调整至同一垂直线上时才能将阀侧整体平稳起升。起重机听从起重指挥指令，慢慢整体抬起，当阀侧出线装置受力后，松开安装平台固定拉伸杆。根据 CAD 图 1:1 实测套管顶部尼龙吊带与水平成 30°，阀侧出线装置处尼龙吊带与水平成 81°，见图 5-2-20。

吊装第二步：吊升 1m 左右后，调整套管头部的起重机，使套管头部抬起至与水平地面成 15° 后，将阀侧出线装置下部的运输盖板拆下，然后用干净塑料布将出线密封包裹。根据 CAD 图 1:1 实测套管顶部尼龙吊带与水平成 17°，阀侧出线装置出尼龙吊带与水平成 81°，见图 5-2-21。

综上所述，吊装过程中的角度调整，阀侧整体重心都在阀侧出线装置与套管两侧吊点内，不存在重新偏移较多导致整体翻转可能性。同时根据吊装载荷计算，所有吊装工器具选型均满足吊装条件。为确保吊装过程中不出现吊带脱钩现象，起重机吊钩均需配有防脱钩装置，每次吊装前需检查该装置是否正常，见图 5-2-22。

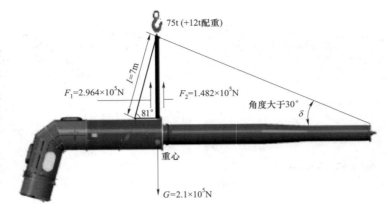

图 5-2-20 吊装示意图

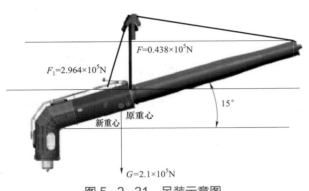

图 5-2-21 吊装示意图

图 5-2-22 吊钩示意图

（12）吊起至高于箱盖以上后，平移至箱盖上对应的位置，将阀侧出线装置缓慢落下至箱盖上的 2 个定位柱内，阀侧出线装置落到位后，插入 4 根定位销并紧固。同时将配重挂到导电杆牵引钢丝绳上，随着阀侧出线装置的落下，用 200kg 配重逐步将导电杆拉出。

（13）随后将 2 根阀侧出线装置支撑杆安装到出线装置两侧的吊环上并固定。

（14）检查阀出线的定位和接线柱的位置是否满足图纸要求，确认无误后，通过牵引导电杆将接线柱调整到合适的位置，在接线处做好防护，避免出线连接时螺栓意外落入油箱内，用螺栓将 6 根导线连接到一起，将阀侧出线装置绝缘再次进行插入前的定位检查，清理法兰处的所有塑料布等辅助材料。

（15）将 200kg 配重吊起至离地面 2m 以上的位置，将 4 支定位销拔出，将 2 根阀侧出线装置的支撑杆从支座上整体拆下，然后拆下绑在阀侧出线装置下部的吊绳，启动起重机，继续缓慢地使阀侧出线装置及套管向下落下，直至阀侧出线装置法兰与油箱上盖法兰连接到一起，紧固法兰处的螺栓。

（16）最后将支撑杆上的临时支杆卸下，安装上产品正式的下节支撑杆，然后整体安装到支座上并紧固所有螺栓。产品注油后，在支撑杆中间连接螺杆处，用液压缸加压 25t（此过程在注油后实施），然后再紧固螺杆。

（四）古泉换流站阀侧出线装置及阀侧套管安装

1. 阀侧出线装置安装

整体起吊吊耳：阀侧出线装置分布众多小型的分段式起吊吊耳，但强度不足以支撑整体起吊。仅有阀侧出线装置顶部的加厚吊耳（如图5-2-23红色标注所示）方可用于整体起吊。

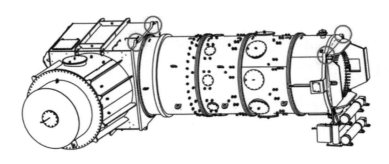

图5-2-23 加厚吊耳位置图

特殊卸扣：整体起吊吊耳的厚度较厚，需使用特殊卸扣方可保障连接，采用特殊卸扣销径不超过50mm、开口长度90mm、载荷不得低于20t、数量4个。

利用吊绳、吊重分别为80、25t的2台汽车起重机将阀侧出线装置吊起并进行翻身。拆除阀侧出线装置端部运输筒及支架，利用倒链调节安装角度，避免磕碰。翻身后安装前检查内部出线装置位置是否满足图样要求。测量阀侧出线装置内部与套管连接的链接套到法兰端面尺寸，端部有一调节法兰可以调整，满足要求后进行套管安装。持续向产品本体内部充入露点合格的干燥空气，逐一打开阀侧出线装置盖板，安装阀侧出线装置。

注 在安装期间要做好防止绝缘件吸潮的工作：① 当打开主体安装套管和连接内部引线时，要向本体内持续吹入干燥空气；② 在阀侧出线装置吊装调整过程中，本体封盖不允许提前打开，待对接前方可将封盖打开，以保证减少本体露空时间；③ 当打开换流变压器阀侧出线装置盖板后，要向本体内持续吹入干燥空气。

2. 阀侧套管安装

采用起吊量分别为80、25t 2台汽车起重机配合起吊将阀侧套管起重机箱体，吊出后不可直接放于地面，将套管箱内部支撑取出或采用枕木抬高法兰面，并进行防护防止套管与地面接触，然后拆除尾部防护筒。

尾部防护筒拆除时需要注意防尘和防潮，因为套管角度调节和套管与吊具间尺寸调整过程需要较长时间，需要用塑料布或保鲜膜进行套管尾部防护。

套管与吊具间的调整：套管起吊高度达到2m后进行尺寸核对和调节，包括套管角度调节和套管与吊具间距离调节；安装前高压电容式套管吊装前各处应擦净，特别是套管的法兰及下瓷套，应用洁净的抹布擦拭干净。充油套管的油位表朝向运行巡视侧。

注 在安装期间要做好防止绝缘件吸潮的工作：当打开主体安装套管和连接内部引线时，要向本体内持续吹入干燥空气。

在套管吊装调整过程中，本体封盖不允许提前打开，待对接前方可将封盖打开，以保

证本体露空时间。

（五）套管充注 SF$_6$ 气体

换流变压器热油循环 48h 后，才允许对套管充 SF$_6$ 气体。连接真空机组对套管抽真空至 100Pa，充 SF$_6$ 至产品要求压力，约 106.9kg。套管充气时，打开套管充气阀门，连接 SF$_6$ 充气软管与气瓶进行充气。SF$_6$ 气体微水含量不大于 25μg/g（−36℃），纯度不小于 99.999%。充气完成后定期使用 SF$_6$ 检测装置进行监测，防止 SF$_6$ 气体泄漏。当 SF$_6$ 气体压力小于 300kPa 时，需补气。

注　套管充 SF$_6$ 气体后需静放至少 6h，才允许进行现场试验。

六、施工机具选型

（一）阀侧套管吊装起重机的选用计算

根据表 5-2-2，80t 起重机吊装主臂长度 27.2m，作业半径为 8m 时能提升质量为 25t，按照额定质量的 90% 考虑为 22.5t，提升高度能达到 27m。

表 5-2-2　　　　　　　　　　　80t 起重机性能参数

工作幅度（m）	主臂						
	Ⅰ缸伸至 100%，支腿全伸，侧方、后方作业、3t 固定配重+8.5t 活动配重（kg）						
	12.1m	16.4m	20.7m	27.2m	33.6m	40.1m	46.5m
3.0	80 000	65 000					
3.5	75 000	63 000	44 000				
4.0	68 000	61 000	44 000				
4.5	65 000	60 000	44 000	32 000			
5.0	58 000	54 000	42 000	32 000			
5.5	54 000	50 000	40 000	31 000	25 000		
6.0	50 000	46 000	38 000	30 000	24 000		
7.0	41 500	40 000	33 700	28 000	22 000		
8.0	35 000	34 500	30 200	25 000	20 000	17 000	
9.0	28 000	27 300	27 300	23 200	18 800	15 800	
10.0	22 600	22 000	21 700	17 500	14 800	12 500	
11.0		19 000	18 500	19 900	16 200	13 600	12 000
12.0		16 000	15 600	17 000	15 100	12 800	11 000
14.0			11 400	12 800	13 200	11 400	10 000
16.0			8400	9800	10 700	10 000	9000
18.0				7600	8400	9000	8000
20.0				5900	6700	7300	7200
22.0				4700	5400	6000	6400
24.0					4400	4900	5200
26.0					3500	4000	4400

续表

工作幅度（m）	主臂						
	I 缸伸至 100%，支腿全伸，侧方、后方作业、3t 固定配重+8.5t 活动配重（kg）						
	12.1m	16.4m	20.7m	27.2m	33.6m	40.1m	46.5m
28.0					2700	3200	3600
30.0						2600	3000
32.0						2100	2400
34.0						1600	2000
36.0							1500

根据设计图参数，HY 高端阀侧套管最重，最高顶端高度约为 13.5m，套管最重约 15.5t，厂家配套吊具根据厂家提供的数据（重约 5.5t），套管及吊具总重为 21t，小于 22.5t。套管长度约为 20.19m，起重机起升高度经过计算约为（安装高度+吊带高度）20.8m 左右，小于 27m；根据现场实际情况，确定换流变压器套管安装位置起重机的吊装作业半径小于 8m，说明起重机性能满足最重套管吊装要求，可以使用。

（二）吊带选用

高端换流变压器阀侧套管吊装，换流变压器厂家配套提供吊具及吊带，建议进行模拟吊装，具体见表 5-2-3。

表 5-2-3 吊具及吊带参数

适用产品类别	起重机能力	导链	吊带	花篮螺栓	抱箍
HSPGSETF 2079/945-2906	起重≥75t，高度≥24m（含工装）	30t 电动	25t 吊带，9m、5m 各 1 根	5t	1100kV

七、其他保证措施

（一）防发热措施

（1）设备安装期间对出厂前完成力矩紧固连接的部位，应按照厂家给出的力矩值进行确认，避免由于连接部位力矩未达到规定值引起运行期间该位置局部发热。

预防措施：严格执行对已打力矩螺栓部位画竖线标识。

（2）设备、金具连接时应充分考虑防松措施，防止长时间运行后出现连接点松动。换流变压器端子板连接采用"1 螺栓+2 平垫+1 弹垫+2 螺母"。

预防措施：采购螺栓时按照此要求进行采购。

（3）金具钻孔后，未进行打磨，有毛刺。

预防措施：金具钻孔后，钻孔处应用铝搓进行打磨，安装前质检员进行检查，合格后方可安装。

（4）设备端子板与设计图纸不符。

预防措施：设备开箱时，进行端子板核对，如发现不符，及时向监理反映，要求厂家说明情况，设计院同意后安装。

（5）金具截面积小于设备端子板。

预防措施：施工人员对到场金具与设备端子板核对，与接线端子不一致时，更换金具。

（6）电力复合脂不符合要求，涂抹不均匀。

预防措施：制订涂抹措施，即使用 400 目细砂纸打磨去除表面氧化层及斑点，用酒精清洗打磨面，用干净的棉布将金具表面擦拭干净，再涂上厚约 0.2mm 的电力复合脂，用不锈钢尺刮平，按正常顺序进行紧固，清除金具溢出的电力复合脂。

（7）直流电阻检查不符合要求。

预防措施：质检员跟踪试验单位完成本单位承包范围内所有设备的直流电阻测量，并督促及检查试验单位填写"接口部分安装工艺质量控制表"。

（二）质量控制措施

1. 阀侧出线装置及套管安装前的检查与保管

（1）在交接过程中，检查冲击记录仪在阀侧出线装置运输和装卸中所受冲击应符合产品技术规定，无规定时纵向、横向、垂直三个方向均不应大于 3g，充气运输压力应为 0.02～0.03MPa。

（2）阀侧出线装置及套管表面应无裂痕、伤痕。

（3）套管、法兰颈部及均压球内壁应擦拭清洁。

（4）充油套管无渗油现象，油位指示正常，充气套管气体压力正常。

（5）阀侧出线装置及套管应经试验合格。

2. 阀侧出线装置的安装规定

（1）阀侧出线装置安装前，其电流互感器试验应合格，电流互感器的变比、极性、排列应符合设计要求，出线端子对外壳绝缘应良好，其接线螺栓和固定件的垫块应紧固，端子板应密封良好，其接线螺栓和固定件的垫块应紧固，端子板应密封良好，应无渗油现象。

（2）安装阀侧出线装置时，放气塞位置应在阀侧出线装置最高处。

（3）电流互感器和阀侧出线装置的中心线一致。

（4）绝缘筒应安装牢固。

（5）阀侧出线装置安装工程中应先调整好角度后，再进行与器身的连接。

（6）阀侧出线装置安装应符合产品技术规定。

3. 套管的安装规定

（1）套管起吊时，起吊部位、器具应符合产品的技术规定。

（2）套管吊起后，应使套管与阀侧出线装置角度一致后再进行连接工作，套管顶部结构的密封垫应安装正确，密封应良好，引线连接应可靠，螺栓应达到紧固力矩值，套管端部导电杆插入尺寸应符合产品技术规定。

（3）充气套管应检测气体微水和泄漏率并符合要求，充注气体过程中应检查各压力接点动作正确，安装后应检查套管油气分离室设置的释放阀无渗油或无漏气现象，套管末屏应接地良好。

（4）充油套管的油标宜面向外侧，套管末屏应接地良好。

4. 质量通病

（1）充油（气）设备渗漏主要发生在法兰连接处。安装前详细检查密封圈材质及法兰面平整度是否满足标准要求；螺栓紧固力矩满足厂家说明书要求。主变压器灭火装置连接管道安装完毕，必须进行压力试验（可以单独对该部分管路在连接部位密封后进行试验，也可以与主变压器同时进行试验。参考试验方法：主变压器注油后打开连接充氮灭火装置管道阀门，从储油柜内施加 0.03MPa 压力，24h 不应渗漏）。

（2）设备安装中的穿芯螺栓两侧螺栓露出长度不一致。

（3）充油设备套管使用硬导线连接时，套管端子未受力。

（三）安全控制措施

（1）真空泵应润滑良好，冷却水流量应充足，由专人维护。

（2）进行阀侧套管换流变压器侧接线工作时，通风和安全照明应良好，并设专人监护，工作人员应穿无纽扣、无口袋的工作服及耐油防滑靴等专用防护用品，严防工具及杂物掉落器身。

（3）施工现场应配备足够、可靠的消防器材，应制订明确的消防责任制，场地应平整、清洁，10m 范围内不得有火种及易燃易爆物品。

（4）换流变压器带电前，本体外壳及套管等附件应可靠接地，电流互感器备用二次端子应短接接地，全部电气试验合格。

（四）作业人员要求

（1）施工人员佩戴胸卡进入施工现场，着装整齐，正确佩戴个人安全防护用品。

（2）特种作业、特殊工种经培训合格持证上岗，非此类人员不得从事相关工作。

（3）施工作业前应检查施工方案中安全措施落实，做到措施不落实不作业，严格依照施工方案施工，遵守安全文明施工纪律，不违章作业。

（4）爱护施工现场各种安全文明施工设施，遵守使用规范，未经现场安全管理人员批准，严禁拆除、移动或挪用安全文明施工设施。对于确需临时拆除的设施，应采取相应的临时措施，事后应及时恢复。

（5）施工人员应有成品和半成品保护意识，自觉维护施工成品、半成品和防护设施，严禁乱拆、乱拿、乱涂和乱抹。

（6）根据现场管理要求，在每台换流变压器安装前组织对施工人员进行培训。

（五）施工作业要求

（1）起重作业中，施工人员不得进入起重臂及吊件垂直下方、受力钢丝绳内角侧，正确使用起重工器具，不得"以小代大"。在施工机械附近作业时，施工人员不得在机械作业半径内逗留、行走或工作。

（2）车辆运输作业，车况应良好，严禁无证和酒后驾驶，严禁超速、超重运输，载物应捆绑牢固，严禁人货混装和自卸车载人。

（3）高处作业人员在作业全过程中不得失去保护，并有防止工具和材料坠落的措施。

（4）施工安全防护装备专人专用，不用时妥善保管，并经常性检查。根据个人使用频繁的程度确定检查周期，但不得少于每月一次。

（六）高处作业要求

（1）高处作业使用梯子或高空作业车。

（2）为从事高处作业的施工人员配备防冲击安全带。

（3）设有与地面联系的信号或通信装置，并由专人负责。

（4）遇有六级及以上风或暴雨、雷电、冰雹、大雪、大雾、沙尘等恶劣气候时，停止露天高处作业。

换流变压器上方设置水平安全绳，临边处设置临时硬质围栏（见图5-2-24）。高处作业系好安全带，安全带的安全绳挂上方的牢固可靠处，作业人员衣着灵便，衣袖、裤脚扎紧，穿软底鞋。在作业过程中，作业人员随时检查安全带是否拴牢，在转移作业位置时不得失去保护，并设有安全监护人。

图5-2-24　临边处设置临时硬质围栏

（5）高处作业人员使用工具袋，较大的工具系保险绳，传递物品用传递绳，不得抛掷。

（6）作业时，各种工件、边角余料等放置牢靠的地方，并采取防止坠落的措施。

（7）施工区域设围栏及严禁靠近的安全标识，人员不得在危险区域停留或通行。

（七）防止真空泵倒灌措施

检查真空泵是否完好，真空泵出口处应装设高真空球阀和逆止阀，防止突然断电真空泵油气倒灌；所用电源必须可靠，单独控制，专人管理，无关人员不得操作控制开关；抽真空时应首先开通冷却水，再启动真空泵，待真空泵运行平稳后缓慢开启闸阀和蝶阀，停机顺序相反；真空表不得置于油箱顶部，表前应有高真空球阀，读取真空度时应专人操作，并缓慢打开球阀，真空表不得过高，谨防水银流入真空管道；附加油采用真空方式加注时，应严格控制真空度，防止过抽，胶囊应与储油柜连通；抽真空时应监视箱壁的变形。

（八）低运高建安全措施

（1）在带电设备周围不得使用钢卷尺、皮卷尺和线尺（夹有金属丝者）进行测量工作，使用相关绝缘量具或仪器进行测量。

（2）临近带电体作业时，持有工作票，施工全过程设专人监护。

（3）对于因平行或临近带电设备导致施工的设备可能产生感应电压时，加装个人保安接地线，加装的个人保安接地线记录在工作票上，由施工作业人员自装、自拆。

（4）在靠近带电部分工作时，施工作业人员的正常活动范围与带电设备的安全距离应满足表5-2-4规定。

表5-2-4 施工作业人员工作的正常活动范围与带电设备的安全距离

电压等级 （kV）	安全距离 （m）	电压等级 （kV）	安全距离 （m）
10 及以下	0.70	1000	9.50
20、35	1.00	±50 及以下	1.50
60、110	1.50	±400	6.70
220	3.00	±500	6.80
330	4.00	±660	9.00
500	5.00	±800	10.10
750	8.00		

（5）起重机、高空作业车等施工机械在靠近带电部分工作时，正常活动范围与带电设备的安全距离不应大于表5-2-5规定。

表5-2-5 施工机械操作正常活动范围与带电设备的安全距离

电压等级 （kV）	安全距离 （m）	电压等级 （kV）	安全距离 （m）
10 及以下	3.00	1000	13.00
20、35	4.00	±50 及以下	4.50
60、110	4.50	±400	9.70
220	6.00	±500	10.00
330	7.00	±660	12.00
500	8.00	±800	13.10
750	11.00		

（6）无论高压设备是否带电，作业人员不得单独移开或越过遮栏进行工作；若有必要移开遮栏时，需有监护人在场，并符合表5-2-6规定的安全距离。

表5-2-6 设备不停电时的安全距离

电压等级 （kV）	安全距离 （m）	电压等级 （kV）	安全距离 （m）
≤10	0.70	1000	8.70
20～40	1.00	±50 及以下	1.50
60～110	1.50	±400	5.90
220	3.00	±500	6.00
330	4.00	±660	8.40
500	5.00	±800	9.30
750	7.20		

（7）户外 10kV 及以上高压配电装置场所的行车通道上，应根据表 5-2-7 设置行车安全限高标识。

表 5-2-7　　　车辆（包括装载物）外廓至无遮栏带电部分之间的安全距离

电压等级 （kV）	安全距离 （m）	电压等级 （kV）	安全距离 （m）
10	0.95	750	6.70
20	1.05	1000	8.25
35	1.15	±50 及以下	1.65
66	1.40	±400	5.45
110	1.65（1.75）	±500	5.60
220	2.55	±660	8.00
330	3.25	±800	9.00
500	4.55		

（8）设置的围栏醒目、牢固，不得任意移动或拆除围栏、接地线、安全标识牌及其他安全防护设施。

（9）安全标识牌、围栏等防护设施的设置正确、及时，工作完毕及时拆除。

（10）阴雨、大雾及大风天气不得在带电区域作业。

（11）在高端换流变压器安装区设置安全距离提示带，警示注意安全距离。

（12）起重设备、吊索和其他起重工具的工作负荷，不准超过铭牌规定。

（13）一切重大物件的起重、搬运工作由有经验的专人负责，作业前向参加工作的全体人员进行安全、技术交底，使全体人员均熟悉施工方案和安全措施，起重时只能一人统一指挥，必要时设置中间支护人员传递信号，起重指挥信号简明、统一、畅通，分工明确。

（14）起重物品绑牢，吊钩要挂在物品的重心线上。

（15）6 级以上的大风时，禁止露天进行起重工作；当风力达到 5 级以上时，受风面积较大的物体尽可能不起吊。

（16）遇有大雾、照明不足、指挥人员看不清各工作地点或起重操作人员未获得有效指挥时，不准进行起重工作。

（17）吊物上不许站人，禁止作业人员利用吊钩来上升或下降。

（18）禁止与工作无关人员在起重工作区域内行走或停留。

（19）起吊重物不准让其长期悬在空中。有重物悬在控制时，禁止驾驶人员离开驾驶室或其他工作。

（20）在站内使用起重机械时，安装接地装置，接地线应用多股软铜线，其截面积应满足接地短路容量的要求，但不得小于 16mm²。

（21）参加施工作业人员还需遵守运行单位的有关要求。

（九）低运高建起重机安全措施

设置危险区警示带，起重机与换流变压器汇流母线的最小安全距离 13m，为增加安全性，在换流变压器广场上距离极 1 低端汇流母线水平位置 13m 处设置安全红线，派专人监护，一旦发生吊臂临近红线，用"鸣哨"警示起重机操作人员和起重机指挥人员，从而确保起重机驾驶人员和起重机指挥人员在安装过程中时刻保持警惕。

吊机操作室内张贴吊臂伸长度警示牌，提醒起重机司机母线已带电，与低端换流变压器汇流母线安全距离保持 13m。

八、环保措施、安全文明施工及成品保护措施

（一）环保措施

（1）在工程施工过程中严格遵守国家和地方政府下发的有关环境保护的法律、法规和规章，加强对施工材料包装等废弃物的控制和治理，接受相关单位的监督检查。

（2）施工现场所有固体废弃物要及时清理，分类放置在工作区域内的分类垃圾桶内，便于集中回收处理。

（3）油漆涂料，集中回收，用完的油漆涂料设专人回收。

（4）将施工场地和作业限制在工程建设允许的范围内，合理布置、规范围档，做到标牌齐全、统一，各种标识准确、清晰，施工场地整洁文明。

（5）严格监控工程施工噪声，确保不影响变电站周围居民正常的生活工作秩序。

（6）施工过程应符合《绿色施工导则》（建质〔2007〕223 号）及古泉换流站工程创绿色施工示范工程策划要求，严格遵守国家和地方政府下发的有关环境保护的法律、法规及规章制度。

（7）对施工机械需定期保养维修，并到归属管理部门审验，对尾气排放不合格的车辆不允许使用。

（8）施工期间降低和减少对周边环境的不利影响，完成施工任务后，加强成品保护措施，施工区域内的垃圾、废料及时清运。

（二）安全文明施工

（1）施工人员进入施工现场佩戴胸卡，穿工作鞋和工作服，着装整齐，正确佩戴个人安全防护用品。

（2）特种作业、特殊工种应经培训合格，持证上岗，非此类人员不得从事相关工作。

（3）施工作业前应检查施工方案中安全措施落实，做到措施不落实不作业，严格依照施工方案施工，遵守安全文明施工纪律，不违章作业。

（4）爱护施工现场各种安全文明施工设施，遵守使用规范，未经现场安全管理人员批准，严禁拆除、移动或挪用安全文明施工设施，对于确需临时拆除的设施，采取相应的临时措施，事后及时恢复。

（5）施工人员有成品和半成品保护意识，自觉维护施工成品、半成品和防护设施，严禁乱拆、乱拿、乱涂和乱抹。

（6）施工作业场地进行围护、隔离、封闭，实行区域化管理，按作业内容分为施工作业区、设备材料堆放区等。

（7）作业现场推行定置化管理，策划、绘制平面定置图，规范设备、材料、工器具等堆（摆）放。

（8）按禁止标识、警告标识、指令标识、提示标识四种基本类型选择现场所需要的标

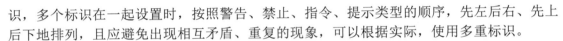

识，多个标识在一起设置时，按照警告、禁止、指令、提示类型的顺序，先左后右、先上后下地排列，且应避免出现相互矛盾、重复的现象，可以根据实际，使用多重标识。

（9）施工现场配备急救箱（包）及消防器材，在适宜区域设置饮水点、吸烟室。

（10）采用钢管扣件组装式安全围栏对施工区域进行围护、隔离，吊装作业区域采用提示遮栏进行隔离，设置施工现场风险管控公示牌等内容。

（三）成品保护措施

（1）安装过程中注重对防火墙、基础、路面及轨道、设备本体的成品保护，设备吊装过程中严格控制防止碰坏基础和设备。安装过程中严禁撬棍、千斤顶等物体直接与地面接触，采取垫钢板或木板等方式。

（2）附件吊装采用吊带，防止损伤表面油漆，套管吊装采取专项措施，严防葫芦碰坏套管。

（3）所有螺栓紧固严格按照厂家规定的力矩值进行紧固。

（4）换流变压器本体上电缆敷设全部采用槽盒引渡，电缆不得外露，并封堵齐全、美观。

（5）对施工人员进行成品保护教育，加强施工人员的成品保护意识。

（6）进行油务作业时，在作业区域铺设防油布保证绝缘油不污染基础表面。

（7）安装工具轻拿轻放，上下传递时使用马桶包，防止脱落砸伤基础表面及变压器身。

（8）换流变压器设备基础，广场路面及轨道系统等已经施工完成，满足换流变压器施工要求。换流变压器设备基础、广场路面及轨道系统等已经施工完成，满足换流变压器施工要求，同时换流变压器广场由土建一次浇筑成形。为保证广场混凝土路面质量工艺，防止附件吊卸和存放过程中对广场地面面基污染及损坏，换流变压器区域设置硬质围栏进行隔离，油务区域、起重机进入吊装位置后地面铺设防油布进行防护，然后在单台换流变压器防油布上方铺设缓冲垫，附件如为铁件应在地面铺设塑料布。

（9）起重机进入换流变压器广场前，应检查起重机状态，如有漏油情况，禁止进入广场。进入广场的起重机就位后，下方铺设防油布，防止漏油污染地面，在起重机行走的下方广场地面铺设五彩布或塑料布，防止轮胎印记对广场污染。

（10）换流变压器安装施工期间，遵守古泉换流站制订的换流变压器广场管理制度。

（11）环境监控系统。安装温度、湿度、粉尘度检测装置及屏幕，包括温度探头、适度探头、粉尘检测器、数据收集装置、显示屏幕等，数据通过探头采集，传输到数据收集装置上，数据装置将数据显示在屏幕上，直观显示现场安装环境。监控和环境监测装置安装专人维护。

九、应急处置方案

（一）套管安装过程中遭遇下雨等恶劣天气

在套管安装对接口及本体检查口处设置防尘、防雨罩，避免雨水、灰尘侵入，遭遇下雨等恶劣天气时，应及时将拆除的盖板可靠封闭，然后通过干燥空气发生器注入露点在−55℃以下的干燥空气至 0.03MPa 左右，正压储存。如遭遇连续雨天，应对本体压力表进行观测和记录，发现密封不良的情况应及时处理。抽真空时发生下雨天气，而密封不良时导致真空无法满足要求时，通过干燥空气破除真空，采取防雨措施尽快将密封不良部位进行处理，然后继续充干燥空气至规定正压储存。待天气好转后继续进行真空处理。

（二）安装过程中突然断电、设备损坏造成无法正常使用处理

在抽真空过程中，如发生突然断电情况，或者真空机组、干燥空气发生器损坏，造成机械设备无法正常工作，采取如下控制措施：

（1）现场配备足够数量应急手电照明灯，抽真空夜间值班时如发生突然断电情况，采取应急照明灯紧急处理，停机并关闭相应阀门。

（2）抽真空过程中如发生断电或设备损坏情况，应及时关闭抽真空阀门并将真空泵停机。

第三节 换流变压器安装工器具及作业平台

吉泉工程换流变压器体量大、单台高端换流变压器油重达 240t 以上油污处理量大、安装精度高、安装条件苛刻。本节就换流变压器内检专用棚、20 000L/h 真空滤油机和牵引拉力监测报警系统三种保安全质量措施施工技术进行介绍。

一、换流变压器内检专用棚

为保障换流变压器器身内部检查工作在潮湿（作业环境湿度超标）或小雨天气情况下能顺利进行，同时确保工艺质量、保证施工进度要求。研制了换流变压器安装内检专用工具，并以此为基础研究形成了换流变压器安装内检专用工具工法，通过研发及实践解决了换流变压器在多雨潮湿的南方安装难题。

换流变压器器身内部检查采用在专门空气净化系统内进行。该系统包括空调、风淋间、防尘棚等模块，防尘棚内部设置空气净化器，该系统具备风淋、除湿、空气净化功能。现场加工防尘棚尺寸为 3000mm×4000mm，采用透明塑料布遮挡，加工成一个密闭的防尘空间，防尘棚与风淋间对接后四周用胶带进行密封，实现了换流变压器内检环境可控的要求，详见图 5-3-1～图 5-3-3。

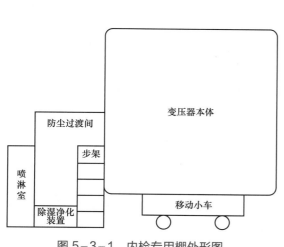

图 5-3-1 内检专用棚外形图

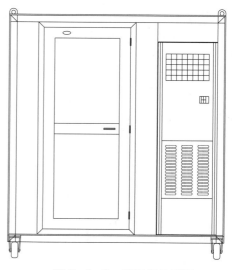

图 5-3-2 风淋间外形图

图 5-3-3 内检专用棚实物图

二、20 000L/h 真空滤油机

为了提升油务处理效率、保障换流变压器绝缘油质量，现场重点管控绝缘强度、滤油效率及精度问题，要求施工单位优化提升施工装备，采购 20 000L/h 真空滤油机。

真空滤油机容量从 12 000L/h 提升至 20 000L/h，油务处理从二级过滤提升至四级过滤，安装效率提升 20%。采用大流量滤油机以保证精准控制滤油机加热器温度，稳定可靠地提升滤油机出口油温，使得热油循环时间从以往的 8 天减少至 6 天。在绝缘等级方面，提高绝缘油的电气强度，电气强度从 70kV/2.5mm 提高至 75kV/2.5mm，从而实现了绝缘和精度的双提升。

三、拉力监测报警系统

换流变压器牵引过程中可能会出现两侧牵引绳受力不一致而导致偏移的问题，开发使用站内移运拉力监测报警系统以防止上述问题的发生，保证换流变压器就位至基础施工的安全质量。

换流变压器就位至基础施工时，左右两侧各设 1 套拉力监测报警装置，监测报警装置实时显示拉力等数据，能够直观、准确地通过数据判断两侧拉力是否受力均衡，防止换流变压器由于两侧受力不均而产生偏斜，从而避免相应的安全质量隐患。

第四节　换流变压器油处理

在换流变压器安装中，可依据合同约定在站外将绝缘油处理至施工验收标准，有效提高换流变压器后续工艺流程。同时站内滤油机容量从 12 000L/h 提升至 20 000L/h，从二级过滤提升至四级过滤，安装效率提升 20%，增加滤油机出口油温，提高热油循环时间可从以往的 8 天减少至 6 天。

一、施工准备

（一）技术准备

（1）绝缘油处理前，检查换流变压器绝缘油出厂技术文件、产品技术协议、有关验收规范及绝缘油处理记录表格等是否齐备。

（2）技术负责人详细阅读产品说明书、施工合同等，了解产品性能、主要参数以及技术规定和要求，并向施工人员做详细的技术交底及安全交底，同时做好交底记录。

（3）施工人员按技术措施和技术交底要求进行作业，对绝缘油处理程序、方法和技术要求做到心中有数，并熟悉厂家资料、技术措施及有关规程规范等。

（4）与厂方人员进行沟通、熟悉。

（二）场地准备

换流变压器设备基础、广场路面及轨道系统等已经施工完成，满足换流变压器阀侧出线装置施工要求。同时换流变压器广场由土建一次浇筑成形，为保证广场混凝土路面质量工艺，防止绝缘油存放过程中对广场地面面基污染及损坏，油务区域地面铺设塑料布或防油布进行防护，并用围栏进行隔离，消防器材布置合理到位。

（三）施工电源准备

施工电源箱采用自备三个末级配电箱，一机一闸一保护。根据现场施工进度，施工电源也可以使用换流变压器广场检修箱。

（四）机具、工器具、安全用具准备

安装前，应将换流变压器安装机具、工器具、安全用具、牵引器具和消耗性材料准备齐全，同时主要施工机具应试用检验合格，其数量和规格满足施工要求具体表 5-4-1。

表 5-4-1　　　　　　　　　　机具、工器具、安全用具准备清单

序号	机具设备名称	规格、型号	单位	数量
1	滤油机	20 000m³/h	台	2
2	真空泵	5000m³/h	台	2
3	起重机	25t	台	1
4	卸扣	5t	只	4
5	吊带	5t	根	2
6	钢丝绳	ϕ18mm，6m	根	4
7	压力表	0～1MPa	个	2
8	万用表		台	1
9	手电筒		把	2
10	电源箱		个	2
11	防护围栏		m	200
12	应急照明灯		台	3

序号	机具设备名称	规格、型号	单位	数量
13	滤油管路	金属钢丝管	m	100
14	真空管路	金属钢丝管	m	100
15	接地线		m	50
16	消防设施		套	2

二、施工工艺流程及操作要点

（一）昌吉换流站

1. 三级注油系统

（1）三级注油系统原理图如图 5-4-1 所示。

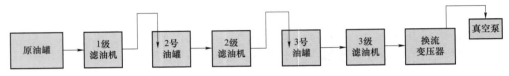

图 5-4-1　三级注油系统示意图

（2）按图 5-4-1 连接管路：2、3 号油罐油流方向为上进下出，其中进油口插入油罐 1.5m，呼吸口处需接吸湿器。油罐除呼吸口的位置外，其他均未密闭。

（3）对 2 号油罐进行注油：连接原油罐与 2 级滤油机的进油管路，开启原油罐排油阀门，启动 1 级滤油机进行自循环，当油温达到 65℃时，对 2 号油罐进行常压排空注油。1 级滤油机加热器温度设定在（70±5）℃（原油罐注油前除性能指标需符合要求外，必须进行加热处理。换流变压器开始注油时，原油罐内油温需不小于 30℃）。

（4）对 3 号油罐进行注油：启动 2 级滤油机进行自循环，当 2 号油罐油位约 1/2～3/4 高度时，由 2 号油罐向 3 号油罐进行常压排空注油。2 级滤油机加热器温度设定在不小于 75℃、出口油温不小于 70℃。对 3 号油罐注油的同时，2 号油罐保持注油状态。

（5）对变压器本体注油：3 号油罐注油至 1/2～3/4 时，开启 3 级滤油机，并采用自循环+注油的方式（滤油机排油泵约 2/3 流量用于自循环，1/3 流量进行注油）注油至换流变压器中（3 级滤油机可不开启加热器，避免油的集中受热形成油蒸汽而使脱气缸真空度上升），3 级滤油机入口油温度 60℃时，脱气缸内的实测真空度应不大于 35Pa；入口油温度 60～65℃时，脱气缸内的实测真空度不大于 45Pa；入口油温度 65～70℃时，脱气缸内的实测真空度不大于 50Pa。注油速度 5～8m³/h，注油过程中应保证 3 号油罐油面在 1/2 以上。当对换流变压器注油的同时，原油罐、2 号油罐持续保持注油状态。

注入换流变压器的油指标必须满足表 5-4-2。

表 5-4-2　　　　　　　　　注入换流变压器的油指标

介质损耗因数（90℃）	击穿电压（kV）	含水量（μL/L）	含气量（%）	色谱（无乙炔）（μL/L）				颗粒度（≥5μm）
				H_2	CO	CO_2	总烃	
≤0.25%	≥80	≤5	≤0.5	<1	<20	<100	<1	≤1000 个/100mL

（6）注油应使用 V 字接头工装，通过注油 V 字接头工装上的排气阀门排出注油管路中的气体。当注油管路内油无气泡时，关闭注油 V 字接头工装的排气阀门。打开换流变压器的注油阀门，调节注油阀门的开度，使 V 字接头工装上的压力表始终保持微正压给变压器注油。

（7）注油过程真空度监测：换流变压器在注油过程中，油箱内的真空度要始终不大于 40Pa。

（8）注油油位监测：当换流变压器的油位快达到中性点阀侧出线装置、网侧出线装置、阀侧出线装置上部阀门时，安排专人进行阀门的控制。各阀侧出线装置阀门露出的油面高于阀门出口约 100mm 后，关闭各阀侧出线装置阀门后，安排专人观察阀套管抽真空管的出油情况。当观察阀套管抽真空管上出现油面时，仔细观察油中是否有气泡冒出，如果油面稳定上升且油中无气泡，证明套管注油质量良好，待油面超过观察窗后，关闭阀套管上的阀门。

当套管完成注油后，继续向油箱内注油，注油至箱盖压力达到 55kPa 时，开启主联管上通往储油柜的阀门，储油柜胶囊预先充气 10kPa，储油柜顶部两端放气口阀门必须呈开启状态，出油后关闭，注油至储油柜标准油位，停止注油，关闭阀门。

（9）开关随主体一同抽空和注油。

2. 热油循环

真空注油后，即可进行热油循环工作。要求油从上进下出。为确保换流变压器的滤油温度，高端换流变压器采用 2 台 20 000L/h 的滤油机进行热油循环作业。换流变压器本体热油循环过程中，需注意：

（1）热油循环前对油管抽真空，采用滤油机对换流变压器进行长轴对角热油循环，滤油机出口油温需设定为（65±5）℃。

（2）油箱中油温维持在 50～60℃，达到此温度后，循环时间要同时不少于：循环时间达到 96h 且总循环油量达到产品总油量的 3～5 倍。

（3）热油循环时间必须符合规定外，其结果的标志是油质在循环结束时，取样化验，满足如下规定的标准：电气强度不小于 75kV/2.5mm；含水量不大于 8mg/L；介质损耗因数 $\tan\delta$（90℃）不大于 0.1%，含气量不大于 0.5%；杂质颗粒不大于 1000 个/100mL（5～100μm 颗粒，无 100μm 以上颗粒），否则仍应继续热油循环，直至达到以上规定的标准为止。

（4）接通热油循环系统的管路，分别依序打开散热片、开关油室与换流变压器本体之间的阀门，然后使热油由油箱顶盖上的蝶阀进入油箱、从下节油箱的滤油阀门流回处理装置。

（5）热油循环完成后，从本体下端取油样做整体检查试验，经过热油循环的油应达相关规程规范要求。

（二）古泉换流站

1. 绝缘油注入前

（1）换流变压器油注入换流变压器油箱之前，应进行脱水和净化处理，处理合格后方能注入换流变压器本体。每批绝缘油到达现场后，数量应与合同相符且有出厂试验报告。应取样进行简化分析，必要时全分析。

注入换流变压器的绝缘油必须符合 GB 2536—2011《电工流体　变压器和开关用的未使用过的矿物绝缘油》和下列条件：

1）电气强度不应小于 75kV/2.5mm。

2）含水量不应大于 8mg/L。

3）$\tan\delta$ 不大于 0.5%（90℃）。

4）颗粒度不应大于 1000 个/100mL（5～100μm 颗粒，无 100μm 以上颗粒）。

5）色谱分析无乙炔。

（2）到场新油取样后不能满足上述标准时，连接滤油机和 15t 油罐上下法兰，检查无漏油后，打开法兰呼吸器开始滤油。滤油操作过程：

1）合上电源操作箱内电源总开关，电源指示正常。

2）全开滤油机粗过滤罐进油阀，全开真空滤油机一次阀，微开二次阀，检查油管内有油流动。

3）按下油温加热器启动按钮，检查加热指示显示正常，自动控制加热系统运行正常。

4）全面检查滤油机运行正常。

滤油机本体出口油温达到（70±5）℃，罐体油温控制在 55℃，速度不大于 10 000L/h，循环大于等于 5 倍油量，达到要求后即可取油化验。

（3）绝缘油化验。打开呼气器，接着打开取样阀进行取油，取油在监理单位见证下进行，送检。如不合格重新滤油，直至合格，油罐挂封签。

进行油样化验热油循环后，绝缘油应满足：

1）电气强度不应小于 75kV/2.5mm。

2）含水量不应大于 8mg/L。

3）$\tan\delta$ 不大于 0.5%（90℃）。

4）颗粒度不应大于 1000 个/100mL（5～100μm 颗粒，无 100μm 以上颗粒），含气量氢不大于 30μL/L、乙炔为 0μL/L、总烃不大于 20μL/L，其他要求满足规程规范及标准要求，在换流变压器安装满足注入要求后，可以注入。

2. 绝缘油注入换流变压器本体

注油全过程应保持真空，注油管路内始终保持正压，注油速度不大于 6000L/h。注油过程中维持油箱内真空度小于 200Pa。滤油机出口油温控制在（65±5）℃范围内，本体进口油温不低于 55℃，必要时应对油箱和注油管路采取保温措施。注入换流变压器的绝缘油必须符合 GB 2536 和本条"3."要求。

3. 换流变压器注油后油处理工艺

（1）热油循环过程中，滤油机出口油温控制在（70±5）℃范围内。当换流变压器本体出口油温不小于 55℃时则开始计时，热油循环油量不少于换流变压器总油量的 5 倍，循环时间不小于 96h（参照厂家作业指导书要求）；换流变压器出口油温达到 55℃维持 24h 后，分两批开启冷却器油泵循环，时间为 6h。继续对换流变压器整体进行循环。循环到时后即可取油样送检，油样指标满足要求后即可停止热油循环。

（2）热油循环后，绝缘油相关指标应满足：① 电气强度不应小于 75kV/2.5mm；② 含水量不应大于 8mg/L；③ $\tan\delta$ 不大于 0.5%（90℃）；④ 颗粒度不应大于 1000 个/100mL（5～100μm 颗粒，无 100μm 以上颗粒），含气量不大于 1%。热油循环后进行静放处理，并按要求进行放气，低端换流变压器静放时间为 7 天，高端换流变压器静放时间为 10 天（参照厂家作业指导书要求）。静放完成后按照现场验收标准进行现场试验，试验合格后方可投运。

（3）绝缘油注油过程及热油循环过程中，需专人看护机组运行情况，同时每 1h 以纸质版形式记录一次滤油机出口油温及换流变压器本体出口油温。

三、质量控制

质量控制要点如下：

（1）变压器油主要起到绝缘和冷却散热作用，其性能指标需满足规范要求，在注入换流变压器前需做简化试验合格，热油循环后需进行油的全分析。

（2）注油前和注油时需抽真空，抽真空的目的是为了换流变压器器身干燥。

（3）不同牌号的绝缘油或同牌号的新油与运行过的油混合使用前，必须做混油试验。

（4）滤油机滤芯需经常更换，滤芯压力值达到 0.75 后必须更换滤芯。

（5）加注补充油时，应通过储油柜上专用的注油阀，并应经净油机注入，注油时应排放本体及附件内的空气。

（6）热油循环后，静置期间应从换流变压器的套管顶部、阀侧出线装置顶部、储油柜顶部、冷却装置顶部、联管、压力释放装置等有关部位进行多次排气。

第五节　换流站 BIM 技术

在吉泉工程建设过程中，建设团队利用 BIM 技术，在模板搭设、装饰装修、主设备安装、钢结构施工中引入三维动画、VR 技术，进行策划、交底等工作，提前将建筑物进行立体模拟，更好地指导现场施工，本节就吉泉工程 BIM 技术的应用进行介绍。

一、BIM 技术在模板工程中的应用

模板工程是一个多工序、多协调、复杂程度极高的分项工程，贯穿整个结构工程施工的全过程。利用 BIM 技术，对模板工程施工全过程进行模拟。通过模拟分析，得出各专业之间逻辑关系，从而确定合理的施工方案来指导施工。

运用 BIM 技术进行模板工程三维设计，可以对构件的属性进行定义，如钢管直径、壁厚、模板的弹性模量等。通过属性定义，可以为构件的安全验算作数据支撑，对构件进行安全验算、输出计算书等。模板支撑体系三维设计完毕，可以统计整个模型中各材料的用量，如模板面积、钢管长度、木方体积、扣件个数等，材料用量的统计有利于现场对材料和资源进行统一管理，实现模板工程的精细化管理。模板工程施工时，木工需通过现场统

计二维图纸构件尺寸，对模板进行集中下料，这样不仅降低了施工效率，还会造成模板的浪费。通过建立好的 BIM 模型，输入现场使用的模板尺寸，对模板进行自动化配模，有利于提高施工效率、避免模板的浪费，见图 5-5-1。

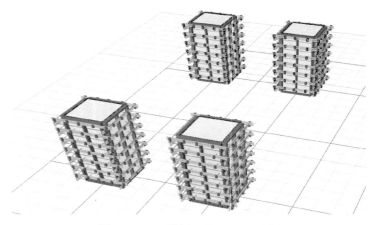

图 5-5-1　模板工程 BIM 示意图

二、BIM 技术在基坑施工的应用

通过创建基坑 BIM 模型，打破基坑设计、施工和监测间的隔阂，直观体现项目全貌，实现多方无障碍信息共享，让不同团队在同一环境下工作。通过三维可视化沟通，全面评估基坑工程，使管理更科学、措施更有效，提高工作效率，节约投资，见图 5-5-2。

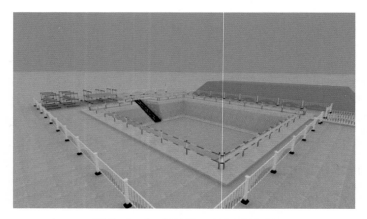

图 5-5-2　基坑施工 BIM 示意图

三、BIM 技术在脚手架工程的应用

通过 BIM 技术，完成建筑物落地双排脚手架模型创建及搭设施工方案要求，进行脚手架材料的精细化统计管理。对脚手架安全系统进行高度模拟保障，最大限度地降低施工风险、节约施工成本、提高施工质量。另外，利用 BIM 技术进行脚手架三维安全技术交底。

四、BIM 技术在室内装饰装修方案评选的应用

在方案评选阶段，使用 BIM 来评估主控楼、综合楼、辅控楼等装饰装修方案的布局、视野、照明、色彩等情况。BIM 可以做到建筑局部的细节推敲，迅速分析设计和施工中可能需要应对的问题。方案评选阶段借助 BIM 提供方便的、低成本的不同解决方案供建设单位选择，通过数据对比和模拟分析，找出不同解决方案的优缺点，帮助项目建设单位迅速评估建筑投资方案的成本和时间。在 BIM 平台下，项目各方关注的焦点问题比较容易得到直观地展现并迅速达成共识，相应的需要决策的时间也会比以往减少，见图 5-5-3。

图 5-5-3　室内装饰装修施工 BIM 示意图

五、BIM 技术在钢结构工程的应用

将 BIM 技术运用到户内直流场、阀厅等钢结构安装环节，建立三维模型对每一个节点进行深化分析，将安装过程中可能遇到的问题提前发现并解决。通过模拟安装及工厂预拼环节固定安装顺序、制订安装顺序流程，每一个构件都有固定的安装顺序，确保每一个构件安装精确到位，见图 5-5-4。

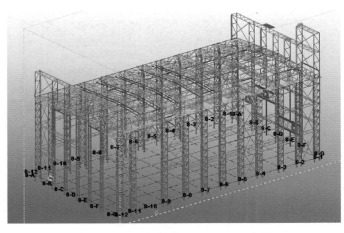

图 5-5-4　钢结构工程 BIM 示意图

六、BIM 技术在户内直流场设备安装工程的应用

建筑 BIM 模型是一个完备的信息模型，能够将工程项目不同阶段的工程信息、过程和资源集成在一个模型中，通过三维数字技术模拟建筑物所具有的真实信息，为工程设计和施工提供相互协调、内部一致的信息模型，使该模型达到设计施工的一体化，从而降低了工程生产成本，保障工程按时保质完成。户内直流场设备众多，吊装环境复杂，施工项目部采用 BIM 技术进行模拟吊装，使得设备安装误差精确到 ±1mm 以内，符合施工工艺标准，见图 5-5-5。

图 5-5-5　户内直流场设备安装 BIM 示意图

七、BIM 技术在极线平波电抗器模拟吊装的应用

±1100kV 换流站极线平波电抗器位于户内直流场，首次在户内采用 500t 起重机进行吊装。平波电抗器吊重为 116t，安装高度为 20.45m。设备重、安装精度要求高、场地受限、对吊装防触碰及就位要求高、吊装难度大，需要提前开展三维 BIM 模拟吊装。通过模拟吊装，取得吊装关键数据，确定最终起重机站位、起吊高度、吊臂角度，见图 5-5-6。

图 5-5-6　BIM 技术模拟平波电抗器吊装

八、BIM 技术在直流穿墙套管模拟吊装的应用

古泉换流站阀厅至户内直流场直流穿墙套管首次由阀厅往户内直流场侧安装，首次进行"反重心"侧吊装。由于阀厅内设备较多，吊装时需要做好换流阀等设备防触碰，同时确保套管能顺利吊装。

通过三维 BIM 模拟吊装，取得起重机站位、吊臂摆动方向幅度等参数，同时模拟套管拆除流程，为应急抢险及设备检修取得重要资料。

九、使用 BIM 技术完成阀厅、户内直流场三维及 VR 视频展示

通过三维技术，有效排查设备安装过程中空间碰撞矛盾，同时通过三维友好的交互界面，更好地对施工一线进行施工交底。通过动画和图形的方式明确施工中需要注意的问题，通过这种方式施工方案得到更有效地落实，为施工工艺有效保障提供条件。

十、BIM 技术在换流变压器安装工程的应用

通过三维建模，将换流变压器的安装过程使用三维视频展示，可以实现提前安排起重机位置及现场设备摆放位置，并可充分了解换流变压器安装过程及安装技术难点，既节约安装时间，也为施工人员提供技术保障，分别见图 5-5-7 和图 5-5-8。

高端换流变压器安装前采用 BIM 模拟技术，对换流变压器整体安装进行动画分解演示，对吊装时起重机的吊装位置、吊装方法等预先进行了模拟，应用在指导现场指导换流变压器的安装，保证方案顺利实施，见图 5-5-9。

十一、BIM 技术在 1000kV 构架组立的应用

古泉换流站 1000kV 构架组立施工前，采用 BIM 三维视频技术进行动画演示交底，将1:1 的节点按工序拆分，形象逼真地展现动态施工过程，替代了传统的文字、表格的表达形式，对构架梁的预拱、吊点的位置选择等预先进行了模拟，应用在指导现场构架的组立，保证方案顺利实施，见图 5-5-10。

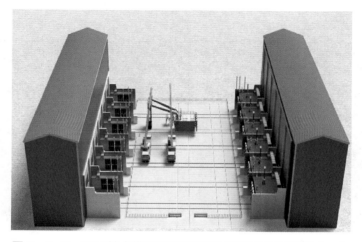

图 5-5-7 BIM 技术模拟变压器安装过程三维视频展示（一）

图 5-5-8　BIM 技术模拟变压器安装过程三维视频展示（二）

图 5-5-9　BIM 技术模拟换流变压器安装演示

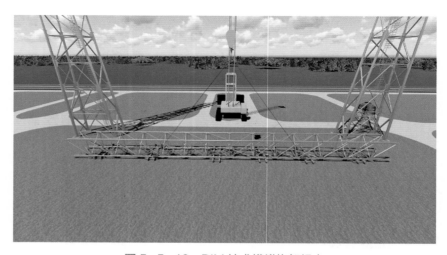

图 5-5-10　BIM 技术模拟构架组立

第六节 换流站集控平台

智慧工地指挥服务平台借助互联网及大数据技术，客观分析施工场域的进度、安全、质量及风险的特征和规律，将虚拟的业务系统与真实世界的场景、时间、人、物信息深度融合，实现和谐的施工管控服务。

智慧工地指挥服务平台实现了施工现场全员的劳务实名制及同进同出的精准管控，实现了施工现场机具、设备、物资材料、环境的全要素数据监测，实现了采集数据、同进同出数据与施工业务数据的全面融合，实现了施工现场全方位的实时可视化管控，构建一体化监控指挥平台，实现施工现场全过程的大数据分析展示，形成智慧工地的数据资产。

一、系统建设目标

（一）实现施工现场全员的劳务实名制及同进同出的精准管控

基于移动信息技术及物联网技术，采集现场施工人员的进出站信息、安全工器具的佩戴与使用信息、施工作业面位置及人员变动信息、安全检查信息、违章照片、监理巡视信息等，通过对采集到数据的分析，对施工人员投入趋势、主要安全隐患、高危区域、问题、规律等进行动态监控，同时可对监理人员的巡视轨迹、巡视过程的近场感知，工作效率测评，为各管理层提供管理依据，以提升现场安全与施工综合管控水平，实现现场劳务实名制及同进同出的精准管控。

（二）实现施工现场机具、设备、物资材料、环境的全要素数据监测

利用 LoRa、NB-IoT、WiFi、蓝牙、GPS、视频采集等技术手段，实现现场施工的动态感知，形成视频、图像、指标参数数据，对施工过程中的机具、设备、物资材料、外部环境、内部环境、人员数据进行实时、精准的全要素管控，提高施工项目管理水平。

（三）实现采集数据、同进同出数据与施工业务数据的全面融合

利用现场采集到的视频数据、环境监测数据、人员监控数据、基坑监测数据、物资设备监测数据等动态感知数据与传统施工工程数据、人员数据、设备数据、物资数据、环境数据及其他业务数据进行融合，按照施工的各层面实现闭环管理，实现对施工全要素的动态监测和可视化管控。

（四）实现施工现场全方位的实时可视化管控，构建一体化监控指挥平台

通过将人员动态、环境及微气象、实时动态影响、大型机具设备行为、风险动态分部、现场巡视和施工进度等数据进行整合，构建一体化的指挥平台，实现对施工全要素的动态监测和可视化管控。

（五）实现施工现场全过程的大数据分析展示，形成智慧工地的数据资产

通过整合采集到的各种设备监控数据与施工业务数据，利用成熟的大数据技术，构建大数据分析模型，进行施工现场质量、安全、风险、进度等的大数据分析，并形成智慧工地的数据资产。

二、系统整体架构

智慧工地指挥服务平台整体架构分为感知层、数据层、应用层、访问层4层。系统的

建设依据行业标准和公司体系保证系统的质量和安全，具体见图5-6-1。

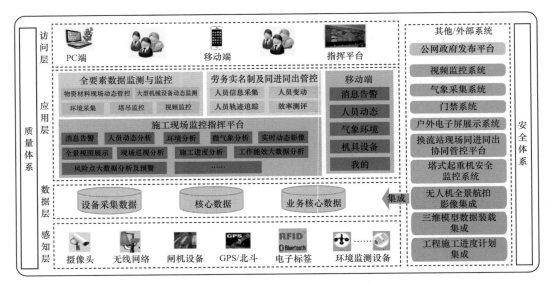

图5-6-1　智慧工地指挥服务平台整体架构

（1）感知层：采用摄像头、闸机、环境监测仪、GPS定位仪等电子设备监测并采集数据，通过无线网络将监测结果数据传输到数据库中。

（2）数据层：通过与现有的视频监控系统、气象监控系统、门禁系统、户外电子屏展示系统、换流站同进同出协同管控平台、塔式起重机安全监控系统、政府发布平台做接口，集成获取监测数据，并通过自动或手动方式集成无人机全景航拍影像数据、三维模型数据、工程施工进度计划数据，对采集到的数据进行统一存储。数据库中分为设备采集数据、核心数据库、业务核心数据三大类。

（3）应用层：智慧工地指挥服务平台包括Web端与移动端两部分。Web端应用包括智慧服务平台分为数据监测与管控、劳务实名制及同进同出管控、施工现场监控指挥服务平台三大部分；移动端包括首页、人员动态、气象环境、机具设备、个人中心五部分。

（4）访问层：访问层是用户直接交互的界面，用户可通过PC、移动设备、展示大屏直接操作智慧工地指挥服务平台。

三、全要素的数据监测与管控

（一）物资材料现场动态管控

物资材料当已到达现场后，通过智能工地App采集进场物资材料清单和实物照片；通过手机App自动获取到货时间、验收人及位置信息。材料动态管理界面如图5-6-2。

（二）大型机械设备动态监测

工地现场有很多的大型机械设备，通过以下三种方式进行管理。

1. 对现场起重机械类、施工机械类

通过智慧工地平面布置图展示功能，支持按照机械分类进行查询，展示现有工器具设备在现场的施工分布情况及历史分布动态变化；点击某设备，可以查看设备的进场时间、检查状况、责任人等信息，见图 5-6-3。

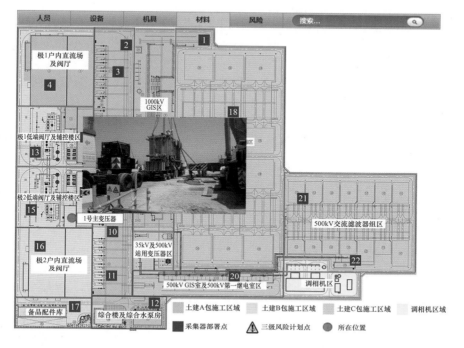

图 5-6-2　材料动态管理界面

工器具信息列表

下载导入模板　导入

工器具名称：　　是否过有效期：全部　　检查周期：全部　　最后检查日期：

查询　新建

序号	工器具名称	检验单位	进场时间	有效期至	检查周期	最后检查日期	工器具状态	完整程度	是否绑定二维码	问题	操作
1	磨光机	厂家	2016-09-14	2017-08-30	1个月		待检查	完整	是	0	编辑 删除
2	马路切割机	厂家	2016-09-14	2017-05-30	1个月		待检查	完整	是	0	编辑 删除
3	磨光机	厂家	2016-09-14	2017-08-30	1个月		待检查	完整	是	0	编辑 删除
4	刚劲切断机	厂家	2016-09-14	2017-10-21	1个月		待检查	完整	否	0	编辑 删除
5	磨光机	厂家	2016-09-14	2017-08-30	1个月		待检查	完整	是	0	编辑 删除
6	钢筋弯箍机	厂家	2016-09-14	2017-03-16	1个月		待检查	完整	是	0	编辑 删除
7	磨光机	厂家	2016-09-14	2017-08-30	1个月		待检查	完整	是	0	编辑 删除
8	钢筋弯曲机	厂家	2016-09-14	2017-01-14	1个月		待检查	完整	是	0	编辑 删除
9	钢筋弯曲机	厂家	2016-09-14	2017-01-14	1个月		待检查	完整	是	0	编辑 删除
10	磨光机	厂家	2016-09-14	2017-08-30	1个月		待检查	完整	是	0	编辑 删除

图 5-6-3　工器具管理列表

2. 甲供设备的定位管理

对于甲供设备，根据现场条件选择安装智能信标或二维码，记录甲供设备物资的存放位置信息。

3. 设备登记管理，安装 GPS 智能信标

对非常重要的设备进场时安装 GPS 智能信标，实时记录位置信息、轨迹信息。

4. 二维码扫描

现场查询人员在工地检查过程中，可以通过扫码的方式，查看现有工器具的基本信息，如责任人、责任单位、进场时间、检验时间等。

（三）环境采集

（1）社会环境（舆情、重大事件、公共事件）。通过地方政府网站，抓取近期社会问题、重大事件、公共事件、舆情信息，见图5-6-4。

（2）区域环境（作业区内）。通过微型气象站嵌入式技术，测量风速、风向、气温、气湿、气压、全辐射、雨量、蒸发、土壤温度、土壤水分等各类气象数据。系统采用模块化设计，可根据用户需要（测量的气象要素）灵活增加或减少相应的模块和传感器，任意组合，方便、快捷地满足各类用户的需求。系统自带显示、自动保存、实时时钟、数据通信等功能。该自动气象站具有技术先进、测量精度高、数据容量大、遥测距离远、人机界面友好、可靠性高的优点。气象信息采集仪器见图5-6-5。

图5-6-4　政府公共事件信息　　　　　　　图5-6-5　气象信息采集仪器

（四）塔吊监控

塔吊监控主要提供给建筑安全监督管理部门、施工企业、项目部、监理单位和塔吊产权所有人等各方主体使用，实现多方主体的塔吊远程监督和管理。塔吊安装设备图见图5-6-6。

（1）塔吊位置地图智能显示。塔吊实际安装地理位置、项目信息、工作状态等相关信息一键获取，直观明了。

（2）塔吊运行参数实时显示。通过网络传输直接获取塔吊作业的各种性能参数，管理人员如临现场，系统集成手机短信报警模块，及时告知现场报警信息。

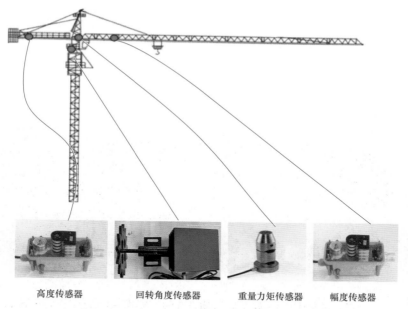

| 高度传感器 | 回转角度传感器 | 重量力矩传感器 | 幅度传感器 |

图5-6-6 塔吊安装设备图

（五）视频监控

视频监控信息见图 5-6-7，可实时跟踪施工单位现场作业动态，重点监控深基坑开挖、脚手架搭设、高大模板支护及电气设备吊运、安装等重大安全风险；严格把控关键节点施工质量，留存隐蔽工程施工视频信息，可查询历史记录，辅助追查事故原因，其特点如下：

图5-6-7 视频监控信息

（1）24h 全天候实时监控。

（2）可以有针对性地对重点防护部位增加关注度。

（3）管理部门工作人员可以在集控室里集中监控，发现问题可以与现场人员直接沟通，现场安全人员实时取证记录并发出整改指令。远程监控和现场巡检实现相互配合，使安全管理更加严谨高效。

（六）首页

智慧工地指挥服务平台首页界面见图5-6-8。

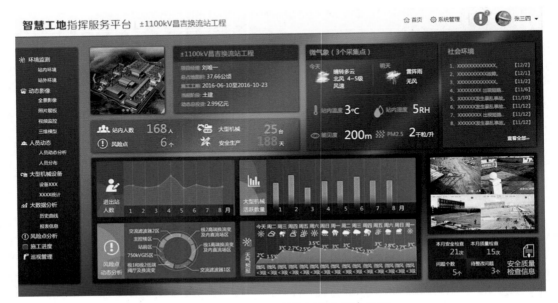

图5-6-8　智慧工地指挥服务平台首页

首页展示的要素如下：

（1）登录用户信息：系统右上角展示登录用户的头像，点进去可以查看用户的详细信息。

（2）消息提醒、预警提示：在页面右上角部分展示最新的消息或预警信息提醒，当有消息或者预警时用不同的状态进行提醒，点击可查看详情进入详细信息。

（3）工程概况：首页展示工程名称、项目经理、占比面积、施工工期、当前阶段、项目总投资信息。

（4）工程总人数、活跃人数（进出站的总人数）：首页上用大号字体展示工程当前站内人数、大型机械数量、风险点数量、安全生产天数信息。

（5）微气象：首页展示采集到的微气象信息，包括施工现场的当天天气信息、站内温度、湿度、能见度、PM2.5指数信息，以及明天天气预报信息，点击详情可以进入［微气象］页签。

（6）社会环境：将从政府公共信息采集平台采集到工程施工的社会环境信息动态展示在首页右上方，点击查看更多可以进入［站外环境］展示页签。

（7）视频监控：展示施工现场以多窗口形式展示几个监控关键位置的视频信息。该视频定期动态更新。

（8）图表展示区域：用图表形式展示进出站人数信息、大型机械活跃数量信息、风险点动态分析、天气预报信息。

1）出站人数信息：展示施工周期内每个月的进出站人员数量，用折线图展示。

2）大型机械活跃数量信息：展示施工周期内每个月的大型机械活跃数量，用柱状图展示。

3）风险点动态分析：展示施工区域范围内每个区域的风险点数量，用环形图表示。

4）天气预报信息：展示施工地区未来15天的气象预报信息，包括天气、温度、风向信息。

（9）安全质量信息：首页展示本月安全检查的次数、本月质量检查次数、问题数量和待整改问题数量，点击进入［巡视管理］页签查看更多详情。

（七）工程概况

通过首页的工程介绍界面链接进入工程概况界面，工程概况界面介绍工程的概况介绍、工程的航拍影像信息、图片信息等，作为工程的缩影视图。工程概况界面图见图5-6-9。

图5-6-9 工程概况界面图

（八）环境监测及微气象

1. 社会环境

施工现场监控智慧平台中，将采集到的近期相关新闻，按照社会问题、重大事件、公共事件、舆情信息分类展示。

支持按照时间、标题关键字进行查询，并能查看历史社会环境信息。

首页的滚动条也是［社会环境］信息展示的入口之一。

2. 微气象

环境监测设备采集到的实时环境信息，气象环境中的温度、湿度、风向、降水量、噪声、粉尘等以列表的形式展示出来。不同采集点采集到的数据可以分开查看，见图5-6-10。

（九）实时动态影像

动态影像展示包括4部分内容，即全景影像、多维电子照片墙、视频监控、三维模型展示。

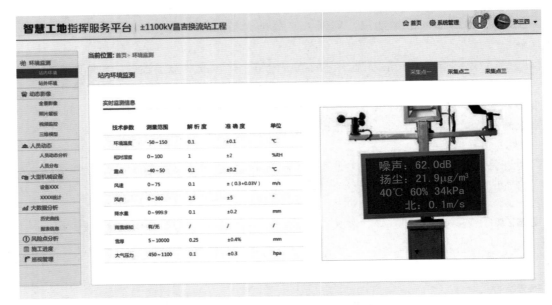

图 5-6-10　社会环境展示界面示意图

1. 全景影像

全景地图也称为 360° 全景地图、全景环视地图，是指把三维图片模拟成真实物体的三维效果的地图，浏览者可以拖拽地图从不同的角度浏览真实物体的效果。

还可通过时间轴的方式，按周查看历史全景影像信息，辅助工程管理。

全景影像界面图示例见图 5-6-11。

图 5-6-11　全景影像界面图示例

2. 多维电子照片墙

多维电子照片墙中按单位、专业/工种和时间轴展示照片信息。整合对施工中业主、监理、设计、施工、厂商、其他等各单位的检查结果，展示施工检查结果中存在的问题及亮点。使用多元化方式表扬优秀，并督促问题改进。照片展板界面示意图见图 5-6-12，照片墙效果见图 5-6-13。

图 5-6-12　照片展板界面示意图

图 5-6-13　照片墙效果

3. 视频监控

视频监控功能在以多窗口形式展示拍摄的深基坑开挖、脚手架搭设、高大模板支护及电气设备吊运、安装等重大安全风险监控处的视频，视频是动态的，可以实时变更，严格把控关键节点施工质量，留存隐蔽工程施工视频信息。

视频监控功能可查看监测点的历史记录，辅助追查事故原因。

视频监控可远程遥控监测仪器设备。

4. 三维模型展示

三维模型展示变电站的数字化三维设计、数字化施工，实现设计过程数字化、可视化管理。展示内容包括大件运输模拟、大跨度钢结构吊装模拟、大型设备安装、检修模拟 4 类数字化模型。

三维模型展示可以按照设计单位分别查看管理，图 5-6-14、图 5-6-15 所示分别为两个设计院的三维模型展示效果图。

图 5-6-14　三维模型展示（一）

图 5-6-15　三维模型展示（二）

（十）人员动态

1. 人员动态分析

人员动态分析管理进展的人员数量，包括工程总人数、当前日期进站人数量信息，并展示每天的施工工地进站的人员数量，用折线图展示，见图5-6-16。

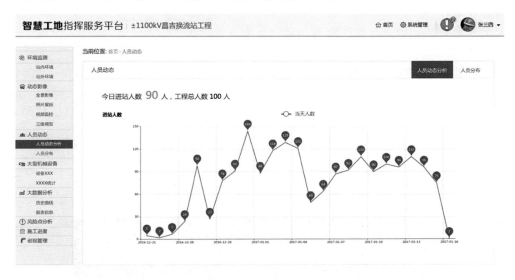

图5-6-16 人员动态分析图

2. 人员分布

人员分布管理是通过智能信标或者GPS定位仪，在施工主界面图上实时动态显示施工现场人员的分布信息，不同单位的人员用不同颜色显示，便于管理人员查看施工人员的动态，见图5-6-17。

图5-6-17 人员分布图

（十一）大型机械设备行为分析

1. 甲供物资的定位管理分析

对于甲供设备，通过在甲供设备上或周围安装智能信标或二维码，记录甲供物资的存放位置，在现场平面布置图上用亮点标识展示甲供物资的存放位置，不同物资用不同的颜色或形状展示。

选定一个具体的物资，支持查看其该物资所在位置照片信息。

2. 大型设备分布

通过大型机械设备安装的定位仪，实时记录大型设备的位置信息，根据采集到的数据进行大型设备分布分析，可实时查看单个机械设备（比如塔式起重机）信息，选中某个设备之后，可查看该设备现场拍摄的照片，还可查看档案信息/活动轨迹、检修记录/检测数据。

3. 大型设备活跃状态

系统中通过对大型机械设备使用数据，计算重点大型机械设备的使用频率，分析各大型设备活跃状态并用柱状图表展示，还可查看大型设备的历史时间活跃状态，见图5-6-18。

图5-6-18 大型设备活跃状态分析

（十二）现场巡视展示分析

现场巡视展示分析包括问题分布和亮点分布两部分。

1. 问题分布

问题分为检查问题、三级风险问题、工器具问题三类。

问题分布功能在工程平面底图上，根据检查的问题信息标记出各个位置存在的问题，不同类别的问题用不同图标标记。可以点进去查看任意问题的详细信息，包括责任单位、检查单位、问题标题、整改要求、现场照片信息，并在整改完成后完善整改内容和整改后照片信息，见图5-6-19。

2. 亮点分布

现场巡视结果中的工程施工亮点用原形图案展示，划分为三级亮点，亮点级别越高，图案越大。可以查看每一处亮点的详细信息，详细信息包括亮点标题、亮点所处进度、负责单位、优秀等级、亮点照片。

（十三）施工进度分析

施工进度分析中展示工程施工信息，并对可能影响施工的因素进行分析，预测施工是否提前或者延期。

如工程延期，分析出影响进度的原因，并给出可行的进度追赶建议。

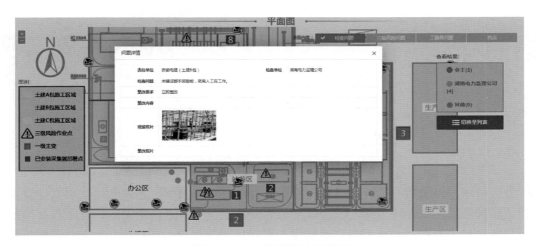

图 5-6-19 问题分布及详情

（十四）风险点动态分析

依据风险计划编制表，在施工分布图上标识的风险发生的具体位置，自动在地图中标注出风险的分布情况，不同的风险等级用不同的颜色和图标标识，统计标记风险点检查数量、漏检数量。

可以点击任意风险点查看风险详情，详细信息包括风险点发生时间、所属区域、详细坐标信息、所处施工进度，风险单位。

（十五）用户信息

用户信息展示用户头像、联系方式、所属单位、个人任务、红包积分等功能。其中，红包积分功能是对用户使用系统积极性的一种鼓励方式，用户每扫描一次二维码、完成一次巡视、上传一次设备物资信息、施工影像、模型等数据，系统会自动给予用户积分奖励，每周进行积分排名，排名前 10 名的工作人员会收到不同数额的红包。

积分数据每周为一周期，周末清零，周一开始重新计分。

第六章

工 程 调 试

　　直流输电工程调试分为联调试验、设备调试、分系统调试、站系统调试和系统调试。联调试验的目的是从系统角度全面检验参与调试的二次系统设备的功能、性能及其接口功能。设备调试的目的是确认设备在运输中没有损坏，检查设备的状况和安装质量，检验设备是否能够安全地充电、带负荷或者启动，以及设备性能和操作是否符合合同和技术规范书的要求。分系统调试是换流站所有独立分系统的充电或启动试验，其目的是证明几个部件能作为一个分系统组合在一起安全地运行，并检查其功能、性能是否满足合同和技术规范书的要求。站系统调试的目的是按照合同和技术规范书的要求，检查单个换流站的功能，同时也为端对端系统调试做好准备。系统调试目的是全面考核特高压直流输电工程的所有设备性能和二次控制保护设备的功能，检验直流输电系统各项性能指标是否达到合同和技术规范书规定的指标，确保工程投入运行后，设备和系统的安全可靠性；通过系统调试，可以掌握直流输电工程系统运行性能，从而对工程的性能做出全面、正确的评价。

　　在这 5 个阶段中，联调试验和设备调试是分系统调试的基础，分系统调试是站系统调试的基础，站系统调试是系统调试的基础，系统调试是对直流输电工程的系统和设备性能的整体检验，是对工程投运前的最后把关。因此，工程调试的各个环节相互衔接、层层把关。工程调试的目的和作用就是力求在系统投运前，通过调试对设备和整个工程进行全面检验，消除所有不安全因素，保证工程安全可靠地投入运行。本章以吉泉工程调试为例进行阐述。

第一节　联　调　试　验

　　由于直流电压的提升和输电距离的增大，±1100kV 特高压直流输电系统运行特性较±800kV 特高压直流发生显著改变，故障电流上升速度更快，高端与低端阀组之间、故障极与健全极之间的耦合影响更加强烈，送、受端通信时延大，协调控制时效减弱、直流故障恢复速度变慢。联调试验聚焦±1100kV 特高压直流输电特点、难点，揭示±1100kV 特高压直流运行及故障规律，优化提升直流系统运行性能，为±1100kV 特高压直流输电的建设奠定了坚实技术基础。

一、联调试验的目的和意义

　　直流控制保护系统联调试验是指通过数字或物理方式仿真电力系统，通过功率放大器等接口设备与工程真实的直流控制保护系统的主要设备连接，构成闭环的测试系统。由于全面真实地反映了直流控制保护系统实际的运行条件，因此通过控制保护联调试验可以全面检查直流控制保护系统各组成部分的接口特性，全面测试直流控制保护系统的整体功能、性能。在直流控制保护系统到达现场之前就可以进行内部功能模块、接口的试验，并且利用联调试验故障可再现、试验条件容易满足、工作环境较好的有利条件迅速解决问题，大大减少现场调试的时间，缩短工程建设的周期。

　　一方面，吉泉工程超高电压、超长线路、超大容量加上交流侧分层、直流侧耦合的工程特点，给直流控制保护系统的设计带来新的挑战和更高的要求，工程投运前，需要对控制保护系统的功能进行全面验证。另一方面，吉泉工程二次设备供货厂家众多，接口设计复杂，需要进行详细的接口试验验证，保证控制保护系统与其他二次设备的接口功能正确。联调试验要全面提升吉泉工程控制保护设备的可靠性、进一步优化吉泉工程控制保护系统功能性能，力争实现不因控制保护装置原因导致系统调试过程出现问题。

二、联调试验项目与方案

（一）总体情况介绍

　　本次联调试验的设备包括直流控制保护系统、阀控（VBE）、中点直流分压器（古泉换流站）、阀冷控制保护系统、站主时钟、安全稳定控制、站间通信切换装置、光 TA 接口设备等。

　　本次联调试验共分 24 个大项，涉及系统自监视与切换、顺序控制与连锁、控制系统动态响应、无功控制、故障与保护（双极/极/换流器保护）、阀控设备接口、双套控制主机死机措施等试验内容。吉泉工程是受端分层接入 500kV/1000kV 不同交流电网的特高压直流输电工程，考虑分层接入接线方式特点，增加了反送运行方式的试验项目以及分层相关的试验项目。

　　本次控制保护联调试验的控制保护设备共计 232 面屏柜，涵盖交流站控、换流器控制、换流器保护、极控制、极保护、阀控（VBE）、SCADA 以及站间通信等屏柜种类。设备接线示意图如图 6−1−1 所示。

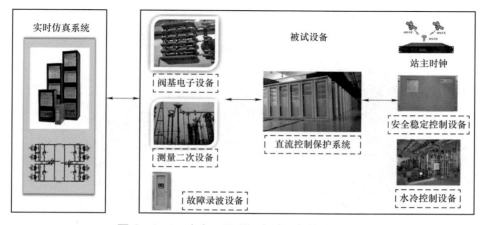

图 6−1−1　吉泉工程联调参试设备接线示意图

（二）联调试验项目

1. 直流控制试验

直流控制试验包括顺序控制和连锁试验、初始状态检查试验、空载加压试验、分接头控制试验、有功功率控制试验、无功功率控制试验、自检监视及切换试验、外特性试验、电压平衡控制试验、换流器投退试验、附加控制试验、无功控制试验、中点分压器故障试验等。

2. 直流保护试验

直流保护试验具体项目为：① 保护闭锁顺序控制；② 换流器故障试验；③ 极故障试验；④ 双极故障试验；⑤ 交流系统故障试验；⑥ 直流滤波器故障试验；⑦ 直流线路保护试验。

直流保护试验故障点示意图见图6-1-2。

（1）换流器故障类型见表6-1-1。

表6-1-1　　　　　　　　　　换 流 器 故 障 类 型

序号	故障类型	故障点
1	脉冲故障	F9
2	Bypass Breake 合故障	F10
3	Bypass Breaker 开故障	F10
4	阀短路	F11
5	阀短路后备保护	F11
6	换流器高压侧接地故障	F12
7	换流器中点接地故障	F14
8	换流器短路	F15
9	YY换流器单相故障	F16
10	YY换流器相间故障	F17
11	YD换流器单相故障	F18
12	YD换流器相间故障	F19

（2）极故障类型见表6-1-2。

表6-1-2　　　　　　　　　　极 故 障 类 型

序号	故障类型	故障点	备注
1	脉冲故障	F9	
2	极母线对地故障1	F13	
3	换流器中点接地故障后备保护	F14	
4	极中点接地	F20	
5	极中点接地后备保护	F20	
6	极母线对地故障2	F21	
7	直流线路故障	F22	故障时间分短时间、长时间和永久故障
8	中性母线接地1	F23	
9	中性母线接地2	F24	
10	接地极线路开路	F40	
11	NBS故障	F41	
12	无通信退出换流器		
13	空载加压故障		

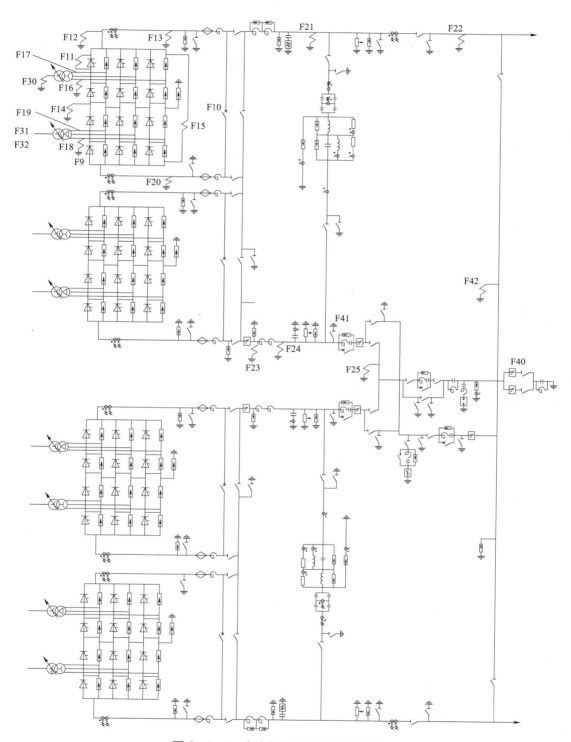

图 6-1-2　直流保护试验故障点示意图

（3）双极故障类型见表 6-1-3。

表 6-1-3 双 极 故 障 类 型

序号	故障类别	故障点	备注
1	双极中性母线接地故障	F25	故障分短时间、长时间故障和永久故障
2	接地极线路电流不平衡	F40	
3	站接地过流保护		
4	双极中性母线接地故障后备保护	F25	
5	金属回线返回线路接地故障	F42	
6	转换开关保护	NBGS 故障	
7		GRTS 故障	
8		MRTB 故障	

（4）交流系统故障类型见表 6-1-4。

表 6-1-4 交 流 系 统 故 障 类 型

序号	故障类型	故障点	备注
1	相对地故障	F30	故障时间分为短时故障和长时间故障，有通信/无通信，重合成功/不成功
2	相间故障	F31	故障时间分为短时故障和长时间故障，有通信/无通信
3	三相故障	F32	故障时间分为短时故障和长时间故障，有通信/无通信

（5）直流滤波器故障类型见表 6-1-5。

表 6-1-5 直流滤波器故障类型

序号	故障类别	序号	故障类别
1	高压端接地故障	5	高压电容器电容击穿故障
2	高压电容器桥臂短路	6	直流滤波器电阻热过负荷故障
3	高压电容器接地故障	7	直流滤波器电抗热过负荷故障
4	低压端接地故障		

3. 接口试验

（1）阀控接口试验。

（2）稳控接口试验。

（3）阀冷控制保护接口试验。

（4）光 TA 接口试验。

4. 特殊试验

（1）专项试验。

（2）补充试验。

（3）运行人员操作试验。

（4）系统调试预验证试验。

三、联调试验成果

（一）总体情况介绍

按照"全面验证控制保护性能，完全验证现场系统调试项目，确保不因控制保护系统调试不到位导致任何现场系统调试问题以及影响工程长期安全稳定运行。"的工作目标，完成各类试验 2368 项，其中功能、性能及接口试验 1690 项，研究性试验 58 项，系统调试预验证试验 523 项，运行单位开展的运行操作和检修功能试验 155 项，联调试验涵盖直流系统全部 45 种运行方式，关键策略的改动均在多种运行方式下进行全面彻底的反复验证，全面验证了直流系统的功能和性能，妥善处理了各类缺陷与问题。

（二）联调试验发现和解决的问题

吉泉工程联调试验共发现与解决的问题超过 30 项，涉及系统平台、应用软件、设备硬件、设备接口等多个方面，其中比较典型的问题列举如下。

1. 送端单阀组保护闭锁，直流线路低电压保护误动作

（1）故障现象：双极全压运行，模拟极 1 整流站高端阀组阀短路故障，高端阀组阀短路保护动作，执行阀组 X 闭锁后，极 1 直流线路低电压保护动作，移相重启。高、低端阀组波形分别见图 6-1-3 和图 6-1-4。

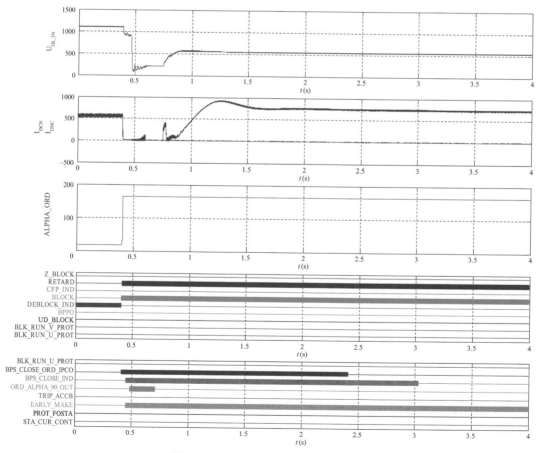

图 6-1-3　吉泉工程高端阀组波形

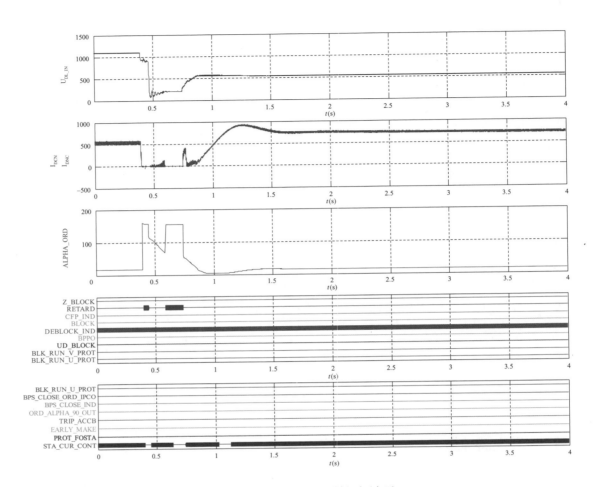

图 6-1-4　吉泉工程低端阀组波形

（2）原因分析。整流站阀组 X 闭锁时序为：故障阀组立即移相闭锁，合旁通开关，跳交流开关；本极另一阀组移相（触发角从 15°迅速增大到 164°），等故障阀组旁通开关合上后，解除移相，触发角快速从 164°降为 110°，随后由电流控制器按照一定速率恢复角度。故障对应的逆变侧阀组收到整流站的闭锁信号后执行 Alpha90，投旁通对，合旁通开关，旁通开关合上后闭锁阀组；本极另一阀组自动调节。

试验过程中，整流站高端阀组 X 闭锁后，低端阀组解除移相，恢复角度的过程中，直流线路低电压保护非预期动作，移相重启。直流线路低电压保护的判据为直流电压低于 0.35（标幺值），延时 80ms 移相重启。经查看录波，直流线路低电压保护的判据满足，保护动作正确。

查看了上海庙—临沂±800kV 特高压直流输电工程（简称上山工程）的联调试验波形，经对比分析，非故障阀组移相消除，恢复角度的过程中，上山工程电压建立的速度高于吉泉工程，故相同的试验工况下，吉泉工程直流电压上升慢，达到了直流线路低电压保护定值，保护动作出口。波形见图 6-1-5 和图 6-1-6。

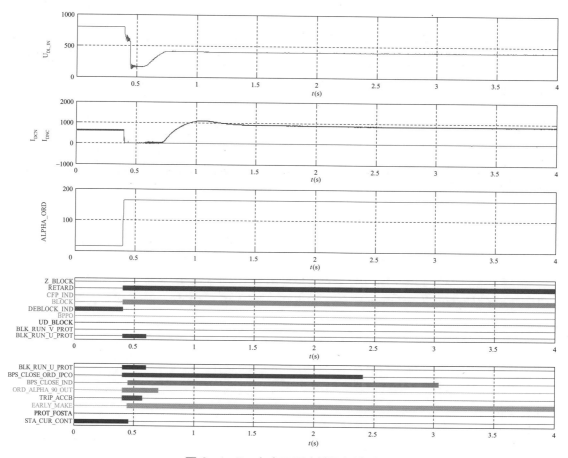

图 6-1-5　上山工程高端阀组波形

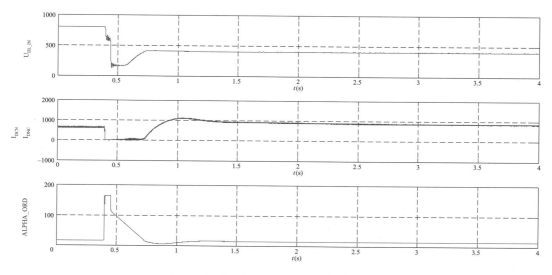

图 6-1-6　上山工程低端阀组波形

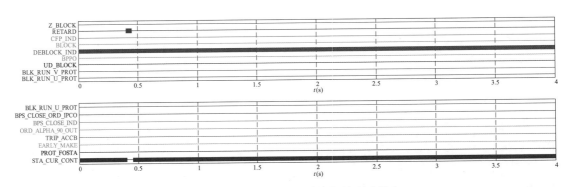

图6-1-6 上山工程低端阀组波形（续）

上山工程的线路长度为 1220km，吉泉工程的线路长度为 3324km，研究后确认为两工程的线路长度不同从而影响了直流电压建立的速度。进一步以下面试验为例进行说明。

双极全压运行，功率 0.1（标幺值），模拟极 1 直流线路金属性接地故障 100ms，直流线路突变量和行波保护动作，移相重启一次，重启成功，直流恢复正常运行。波形见图 6-1-7 和图 6-1-8。

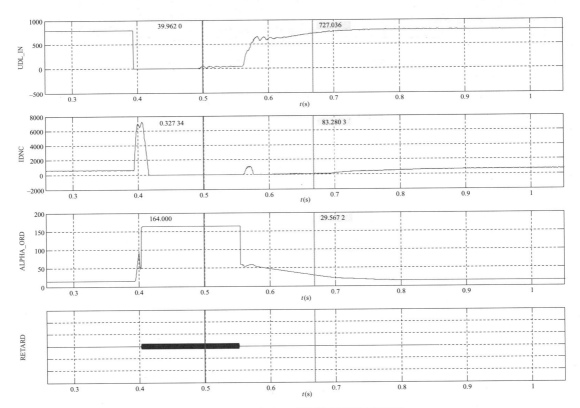

图 6-1-7 上山工程直流线路故障波形

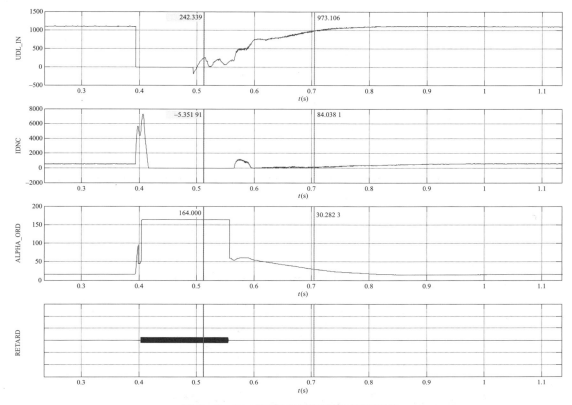

图6-1-8　吉泉工程直流线路故障波形

由图6-1-7和图6-1-8可得，故障在100ms清除后，换流器还处于移相状态，此时上山工程线路上的电压在40kV附近振荡，吉泉工程线路上的电压在200kV附近振荡；从移相结束到电压升到90%的时间，上山工程为115ms，吉泉工程为168ms。可见吉泉工程线路长，线路对地电容较大，因此相同的故障工况下，建立电压的速度较慢。

进一步在RTDS模型上缩短了吉泉工程的线路长度，模拟了同样的高端阀组阀短路X闭锁试验，高端阀组闭锁后，低端阀组解除移相，恢复角度，建立电压和电流。由于线路短，电压建立较快，这一过程中没有发生直流线路低电压保护误动作。波形见图6-1-9和图6-1-10。

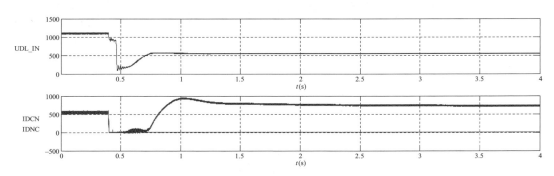

图6-1-9　吉泉工程阀组故障试验之高端阀组波形（一）

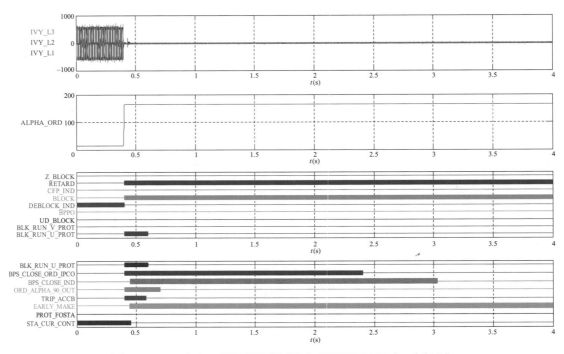

图 6-1-9　吉泉工程阀组故障试验之高端阀组波形（一）（续）

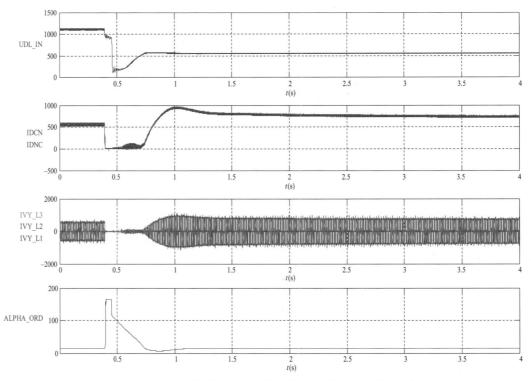

图 6-1-10　吉泉工程阀组故障试验之低端阀组波形（一）

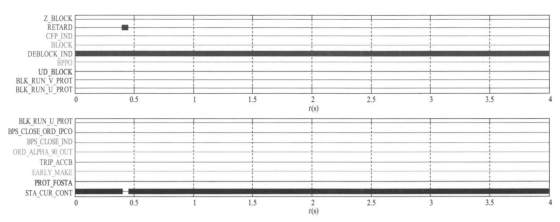

图 6-1-10 吉泉工程阀组故障试验之低端阀组波形（一）（续）

（3）解决方案。单阀 X 闭锁，本极非故障阀组移相结束后加快角度的恢复速度，尽快建立直流电压。具体措施为阀组移相后加快角度从 164° 恢复到 90° 的速率（90° 向 15° 的调节由电流控制器进行，保持不变），从而加快电压的建立，避免直流线路低电压保护误动作。修改策略后重新进行了试验，没有发生直流线路低电压保护误动，波形见图 6-1-11 和图 6-1-12。

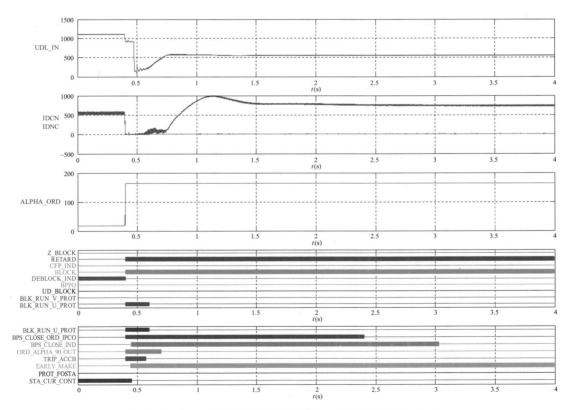

图 6-1-11 吉泉工程阀组故障试验之高端阀组波形（二）

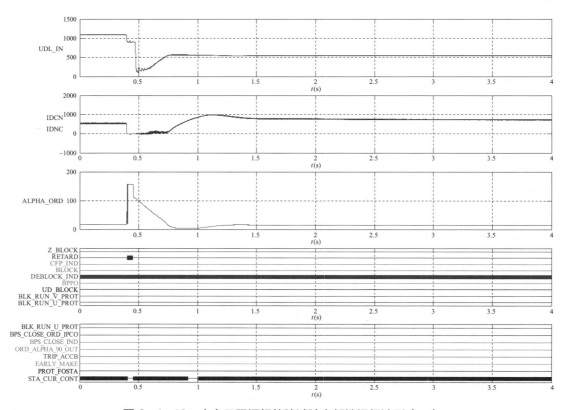

图 6-1-12　吉泉工程阀组故障试验之低端阀组波形（二）

2. 逆变侧单阀 Y 闭锁，健全阀组换相失败

（1）故障现象。双极全压运行，通过置数的方式模拟极 1 逆变侧高端阀组 Y 闭锁，本极低端阀组出现换相失败，波形见图 6-1-13 和图 6-1-14。

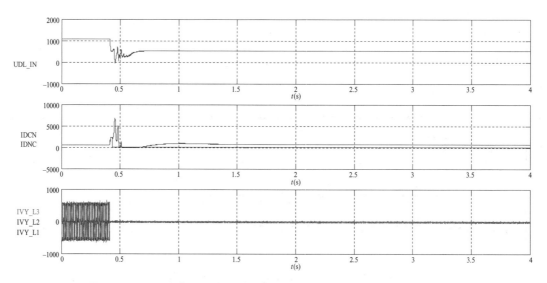

图 6-1-13　吉泉工程逆变站阀组故障试验之高端阀组波形（一）

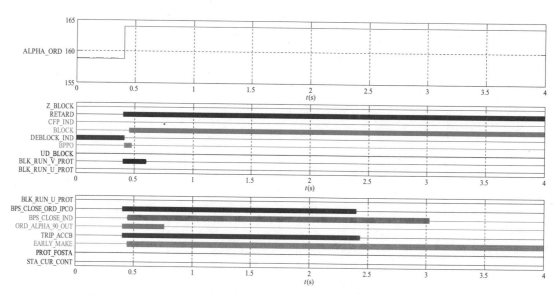

图 6-1-13　吉泉工程逆变站阀组故障试验之高端阀组波形（一）（续）

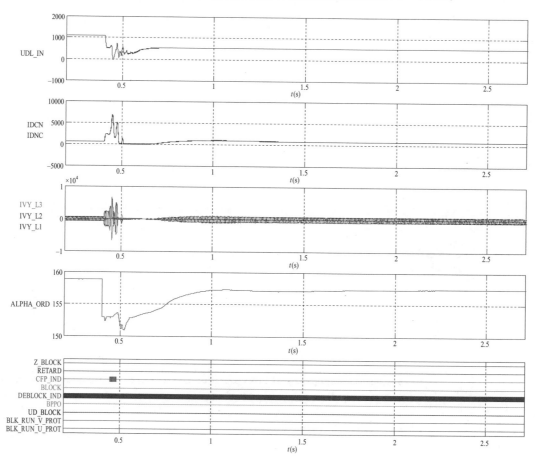

图 6-1-14　吉泉工程逆变站阀组故障试验之低端阀组波形（一）

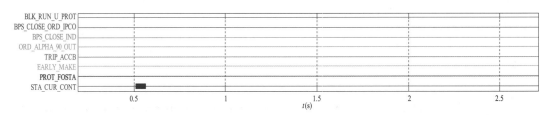

图 6-1-14　吉泉工程逆变站阀组故障试验之低端阀组波形（一）（续）

（2）原因分析。逆变侧单阀 Y 闭锁的动作时序为：立即执行 Alpha-90，跳开关，合旁通开关，并投旁通对，旁通开关合上后闭锁换流阀；本极另一阀组自动调节。整流侧收到逆变侧的动作信号后，执行 Alpha-90，投旁通对，合旁通开关，旁通开关合上后闭锁换流阀；本极另一阀组自动调节。

试验过程中，由于线路较长，两站通信延时也较长（按 35ms 考虑），逆变侧高端阀组执行 Y 闭锁，逐步投入旁通对，合上旁通开关的过程中整流站因尚未收到逆变站的保护闭锁信号而未执行闭锁时序，造成直流电流迅速上升，从而导致逆变侧低端阀组出现换相失败。

（3）解决方案。逆变侧故障阀组执行 Y 闭锁时，延时 10ms 投入旁通对，以缩短整流、逆变两侧动作的时间差，这样有利于整流侧配合抑制逆变侧的直流电流上升，避免换相失败。修改策略后，重新进行试验，低端阀组没有出现换相失败，波形见图 6-1-15 和图 6-1-16。

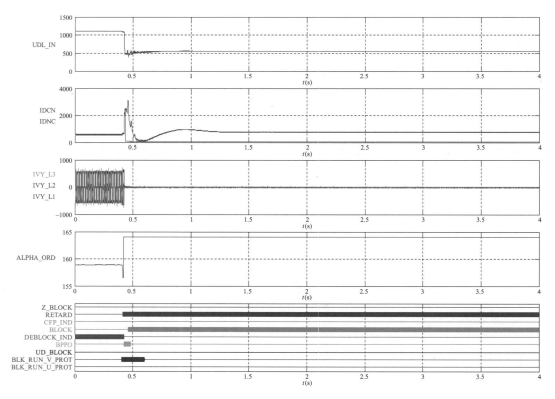

图 6-1-15　吉泉工程逆变站阀组故障试验之高端阀组波形（二）

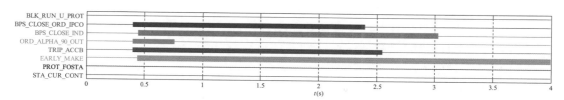

图 6-1-15 吉泉工程逆变站阀组故障试验之高端阀组波形（二）（续）

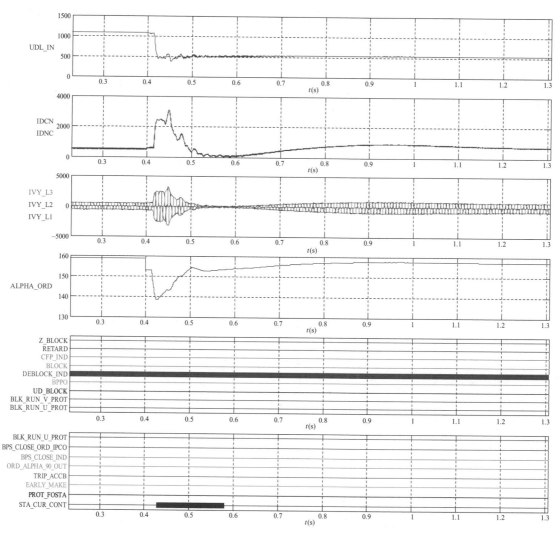

图 6-1-16 吉泉工程逆变站阀组故障试验之低端阀组波形（二）

修改策略后的逆变侧阀组 Y 闭锁时序为：立即执行 Alpha-90，跳开关，合旁通开关，延时 10ms 投旁通对，旁通开关合上后闭锁换流阀。

引起逆变侧阀组 Y 闭锁的直流保护如下：

1）换流器过电流保护Ⅱ、Ⅲ、Ⅳ段；

2）双桥换相失败保护；

3）旁通开关保护闭锁换流器；

4）旁通对过负荷保护闭锁换流器；

5）换流器直流过电压保护Ⅰ段；

6）阀组谐波保护；

7）电压过应力保护跳闸。

上述保护闭锁延时都在几百毫秒以上，且投旁通以前已经开始执行 Alpha-90，因此延时 10ms 投旁通对上述保护和设备影响不显著。

此外，对比向上、锦苏工程，逆变侧阀组换相失败、阀短路故障执行 S 闭锁时，投旁通对同样存在延时（需等收到交流进线开关 early-make 信号时才投旁通对，预估延时 5～10ms），因此，鉴于阀短路等严重故障投旁通对采用了延时，可推断，其他故障投旁通对增加 10ms 延时风险较低，整体可行。

3. 一极故障引起另一极换相失败

（1）故障现象。双极运行，模拟一极逆变侧或直流线路接地故障，另一极发生换相失败。波形见图 6-1-17。

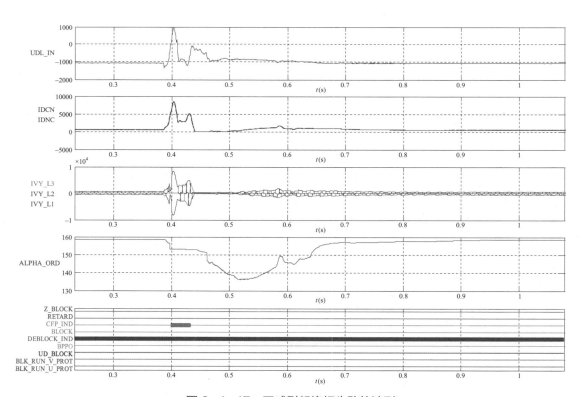

图 6-1-17 互感引起换相失败的波形

（2）原因分析。一极逆变侧或直流线路发生接地故障，电流增大，电压也发生突变，由于互感，引起另一极的电流电压突变，电流上升率足够大则会发生换相失败。通过试验研究以及与上山工程的对比，判断电压等级高是造成互感引发的另一极电流上升率增大的原因。

规律分析：

1）直流小功率运行与大功率运行时相比，同样的电流增幅产生的换相角增幅更大，因换相角突增导致关断角不足，更易引发换相失败。换相角及其变化量与直流电流的关系如图 6-1-18 所示。

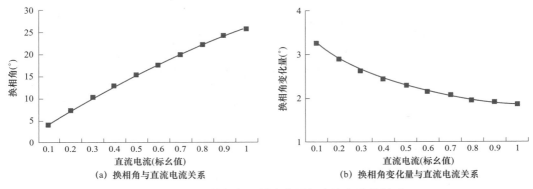

(a) 换相角与直流电流关系　　(b) 换相角变化量与直流电流关系

图 6-1-18　换相角及其变化量与直流电流的关系

2）故障点越靠近逆变站对极越易发生换相失败。直流电流变化与故障点位置的关系如图 6-1-19 所示。

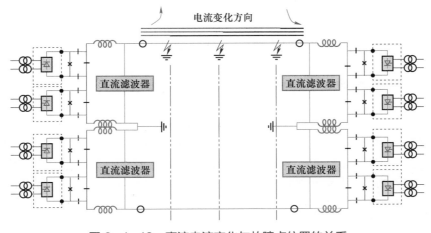

图 6-1-19　直流电流变化与故障点位置的关系

3）直流电压越高，故障产生的短路电流越大、故障电流的变化率越大；故障极电压等级越高在非故障极产生的电流越大。故障极/非故障极电流与电压的关系如图 6-1-20 和图 6-1-21 所示。

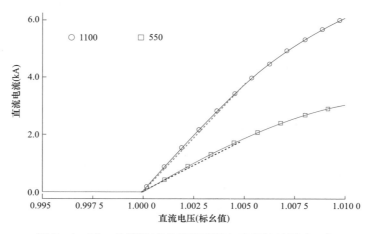

图 6-1-20　故障极/非故障极电流与电压的关系（一）

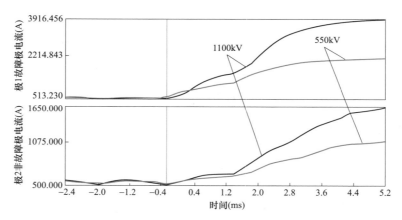

图 6-1-21　故障极/非故障极电流与电压的关系（二）

（3）解决方案。通过分析互感造成的电压、电流突变的规律，根据电压、电流的突变量引入动作判据，提前增大关断角，以避免互感引起的换相失败。

直流控制系统实时检测本极直流线路电压 U_{DL} 测量值，计算 1ms 内 U_{DL} 变化量。当变化量大于门槛后动作，立即启动换相失败预测功能。增加 du/dt 程序后无换相失败的波形如图 6-1-22 所示。

由于不同故障造成的对极互感现象不同，通过开展大量试验，确定了电压突变量换相失败预测的具体参数设置。

4. 双极功率控制，一极降压一极全压，升功率的过程中，两极电流出现较大偏差

原因分析：当一极降压、一极全压起动后，初始两极 IO 指令均为最小电流 545A，满足进入 BC_CONFIRMED 状态条件，降压极先进入 BC_CONFIRMED 状态，快速更新本极的 IO 指令到 IO_AMB；导致两极的 IO 差值大于 50A，不满足进入 BC_CONFIRMED 的条件，此时全压极便无法再进入到 BC_CONFIRMED 状态，因此全压极只能以较慢的速度更新 IO。升功率的过程中，两极电流出现较大偏差。

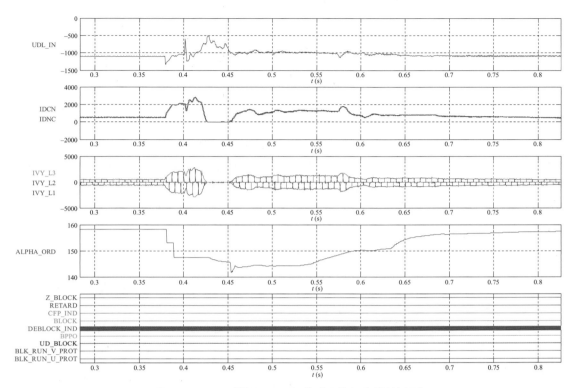

图 6-1-22 增加 du/dt 程序后无换相失败的波形

解决方案：一极进入 BC_CONFIRMED 状态后，短时间内缓慢更新 IO，保证另一极可以满足进入 BC_CONFIRMED 条件，从而可以按照双极功率控制模式控制。

5. 绝对最小滤波器不满足回降功率，功率回降过大

原因分析：控制保护程序在绝对最小滤波器不满足回降功率时，会比较当前功率和功率指令，取其较小者作为新的功率指令。在回降的过程中，由于过冲，导致了实际的功率小于功率指令，新的功率指令也因此刷新为实际较小的功率值。

解决方案：从原来的无功回降整个过程实时更新 IO 指令，修改为仅在无功回降信号触发后 20ms 内更新 IO 指令，从而避免功率回降超调后误更新 IO 的步骤，保证 IO 指令在每次无功回降周期内仅更新一次。

6. 古泉换流站极 2 阀控在恢复备用系统的 active 信号光纤时，造成丢触发脉冲

原因分析：插 active 信号光纤时手抖动造成光功率振荡不稳定，导致备用系统误判 active 信号有效，切换系统过程中丢失脉冲。

解决措施：优化对 active 信号的解调标准。

7. 古泉换流站极 2 阀控在恢复备用系统供电时控制保护误报丢脉冲事件

原因分析：西电阀控上电后约 1.5s 初始化完成，VBE-OK 信号变为 1。在此期间 VBE 向 CCP 发送的 FP 信号为 1MHz，没有 16μs 的高电平，导致 CCP 误报丢脉冲。

解决措施：VBE-OK 信号变为 1 后再发送正常的 FP 信号到 CCP，同时 CCP 检测到 VBE-OK 信号变为 1 后再进行丢脉冲检测。

第二节 设 备 调 试

设备调试是指设备在换流站完成安装后现场进行的交接试验，目的是确认设备在运输途中没有损坏，检查设备的状况和安装质量，检验设备是否能够安全地充电、带负荷或者启动，以及设备性能和操作是否符合合同和技术规范书的要求。设备调试分为常规设备调试和设备特殊试验，常规设备调试依据设备调试相关标准，完成换流站内常规设备调试；设备特殊试验依据相关标准，结合工程设备特点，编写设备调试大纲，解决试验过程中发现的各类技术问题，完成设备特殊试验。

一、常规试验项目

直流工程设备常规试验由安装施工单位负责，对换流站内电气设备性能进行检验，对发现的问题进行处理，所有设备性能满足技术规范要求，具备进行分系统调试的条件。

设备常规试验范围包括换流变压器、平波电抗器、晶闸管阀、直流电流互感器、直流分压器、穿墙套管、交/直流断路器、交/直流隔离开关和接地开关、交/直流滤波器、载波装置及噪声滤波器、并联电容器组、空心电抗器、光电式电流互感器、氧化锌避雷器、接地极装置、站用电源变压器、交流高压并联电抗器、交流互感器、电力电缆、组合电器等设备。

在设备调试过程中，严格按照 GB 50150—2016《电气装置安装工程　电气设备交接试验标准》、GB/T 50832—2013《1000kV 系统电气装置安装工程　电气设备交接试验标准》要求，并参考 Q/GDW 11743—2017《±1100kV 特高压直流设备交接试验》，由电气设备试验单位编制试验方案，完成设备调试试验。

二、特殊试验项目

设备特殊试验范围包括换流变压器、气体绝缘金属封闭开关设备、交/直流断路器、氧化锌避雷器、接地极装置、交流互感器、电力电缆等设备。

在设备调试过程中，严格按照 GB 50150—2016《电气装置安装工程　电气设备交接试验标准》、GB/T 50832—2013《1000kV 系统电气装置安装工程　电气设备交接试验标准》要求，并参考 Q/GDW 11743—2017《±1100kV 特高压直流设备交接试验》，由电气设备试验单位编制试验方案，完成设备调试试验。

相较于 ±800kV 特高压直流输电工程中的现场特殊试验，±1100kV 特高压直流输电工程因其电压等级更高、输送容量更大、输送距离更远，在以下设备特殊试验中采用了新的试验方案：

（1）换流变压器长时感应电压试验带局部放电测量。

（2）换流变压器阀侧交流外施耐压及局部放电试验。

（3）直流转换开关振荡特性现场测量。

（4）换流站接地网测量。

（5）直流线路参数试验。

（6）直流避雷器特殊试验。

三、±1100kV 特高压直流设备调试交接试验

通过研究±1100kV 特高压直流设备调试现场交接试验项目，参考 Q/GDW 11743—2017，编写了换流变压器、换流阀、直流场一次设备、交流滤波器、直流线路和接地极等主要设备的现场交接项目的试验。以下为采用了新的试验方案的特殊试验。

（一）换流变压器长时感应电压试验带局部放电测量试验

1. 试验目的

±1100kV 换流变压器是吉泉工程关键设备，也是研制难度最大的设备之一。按照 Q/GDW 11743—2017 的要求，在现场须进行长时感应电压试验带局部放电测量（简称局部放电试验），该试验是检验换流变压器安装质量的质量保证试验，是换流变压器一次投运成功的重要保证。

2. 内容及要求

±1100kV 古泉换流站采用分层接入方式，低端换流变压器网侧电压等级为 1000kV，高端换流变压器网侧电压等级为 500kV。±1100kV 昌吉换流站的高、低端换流变压器网侧电压等级均为 750kV，后续试验方法主要针对±1100kV 古泉换流站换流变压器参数进行介绍。本次试验的主要内容是对换流变压器网侧及阀侧绕组进行局部放电试验。

±1100kV 换流变压器局部放电试验的合格标准在±800kV 换流变压器的基础上，提出了更为苛刻的合格要求，将 $1.3U_m/\sqrt{3}$ 试验电压下的局部放电试验合格标准由 300pC 提高到 100pC，其试验要求如下：

（1）试验电压不产生突然下降。

（2）在 $1.3U_m/\sqrt{3}$ 电压下长时试验期间，网侧绕组局部放电量的连续水平不大于 100pC，阀侧绕组局部放电量的连续水平不大于 300pC。

（3）在 $1.3U_m/\sqrt{3}$ 电压下，局部放电不呈现持续增长的趋势，偶然出现的较高幅值脉冲可以不计入。

（4）在 $1.1U_m/\sqrt{3}$ 电压下，视在电荷量的连续水平不大于 100pC。

（5）局部放电试验后，油色谱分析结果合格，且与试验前无明显差异。

3. 试验方法

±800kV 换流变压器现场局部放电试验时有两种加压方式，即单边加压方式和对称加压方式。单边加压方式试验接线图如图 6-2-1 所示，对称加压方式试验接线图如图 6-2-2 所示。

±800kV 换流变压器普遍采用的加压方式是 Y 接为单边加压方式，D 接为对称加压方式，±1100kV 古泉换流站 Y 接换流变压器也采用单边加压方式，但对低端 D 接换流变压器采用对称加压方式，则会超出出厂耐压值。

根据图 6-2-1 和图 6-2-2 与古泉换流站低端 D 接换流变压器的主要参数，可分别计算出单边加压和对称加压接线方式下换流变压器各侧绕组对地和相互之间的电压。若采用对称加压方式，在 $1.5U_m/\sqrt{3}$ 试验电压下，网侧 A 端与阀侧 b 端之间电压差为 1131.8kV，超过出厂耐压值（1100kV），在 $1.3U_m/\sqrt{3}$ 试验电压下，网侧 A 端与阀侧 b 端之间电压差为 980.8kV，超过出厂耐压值的 80%（880kV），且时间很长（1h），不满足 GB/T 1094.3—2017《电力变压器 第 3 部分：绝缘水平、绝缘试验和外绝缘空气间隙》规定的变压器的

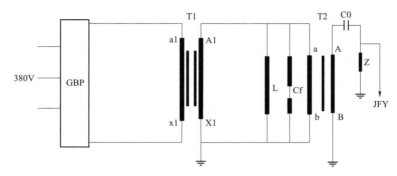

图 6-2-1　单边加压方式试验接线图

GBP—变频电源；T1—励磁变压器；T2—换流变压器；L—并联电抗器；Cf—电容分压器；

C0—套管电容；JFY—局放测试仪；Z—局部放电测试检测阻抗

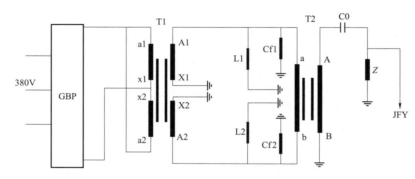

图 6-2-2　对称加压方式试验接线图

重复绝缘试验不能超过出厂试验值的 80%。

采用单边加压方式时，在 $1.5U_m/\sqrt{3}$ 试验电压下，网侧 A 端对阀侧 b 端之间电压差为 952.7kV，超过出厂耐压值的 80%（880kV），但超过电压时间较短（≤1min），且制造厂认可该种加压方式。

所以 ±1100kV 古泉换流站低端 D 接换流变压器现场局部放电试验不应采用对称加压方式，而应采用设备出厂试验时所采用的单边加压方式。

按照上述计算方式，±1100kV 古泉换流站高端 D 接换流变压器既可采用单边加压方式，也可采用对称加压方式，但为了节约设备投资，高端 D 接换流变压器也采用单边加压方式进行加压。

4. 工程应用

（1）±1100kV 古泉换流站和 ±1100kV 昌吉换流站的换流变压器局部放电试验结果满足相关规程要求。

（2）验证了 D 接线特高压换流变压器现场采用单边加压方式进行局部放电试验的可行性，达到了相关规程要求的考核电压。

（二）换流变压器阀侧交流外施耐压及局部放电试验

1. 试验目的

因 ±1100kV 高端换流变压器设计、制造难度大，在完成原出厂试验后，又针对换流变压器阀侧套管进行了重新安装，需要开展阀侧交流外施耐压及局部放电试验，以考核换流变压器阀侧的绝缘性能。此试验是国内首次在阀厅内现场开展特高压换流变压器的阀侧交流外施耐压及局部放电试验，试验电压按照 100%出厂电压进行，Y 接换流变压器试验电压高达 1297kV，D 接换流变压器试验电压为 987kV，并首次在现场按照出厂试验标准监测了换流变压器的局部放电情况。

2. 内容及要求

按照 GB/T 1094.3—2017、GB/T 18494.2—2007《变流变压器　第 2 部分：高压直流输电用换流变压器》和 Q/GDW 11743—2017 等标准，对吉泉工程中 2 台高端 D 接换流变压器和两台高端 Y 接换流变压器进行了该项试验。

试验从阀侧 a 或 b 套管端部连同阀侧绕组施加工频电压。D 接换流变压器施加电压为 100%出厂电压值 987kV，耐压时间为 60min，并进行局部放电监测。Y 接换流变压器在 100%出厂电压值 1297kV 下耐压 1min，然后降至 80%出厂电压值 1037kV 耐压 60min，并进行局部放电监测。按照现场交接试验的局部放电考核要求，阀侧局部放电量不应大于 300pC，且无明显增加趋势。

3. 试验方法

（1）该项试验是首次在阀厅内开展，以 D 接换流变压器为例，在 987kV 的试验电压下，阀厅内绝缘支柱、导体、避雷器、阀塔等设备的安全绝缘距离和换流阀的安全性能是否可以满足试验环境与背景局部放电量的要求，是考核本次试验能否顺利完成的重要因素。经过阀厅内环境的电场校核计算，确定仅拆除换流变压器前的绝缘支柱和导体金具，阀塔和阀避雷器均未变动，最小绝缘净距为设备均压环与阀避雷器外侧均压罩之间 7.5m。在换流变压器安装前，采用试验设备和模拟换流变压器的相对空间位置在阀厅内开展了多次空载升压试验，对阀厅环境的背景局部放电提前进行了检测，环境背景局部放电量小于 100pC，证明该套试验设备和阀厅环境能够满足试验要求。

（2）该项试验采用了变频串联谐振方法进行，与出厂试验时所采用的变电感串联谐振不同，现场试验的试验频率应满足换流变压器厂家的要求，最终试验时的试验频率为 81Hz，符合相关试验要求。

（3）该试验采用了特高压 GIS 装置式绝缘试验平台，相比于传统的多节塔式结构，该平台无须起重机进入阀厅进行吊装，能够完全满足阀厅内尾气环境的控制要求。

4. 工程应用

（1）在昌吉和古泉换流站分别进行了换流变压器现场阀侧交流外施耐压及局部放电试验，均顺利通过考核，局部放电量均不大于 150pC，满足试验规程的相关要求。

（2）对阀厅内的试验环境进行电场校核计算，计算结果和试验结果表明，阀厅内 1000kV 电压等级的耐压及局部放电类试验的空气净距不应小于 7.5m、750kV 电压等级的耐压及局部放电类试验的空气净距不应小于 6m、500kV 电压等级的耐压及局部放电类试验的空气净距不应小于 5m，电场校核场强应小于 15kV/cm；对于 1297kV 电压下的耐压试验，应控制最小空气净距不小于 8.5m。上述参考值可以减少不必要的设备拆除工作，避免重复工作。

（三）换流站及接地极接地系统现场交接试验

1. 交接试验项目

换流站及接地极接地系统调试项目，应包括：① 接地电阻测量；② 导流电缆和接地极元件的电流分布测量；③ 跨步电压和接触电势测量。

2. 试验标准及内容

（1）试验标准。按照下列相关标准要求，对换流站接地网及换流站的直流接地极进行测试：

1）DL/T 437—2012《高压直流接地极技术导则》。

2）DL/T 475—2017《接地装置特性参数测量导则》。

（2）试验内容。

1）接地电阻（阻抗）测试。通过换流站接地网的接地阻抗测试和直流接地极的接地电阻测试，了解换流站接地网和直流接地极的总体状况。

2）跨步电压。跨步电压（电位差）是指接地短路（故障）电流流过接地装置时，地面上水平距离为 0.8m 的两点间的电位差。

3）接触电势。接触电势（电位差）是指接地短路（故障）电流流过接地装置时，大地表面形成分布电位，在地面上离设备水平距离为 0.8m 处与设备外壳、架构或墙壁离地面的垂直距离 1.8m 处两点间的电位差，称为接触电势。

3. 工程应用

国内首次采用 DL/T 475—2017 中推荐的工频倒相增量法进行测量，并同时用异频法测量，两种方法互相印证，能更为准确得到工频特性参数真实值。对于分流测量，均采用向量测量方法，昌吉换流站是在地面对每个构架支路测量，向量求和；古泉换流站是采用登高直接测量外引避雷线，并向量求和。试验中，还仔细考虑了测试线间互感影响，布线时尽量采取互感影响最小方式放线，尤其是昌吉换流站接地阻抗仅仅 25mΩ，站外加站内放线距离达 6km，克服了互感影响，精确测量了分流向量，实现接地阻抗小电阻的准确测量。

（四）直流及接地极线路现场交接试验

1. 试验目的

吉泉工程输电线路长度达 3328km。与已经投运的哈郑、酒湖工程线路并行长度超过 1000km，干扰电压、电流信号将会达到相当高的水平。需开展相关直流输电线路参数的测试，以检查线路绝缘情况、核对相位，进行频率特性测试等，作为保护定值整定、计算的重要依据。

2. 交接试验项目

按照 DL/T 1566—2016《直流输电线路及接地极线路参数测试导则》和 Q/GDW 11090—2013《输电线路参数频率特性测量导则》规定，直流及接地极线路试验项目应包括：① 感应电压测试；② 极性校核；③ 绝缘电阻测量；④ 线路直流电阻测量；⑤ 线路参数频率特性测量。

3. 感应电压测试

应开展末端开路条件下的感应电压测试、末端短路条件下的感应电压测试和末端短路条件下的感应电流测试。

4. 极性校核

将极 1 线路末端接地，极 2 线路首端和末端接地，极 1 首端施加直流电源，测试电流 I_1。随后将极 1 线路末端悬空，极 1 首端施加直流电源，测试电流 I_2。

当 $I_1 \neq 0$ 且 $I_2 \approx 0$ 时，极 1 线路极性正确；当 $I_1 \approx I_2 \neq 0$ 时，极 1 线路存在接地点，极 1 线路可能极性标识错误或与极 2 线路之间存在端节点；当 $I_1 \approx I_2 \approx 0$ 时，极 1 线路存在断点。

5. 绝缘电阻测量

对线路施加 5000V 直流电压测试绝缘电阻。

6. 线路直流电阻测量

首端两极线路之间施加直流电源，测试首端直流电压和电流，计算极 1 线路和极 2 线路串联的直流电阻值 R_{1-2}，极 1 线路、极 2 线路的直流电阻 R_1 和 R_2 按照下式进行计算

$$R_1 = R_2 = \frac{1}{2}R_{1-2}$$

此时 R_{1-2} 应扣除末端测试引下线的直流电阻。

7. 线路参数频率特性测量

分别测试线路正序和零序下的开路阻抗、短路阻抗，完成所有选定频率点的线路参数测试后，以测量频率 f 为横坐标，测试计算所得线路单位长度的参数为纵坐标，绘制直流输电线路的电气参数频率特性曲线。

8. 工程应用

按照上述试验方案测得的直流线路参数和接地极线路参数，在吉泉工程得到了应用。

（五）直流避雷器现场交接试验

1. 试验项目

根据 GB 11032—2012《交流无间隙金属氧化物避雷器》、GB/T 22389—2008《高压直流换流站无间隙金属氧化物避雷器导则》、DL/T 377—2010《高压直流设备验收试验》的要求，开展避雷器直流试验，测量直流参考电压及在 0.75 倍直流参考电压下漏电流；开展避雷器交流持续电流试验，测量阻性电流分量。

2. 直流参考电压测量

按厂家规定的直流参考电流值，对整只或单节避雷器进行测量，测量方法应符合 GB 11032—2020 的规定，其参考电压值不得低于合同规定值。

3. 0.75 倍直流参考电压下泄漏电流试验

按照 GB 11032—2020 规定的测量方法进行测量。0.75 倍直流参考电压下，对于单柱避雷器，其泄漏电流不应超过 50μA，对于多柱并联和额定电压 216kV 以上的避雷器，漏电流值不应大于制造厂标准的规定值。

4. 交流持续电流试验

根据 GB/T 22389—2008 规定，对于有显著持续运行电压的避雷器，对试品施加工频试验电压有效值为持续运行电压峰值除以 $\sqrt{2}$；对于无显著持续运行电压的避雷器，对试品施加工频电压有效值为 0.8 倍直流参考电压除以 $\sqrt{2}$。本次试验中，若制造厂规定值高于 GB/T 22389—2008 规定，则按制造厂规定值施加，考核更为严格。试验在避雷器元件上进行，施加的工频试验电压按整只避雷器额定电压与元件额定电压的比例计算。

5. 工程应用

应用提出的直流避雷器现场交接试验方案，完成了昌吉换流站和古泉换流站直流避雷器现场交接试验，试验结果满足工程技术规范要求。

（六）直流转换开关现场交接试验

1. 交接试验项目

直流开关包括旁路开关、金属回路转换开关、大地回路转换开关、中性母线开关和中性母线接地开关，试验项目应包括：① 断路器试验；② 辅助回路的试验；③ 振荡回路振荡特性测量。

2. 断路器试验

断路器试验参照 GB 50150—2016 相关章节进行。

3. 辅助回路的试验

辅助回路的试验包括：① 电容器试验；② 电抗器试验；③ 避雷器（非线性电阻）试验。

4. 振荡回路振荡特性测量

（1）试验目的。对直流断路器的振荡特性进行测量，是对直流断路器作为一个整体的特性加以考核。对直流断路器转换回路振荡频率和阻尼电阻进行测量试验，是为了考核直流断路器的振荡特性，原理是通过给电容一个几百伏的电容充电，合闸 SW1 辅助开关，让回路产生振荡后进行回路电流测量，进而计算出回路频率及阻尼电阻。目的在不危害充电装置完好部件的前提下，提供设备投运前的最终检查。

（2）试验标准。按照下列相关标准要求，对直流断路器的振荡特性进行测量：

1）DL/T 274—2012《±800kV 高压直流设备交接试验》；

2）DL/T 273—2012《±800kV 特高压直流设备预防性试验规程》。

（3）试验方法。测量回路见图 6－2－3，其中，TA 为电流互感器，测取电流，测量电缆为 75Ω 同轴电缆；示波器响应频率为 100MHz；SW1 为辅助开关；E 为直流充电电源。

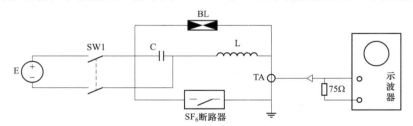

图 6－2－3　振荡回路振荡特性测量接线

试验步骤如下：

（1）断开 SF_6 断路器，合上辅助开关 SW1，给电容器充电至 300V。

（2）断开辅助开关 SW1。

（3）电动合上 SF_6 断路器，并测量振荡波形。

根据电流波形计算直流断路器转换回路振荡频率和阻尼电阻。

5. 工程应用

对直流断路器转换回路振荡频率和阻尼电阻进行测量试验，验证了直流断路器的振荡特性满足技术规范要求。

四、±1100kV 特高压设备现场试验设备平台及试验技术研究

在完成 ±1100kV 特高压设备主要参数调研、试验要求分析、交接试验方案设计后，对 ±1100kV 特高压主设备现场交接试验的试验项目和设备需求进行分析，调研相关单位的试验能力，开展关键试验设备和平台的研制以及关键试验技术的研究。

（一）特高压 GIS 整装式绝缘试验平台的研究

1. 研究背景

特高压 GIS 绝缘击穿故障在交接试验、调试和运行中均有发生，绝缘试验是检查这类故障最有效的方法，但在现场实施中存在以下两个问题：

（1）试验安全风险大，由于试验电压高，且电抗器和分压器均为独立塔式结构，设备布置占地大，与临近设备距离近，易发生空气间隙放电。另外，分压器头重脚轻，存在倾倒的安全隐患，在西北等短时大风天气易发地区更为突出。

（2）试验工期长，试验设备数量多、体积大、质量重，现场组装不仅工作量大，而且吊装难度大，一次试验周期长达 2～3 天，影响故障抢修后的系统恢复供电时间。

针对上述需求，在国家电网公司科技项目的支持下，自主研发了基于电抗器、分压器一体化技术和自立举升技术的整装式试验平台，实现了试验设备的整装化、自动化，减小了试验设备占地面积，减少了试验准备工作量和吊装难度，降低了试验风险，提升了现场试验工作效率，满足特高压工程规模化建设和运维故障抢修快速响应需要。

2. 原理、结构及性能

本装置是一种基于油浸式电抗器的特高压 GIS 整装式绝缘试验平台，其运输、试验状态如图 6-2-4 和图 6-2-5 所示，包括绝缘试验设备和具备自立举升功能的可移动平台，其中的可移动平台包括平台底盘、安装于平台底盘底部的轮子、安装于平台底盘侧面可将平台底盘竖直向上撑起的液压支撑腿、设于平台底盘上的主液压缸、托架和底座；而绝缘试验设备通过托架和底座置于可移动平台上，所述托架和底座可由主液压缸推动完成 90°的翻转竖起，托架和底座之间为可拆卸连接，托架与底座拆分后可独立完成卧倒收起。本装置无须进行现场设备组装和设备吊装，彻底颠覆了传统特高压 GIS 现场绝缘试验的准备方式，大幅度减少设备占地空间，可在变电站内快速转场，实现在变电站内安全、便捷地

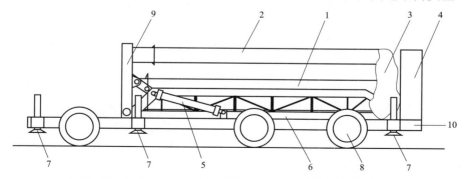

图 6-2-4　特高压 GIS 整装式绝缘试验平台运输状态示意图

1—谐振电抗器；2—电容分压器；3—可伸缩式均压环；4—液压泵站；5—主液压缸；
6—托架；7—液压支撑腿；8—轮子；9—底座；10—平台底盘

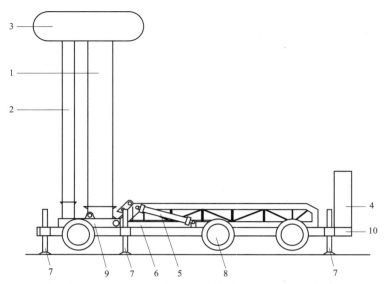

图 6-2-5　特高压 GIS 整装式绝缘试验平台试验状态示意图

1—谐振电抗器；2—电容分压器；3—可伸缩式均压环；4—液压泵站；5—主液压缸；
6—托架；7—液压支撑腿；8—轮子；9—底座；10—平台底盘

开展特高压 GIS 现场交流耐压试验。

　　本装置提出的可自立举升的基于油浸式电抗器的特高压 GIS 整装式绝缘试验平台，额定参数达到 1200kV/12A，电压测量准确度不低于 1%，因谐振电抗器、分压器和共用可伸缩式均压环的一体化固定结构，且优化了可卧倒运输的谐振电抗器，具备试验设备由卧倒到竖起的液压自立举升装置。该平台无须依赖外部吊装设备，即可实现 1000kV GIS 现场绝缘试验设备的试验准备，平台还可实现变电站内的快速移动转场，可完成无燃油环境要求的阀厅室内试验，显著提高了该类试验的试验效率，降低了设备吊装和恶劣天气下的安全风险，有效保障变电站工程建设进度，缩短变电站停电检修时间，具有极大的推广前景和应用价值。

　　在 1000kV GIS 主回路绝缘试验中，还采用了可伸缩式均压环。该均压环采用了充气结构，外表面附有耐磨损、耐烧蚀的导电布。在 1100kV 试验电压下，该均压环仍可保证整套串谐试验系统的品质因数 Q 大于 80，能够满足现场环境下的试验要求。

　　3. 基于多物理场耦合仿真模型的电场和温升优化

　　应用有限元法对所设计的试验平台进行了电场仿真计算与优化设计，如图 6-2-6 所示，结合试验现场的实际工况，确立了充气式单均压环的设计方案，并将均压环与底部法兰这两个场强集中的部件的最大表面场强控制在了 1.0kV/mm 以内，以在满足基本绝缘要求的情况下尽量减小试验中的局部放电。对设备的优化方法可以为同类型的设备设计提供借鉴。

　　对谐振电抗器内部采用流热耦合、外部采用附对流换热系数的方法，可以高效模拟电抗器完整的换热过程，如图 6-2-7 所示。在 $t=3600s$ 时刻电抗器外壳温度最大为 42℃，内部绝缘油温度最大为 72.29℃，平均温度 41.24℃；线圈温度最大为 74.8℃，平均温度为62.72℃；电抗器线圈热点主要分布于 52～59 号线圈处，温度在 70℃ 及以上；电抗器绝缘油主要分布于 52～59 号线圈上层绝缘油横向油道内，局部温度在 70℃ 及以上。

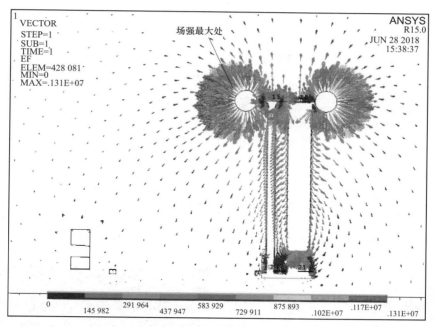

图 6-2-6　整装试验平台外绝缘的电场分布仿真计算结果

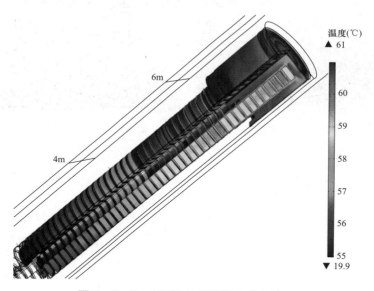

图 6-2-7　谐振电抗器的温升仿真结果

　　根据绝缘油流速分布的分析，电抗器横向油道内绝缘油流动以轴向为主，导致横向油道内温度累积，产生热点；线圈内外部绝缘油以轴向流动为主，导致电抗器线圈与绝缘油，以及绝缘油的径向温度分布不均。

　　选取黏度较小的绝缘油后，电抗器绝缘油温度分布更加均匀，电抗器最大温度降低10.03℃；线圈最大温度降低 9.32℃，线圈平均温度降低 6.46℃；在改变降低绝缘油黏度的同时将 50～59 号线圈顶部油道拓宽为原来的 1.5 倍，拓宽油道后电抗器整体温度全面降低至 60℃以下，内部温度分布得到较好的改进。

4. 现场应用实例

（1）1100kV GIS 现场绝缘试验的应用，如图 6−2−8 所示，采用本套装置在 ±1100kV 古泉换流站完成了 1100kV GIS、1100kV 断路器和 550kV GIS 的现场绝缘试验。试验准备时间缩短至 8h，较传统散装式试验设备效率提升 80%。

（2）高端换流变压器现场交流阀侧外施耐压（见图 6−2−9）及局部放电试验的应用。本装置还可以用于阀厅内的换流变压器现场交流阀侧外施耐压试验。现场该类试验需在阀厅内开展，而阀厅内不能进起重机和有燃气排风的起重车辆，无法采用传统的多节电抗器吊装完成试验设备搭建。本装置在 ±1100kV 昌吉换流站高端阀厅内完成了 HD4 高端换流变压器的阀侧交流外施耐压及局部放电测量试验，如图 6−2−9 所示。该试验严格按照出厂试验标准，试验电压达到 100% 出厂电压，即 987kV，局部放电量小于 150pC，试验结果符合要求。

图 6−2−8　1100kV GIS 现场绝缘试验

图 6−2−9　高端换流变压器阀侧交流
外施耐压现场试验

5. 研究结果

采用本试验平台，在试验的准备和转场过程中均无须起重机，仅在试验设备准备完成后，采用 1 台高空作业车进行高压扩径导线的连接，每次试验准备时间仅需半天。试验全过程大幅提高了换流站建设中的试验准备效率，降低了多作业面交叉和起重机吊装的风险。同时，该试验平台还可进入阀厅开展换流变压器的交流阀外施耐压及局部放电试验，在满足阀厅内环境要求的前提下，实现该试验的高效安全作业。

（二）换流变压器长时感应局部放电单边加压试验平台的研究

1. 研究背景

单边加压方式的 ±1100kV 高端换流变压器局部放电试验，因对换流变压器绝缘考核更符合换流变压器制造厂的设计期望，较双边加压方式更适用于现场交接试验。单边加压方式下的试验变压器电压等级更高、容量更大，设备重超过常规转运设备的额定载荷。而阀厅内因环境因素的严格要求，受到设备转运、运输高度及换流变压器分层接入方式等多方面因素的限制，因此须研制一套针对性的试验平台。

2. 原理及结构

该试验平台的核心设备为试验变压器，是一种可移动自举升式变压器，如图 6－2－10、图 6－2－11 所示，额定参数为 600kVA，380kV/0.35kV，该参数可满足 ±1100kV 高端换流变压器在单边加压方式下的感应局部放电试验。其中的可移动平台包括平台底盘、安装于平台底盘底部的轮子、安装于平台底盘侧面可将平台底盘竖直向上撑起的液压支撑腿、设于平台底盘上的主液压缸、托架和底座。而变压器通过托架和底座置于可移动平台上，所述托架和底座可由主液压缸推动完成 90° 的翻转竖起。

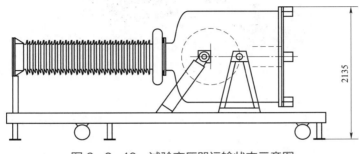

图 6－2－10　试验变压器运输状态示意图

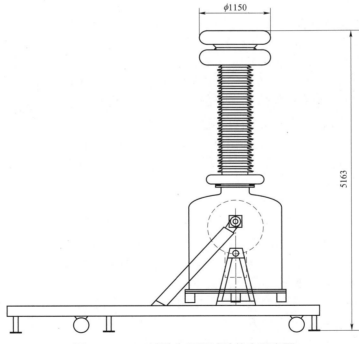

图 6－2－11　试验变压器试验状态示意图

3. 现场应用实例

采用本套装置在 ±1100kV 古泉换流站开展了 28 台换流变压器的现场局部放电试验，试验现场如图 6－2－12 所示。

图 6-2-12　换流变压器单边加压现场局部放电试验

4. 研究结果

采用本试验装置开展换流变压器长时感应局部放电单边加压试验，大幅提高了换流站建设中的试验准备效率，达到了本装置的研发目标。

（三）基于多参量的直流转换开关振荡特性的标准化测量方法研究

1. 研究背景

直流转换开关在转换过程中需要开断较大的直流电流，振荡回路用于在开断过程中形成振荡电流，叠加在原直流电流上使其具有过零点，以便开断装置能够可靠开断。振荡回路由并联在断口间的电容和电感串联回路构成，该振荡回路的电阻、电容、电感及振荡频率参数对振荡特性具有重要影响，直接决定了直流转换开关开断的可靠性，因此必须对上述参数进行测量，以确保其符合相关要求。

目前，在现场测量时，试验方法一般为利用直流试验电源对振荡回路中的电容器组进行充电，直至试验电压。然后，断开试验辅助开关 QD，之后闭合直流转换开关中的开断装置 QB，利用电流传感器、数据采集系统记录回路的振荡电流波形。最后，利用电容测量装置测量电容器组的电容值。

上述测量方法存在以下不足：

（1）回路等效电容、回路等效电感、回路阻尼电阻、衰减时间常数等振荡参数的计算，均基于所采集的振荡电流波形，数据来源单一且无法互相印证。由于电流传感器输出波形中存在零漂现象，即在没有电流通过时，电流传感器的输出端口也会输出一定数值的信号值，仅依靠电流传感器采集的振荡电流波形进行计算，误差较大。

（2）计算回路等效电感值和回路阻尼电阻值的前提是必须知道回路等效电容。但现场试验时一般是使用电容测试仪器测量电容器组的电容值，所测结果为电容器组与开断装置断口并联电容之和，相对于真实的回路等效电容，存在一定的误差，会导致后续计算的结果误差较大。

2. 原理、结构及性能

试验团队提出了一种基于多参量的直流转换开关振荡参数测量方法，解决了现有测量数据来源单一、准确度不高的技术问题，有效指导开展直流转换开关振荡特性现场测量工作的开展。

直流转换开关振荡特性测量示意图如图 6-2-13 所示，试验过程中，在测量振荡电流波形的同时，同步对电容两端电压的振荡波形进行测量记录。

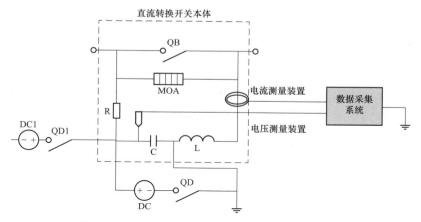

图 6-2-13 直流转换开关振荡特性测量示意图

QB—开断装置；MOA—避雷器；C—回路电容；L—回路等效电感；R—回路等效电阻；

DC—直流试验电源；QD—试验辅助开关

直流转换开关振荡特性现场测量典型电压波形如图 6-2-14 所示。

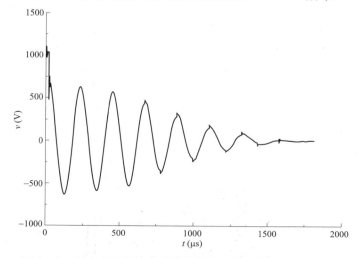

图 6-2-14 直流转换开关振荡特性现场测量典型电压波形

根据所记录的电压波形，选择无明显畸变且峰值幅值较大的第 n 个和第（$n+m$）个同向峰值的时刻 T_{vp1} 和 T_{vp2} 及幅值 v_{p1} 和 v_{p2}。将上述测量值代入式（6-2-1）和式（6-2-2）中，可分别计算直流转换开关振荡周期 T、振荡频率 f、振荡回路电感值 L 和振荡回路电阻值 R

$$\tau = \frac{T_{vp2} - T_{vp1}}{\ln \dfrac{v_{p1}}{v_{p2}}} \qquad\qquad (6-2-1)$$

$$T = \frac{T_{vp2} - T_{vp1}}{m} \tag{6-2-2}$$

式中　T_{vp1}——振荡电压第 n 个峰值的时刻；

　　　T_{vp2}——振荡电压第 $n+m$ 个同向峰值的时刻；

　　　v_{p1}——振荡电压第 n 个峰值的幅值；

　　　v_{p2}——振荡电压第 $n+m$ 个同向峰值的幅值。

　　在现场测量中，由于利用电容测量装置测量电容器组的电容值，所测结果为电容器组与开断装置断口并联电容之和，相对于真实的回路电容存在一定的误差，对于振荡特性结果的计算存在一定的影响。试验团队提出一种优化的振荡特性计算方法：通过测量充电电压 U_0，计算回路振荡参数。

　　取任意峰值 i_{p1} 和对应时刻 T_1

$$i_{p1} = \frac{U_0}{2\pi fL} e^{-\alpha T_1} \tag{6-2-3}$$

　　将 f 和 τ 代入可解出 L

$$L = \frac{(T_2 - T_1)U_0}{2\pi i_{p1}} e^{-\frac{\ln(i_{p1} - i_{p2})}{T_2 - T_1}T_1} \tag{6-2-4}$$

　　之后基于上述计算方法，可进一步分别解出回路阻尼电阻 R 和回路等效电容 C。

　　该优化后的振荡特性计算方法，全部基于实采振荡电流、电压波形进行参数计算，排除了利用电容器组电容值等效为回路电容值进行计算所引入的误差。

　　3. 现场应用实例

　　（1）±1100kV 昌吉换流站、古泉换流站现场应用。采用本试验方法在 ±1100kV 昌吉换流站、古泉换流站开展了直流转换开关振荡特性现场试验，如图 6-2-15 所示，共完成两端 8 台直流转换开关的特殊试验。基于多参量的直流转换开关振荡特性测量方法，可准确掌握直流转换开关回路的状态信息，包括振荡频率与周期、回路等效电容、回路等效电

图 6-2-15　直流转换开关现场特殊试验

感、回路阻尼电阻、衰减时间常数等，并进行相互印证且减小测量误差，可及时全面地综合分析并诊断直流转换开关早期缺陷，对直流转换开关的设备状态及直流转换能力进行准确评价与判断，保障特高压直流跨区电网的安全稳定运行。

（2）形成 Q/GDW 11871—2018《直流转换开关振荡特性现场测量导则》。一直以来，直流转换开关振荡参数测量相关领域技术标准为空白。

（四）基于回路直阻法的输电线路临时接地点定位方法研究

1. 研究背景

为了准确定位架空输电线路临时接地点的位置，通过测量输电线路的直流电阻，并改变输电线路的回路结构，获得多个回路直阻测量方程，进而求解线路临时接地点位置及其他未知参数。由于线路参数的设计值与回路直阻的测量值均存在误差，会显著降低接地点定位精度。采用误差理论对回路直阻定位法进行误差分析，并改进回路直阻定位方法，提出了具有高精度的线路临时接地点定位的优化方法。

该方法避免了线路工频参数及互感耦合等影响因素，不受临时接地点接地电阻大小的影响；改进的回路直阻法还可以将线路直流电阻作为未知参数进行求解，消除线路参数引起的误差。该方法具有抗工频干扰、定位精度高、测量方法简便可行等特点。

2. 回路直阻定位法的基本原理

为了定位临时接地点挂设位置，分别测量末端开路、短路接地两种回路的直流电阻，可以获得两个回路直阻定位方程，进而求解线路的直流电阻与接地点的接地电阻两个未知量，再根据线路单位长度的直阻推导出临时接地点的位置。下面以输电线路的单相（单极）仅有一个临时接地点为例，分析回路直阻法的基本原理。再根据误差分析理论，评估该方法的误差水平及其主要影响因素，进而提出相应的改进方法。

在输电线路末端不接地的情况下，在线路首端接入直流电源，并通过首端接地网接地，测量线路对地的回路直流电阻，测量回路见图 6−2−16。该直阻包含首端接地网接地电阻、首端线路直流电阻、接地点接地电阻，定位方程如下

$$r_{\mathrm{o}} = r_{\mathrm{hg}} + r_{\mathrm{x}} + r_{\mathrm{twr}} \tag{6−2−5}$$

式中　r_{o} ——末端开路时回路直流电阻的测量值；

$\quad r_{\mathrm{hg}}$ ——首端接地网的接地电阻；

$\quad r_{\mathrm{x}}$ ——首端线路直流电阻；

r_{twr} ——接地点接地电阻（主要包含接地点处杆塔塔材的电阻与接地装置的接地电阻）。

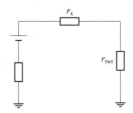

图 6−2−16　线路末端开路不接地的测量回路

在输电线路末端短路接地的情况下，在首端测量线路对地的回路直流电阻，测量回路见图 6−2−17。该直阻包含首端接地网电阻、首端线路直流电阻、接地点接地电阻与末端

线路直阻（含末端接地网接地电阻）的并联，定位方程如下

$$r_s = r_{hg} + r_x + \frac{r_{twr}(r_y + r_{eg})}{r_{twr} + r_y + r_{eg}} \qquad (6-2-6)$$

其中

$$r_y = r_1 - r_x$$

式中　　r_s——末端接地时回路直流电阻的测量值；

　　　　r_y——末端线路直流电阻；

　　　　r_1——全线的直流电阻。

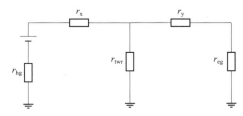

图6-2-17　线路末端短路接地的测量回路

联立开路定位方程（6-2-5）与短路定位方程（6-2-6），可得回路直阻定位方程组

$$\begin{cases} r_o = r_{hg} + r_x + r_{twr} \\ r_s = r_{hg} + r_x + \dfrac{r_{twr}(r_y + r_{eg})}{r_{twr} + r_y + r_{eg}} \end{cases} \qquad (6-2-7)$$

首、末端接地网接地电阻 r_{hg} 和 r_{eg}，全线的直流电阻 r_1 均采用设计值，为已知参数。线路首端直阻 r_x、接地点接地电阻 r_{twr} 是未知参数，通过求解可得

$$\begin{cases} r_x = r_s' - \sqrt{(r_s' - r_{lg})(r_s' - r_o')} \\ r_{twr} = r_o - r_{hg} - r_x \end{cases} \qquad (6-2-8)$$

其中　$r_{lg} = r_1 + r_{eg}$，$r_o' = r_o - r_{hg}$，$r_s' = r_s - r_{hg}$。

根据线路单位长度直阻的设计值 r_{rpl}，可以求得接地点距离首端的距离 x，从而确定线路上挂设临时接地点的位置。

3. 回路直阻定位法的改进优化与精度提升

为消除线路参数的设计误差，可以采取增加求解方程数量，将全线的直阻作为未知参数进行求解，进而避免因线路参数偏差引起的定位误差。为了能够降低测量误差对定位精度的影响，同时在首、末两端测量线路回路直阻参数，主要改进思路有以下两种。

（1）首端测量：分别在首端测量末端开路直阻、末端短路接地的直阻、末端串恒值电阻的直阻。

（2）首、末两端测量：在首端测量末端开路直阻、末端短路直阻，在末端测量首端开路的直阻。

4. 优化改进方法 1——末端串联恒值电阻

当线路末端开路时，相当于末端串联了一个无穷大的电阻；当末端短路接地时，相当于串联了一个零值电阻。同理，可以在末端串联适当大小的恒值电阻，可以增加定位方程

的数量，将线路的直阻参数作为未知量进行求解，避免因线路直阻参数引入的误差，其回路结构如图 6-2-18 所示。

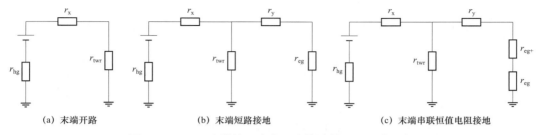

(a) 末端开路　　　　　　　(b) 末端短路接地　　　　　(c) 末端串联恒值电阻接地

图 6-2-18　改进的回路直阻定位法的原理图（一）

其定位方程为

$$\begin{cases} r_o = r_{hg} + r_x + r_{twr} \\ r_{s1} = r_{hg} + r_x + \dfrac{r_{twr}(r_y + r_{eg})}{r_{twr} + r_y + r_{eg}} \\ r_{s2} = r_{hg} + r_x + \dfrac{r_{twr}(r_y + r_{eg+} + r_{eg})}{r_{twr} + r_y + r_{eg+} + r_{eg}} \end{cases} \qquad (6-2-9)$$

式中　r_{eg+}——末端串联的恒值电阻。

求解可得

$$\begin{cases} r_x = r_o - r_{hg} - r_{twr} \\ r_{twr} = \sqrt{\dfrac{r_{eg+} r'_{s2} r'_{s1}}{r'_{s1} - r'_{s2}}} \\ r_y = \dfrac{r^2_{twr}}{r'_{s1}} - r_{twr} - r_{eg} \end{cases} \qquad (6-2-10)$$

其中　$r'_{s1} = r_o - r_{s1}$，$r'_{s2} = r_o - r_{s2}$，$r'_{eg} = r_{eg+} + r_{eg}$。

5. 优化改进方法 2——两端测量

在首端测量线路的回路直阻，受线路所处环境温度各不相同等因素，测量值的相对误差有一定差异，会导致定位精度大幅降低。为了降低测量误差的影响，首先按图 6-2-18（a）所示回路，在首端测量线路回路直阻；按照图 6-2-19（a）所示回路，在末端测量线路回路直阻；将末端短路，按照图 6-2-19（b）所示回路，在首端测量线路回路直阻。通

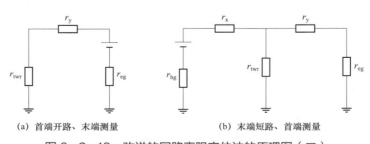

(a) 首端开路、末端测量　　　　　　　(b) 末端短路、首端测量

图 6-2-19　改进的回路直阻定位法的原理图（二）

过增加方程的冗余度，减小测量误差的影响。

其定位方程为

$$
\begin{cases}
r_{o1} = r_{hg} + r_x + r_{twr} \\
r_{o2} = r_g + r_y + r_{twr} \\
r_{s1} = r_{hg} + r_x + \dfrac{r_{twr}(r_y + r_g)}{r_{twr} + r_y + r_g}
\end{cases}
\tag{6-2-11}
$$

式中　　r_{o1}——末端开路、首端测量的回路直阻；

　　　　r_{o2}——首端开路、末端测量的回路直阻；

　　　　r_{s1}——末端短路、首端测量的回路直阻。

求解可得

$$
\begin{cases}
r_{twr} = \sqrt{r_{o2}(r_{o1} - r_{s1})} \\
r_x = r_{o1} - r_{twr} - r_{hg} \\
r_y = r_{o2} - r_{twr} - r_g
\end{cases}
\tag{6-2-12}
$$

6. 研究结果

（1）优化改进方法 2 的定位精度最高，对于回路直阻测量值的随机误差、环境温度引起的测量误差等均具有较好的抑制效果。

（2）当回路直阻测量值的相对误差相等时，优化改进方法 1 的方法具有较高的定位精度。

（3）根据定位误差的来源及其特征，上述定位方法的适用范围如下：

1）回路直阻定位法——优化改进方法 1 适用于长度较短且线路干扰较小的线路，可以用于对优化方法 1 进行补充校核。

2）回路直阻定位法——优化改进方法 2 适用于两端均具备测量条件的线路。该方法定位精度最高，可优先采用。

五、主要研究成果

本章在对 ±1100kV 特高压主设备的主要参数和现场交接试验方案进行梳理的基础上，通过进一步分析开展各设备交接试验的试验设备需求以及各项目单位的成套试验能力，发现尚不能满足试验需求的关键设备及尚缺乏经验的一些关键试验，依此在试验设备研发和试验方法的标准化方面形成了以下研究成果：

（1）在高端换流变压器长时感应电压及局部放电试验中，全部采用了单边加压的试验方法，针对该试验方法研制了适用于 1100kV 换流变压器单边加压方式的自举升式试验变压器，成功应用于全部试验中。

（2）研制了特高压 GIS 整装式绝缘试验平台，采用了谐振电抗器和分压器的一体化结构，结合"导弹车"式的自立式举升机械整装，实现了平台的快速试验准备和免吊装。并基于多物理场耦合的仿真模型对平台的外绝缘电场分布和谐振电抗器的温升进行了优化，并顺利完成了 1100kV GIS 特殊试验和高端换流变压器交流阀外施耐压及局部放电试验。

（3）在直流转换开关振荡参数测量试验中，提出了一种基于多参量的直流转换开关振荡参数测量方法，解决了现有测量数据来源单一、准确度不高的技术问题，形成了国家电网有限公司企标 Q/GDW 11871—2018《直流转换开关振荡特性现场测量导则》，有效指导开展直流转换开关振荡特性现场测量工作的开展。

（4）在输电线路参数测量方法中，提出了基于回路直阻法的输电线路临时接地点优化定位方法，针对不同输电线路情况，分别优化了 2 种适用方法，有效提高了定位精度，可为线路参数测量试验提供故障排查手段。

第三节 分系统调试

分系统调试是换流站所有独立分系统的充电或启动试验，其目的是检验单个设备接入系统后与其他部件作为一个分系统组合在一起是否能够安全地运行，并检查其性能是否满足合同和工程技术规范书的要求。

一、试验范围和项目

直流工程换流站分系统调试分为八个部分，分别是换流阀分系统调试、换流变压器分系统调试、交流场分系统调试、交流滤波器场分系统调试、直流场分系统调试、站用电分系统调试、辅助系统及其他分系统调试、控保设备分系统调试。分系统调试按这八个部分分别进行调试，涵盖了换流站内所有的分系统，主要包括交流场设备、交流滤波器场设备、换流变压器、换流阀、直流分压器、电流互感器、直流控制保护系统、远动通信系统、计量系统、故障录波系统、保护信息管理子站、交流站用电系统、站用直流电源、阀冷却系统、UPS 不间断电源、空调系统、通风系统、火灾探测及消防系统、闭路电视及红外监视系统等。

二、交流场分系统调试

（一）交流场分系统试验

（1）试验目的。对特高压换流站内的交流场分系统调试内容进行了阐述。交流场分系统试验范围包括交流场的断路器、隔离开关、接地开关，通过分系统试验能够详细检查上述各设备与二次系统的接口及开关设备之间连锁功能是否正确。

（2）试验内容：

1）开关量输出信号联调。

2）就地/远方跳、合闸操作。

3）同期功能验证。

4）跳闸传动试验。

（3）试验结果记录。

（二）交流隔离开关分系统试验

（1）试验目的。交流隔离开关分系统试验是换流站交流隔离开关与控制保护系统的联调试验，其目的是验证隔离开关与二次系统的接口功能正常，并检查其性能是否满足合同和有关标准、规范的要求。

（2）试验内容：

1）开关量输出信号联调。

2）就地/远方跳、合闸操作。

（3）试验记录。

（三）交流接地开关分系统试验

（1）试验目的。交流接地开关分系统试验是换流站交流接地开关与控制保护系统的联调试验，其目的是验证接地开关与二次系统的接口功能正常，并检查其性能是否满足合同和有关标准、规范的要求。

（2）试验内容：

1）开关量输出信号联调。

2）就地/远方跳、合闸操作。

（3）试验记录。

（四）连锁功能检验

（1）试验目的。交流开关场连锁功能检验是检验后台逻辑闭锁功能是否正确、是否完整，防止运行人员误操作而造成事故。

（2）试验内容。针对每个断路器和隔离开关，依照相关设计文件，在连锁条件满足/不满足时，分别进行合闸操作，并且对照信号表在汇控箱的允许操作两个端子上测量电位是否一致，以验证连锁功能是否正确。

（3）试验记录。

（五）工程应用

按照提出的交流接地开关分系统试验方案，验证了交流场断路器、隔离开关、接地开关等电气设备的开断性能和连锁功能能正确动作。

三、站用变压器及 66kV/35kV 区分系统调试

（一）站用变压器分系统试验

（1）试验目的。站用变压器分系统试验是站用变压器与控制保护系统的联调试验，其目的是验证站用变压器与二次系统的接口功能正常，并检查其性能是否满足合同和有关标准、规范的要求。

（2）试验内容：

1）开关量输出信号联调。

2）模拟量输出信号联调。

3）站用变压器分接头位置指示。

4）站用变压器分接头控制。

5）站用变压器冷却器投切操作。

（3）试验记录。

（二）66kV/35kV 交流断路器分系统试验

（1）试验目的。66kV/35kV 交流断路器分系统试验是换流站交流断路器与控制保护系统的联调试验，其目的是验证断路器与二次系统的接口功能正常，并检查其性能是否满足合同和有关标准、规范的要求。

（2）试验内容：

1）开关量输出信号联调。

2）就地/远方跳、合闸操作。

3）同期功能验证。

4）跳闸传动试验。

（3）试验记录。

（三）66kV/35kV 交流隔离开关分系统试验

（1）试验目的。66kV/35kV 交流隔离开关分系统试验是换流站交流隔离开关与控制保护系统的联调试验，其目的是验证隔离开关与二次系统的接口功能正常，并检查其性能是否满足合同和有关标准、规范的要求。

（2）试验内容：

1）开关量输出信号联调。

2）就地/远方跳、合闸操作。

（3）试验记录。

（四）66kV/35kV 交流接地开关分系统试验

（1）试验目的。66kV/35kV 交流接地开关分系统试验是换流站交流接地开关与控制保护系统的联调试验，其目的是验证接地开关与二次系统的接口功能正常，并检查其性能是否满足合同和有关标准、规范的要求。

（2）试验内容：

1）开关量输出信号联调。

2）就地/远方跳、合闸操作。

（3）试验记录。

（五）连锁功能验证

（1）试验目的。针对每个断路器和隔离开关，依照相关设计文件，在连锁条件满足/不满足时，分别进行合闸操作，并且对照信号表在汇控箱的允许操作两个端子上测量电位是否一致，以验证连锁功能是否正确。

（2）试验内容。针对每个断路器和隔离开关，依照相关设计文件，在连锁条件满足/不满足时，分别进行合闸操作，并且对照信号表在汇控箱的允许操作两个端子上测量电位是否一致，以验证连锁功能是否正确。

（3）试验记录。

（六）工程应用

按照站用变压器及 66kV/35kV 区分系统调试方案，检验了站用变压器及 66kV/35kV 交流场设备的性能，验证了设备分合以及连锁功能。

四、交流滤波器场分系统调试

（一）交流滤波器场隔离开关分系统调试

（1）试验目的。交流滤波器场隔离开关分系统试验是换流站交流滤波器场隔离开关与控制保护系统的联调试验，其目的是验证隔离开关与二次系统的接口功能正常，并检查其性能是否满足合同和有关标准、规范的要求。

（2）试验内容：

1）开关量输出信号联调。

2）就地/远方跳、合闸操作。

（3）试验记录。

（二）交流滤波器场接地开关分系统试验

（1）试验目的。交流滤波器场接地开关分系统试验是换流站交流滤波器场接地开关与控制保护系统的联调试验，其目的是验证隔离开关与二次系统的接口功能正常，并检查其性能是否满足合同和有关标准、规范的要求。

（2）试验内容：

1）开关量输出信号联调。

2）就地/远方跳、合闸操作。

（3）试验记录。

（三）连锁功能试验

（1）试验目的。交流滤波器场连锁功能试验是检验后台逻辑闭锁功能是否正确、是否完整，防止运行人员误操作而造成事故。

（2）试验内容。针对每个断路器和隔离开关，依照相关设计文件，在连锁条件满足/不满足时，分别进行合闸操作，并且对照信号表在汇控箱的允许操作两个端子上测量电位是否一致，以验证连锁功能是否正确。

（3）试验记录。

（四）交流滤波器组配平调谐试验

（1）试验目的：

1）调整电容器 4 个臂电容值使其不平衡电流在允许范围内；

2）调整各相交流滤波器电抗（设备可调），使各相滤波器滤波点符合设计要求；

3）实测绘制各相滤波器、无功补偿电容器幅频曲线、相频特性。

（2）试验内容：

1）电容器不平衡调整。

2）滤波器调谐。

（3）试验记录。

（五）交流滤波器进线开关选相合闸装置分系统试验

（1）试验目的。交流滤波器进线开关选相合闸装置分系统试验是交流滤波器进线开关选相合闸装置与控制保护系统的联调试验，其目的是验证交流滤波器进线开关选相合闸功能是否满足合同和有关标准、规范的要求，其与二次系统的接口功能正常。

（2）试验内容：

1）开关量输出信号联调。

2）就地/远方合闸操作。

（3）试验记录。

（六）中开关控制功能分系统调试

（1）试验目的。中开关控制功能分系统试验是在直流系统双极不带电运行的试验，主要验证交流串内中开关连锁控制是否正常工作。

（2）试验内容。换流变压器与交流线路配串，中开关连锁控制、换流变压器与交流滤波器配串，中开关连锁控制、交流滤波器与交流线路配串，中开关连锁控制等项试验。

（3）试验记录。

（七）工程应用

提出了交流滤波器场分系统调试方案，验证了交流滤波器场开关设备、交流滤波器以及中开关连锁性能，保证了这些设备带电前操作正常。

五、换流变压器分系统调试

（一）试验目的

换流变压器分系统调试是换流变压器与控制保护系统的联调试验，其目的是验证换流变压器与二次系统的接口功能正常，并检查其性能是否满足合同和有关标准、规范的要求。

（二）试验内容

（1）开关量输出信号联调。

（2）模拟量输出信号联调。

（3）分接头位置指示。

（4）分接头控制。

（5）冷却器投切操作。

（6）换流变压器电子控制（TEC）远传。

（三）工程应用

按照提出的换流变压器分系统调试方案，验证了换流变压器与二次系统的接口功能正常，保证了其性能是否满足合同和有关标准、规范的要求。

六、直流场及阀厅分系统调试

（一）换流阀分系统试验

（1）试验目的。换流阀分系统试验是换流阀与控制保护系统的联调试验，其目的是验证换流阀与二次系统的接口功能正常，并检查其性能是否满足合同和有关标准、规范的要求。

（2）试验内容：

1）开关量输出信号联调。

2）输入信号联调。

3）换流阀阀塔漏水实验。

4）避雷器动作次数信号检查。

（3）试验记录。

（二）直流断路器分系统试验

（1）试验目的。直流断路器分系统试验是换流站直流断路器与控制保护系统的联调试验，其目的是验证断路器与二次系统的接口功能正常，并检查其性能是否满足合同和有关标准、规范的要求。

（2）试验内容：

1）开关量输出信号联调。

2）就地/远方跳、合闸操作。

（三）直流隔离开关分系统试验

（1）试验目的。直流隔离开关分系统试验是换流站直流隔离开关与控制保护系统的联调试验，其目的是验证隔离开关与二次系统的接口功能正常，并检查其性能是否满足合同和有关标准、规范的要求。

（2）试验内容：

1）开关量输出信号联调。

2）就地/远方跳、合闸操作。

3）连锁功能。

（四）直流接地开关分系统试验

（1）试验目的。直流接地开关分系统试验是换流站直流接地开关与控制保护系统的联调试验，其目的是验证直流接地开关与二次系统的接口功能正常，并检查其性能是否满足合同和有关标准、规范的要求。

（2）试验内容：

1）开关量输出信号联调。

2）就地/远方跳、合闸操作。

3）连锁功能。

（3）试验记录。

（五）换流阀低压加压试验

（1）试验目的。在换流阀进行高压充电前，必须先完成换流变压器带阀组的低压加压试验。其目的是检查换流变压器一次接线的正确性、换流变压器末屏分压器电压指示的正确性、换流阀触发同步电压的正确性、换流阀触发控制电压的正确性、检查一次电压的相序及阀组触发顺序关系。

（2）试验内容。一般本试验在换流变压器线路侧直接接入 1 个约为 400V 的交流电源来满足晶闸管阀导通的电压要求，某些情况下还需要 1 台自耦调压器可使得供给换流器触发控制（CFC）的电压满足其电压要求。

需要特别注意的是：到 CFC（阀控）的相序要正确。自耦调压器的二次和试验电源在换流变压器的一次相序对应关系要正确，这在建立临时连接时都是必须仔细检查。

调整换流变压器的有载调压器使其输出最大的阀侧电压 U_{dio}。

（六）直流滤波器组配平调谐试验

（1）试验目的：

1）调整电容器 4 个臂电容值，使其不平衡电流在允许范围内。

2）调整各相滤波器电抗，使各相滤波器滤波点符合设计要求。

3）实测绘制各相滤波器幅频特性、相频特性曲线。

（2）试验内容：

1）电容器不平衡调整。

2）滤波器调谐。

（七）工程应用

提出了直流场及阀厅分系统调试方案，验证了换流阀、直流场开关设备、直流滤波器等与二次设备接口功能正常；完成了换流阀低压加压试验，检验了换流阀触发同步电压的正确性、换流阀触发控制电压的正确性，检验了一次电压的相序及阀组触发顺序关系。

七、直流线路故障定位系统信号检查

（一）试验目的

直流线路故障定位系统信号检查试验是检查故障定位装置工作状态的试验，其目的是直流线路故障定位系统装置功能正常，并检查其性能是否满足合同和有关标准、规范的要求。

（二）试验内容

（1）在装置上加模拟线路故障的电压、电流。

（2）计算故障的阻抗值，与装置测距对照。

（3）拉合装置电源，OWS 报文正常，定值不变化。

（4）检查装置远程通信正常。

（三）测试结果及试验记录

验证了直流线路故障定位系统装置功能正常，并记录测试数据。

八、接地极阻抗监测装置检查

（一）试验目的

接地极阻抗监测装置检查是对换流站监测接地极线路状况装置的试验，其目的是检查接地极阻抗监测装置功能是否正常，是否满足合同和有关标准、规范的要求。

（二）试验内容

（1）检查接地极线路阻抗二次回路连接正确。

（2）检查接地极线路阻抗监测功能。

（三）现场试验及记录

验证了接地极阻抗监测装置功能正常，并记录监测数据。

九、交流保护分系统调试

（一）交流母线保护分系统试验

（1）试验目的。交流母线保护分系统试验是换流站断路器与交流母线保护的联调试验，其目的是验证断路器与保护的接口功能正常，并检查其性能是否满足合同和有关标准、规范的要求。

（2）试验内容：

1）开关量输入信号校验。

2）开关量输出信号校验。

3）跳闸传动试验。

（3）试验记录。

（二）光纤差动保护分系统试验

（1）试验目的。光纤差动保护分系统试验是换流站断路器与线路保护的联调试验，其目的是验证断路器与保护的接口功能正常，并检查其性能是否满足合同和有关标准、规范的要求。

（2）试验内容：

1）开关量输入信号校验。

2）开关量输出信号校验。

3）跳闸传动试验。

（三）断路器保护分系统试验

（1）试验目的。断路器保护分系统试验是换流站断路器与断路器以及其他保护的联调试验，其目的是验证断路器与保护的接口功能正常，并检查其性能是否满足合同和有关标准、规范的要求。

（2）试验内容：

1）开关量输入信号校验。

2）开关量输出信号校验。

3）跳闸传动试验。

（四）站用变压器保护分系统试验

（1）试验目的。站用变压器保护分系统试验是换流站断路器与站用变压器保护的联调试验，其目的是验证断路器与保护的接口功能正常，并检查其性能是否满足合同和有关标准、规范的要求。

（2）试验内容：

1）开关量输入信号校验。

2）开关量输出信号校验。

3）跳闸传动试验。

（3）试验记录。

（五）交流滤波器保护分系统试验

（1）试验目的。交流滤波器保护分系统试验是换流站断路器与交流滤波器保护的联调试验，其目的是验证断路器与保护的接口功能正常，并检查其性能是否满足合同和有关标准、规范的要求。

（2）试验内容：

1）开关量输入信号校验。

2）开关量输出信号校验。

3）跳闸传动试验。

（六）换流变压器保护分系统试验

（1）试验目的。换流变压器保护分系统试验是换流站断路器与换流变压器保护的联调试验，其目的是验证断路器与保护的接口功能正常，并检查其性能是否满足合同和有关标准、规范的要求。

（2）试验内容：

1）开关量输入信号校验。

2）开关量输出信号校验。

3）跳闸传动试验。

（七）工程应用

按照交流保护分系统调试方案，验证了交流场断路器与保护的接口功能正常。

十、直流控制保护分系统调试

（一）直流极控制保护分系统试验

（1）试验目的。直流极控制保护分系统试验是换流站断路器与直流极控制保护的联调试验，其目的是验证断路器与保护的接口功能正常，并检查其性能是否满足合同和有关标准、规范的要求。

（2）试验内容：

1）开关量输入信号校验。

2）开关量输出信号校验。

3）整组传动试验。

（3）试验记录。

（二）直流滤波器保护分系统试验

（1）试验目的。直流滤波器保护分系统试验是换流站快速隔离开关与直流滤波器保护的联调试验，其目的是验证快速隔离开关与保护的接口功能正常，并检查其性能是否满足合同和有关标准、规范的要求。

（2）试验内容：

1）开关量输入信号校验。

2）开关量输出信号校验。

3）传动试验。

（3）试验记录。

（三）顺控试验

（1）试验目的。顺控试验是检查极控制系统的自动顺序过程，其目的是验证顺控功能正常，并检查其性能是否满足合同和有关标准、规范的要求。

（2）试验内容：

1）极连接/隔离。

2）极隔离并接地/极不接地。

3）连接/隔离直流滤波器。

4）充电/断电。

5）金属/大地回线的协调。

（四）工程应用

按照直流控制保护分系统调试方案，验证了直流场断路器与保护的接口功能正常。

十一、远动分系统调试

（1）试验目的。

远动分系统调试是换流站直流控制保护系统与国调中心、有关网调和省调之间的通信联调试验，其目的是验证国调中心能够正确显示换流站设备状态和控制换流站设备操作，有关网调和省调能够正确显示换流站设备状态。

（2）试验内容：

1）开关量校验。

2）模拟量校验。

（3）测试结果。按照远动分系统调试方案，验证了国调中心能够正确显示换流站设备状态和控制换流站设备操作，有关网调和省调能够正确显示换流站设备状态。

十二、保护信息管理子站分系统调试

（1）试验目的。保护信息管理子站分系统调试是换流站直流控制保护系统、交流保护与保护信息子站的通信联调试验，其目的是验证换流站交直流保护的信息接入到保护子站中，以及保护子站将交流保护的信息转发到直流控制保护系统。

（2）试验内容：

1）针对每个交、直流保护的信号，依次进行信号联调，检查确认保护信息管理子站和运行人员工作站显示其状态正确。

2）针对每个交、直流保护的下定值、复归等操作，依次检查确认保护信息管理子站操作正确。

（3）工程应用。按照提出保护信息管理子站分系统调试方案，验证了换流站交直流保护的信息接入到保护子站、保护子站将交流保护的信息转发到直流控制保护系统的正确性。

十三、其他分系统调试

（一）故障录波系统分系统试验

（1）试验目的。故障录波系统分系统试验是换流站直流控制保护系统与故障录波系统的联调试验，其目的是验证故障录波系统能够正确显示开关量和模拟量的状态，正确启动录波。

（2）试验内容：

1）开关量校验。

2）模拟量校验。

（3）试验记录。

（二）站主时钟分系统试验

（1）试验目的。站主时钟分系统试验是站主时钟与换流站二次系统的对时联调试验，其目的是验证换流站二次系统能够正确接收站主时钟的对时信号。

（2）试验内容。针对接入站主时钟对时信号的每个屏柜，检查确认其时间显示正确。

（三）工程应用

按照调试方案，验证了故障录波系统能够正确显示开关量和模拟量的状态，正确启动录波，以及换流站二次系统能够正确接收站主时钟的对时信号。

十四、辅助系统分系统调试

（一）站用交流电源系统分系统试验

（1）试验目的。站用交流电源系统分系统试验是站用交流电源系统与控制保护系统的联调试验，其目的是验证站用交流电源系统与二次系统的接口功能正常，并检查其性能是否满足合同和有关标准、规范的要求。

（2）试验内容：

1）开关量输入信号校验。

2）开关量输出信号联调。

3）模拟量输出信号联调。

4）备自投功能检验。

（二）直流辅助电源系统分系统试验

（1）试验目的。直流辅助电源系统分系统试验是直流辅助电源系统与控制保护系统的联调试验，其目的是验证直流辅助电源系统与二次系统的接口功能正常，并检查其性能是否满足合同和有关标准、规范的要求。

（2）试验内容：

1）开关量输出信号联调。

2）模拟量输出信号联调。

（3）试验记录。

（三）不停电电源（UPS）系统分系统试验

（1）试验目的。UPS 系统分系统试验是 UPS 系统与控制保护系统的联调试验，其目的是验证 UPS 系统与二次系统的接口功能正常，并检查其性能是否满足合同和有关标准、规范的要求。

（2）试验内容：

1）开关量输出信号联调。

2）模拟量输出信号联调。

（3）试验记录。

（四）阀冷却控制系统分系统试验

（1）试验目的。阀冷却控制系统分系统试验是换流阀冷却控制系统与控制保护系统的联调试验，其目的是验证阀冷却控制系统与二次系统的接口功能正常，并检查其性能是否满足合同和有关标准、规范的要求。

（2）试验内容：

1）内冷调试。送电前检查，手动启动机电设备，阀冷自动启动和模拟试验。

2）外冷调试。手动启动/停运各设备单元，自动启动/停运各设备单元，电加热器启动/退出。

（3）试验记录。

（五）消防系统分系统试验

（1）试验目的。消防系统分系统试验是换流站消防系统与控制保护系统的联调试验，其目的是验证消防系统与二次系统的接口功能正常，并检查其性能是否满足合同和有关标准、规范的要求。

（2）试验内容：

1）开关量输出信号联调。

2）就地/远方启、停泵操作。

3）应急启动检测。

（3）试验记录。

（六）空调系统分系统试验

（1）试验目的。空调系统分系统试验是换流站空调系统与控制保护系统的联调试验，其目的是验证空调系统与二次系统的接口功能正常，并检查其性能是否满足合同和有关标准、规范的要求。

（2）试验内容：开关量输出信号联调。

（七）火灾探测系统分系统试验

（1）试验目的。火灾探测系统分系统试验是换流站火灾探测系统与控制保护系统的联调试验，其目的是验证火灾探测系统与二次系统的接口功能正常，并检查其性能是否满足合同和有关标准、规范的要求。

（2）试验内容：开关量输出信号联调。

（3）试验记录。

（八）一体化辅助监控系统分系统试验

（1）试验目的。一体化辅助监控系统分系统试验是换流站安全监视系统与控制保护系统的联调试验，其目的是验证一体化辅助监控系统与二次系统的接口功能正常，并检查其性能是否满足合同和有关标准、规范的要求。

（2）试验内容：

1）条件具备时，使安全监视系统实际发出信号；条件不具备时，模拟发出信号（在信号源接点上模拟信号发生即将接点的两端短接）。

2）观察运行人员工作站信号事件列表上是否有该信号事件；若运行人员工作站上出现信号事件，试验通过，进行下一项试验；若运行人员工作站上没有信号事件，则进行查线，找到原因并更正后，重复进行上述步骤。

（3）试验记录。

（九）安全稳定控制系统分系统试验

（1）试验目的：

1）检查安全稳定控制系统与相关保护、测量装置的接线是否符合要求。

2）检查检查安全稳定控制系统动作是否符合系统的要求。

3）检查所有相关的模拟量、数字量。

（2）试验内容：

1）检验直流极控系统提供给安全稳定控制系统的开关量。

2）检验安全稳定控制系统至直流极控系统的模拟量。

3）检验安全稳定控制系统至直流极控系统的开关量。

（3）试验记录。

（十）一体化在线监测分系统试验

（1）试验目的。一体化在线监测分系统试验是换流站安全监视系统与控制保护系统的联调试验，其目的是验证一体化在线监测系统与二次系统的接口功能正常，并检查其性能是否满足合同和有关标准、规范的要求。

（2）试验内容：

1）条件具备时，使监测系统实际发出信号；条件不具备时，模拟发出信号（在信号源接点上模拟信号发生即将接点的两端短接）。

2）查看一体化在线监测列表中监测状态是否与现场实际数值一致：若监测状态一致，试验通过，进行下一项试验；若监测状态不一致，则进行查线，找到原因并更正后，重复进行上述步骤。

（3）试验记录。

（十一）工程应用

按照辅助系统分系统调试方案，验证了辅助系统与二次系统的接口功能正常。

十五、注流和加压试验

（一）1000kV/750kV/500kV 交流 TA 一次注流试验

（1）试验目的：

1）检查 TA 的变比（不涉及精度的校准），确认 TA 的安装位置正确。

2）检查 TA 的二次回路的连续性，防止二次回路开路。

3）检查 TA 二次绕组及相关保护、测量装置的接地是否符合要求。

4）检查 TA 的安装极性是否符合系统的要求。

5）检查所有相关的模拟量、数字量。

（2）试验内容：

1）测量每组 TA 回路，不开路，每组 TA 单点接地、对地绝缘良好。

2）采取一次串联两/三台加电的方式。

3）启动设备，给 TA 通电。

4）核对 TA 的变比和极性是否正确。

5）停止输出，进行倒闸操作准备进行下一串 TA 的试验。

（3）试验记录。

（二）1000kV/750kV/500kV 交流 TV 二次加压试验

（1）试验目的：

1）检查 TV 二次绕组及相关保护、测量装置的接地是否符合要求。

2）检查 TV 的安装极性是否符合系统的要求。

3）检查所有相关的模拟量、数字量。

（2）试验内容：

1）测量每组 TV 回路，不开路/不短路，保证 TV 单点接地、对地绝缘良好。

2）用继电保护测试仪在 TV 端子箱处对二次回路加入不同电压数值的电压。

3）二次加压范围：所有电压回路，包括所有二次设备。

4）检查与该保护共用一组线圈的所有保护、测量装置和系统监视器，确认二次回路接线正确。

（3）试验记录。

（三）交流滤波器场内 TA 一次注流试验

（1）试验目的：

1）检查 TA 的变比（不涉及精度的校准），确认 TA 的安装位置正确。

2）检查 TA 的二次回路的连续性，防止二次回路开路。

3）检查 TA 二次绕组及相关保护、测量装置的接地是否符合要求。

4）检查 TA 的安装极性是否符合系统的要求。

5）检查所有相关的模拟量、数字量。

（2）试验内容：

1）检查被注流的 TA 一次引线的一侧是否可靠牢固接地，保证每组 TA 单点接地、对地绝缘良好。

2）在监视一次输出电流的同时进行调节，使其保持在预定的数值上。

3）核对 TA 的变比是否正确，检查二次电流回路的连续性。

（3）试验记录。

（四）站用变压器交流 TA 一次注流试验

（1）试验目的：

1）检查 TA 的变比（不涉及精度的校准），确认 TA 的安装位置正确。

2）检查 TA 的二次回路的连续性，防止二次回路开路。

3）检查 TA 二次绕组及相关保护、测量装置的接地是否符合要求。

4）检查 TA 的安装极性是否符合系统的要求。

5）检验变压器一次连接可靠、正确。

6）检查所有相关的模拟量、数字量。

（2）试验内容：

1）测量每组 TA 回路，不开路，保证每组 TA 单点接地、对地绝缘良好。

2）采取中压侧断路器三相加电的方式。

3）启动设备，给 TA 通电。

4）停止输出，进行倒闸操作准备进行下一串 TA 的试验。

（3）试验记录。

（五）换流变压器 TA 一次注流试验

（1）试验目的：

1）检查 TA 的变比（不涉及精度的校准），确认 TA 的安装位置正确。

2）检查 TA 的二次回路的连续性，防止二次回路开路。

3）检查 TA 二次绕组及相关保护、测量装置的接地是否符合要求。

4）检查 TA 的安装极性是否符合系统的要求。

5）检查所有相关的模拟量、数字量。

（2）试验内容：

1）在换流变压器网侧、阀侧引线解开。

2）测量每组 TA 回路，不开路，保证每组 TA 单点接地、对地绝缘良好。

3）考虑每次注流将星接、角接各 3 台换流变压器分别加电的方式。

4）启动设备，给 TA 通电。

5）核对 TA 的变比和极性是否正确。

6）停止输出，拆除试验接线，恢复换流变压器原来的连接方式。

（3）试验记录。

（六）直流场及阀厅直流电流测量装置一次注流试验

（1）试验目的：

1）检查 TA 的变比（不涉及精度的校准），确认 TA 的安装位置正确。

2）检查 TA 的二次回路的连续性，防止二次回路开路。

3）检查 TA 的安装极性是否符合系统的要求。

4）检查所有相关的模拟量、数字量。

（2）试验内容：

1）确认直流 TA 二次回路接线正确。

2）检查被注流的 TA 一次引线的一侧是否可靠牢固接地。

3）将大电流发生器的输出端通过电缆与 TA 的正负极相连。

4）在试验过程中由于电流较大，监视一次输出的电流并不断的调节，使其保持在预定的数值上。

5）在注流过程中，如果发现没有电流输出或电流很小，应立即停止注流，关闭仪器查找原因。

6）核对 TA 的变比是否正确。

（3）试验记录。

（七）直流场直流电压分压器一次加压试验

（1）试验目的：

1）检查直流分压器的变比，确认直流分压器的安装位置正确、二次回路接线、符合设计要求。

2）检查电压分压器的二次相关保护测量装置是否能够正确采集电压、测量装置的接地是否符合要求。

（2）试验内容：

1）确认直流分压器二次回路接线正确。

2）确认被加压的直流分压器一次引线已经与其他设备断开。

3）将设备出厂的试验报告准备好，用以参考相关数据。

4）在直流分压器的高压端直流电压。

5）比较一次所加电压和保护屏、测量装置上的电压数值，两者应一致。

（3）试验记录。

（八）工程应用

按照提出的调试方案，验证了电流互感器、电压互感器的二次回路与控制保护接口功能正常。

十六、主要研究成果

通过对±1100kV 换流站分系统调试的技术内容、技术规范分析研究，编制了分系统调试方案，取得了以下研究成果：

（1）对特高压换流站内的交流场分系统调试内容进行了阐述。交流场分系统试验范围包括交流场的断路器、隔离开关、接地开关。通过分系统试验，能够详细检查上述各设备与二次系统的接口及开关设备之间连锁功能是否正确。

（2）对特高压换流站内的站用变压器及 66kV/35kV 区分系统调试内容进行了阐述。站用变压器及 66kV/35kV 区分系统试验范围包括站用变压器、66kV/35kV 交流场的断路器、隔离开关、接地开关。通过分系统试验，能够详细检查上述各设备与二次系统的接口及开关设备之间连锁功能是否正确。

（3）对特高压换流站内的交流滤波器场分系统调试内容进行了阐述。交流滤波器场分系统试验范围包括交流滤波器场的断路器、隔离开关、接地开关、选相合闸装置及各交流滤波器分组。通过分系统试验，能够详细检查上述各设备与二次系统的接口和开关设备之间连锁功能是否正确、中开关连锁功能是否正常，以及各滤波器的调谐性能是否符合设计要求。

（4）对特高压换流站内的换流变压器分系统调试内容进行了阐述。通过分系统试验，能够详细检查换流变压器与二次系统的接口是否正确，检验分接头、冷却器的控制功能，以及 TEC 装置送一体化在线监测后台信息的额正确性。

（5）对特高压换流站内的直流场及阀厅分系统调试内容进行了阐述。直流场及阀厅分系统试验范围包括换流阀、直流断路器、直流隔离开关、直流接地开关、换流阀低压加压、直流滤波器组配平调谐、直流线路故障定位系统、接地极阻抗监测装置。通过分系统试验，能够详细检查上述各设备与二次系统的接口，以及开关设备之间连锁功能是否正确；通过换流阀低压加压试验，可有效检验与换流变压器及换流阀相关测量信号一次接线与触发顺序的正确性；直流滤波器调频调谐试验可对直流滤波器的调谐性能进行检查及校正；直流线路故障定位系统和接地极阻抗检测装置的分系统试验目的则在于检验设备功能是否正确。

（6）对特高压换流站内的交流保护分系统调试内容进行了阐述。交流保护分系统试验范围包括交流母线保护、光纤差动保护、断路器保护、站用变压器保护、交流滤波器保护、换流变压器保护。通过分系统试验，能够检验各设备同保护装置接口是否正确。

（7）对特高压换流站内的直流控制保护分系统调试内容进行了阐述。直流控制保护保护分系统试验范围包括直流极控制保护和直流滤波器保护及顺控试验。通过分系统试验，能够检验与保护功能有关的开关设备的控制功能是否正确，以及顺控功能是否正常。

（8）对特高压换流站内的保护信息管理子站分系统调试内容进行了阐述。通过保护信息管理子站分系统试验能够检验换流站交直流保护的信息能否正确接入到保护子站中，以及保护子站能否将交流保护的信息正确转发到直流控制保护系统。

（9）对特高压换流站内的故障录波系统和站主时钟分系统调试内容进行了阐述。通过分系统试验，能够验证故障录波系统显示开关量和模拟量的状态功能是否正常、能否正确启动录波，以及验证换流站二次系统能否正确接收站主时钟的对时信号。

（10）对特高压换流站内的辅助系统分系统调试内容进行了阐述。辅助系统分系统试验范围包括站用交流电源系统、直流辅助电源系统、UPS 系统、阀冷却控制系统、消防系统、空调系统、火灾探测系统、一体化辅助监控系统、安全稳定控制系统、一体化在线监测系统，这些设备与子系统不影响直流系统本身的运行，但种类较多、涉及专业复杂，通过分系统试验能够详细检查上述各设备与二次系统的接口是否正确。

（11）对特高压换流站内的注流和加压试验内容进行了阐述。注流和加压试验是一类较为特殊的分系统试验，试验设备需要用到输出不小于 300A 的交流大电流发生器和输出不小于 10kV 的直流电压。通过注流和加压试验可有效地对接线、变比、极性及测量装置接地进行检验。

（12）按照编制的分系统调试方案，在昌吉换流站和古泉换流站完成了换流站分系统调试，为后续站系统调试和系统调试奠定了基础。在整个带电试验过程中未发现：TA 极性接反的问题；断路器、隔离开关不可控的问题；遥测量显示不正确的问题；保护误动触发跳闸等问题。分系统调试项目完整，试验结果正确。

第四节 站系统调试

特高压直流输电工程站系统调试的目的是按照合同和工程技术规范书要求，检查单个换流站的功能，站系统调试分别在两端换流站分别进行，同时也是为端对端系统调试做好准备。

一、站系统调试项目和内容

在站系统调试开始以前，换流站 750kV/500kV/1000kV 交流场（含交流母线）的启动带电试验应已完成。站系统调试项目包括：① 交流母线及交流场带电试验；② 交流滤波器带电试验；③ 顺序操作试验；④ 跳闸试验；⑤ 换流变压器充电试验；⑥ 抗干扰试验；⑦ 直流线路开路试验（空载加压试验）。

站系统调试在两端换流站分别进行，每一试验项目内容包括试验目的、试验条件、试验步骤、测试内容和验收技术规范。

交流母线充电试验分别在两站进行，每一条母线带电运行 2h。在每一条母线带电运行试验过程中，完成对换流站交流保护的校验。完成充电工作后，交流母线带电进行 24h 试运行。

交流滤波器充电试验分别在各个滤波器小组进行，每一小组滤波器带电运行 2h，直至完成所有滤波器小组充电试验。在每一组带电运行试验过程中，完成对滤波器保护的校验。

对于吉泉工程，有单换流器金属/大地接线方式 4 种、单极金属/大地接线方式 2 种、双极单换流器接线方式 4 种、双极不平衡换流器接线方式 4 种、双极双换流器接线方式 1 种。另外，还有开路试验接线方式和融冰接线方式。

顺序操作试验要对这些接线方式进行验证，并对断路器和隔离开关的连锁关系进行校验。与±800kV 直流输电工程站系统调试试验相比较，顺序操作试验内容基本相同。

按照直流控制和保护分层结构以及保护采用三取二设计原则，跳闸试验要在换流器控制保护、极控制保护和双极控制保护装置上分别进行，且需要在两套相同层面上的保护装置上模拟故障，对跳闸功能及跳闸后操作顺序进行检验。

特高压直流换流器单极由 2 个换流器串联，双极由 4 个换流器串联组成，按照设计和技术规范要求，每一个换流器的换流变压器均需要进行充电试验，直至完成 4 个换流器的换流变压器充电试验。

直流线路开路试验（open line test，OLT）接线方式有 16 种，通过优化研究，可以在一端换流站进行带直流线路的直流开路试验，另一端换流站进行不带直流线路的直流开路

试验，这样每一个换流站的开路试验方式从 16 种降至 8 种。单换流器开路试验直流电压升至 550kV，单极开路试验直流电压升至 1100kV。

抗干扰试验是要在直流二次系统各个盘柜进行抗干扰试验，检查直流二次系统盘柜在运行状态下的抗电磁干扰性能。

二、昌吉换流站站系统调试方案

（一）直流顺序操作试验

（1）试验目的。这项试验检验操作顺序及电气连锁是否能正确执行；检验当一个操作顺序在执行过程中发生故障而没有完成时，直流设备是否停留在安全状态；在手动/自动控制模式下，检验每一单个步骤的操作和执行情况。

（2）试验内容。

1）单极双换流器接线方式：

a. 极 1 双换流器大地回线接线方式；

b. 极 2 双换流器大地回线接线方式；

c. 极 1 双换流器金属回线接线方式；

d. 极 2 双换流器金属回线接线方式。

2）单极单换流器接线方式：

a. 极 1 低压单换流器大地回线接线方式；

b. 极 2 低压单换流器大地回线接线方式；

c. 极 1 高压单换流器大地回线接线方式；

d. 极 2 高压单换流器大地回线接线方式；

e. 极 1 低压单换流器金属回线接线方式；

f. 极 2 低压单换流器金属回线接线方式；

g. 极 1 高压单换流器金属回线接线方式；

h. 极 2 高压单换流器金属回线接线方式。

3）单极 OLT 接线方式：

a. 极 1 高压换流器，不带直流线路；

b. 极 2 高压换流器，不带直流线路；

c. 极 1 低压换流器，不带直流线路；

d. 极 2 低压换流器，不带直流线路；

e. 极 1 高压换流器，带直流线路；

f. 极 2 高压换流器，带直流线路；

g. 极 1 低压换流器，带直流线路；

h. 极 2 低压换流器，带直流线路；

i. 极 1 不带直流线路；

j. 极 2 不带直流线路；

k. 极 1 带直流线路；

l. 极 2 带直流线路。

4）双极单换流器接线方式，双极每极一个 12 脉动换流器接线结构，每个换流站有 4

种接线运行方式：

  a. 极 1 低压换流器接线运行，极 2 低压换流器接线运行；

  b. 极 1 低压换流器接线运行，极 2 高压换流器接线运行；

  c. 极 1 高压换流器接线运行，极 2 低压换流器接线运行；

  d. 极 1 高压换流器接线运行，极 2 高压换流器接线运行。

  5）双极不平衡换流器（3/4 换流器）接线方式。一极双换流器、另一极单换流器接线结构，共有 4 种接线运行方式：

  a. 极 1 双换流器接线、极 2 低压换流器接线运行；

  b. 极 1 双换流器接线、极 2 高压换流器接线运行；

  c. 极 2 双换流器接线、极 1 低压换流器接线运行；

  d. 极 2 双换流器接线、极 1 高压换流器接线运行。

  6）双极双换流器（4 换流器）接线方式：只有双极双换流器 1 种运行方式。

  7）双极接线方式，单极 OLT 接线：

  a. 极 1 运行，极 2 不带直流线路；

  b. 极 1 运行，极 2 带直流线路；

  c. 极 2 运行，极 1 不带直流线路；

  d. 极 2 运行，极 1 带直流线路。

  （3）记录试验结果。

  （二）最后跳闸试验

  （1）试验目的。最后跳闸试验是在换流站带电之前或者是控制保护电路（包括软件）修改后进行。最后跳闸试验中的所有试验项目至少要进行一次跳闸试验。选择一个或多个保护启动保护跳闸，确保所有保护跳闸动作正确，包括保护跳闸矩阵电路。

  （2）试验内容。选择以下 1～2 项进行试验。

  1）运行人员手动紧急停运按钮（在运行人员控制室）；

  2）机械继电器保护；

  3）控制和保护系统，包括软件保护；

  4）换流变压器（气体继电器或压力释放继电器）；

  5）平波电抗器（气体继电器或压力释放继电器）；

  6）消防系统。

  （3）记录试验结果。

  （三）昌吉换流站 750kV 交流场设备充电试验

  （1）试验目的：

  1）昌吉换流站 750kV 开关及相关一次设备绝缘情况及避雷器动作情况检查。

  2）昌吉换流站 750kV 侧相关母线核相、母线电压互感器二次回路检查。

  （2）试验内容：

  1）昌吉换流站 750kV 交流场开关依次带电。

  2）检查昌吉换流站 750kV 母线电压互感器二次电压有效值、相位。

  3）监视避雷器动作情况。

  4）检查相关一次设备绝缘情况。

（3）记录试验结果。

（四）昌吉换流站 750kV 交流滤波器组和电容器组充电试验

（1）试验目的：

1）考察交流滤波器组和并联电容器的合闸涌流、合/分闸过电压是否在允许范围。

2）考察断路器切交流滤波器组和并联电容器的能力，是否能顺利切断容性电流无重燃。

3）考察准点投切装置控制断路器准点投切无功设备的功能，即断路器能否在合滤波器组和并联电容器时将合闸时刻选在断路器的断口间电压为零时，而不是三相同时合闸。

4）校验交流滤波器、高压并联电容器组的相关保护二次回路。

（2）试验内容：

1）分别合、切昌吉换流站 4 大组交流滤波器和并联电容器各 3 次。

2）第一大组交流滤波器、电容器组充电试验。

3）第二大组交流滤波器、电容器组充电试验。

4）第三大组交流滤波器、电容器组充电试验。

5）第四大组交流滤波器、电容器组充电试验。

6）交流滤波器保护、交流滤波器母线保护、750kV 开关保护校验。

（3）记录试验结果。

（五）昌吉换流站站用变压器冲击合闸试验

（1）试验目的：

1）检验昌吉换流站 1 号、2 号站用变压器高、低压侧电压互感器接线是否正确。

2）检验 1 号、2 号站用变压器耐受合闸电压冲击能力。

3）考核 750kV 开关空载投切 1 号、2 号站用变压器的能力。

4）考核保护装置承受 1 号、2 号站用变压器空载合闸励磁涌流的能力。

（2）试验内容：

1）昌吉换流站 7515 开关合切空载 1 号、2 号站用变压器各 5 次。

2）采用昌吉换流站 7515 开关充电时，昌吉换流站 750kV 母线 I 母正常运行，II 母作为试验母线。

3）昌吉换流站 7512、7513 开关充电保护已整定并投入运行。

（3）记录试验结果。

（六）昌吉换流站站用变压器 10kV 侧电抗器投切试验

（1）试验目的：

1）检查昌吉换流站 1 号、2 号站用变压器低压侧电压互感器接线的正确性。

2）考核 10kV 开关投切感性负载的能力。

3）测量开关投切感性负载的过电压是否满足要求。

4）测量投入电抗器前、后的谐波及其对各侧电压的影响。

5）检验 1 号、2 号站用变压器差动保护 750kV 侧、10kV 侧二次回路正确性，10kV 侧电抗器保护二次回路正确性及母线保护极性。

（2）试验内容：

1）昌吉换流站 1021、1022、1023、1024、1025、1026、1011、1012、1013、1014、1015、1016 开关分别投切电抗器 3 次。

2）检测 1 号、2 号站用变压器差动保护极性。

3）检测 750kV 母线差动保护极性（7515、7514 开关）。

4）检测 10kV 侧 12 号母线差动保护极性。

（3）记录试验结果。

（七）昌吉换流站谐波测量

（1）试验目的。站用变压器带电前后、单组交流滤波器投入前后系统谐波变化及分布情况。

（2）试验内容。测量系统背景谐波、站用变压器投入前后、单组交流滤波器投入前后系统谐波变化。

（3）记录试验结果。

（八）昌吉换流站中开关连锁试验

（1）试验目的。验证交流场串内开关是否满足两个边断路器跳开后、中断路器自动跳开功能。

（2）试验内容。换流变压器与交流线路共串有第 3 串、第 4 串和第 5 串，换流变压器与交流滤波器共串有第 1 串，交流滤波器交流线路共串有第 2 串、第 6 串和第 8 串中开关连锁试验。

（3）记录试验结果。

（九）昌吉换流站换流变压器及闭锁阀组充电试验

（1）试验目的。验证换流变压器交流合闸时的励磁涌流是否处于所规定的限制值之内，与前期设计研究结果是否一致，其谐振应被充分阻尼掉，并校验晶闸管元件触发相位是否正确。

（2）试验内容：

1）昌吉换流站换流变压器及闭锁阀组充电试验。

2）极 1、极 2 高、低端换流变压器带电，每台换流变压器带电 5 次。

（3）记录试验结果。

（十）昌吉换流站直流线路开路试验

（1）试验目的。检查直流电压控制功能、换流阀触发角与直流电压的关系、阀的电压耐受能力、直流滤波器和直流输电线路的耐压能力；检查开路试验顺序控制和保护系统的正确性。

（2）试验内容。特高压直流输电工程开路试验有 16 种接线方式：

1）单换流器不带直流线路 4 种，带直流线路 4 种。

2）单极不带直流线路 2 种，带直流线路 2 种。

3）一极运行、另一极不带直流线路 2 种，带直流线路 2 种。

（3）记录试验结果。

（十一）昌吉换流站抗干扰试验

（1）试验目的。验证 AC/DC 保护和控制设备在投、切空母线和使用步话机、手机通话时，会不会误动作。

（2）试验内容。阀控和保护屏、极控和保护屏、站控、继电器室、监控系统等二次设备抗干扰试验。

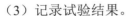

（3）记录试验结果。

（十二）研究结果

编制了昌吉换流站站系统调试方案，内容包括：交流母线及交流场带电试验、交流滤波器带电试验、顺序操作试验、不带电跳闸试验、换流变压器充电试验、抗干扰试验、直流线路开路试验（空载加压试验）等，验证换流站的功能，为工程现场站系统调试提供技术支撑。

三、古泉换流站站系统调试方案

（一）直流顺序操作试验

同本节二、中（一）。

（二）最后跳闸试验

同本节二、中（二）。

（三）皖城Ⅰ线及古泉换流站交流场 1000kV 第 1、3 串充电试验

（1）试验目的：

1）完成皖南换流站 1000kV 皖城Ⅰ线线路开关带电操作试验，检查线路设备状态。

2）完成古泉换流站 1000kV 交流场Ⅰ、Ⅱ段母线设备充电试验。

3）完成古泉换流站 1000kV 交流场第 1、3 串设备充电试验及 TV 间核相试验。

4）完成 1000kV 皖城Ⅰ线保护极性校验。

5）完成古泉换流站 1000kV 交流场第 1、3 串设备保护、测量、计量设备电压回路检验。

6）完成古泉换流站 1000kV 交流场第 1、3 串开关保护极性校验及边开关接入 1000kV 交流场Ⅰ、Ⅱ段母线保护支路电流极性校验。

7）开展背景谐波测试。

（2）试验内容：

1）皖南换流站 1061 开关对 1000kV 皖城Ⅰ线充电试验。

2）古泉换流站 1000kV 第三串间隔及Ⅰ母、Ⅱ母、62 号 M 母充电试验。

3）古泉换流站 1000kV 第一串间隔及 61M 母线充电试验。

4）1000kV 皖城Ⅰ线带负荷试验（一）。

5）1000kV 皖城Ⅰ线带负荷试验（二）。

6）运行方式转换及 1000kV 皖城Ⅰ线保护定值恢复。

（3）记录试验结果。

（四）1000kV 皖城Ⅱ线及古泉换流站交流场第 2 串充电试验

（1）试验目的：

1）完成皖南换流站 1000kV 皖城Ⅱ线线路开关带电操作试验，检查线路设备状态。

2）完成古泉换流站 1000kV 交流场第 2 串设备充电试验及 TV 间核相试验。

3）完成 1000kV 皖城Ⅱ线保护极性校验。

4）完成古泉换流站 1000kV 交流场第 2 串设备保护、测量、计量设备电压回路检验。

5）完成古泉换流站 1000kV 交流场第 2 串开关保护极性校验及边开关接入 1000kV 交流场Ⅰ、Ⅱ段母线保护支路电流极性校验。

6）开展背景谐波测试。

（2）试验内容：

1）皖南换流站 1053 开关对 1000kV 皖城Ⅱ线充电试验。

2）古泉换流站对第 2 串及 1000kV 皖城Ⅱ线充电试验。

3）1000kV 皖城Ⅱ线带负荷试验（一）。

4）1000kV 皖城Ⅱ线带负荷试验（二）。

5）运行方式转换及 1000kV 皖城Ⅱ线保护定值恢复。

（3）记录试验结果。

（五）古泉换流站 1000kV 交流滤波器及电容器组投切试验

（1）试验目的：

1）测试交流滤波器组和并联电容器的合闸涌流是否在允许范围。

2）检查开关切断容性电流的能力。

3）测录交流滤波器组和并联电容器投入时的操作过电压。

4）完成交流滤波器、无功补偿电容器组带负荷测试，检查高压设备运行状况，检查连接是否存在异常发热现象。

5）检查交流滤波器及无功补偿电容器组的保护、控制、测控装置接入电流、电压正确性，检查电容器（含滤波器电容）不平衡电流是否控制在允许范围。

6）检查滤波器母线差动保护电流、电压接入正确性。

7）进行背景谐波测试。

（2）试验内容：

1）第 1 大组 61 号母线交流滤波器投切及带电试验。

2）第 2 大组 62 号母线交流滤波器投切及带电试验。

（3）记录试验结果。

（六）500kV 城三Ⅰ线及古泉换流站交流场第八、九串充电试验

（1）试验目的：

1）完成芜三换流站 500kV 城三Ⅰ线线路开关带电操作试验，检查线路设备状态。

2）完成古泉换流站 500kV 交流场Ⅰ、Ⅱ段母线设备充电试验。

3）完成芜三换流站 500kV 城三Ⅱ线（古泉侧）线路开关带电操作试验，检查线路设备状态。

4）完成古泉换流站 500kV 交流场第 8、9 串设备充电试验及 TV 间核相试验。

5）完成 500kV 城三Ⅰ线保护极性校验。

6）完成古泉换流站 500kV 交流场第 8、9 串设备保护、测量、计量设备电压回路检验。

7）完成古泉换流站 500kV 交流场第 8、9 串开关保护极性校验及边开关接入 500kV 交流场Ⅰ、Ⅱ段母线保护支路电流极性校验。

8）开展背景谐波测试。

（2）试验内容：

1）芜三换流站 5041 开关对 500kV 城三Ⅰ线充电试验。

2）古泉换流站 500kV 第 8 串间隔及Ⅰ母、Ⅱ母充电试验。

3）古泉换流站 500kV 第 9 串间隔及城三Ⅱ线、65M 母线充电试验。

4）500kV 城三Ⅰ线带负荷试验（一）。

5）500kV 城三Ⅰ线带负荷试验（二）。

6）运行方式转换及 500kV 城三Ⅰ线保护定值恢复。

（3）记录试验结果。

（七）古泉换流站交流场充电及带负荷试验

（1）试验目的：

1）完成古泉换流站 500kV 交流场第 1、2、5、6、7 串设备充电，完成 TV 间核相试验及 500kV 交流场第 1、2、5、6、7 串设备保护、测量、计量设备电压回路检验。

2）完成古泉换流站 500kV 交流场第 1、2、5、6、7 串开关保护极性校验及边断路器接入 500kV 交流场Ⅰ、Ⅱ段母线保护支路电流极性校验。

3）开展背景谐波测试。

（2）试验内容：

1）古泉换流站 500kV 第 1 串充电试验。

2）古泉换流站 500kV 第 2 串充电试验。

3）古泉换流站 500kV 第 5 串充电试验。

4）古泉换流站 500kV 第 6 串充电试验。

5）古泉换流站 500kV 第 7 串充电试验。

6）古泉换流站 500kV 第 7 串带负荷试验。

7）古泉换流站 500kV 第 6 串带负荷试验。

8）古泉换流站 500kV 第 5 串保护极性校验（带负荷试验）。

9）古泉换流站 500kV 第 2 串带负荷试验。

10）古泉换流站 500kV 第 1 串带负荷试验。

11）运行方式转换。

（3）记录试验结果。

（八）500kV 城三Ⅱ线充电及带负荷试验

（1）试验目的：

1）完成芜三换流站 500kV 城三Ⅱ线线路开关带电操作试验，检查线路设备状态。

2）完成城三Ⅰ、Ⅱ线 TV 间核相试验。

3）完成 500kV 城三Ⅱ线保护极性校验。

4）开展背景谐波测试。

（2）试验内容：

1）芜三换流站 5053 开关对 500kV 城三Ⅱ线充电试验。

2）500kV 城三Ⅱ线带负荷试验（一）。

3）500kV 城三Ⅱ线带负荷试验（二）。

4）运行方式转换及 500kV 城三Ⅱ线保护定值恢复。

（3）记录试验结果。

（九）古泉换流站 511B、512B 站用变压器投切试验

（1）试验目的：

1）检验 500kV 站用变压器耐受冲击合闸性能。

2）检查 500kV 站用变压器带电运行状况。

3）检查 500kV 站用变压器励磁涌流对保护的影响。

4）检查 500kV 站用变压器保护、测量、计量系统接入电压、电流正确性。

5）核对 500kV 站用变压器高、低侧二次核相，并检查二次电压数值正确性。

6）条件许可时，检查 500kV 母线保护电流接入 511B、512B 站用变压器支路电流正确性；检查 500kV 站用变压器保护电流、电压接入正确性。

7）开展背景谐波测试。

（2）试验内容：

1）511B 站用变压器投切试验；

2）511B 站用变压器带负荷试验；

3）512B 站用变压器投切试验；

4）512B 站用变压器带负荷试验。

（3）记录试验结果。

（十）古泉换流站 500kV 交流滤波器及电容器组投切试验

（1）试验目的：

1）测试交流滤波器组和并联电容器的合闸涌流是否在允许范围。

2）检查开关切断容性电流的能力。

3）测录交流滤波器组和并联电容器投入时的操作过电压。

4）完成交流滤波器、无功补偿电容器组带负荷测试，检查高压设备运行状况，检查连接是否存在异常发热现象。

5）检查交流滤波器及无功补偿电容器组的保护、控制、测控装置接入电流、电压正确性，检查电容器（含滤波器电容）不平衡电流是否控制在允许范围。

6）检查滤波器母线差动保护电流、电压接入正确性。

7）进行背景谐波测试。

（2）试验内容：

1）第 3 大组 63 号母线交流滤波器投切及带电试验。

2）第 4 大组 64 号母线交流滤波器投切及带电试验。

3）第 5 大组 65 号母线交流滤波器投切及带电试验。

（3）记录试验结果。

（十一）古泉换流站站用电备自投试验

（1）试验目的：

1）验证 10kV 站用电源备自投功能与设计一致。

2）验证 400V 站用电源备自投功能与设计一致。

3）验证 10kV 备自投与 400kV 备自投时间配合逻辑。

（2）试验内容：

1）10kV 备自投功能验证。

2）400V 备自投功能验证。

3）10kV 备自投与 400V 备自投时间配合逻辑验证。

（3）记录试验结果。

（十二）古泉换流站中开关连锁功能验证

（1）试验目的。验证交流场串内开关是否满足两个边断路器跳开后、中断路器自动跳开功能。

（2）试验内容。换流变压器与交流线路共串有第 2 串，换流变压器与交流滤波器共串有第 6 串，滤波器—线路共串有第 1 串、第 3 串、第 4 串、第 5 串、第 7 串、第 8 串和第 9 串的中断路器连锁试验。

（3）记录试验结果。

（十三）古泉换流站背景谐波测量

（1）试验目的。检查皖城Ⅰ、Ⅱ线合环前后、单组交流滤波器、电抗器投入前后古泉换流站谐波变化及分布情况。

（2）试验内容：

1）古泉换流站 1000kV 母线电压及谐波含量。

2）1000kV 皖城Ⅰ、Ⅱ线线路电压、线路电流及谐波含量。

3）古泉换流站 500kV 母线电压及谐波含量。

4）500kV 交流线路电流及谐波含量。

（3）记录试验结果。

（十四）古泉换流站换流变压器及闭锁阀组充电试验

（1）试验目的。验证换流变压器交流合闸时的励磁涌流是否处于所规定的限制值之内，与前期设计研究结果是否一致，其谐振应被充分阻尼掉，并校验晶闸管元件触发相位是否正确。

（2）试验内容：

1）古泉换流站 500kV 换流变压器及闭锁阀组充电试验。

2）古泉换流站 1000kV 换流变压器及闭锁阀组充电试验。

3）极 1 低端和极 2 低端换流变压器带电，每台换流变压器带电 5 次。

4）极 1 高端和极 2 高端换流变压器带电，每台换流变压器带电 5 次。

（3）记录试验结果。

（十五）古泉换流站直流线路开路试验

（1）试验目的。检查直流电压控制功能、换流阀触发角与直流电压的关系、阀的电压耐受能力、直流滤波器和直流输电线路的耐压能力；检查开路试验顺序控制和保护系统的正确性。

（2）试验内容：

1）古泉换流站单换流器不带直流线路开路试验。

2）古泉换流站单换流器手动方式带直流线路开路试验。

3）古泉换流站单换流器自动方式带直流线路开路试验。

4）单极不带线路直流开路试验。

5）单极自动方式带线路直流开路试验。

6）极 1 运行，功率正送，古泉换流站极 2 单换流器线路开路试验。

7）极 1 运行，功率正送，极 2 带线路直流开路试验。

（3）记录试验结果。

（十六）古泉换流站抗干扰试验

同本节二、中（十一）。

（十七）研究结果

编制了古泉换流站站系统调试方案，内容包括：500kV 交流母线及交流场带电试验、500kV 交流滤波器带电试验、1000kV 交流母线及交流场带电试验、1000kV 交流滤波器带电试验、顺序操作试验、不带电跳闸试验、换流变压器充电试验、抗干扰试验、直流线路开路试验（空载加压试验）等，验证换流站的功能，为工程现场站系统调试提供技术支撑。

四、工程应用

按照提出的昌吉换流站和古泉换流站站系统调试方案，分别在两站完成了站系统调试，解决了调试过程中发现的各类技术问题，为端对端系统调试打下了基础。

五、主要研究成果

通过对 ±1100kV 换流站站系统调试的技术内容、技术规范分析研究，编制了站系统调试方案，取得了以下研究成果：

（1）明确了站系统调试项目，内容包括：交流母线及交流场带电试验、交流滤波器带电试验、顺序操作试验、跳闸试验、换流变压器充电试验、抗干扰试验、直流线路开路试验（空载加压试验）。

（2）对换流站单换流器、单极、双极接线方式顺序控制试验结果进行分析，确保当一个操作顺序在执行过程中发生故障而没有完成时，直流设备停留在安全状态。顺序控制可以手动/自动控制模式下检验每一单步的操作和执行满足设计要求。

（3）对换流站最后跳闸试验进行了分析，给出了最后跳闸试验的操作步骤、试验地点、模拟跳闸试验的原则以及验收标准。检验直流保护动作是否正确，包括保护跳闸矩阵电路。

（4）对昌吉换流站 750kV 交流场、古泉换流站 1000kV 交流场、古泉换流站 500kV 交流场设备带电试验进行了分析，给出了试验内容、试验条件、操作步骤和试验结果验收标准。试验内容包括：母线充电核相，母线电压互感器二次电压有效值、相位；检查相应设备绝缘情况；检查相应开关同期电压二次回路接线。给出了开关保护极性、母差保护极性进行校验方案。

（5）提出了滤波器带电方案，给出了交流滤波器保护、交流滤波器母线保护、相关开关保护校验方案等。

（6）站用变压器充电 5 次，充电过程中，昌吉换流站 750kV 母线 I 母正常运行，II 母作为试验母线。编制了站用变压器带负荷试验、500kV 站用变压器保护校验、计量系统接入电压、电流极性校验的试验方案。

（7）对备自投性能和试验方案进行了研究，提出了 10kV 备自投功能试验，400V 备自投功能验证试验，10kV 备自投与 400V 备自投入时间配合逻辑验证试验方案。

（8）对昌吉换流站和古泉换流站中断路器连锁试验进行了分析，编制了中断路器连锁试验方案，用于检验滤波器与线路共串、滤波器与换流变压器共串和换流器与线路共串的中开关连锁功能是否满足技术规范要求。

（9）对换流站谐波测量进行了分析，编制了测量系统背景谐波、站用变压器投入前后、单组交流滤波器投入前后系统谐波变化的试验方案。

（10）对换流站换流变压器闭锁阀组带电试验进行了分析，给出了试验内容、试验条件、操作步骤和试验结果验收标准。试验内容包括：双极 24 台换流变压器分别进行 5 次带电试验。

（11）对换流站直流线路开路试验进行了分析，给出了试验内容、试验条件、操作步骤和试验结果验收标准。试验内容包括：单换流器不带线路/带线路开路试验，单极双换流器不带线路/带线路开路试验，一极运行、另一极开路试验等，开路试验可以在手动/自动方式下进行。试验过程中，检验直流电压控制功能、换流阀触发角与直流电压的关系、阀的电压耐受能力、直流滤波器和直流输电线路的耐压能力；检查开路试验顺序控制和保护系统的正确性。

（12）对抗干扰试验进行了分析，给出了试验内容、试验条件、操作步骤和试验结果验收标准。试验内容包括：阀控和保护屏、极控和保护屏、站控、继电器室、监控系统等二次设备抗干扰试验，检验是否满足设计要求。

第五节 系 统 调 试

系统调试目的是全面考核直流输电工程的所有设备及其功能，验证直流输电系统各项性能指标是否达到合同和技术规范书规定的指标，确保工程投入运行后，设备和系统的安全可靠性，了解和掌握互联电网的运行性能。

一、系统调试内容

各阶段的系统调试包括以下内容：

（1）系统计算分析。建立直流输电系统的数字计算模型，对直流输电工程调试系统进行细致地计算分析研究，包括对直流输电工程系统调试用运行方式计算分析，系统调试项目的计算分析，系统调试方式下的安全稳定计算分析及防范事故措施研究，直流输电系统动态特性和控制保护特性的计算分析、系统电磁暂态过电压性能的计算分析。

（2）编写系统调试方案、调度方案、现场实施计划和测试方案：

1）在计算分析和模拟仿真试验的基础上，并结合特高压直流输电工程主回路接线运行方式，制订系统调试方案。

2）根据系统调试方案和试验项目，协助电力调度中心编写系统调试调度方案。

3）根据系统调试方案确定的试验项目，编制系统调试实施计划方案。

4）根据系统调试方案和试验项目的内容，编写系统调试测试方案，包括直流系统测试、过电压测试、交流系统测试、交流谐波测试、直流谐波测试、电磁环境测试、噪声测试、红外测温等。

（3）系统的现场调试。根据系统调试方案和现场试验实施计划，在现场组织完成系统调试试验项目，执行系统调试和测试方案，试验结果分析与监督消缺，进行现场调试的跟踪计算分析等。

（4）系统调试总结。系统调试总结的内容包括：

1）现场调试试验结果、记录、录波图以及相关资料的整理、归档。

2）系统调试结果的分析和系统调试报告的编写、出版等。

3）编写系统调试工作的总结报告，向工程业主汇报。

（5）试验工作各阶段时间安排。根据直流工程施工进展情况，制订工程试验工作计划。试验工作计划和试验内容，应根据工程进展情况和启委会决定，做出相应调整。

二、±1100kV 特高压直流输电工程系统特点分析

（一）短路比

±1100kV 特高压直流输电工程投运初期，在送端没有有效电源支撑时，换流站与主网间的电气联系较弱，但由于规划中的昌吉换流站与附近750kV 变电站电气距离很近，故送端系统有效短路比大于 3.5，受端古泉换流站无论采用直接接入 1000kV 特高压变电站，还是采用高低端换流器分层接入 500kV/1000kV 电网，系统有效短路比均大于 3.5，满足±1100kV 直流系统双极额定功率 12 000MW 运行要求。

（二）单换流器解锁/闭锁电压控制

由于送端昌吉换流站侧系统无电源支撑，直流单换流器解锁和闭锁输送功率只有300MW，又要满足最小滤波器组的要求，如果直流解锁/闭锁时投入/切除 2 组交流滤波器，750kV 母线电压变化较大，应采取适当措施控制母线电压波动。

（三）接地极电流对系统的影响

根据哈郑工程系统调试的经验，在直流大地运行方式下，昌吉换流站接地极附近变电站主变压器直流偏磁可能较大，会影响系统稳定运行，故在系统调试初期，编制直流偏磁测试方案，组织对接地极附近变电站主变压器进行直流偏磁测试，分析每个测试点直流偏磁特性，建立模型估算大地回线额定电流流过时直流偏磁的大小，为治理直流偏磁提供测量数据和技术资料。然后在相关变压器中性点装设隔直装置，以减小直流分量对变压器的影响，保证系统的稳定运行。

（四）换流站二次系统

吉泉工程控制系统与直流保护系统相互独立，直流控制系统采用分层结构、双重化原则配置。在原理上控制层包括站控制层、双极控制层、极控制层、阀组控制层和阀基电子设备。双极/极层控制主机与阀组层控制主机间主要传递电流指令和控制信号。对直流电流、直流电压、关断角等的闭环控制，以及换流器的解、闭锁等功能，都在阀组层控制主机。

直流保护和换流变压器保护采用三取二逻辑方案。交流滤波器保护、交流母线、开关、线路等保护完全双重化配置。三取二逻辑方案是三套直流保护装置有两套判定有故障，保护就动作。直流保护系统包括换流器保护、极保护、双极保护、直流滤波器保护、交流母线过电压保护和交流滤波器保护。

换流站的运行控制及监视采用分层控制原理，采用 SCADA 系统实现特高压系统的启

动/停运、顺序控制与交直流开关场所有断路器、隔离开关等设备的控制，以及换流站所有模拟量信号、开关位置信号、设备故障或装置异常信号、保护动作信号等的监视、报警、记录、传动，也可以对各类直流控制参数及定值进行设置及修改。

（五）换流阀

根据±800kV 特高压直流系统调试的经验，对±1100kV 特高压直流换流站采用不同技术路线制造的晶闸管换流阀，造成换流阀与直流控制保护接口较为复杂的问题进行分析研究，对不同生产厂生产的换流阀与控制保护接口性能应用不同的试验方法进行验证，其性能应该满足技术规范要求。

（六）高/低端换流器分层接入 500kV/1000kV 分析

±1100kV 特高压直流输电工程受端古泉换流站高/低端换流器采用分层接入 500kV/1000kV 不同的交流电网，这样高、低压换流变压器分接开关挡位的调节级差不同，500kV 换流变压器分接开关变换一挡为 1.25%，1000kV 换流变压器分接开关调节一个挡位为 0.65%，两个交流系统的电压、相角不同，这些因素都会导致高、低压换流器的直流电压不平衡。为了适应这种变化，直流控制策略与以往送、受端接入同一交流电网的特高压工程有较大区别。

三、±1100kV 特高压直流系统调试

（一）接入系统计算分析

根据电网规划中 ±1100kV 直流输电系统电网规划情况，对送端换流站采用 750kV 交流接入，受端换流站采用接入 500kV 和 1000kV 交流系统，建立 ±1100kV 直流接入新疆电网和华东电网的仿真模型，进行接入系统稳定计算分析。

1. 送端接入系统分析

±1100kV 特高压直流输电工程投运初期，在送端没有有效电源支撑时，换流站与主网间的电气联系较弱，但是满足有效运行短路比大于 3.5 的要求。

在换流站没有配套电源投入的不同情况下，换流站母线抗电压扰动能力存在差别。因在换流站 750kV 母线处投入、切除一组交流滤波器，母线电压最大变化 12kV 左右，所以在系统调试期间，应采取适当的措施防止直流系统解锁和闭锁时因同时投入/切除几个小组滤波器引起的母线电压波动，如直流解锁/闭锁时投入/切除低压电抗器等。

2. 受端接入系统分析

±1100kV 特高压直流输电工程受端网侧选择分层接入 500kV/1000kV 特高压交流电网，直接接入特高压变电站方案的多馈入短路比为 3.86，分层接入方案的多馈入短路比为 5.37（1000kV 侧）/5.16（500kV 侧）。两者均属于强多馈入交直流系统。分层方案多馈入短路比更高，交流系统对直流系统的支撑能力更强。

在换流站高、低端换流器采用分层接入 500kV/1000kV 方式下，在换流站 500kV 母线处投入、切除一组交流滤波器，母线电压最大变化不超过 3kV；在换流站 1000kV 母线处投入、切除一组交流滤波器，母线电压最大变化不超过 3.6kV。

（二）过电压仿真计算

1. 合换流变压器的过电压仿真计算

（1）断路器未装设合闸电阻条件下，整流及逆变侧换流站合换流变压器时均未出现明

显的谐振过电压，换流站 750kV/500kV 交流母线避雷器未动作，逆变侧合 YD 换流变压器时容易出现导致直流正常运行极发生换相失败的现象。

（2）在两侧换流站的换流变压器断路器装设 1200～1500Ω 合闸电阻，合闸电阻投入时间为 11～13ms，会抑制谐振过电压。在此条件下，两侧换流站投入换流变压器时不会发生谐振过电压，两侧换流站最大励磁涌流分别不超过 1500A 与 1000A，可以避免另一极发生换相失败。

（3）通过计算分析，在小方式下，短路电流 20kA，换流变压器进线开关合闸电阻 1500Ω，整流站合换流变压器过电压为 1.14（标幺值），逆变站合换流变压器过电压为 1.129（标幺值）。满足规划中的 ±1100kV 直流输电系统技术规范要求。

2. 直流过电压仿真计算

（1）典型故障过电压计算。在直流系统不同运行工况及运行方式下，对典型故障类型，如送受端直流极线、中性母线、换流阀、平波电抗器等，以及系统扰动过程的换流站过电压水平进行了仿真计算。参考 ±800kV 特高压直流输电工程绝缘配合原则，换流站过电压水平及避雷器能耗均在设备允许范围内。

（2）保护配合方式及闭锁时序过电压计算。±800kV 特高压直流输电工程保护闭锁时序及配合原则适用于 ±1100kV 特高压直流输电工程，按照 ±800kV 特高压直流控制保护的设置原则，各种故障情况下若保护正常动作，±1100kV 特高压直流输电工程换流站过电压水平均在设备耐受范围之内，且除换流阀及中性母线区域外，换流站直流侧其他各点的过电压水平均满足要求。

（3）直流系统控制策略对过电压影响计算。直流低压限流功能对换流站换流变压器二次侧过电压的影响较大，对于 ±1100kV 电压等级的直流输电工程，如果绝缘需要，可以考虑优化直流低压限流功能参数，以降低换流变压器二次侧过电压水平。

随着直流电流或换流变压器漏抗的增大，直流线路故障及恢复期间更容易出现换相失败，换流站过电压水平也相应增大。可以考虑在通过对故障极和非故障极控制器的调节，达到故障极的平稳重启动和抵御非故障极换相失败的目的，同时降低过电压。

（三）系统稳定计算

通过对 ±1100kV 特高压直流输电工程接入电网的稳定特性和运行控制技术进行计算分析，提出直流接入对于送、受端系统的要求及安全防御措施。

1. 交流故障分析

$N-1$ 故障：新疆电网 750kV 交流线路故障、华东电网特高压交流、500kV 交流线路 $N-1$ 故障，疆电外送落点皖南不需要采取措施，系统稳定。

$N-2$ 故障：疆电外送落点皖南 1000kV 特高压交流、500kV 交流线路 $N-2$ 失去一个通道，不需要采取措施，系统稳定。

2. 直流故障分析

±1100kV 特高压直流单极闭锁，疆电外送落点皖南 500kV 各断面潮流均不过负荷，受端无须采取措施，系统保持稳定。

±1100kV 特高压直流双极闭锁故障后送端发电机功角迅速摆开，系统失稳，切除送端 5600MW 机组后系统稳定运行，如图 6-5-1 所示。受端附近 1000kV 特高压及 500kV 线路均未发生电压失稳，如图 6-5-2 所示。

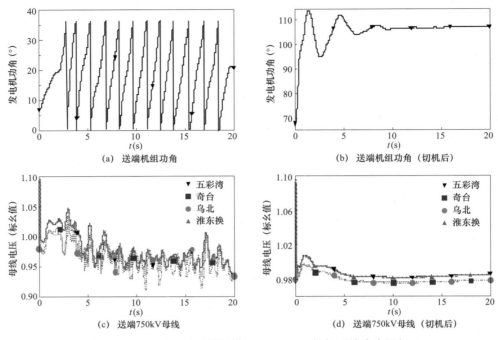

(a) 送端机组功角 (b) 送端机组角（切机后）

(c) 送端750kV母线 (d) 送端750kV母线（切机后）

图 6-5-1　双极闭锁送端切 5600MW 机组系统稳定运行

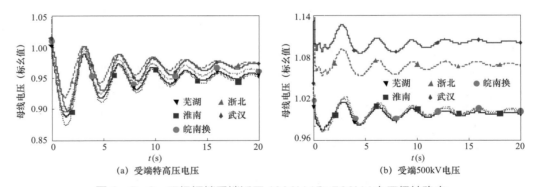

(a) 受端特高压电压 (b) 受端500kV电压

图 6-5-2　双极闭锁受端近区 1000kV 和 500kV 电压保持稳定

（四）直流控制保护计算

1. 逆变侧交流线路故障

在 ±1100kV 直流逆变侧 500kV 电网出线模拟交流线路故障，与向上工程相比，直流功率的恢复时间差别不大，但是，换相失败期间直流电流更大，逆变站单相故障，换相失败期间从系统吸收的无功功率增大，换相失败恢复期间向交流系统注入的无功也增大，交流故障及恢复期间对交流系统的冲击更大。

（1）换相失败期间，吸收的无功功率与直流电流的幅值和触发角有关，换相失败恢复期间向交流系统注入无功功率的大小则与故障期间直流电流的幅值有关，如图 6-5-3 和图 6-5-4 所示。

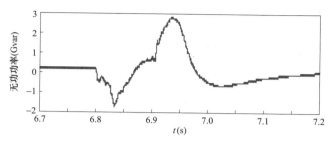

图6-5-3　±800kV 逆变站与交流系统交换无功功率波形

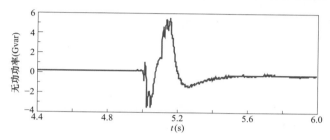

图6-5-4　±1100kV 逆变站与交流系统交换无功功率波形

（2）当有效短路比下降至 2.1 时，逆变站单相故障，直流换相失败期间吸收无功功率会导致换流母线非故障相电压大幅下降，而且换相失败恢复过程中换流母线电压明显升高。

2. 整流侧交流线路故障

在 ±1100kV 直流整流侧 750kV 电网出线模拟交流线路故障，与向上工程相比，直流功率的恢复时间差别不大，但整流侧三相故障及恢复期间，整流站向交流系统注入的无功增大，如图6-5-5 和图6-5-6 所示，交流故障及恢复期间对交流系统的冲击更大。

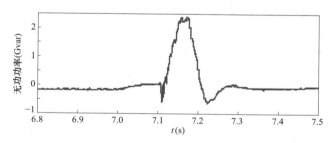

图6-5-5　整流侧三相故障，±800kV 换流站与交流系统交换无功功率波形

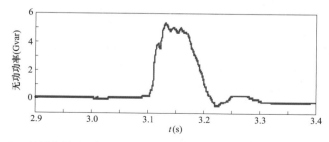

图6-5-6　整流侧三相故障，±1100kV 换流站与交流系统交换无功功率波形

3. 直流线路故障

直流双极额定功率运行，极 1 直流线路瞬时接地故障，功率转带至极 2，极 2 发生 3s 1.2 倍过负荷，在极 1 故障后恢复过程中，极 2 逆变侧发生换相失败，这时低压限流（voltage dependent current order limiter，VDCOL）电压上升时间参数为 0.04s。原因为极 1 恢复过快引起交流电压下降，造成极 2 电流过大。仿真研究表明可以适当增大 VDCOL 环节直流电压上升滤波时间参数，以抑制电流恢复速度，能在一定程度上改善故障后恢复特性，但应考虑功率恢复变慢对系统频率的影响，故最后决定 VDCOL 电压上升时间参数为 0.15s 可以避免极 2 发生换相失败。

4. 直流调制过程中无功功率控制策略优化

由于 ±1100kV 特高压直流输电工程输送容量大，在进行直流紧急功率或频率调制过程中，无功投切过慢导致换流站向交流系统吸收或发出大量无功功率，引起换流母线过压或是低电压。仿真结果表明，将无功功率控制投入交流滤波器的延时由 3s 更改为 0.5s，缩短提升过程中向交流系统吸收大量无功功率的时间，减小紧急提升过程交直流系统的扰动时间。

（五）系统调试方案分析

1. 主回路接线方式和系统调试方案分类

（1）主回路接线方式。±1100kV 特高压直流输电工程共有 45 种接线方式，与常规 ±800kV 特高压直流输电工程不同点还有逆变侧 ±550kV 低端换流器接入 1000kV 交流电网，以及 ±1100kV 换流器接入 500kV 交流电网方式，形成高、低端换流器分层接入 500kV/1000kV 交流电网方式，且直流换流器的电压等级高于 ±800kV，对一次设备性能要求更高。

（2）系统调试方案分类。±1100kV 特高压直流输电工程系统调试方案可分为 3 部分，即第 1 部分是单换流器系统调试，第 2 部分是单极双换流器系统调试（包括直流偏磁测量系统调试），第 3 部分是双极系统调试（包括分层接入方式系统调试）。

2. 系统调试方案编制

（1）基本试验项目。由于 ±1100kV 与 ±800kV 特高压直流输电工程主回路接线方式相同，故基本的试验项目也相同。单换流器、单极双换流器、双极系统调试基本方案的主要内容包括：直流启动/停运、初始化运行试验、基本控制模式试验、保护跳闸、直流闭锁试验、稳态运行试验、直流控制功能检查、直流稳态运行控制、动态特性、扰动试验、直流线路故障、金属/大地回线转换、额定负荷和过负荷、无功功率控制和接地极测试等试验项目。

（2）分层接入方式系统调试。±1100kV 特高压直流输电工程受端古泉侧采用高、低端换流器分层接入 500kV/1000kV 方式的系统调试，主要包括：① 功率正送、基本控制保护功能验证试验；② 直流电压控制功能验证；③ 换流变压器分接开关控制功能验证；④ 无功功率控制功能验证；⑤ 附加功率控制，包括安全稳定控制装置配合功能验证；⑥ 功率转移与分配功能验证；⑦ 在线投退换流器功能验证；⑧ 功率反送、基本控制保护功能验证试验。

3. 新增试验项目

（1）根据直流控制保护的配置，编制基本的控制功能和设备性能验证，以及保护跳闸性能验证的试验方案，考虑单换流器层面情况下的直流闭锁性能检验，也考虑单极双换流器层面和双极双换流器层面情况下的直流闭锁性能检验。

（2）根据换流站的运行控制及监视采用分层控制原理，编制本极内极控与阀控之间的信息总线交换验证试验；在编制控制系统总线故障、系统切换试验方案时，既考虑在站控层面、极控制层进行，又考虑在换流器控制层面下进行。

（3）根据换流站辅助电源及其他辅助系统设计和功能，考虑在极控制层面下进行辅助系统功能验证试验，又考虑在换流器控制层面下逐个进行。因为站用辅助系统设计是每一个换流器一套辅助系统。

（4）大地/金属转换和中性母线开关保护试验。在哈郑工程和溪浙工程进行额定电流大地/金属转换试验时，均发生了避雷器损坏事件。±1100kV 特高压直流额定电流为 5455A，比哈郑、溪浙工程大 545A，故在进行 ±1100kV 直流额定电流大地/金属转换试验时，要根据二次设备联调和 MRTB、GRTS 开关性能，确定开关的保护定值，保证试验过程中既验证了设备的性能和控制保护功能，又不要出现损坏设备的现象。

根据哈郑、溪浙工程中性母线开关重合保护（neutral bus switch failure，NBSF）原理和试验结果，±1100kV 特高压直流输电工程直流设备参数以及设计确定的 NBSF 保护策略，编制 NBSF 试验方案，完成 ±1100kV 特高压直流输电工程 NBSF 系统试验。

（5）单换流器在线投入/退出。借鉴哈郑、溪浙工程系统试验的经验，对 ±1100kV 特高压直流系统在线投退单换流器试验进行优化，在无站间通信方式下，禁止整流侧在线退出换流器，禁止逆变侧在线投入换流器。在受端由于换流器分层接入问题，还要考虑投退换流器与安全稳定控制装置策略的配合问题。

（6）换流器控制与阀基电子接口试验。±1100kV 特高压直流系统两换流站如果采用不同设备厂的换流阀，这就造成直流控制保护与换流阀接口比较复杂。为此增加极控与阀基电子接口性能验证的试验项目。

（7）分层接入试验。前已述及受端高、低端换流器分层接入交流电网，是哈郑、溪浙工程没有涉及的新技术问题，需要对分层接入性能进行验证，在编制系统试验方案时要考虑增加分层接入交流电网的系统试验项目。

（8）换流变压器产气验证试验。基于溪浙工程直流系统试验时发现宜宾换流站一台换流变压器大电流下由于热效应而产气的问题，建议在单换流器额定负荷运行试验后或直流系统试运行完成后，增加换流变压器产气验证试验，验证换流变压器在额定功率方式下能否长期运行。

（9）其他试验。其他试验包括直流偏磁测试试验、融冰方式系统试验、换流站辅助系统试验、额定负荷和过负荷运行试验，以及安全稳定控制装置联调试验等。

根据以上分析结果，确定了系统调试项目，为编制 ±1100kV 特高压直流输电工程的系统调试方案奠定了基础。

四、单极单换流器系统调试

（一）单换流器主回路接线方式

按照特高压直流的主回路设计要求，单极单换流器有 16 种接线方式：

（1）极 1 低端换流器调试项目，大地回线。

（2）极 1 低端换流器调试项目，金属回线。

（3）极 1 高端换流器调试项目，大地回线。

（4）极 1 高端换流器调试项目，金属回线。

（5）极 2 低端换流器调试项目，大地回线。

（6）极 2 低端换流器调试项目，金属回线。

（7）极 2 高端换流器调试项目，大地回线。

（8）极 2 高端换流器调试项目，金属回线。

（9）整流侧极 1 低端换流器、逆变侧极 1 高端换流器运行调试项目，大地回线。

（10）整流侧极 1 低端换流器、逆变侧极 1 高端换流器运行调试项目，金属回线。

（11）整流侧极 1 高端换流器、逆变侧极 1 低端换流器运行调试项目，大地回线。

（12）整流侧极 1 高端换流器、逆变侧极 1 低端换流器运行调试项目，金属回线。

（13）整流侧极 2 低端换流器、逆变侧极 2 高端换流器运行调试项目，大地回线。

（14）整流侧极 2 低端换流器、逆变侧极 2 高端换流器运行调试项目，金属回线。

（15）整流侧极 2 高端换流器，逆变侧极 2 低端换流器运行调试项目，大地回线。

（16）整流侧极 2 高端换流器，逆变侧极 2 低端换流器运行调试项目，金属回线。

（二）单换流器系统调试项目分类

如果将大地回线和金属回线的试验项目结合在一起，就有 8 种（金属/大地）接线方式的试验项目。

两站极 1 低端换流器接线方式、高端换流器接线方式以及两站极 2 低端换流器接线方式、高端换流器接线方式为单极单换流器基本接线方式，有 4 种类型的（金属/大地）接线方式。此接线方式系统调试的目的是检验两站单换流器单元的设备性能，由于该接线方式直流电压低、输送功率小，所以一些大功率试验项目，如热运行和过负荷试验以及额定电流金属/大地转换试验，可以安排在此接线方式下进行。这样即使在试验过程中发生直流停运，对交流系统的影响也较小。所以，在编写这 4 种类型接线方式的系统调试方案时，全面考虑了单极单换流器接线方式下控制保护性能和一次设备性能，此类接线方式系统调试方案为该方式下的基本方案，主要内容包括直流启动/停运、基本控制模式试验、保护跳闸、稳态运行、动态特性、直流线路故障、金属/大地转换、额定负荷和过负荷、无功功率控制、接地极测试等试验。

剩余 4 种（金属/大地）接线方式为单极单换流器交叉连接方式，在系统正常运行时，一般不采用这些接线方式，当系统正常运行时某一换流器发生故障或退出运行时，才会出现单极单换流器交叉连接运行方式。当然，按照技术规范的要求，也可以由运行值班人员操作连接成单换流器交叉连接方式。总之，在单极单换流器基本方式系统调试过程中，已经对每个换流器的一次和二次设备性能进行了检验，不管是对单极单换流器交叉连接方式还是对单换流器连接方式性能的检验，所不同的是换流器之间的连线改变了，直流控制参数和保护输入、输出参数的通道改变了，需要进行检验。所以，在编写该方式下的系统调试方案时，只考虑系统的基本控制模式的试验项目，主要内容包括直流启动/停运、基本控制模式试验、基本的保护跳闸、稳态运行试验等，形成单极单换流器系统调试派生方案。

（三）单极单换流器系统调试方案

根据上述研究结果，单极单换流器系统调试项目如下。

（1）功率正送，初始运行试验：

1）极启动/停运，手动闭锁。

2）控制系统手动切换。

3）紧急停运试验。

4）模拟量输入信号检查。

5）初始运行试验，金属回线。

（2）功率正送，保护跳闸，X、Y、Z闭锁：

1）有通信，整流站模拟接地极开路Ⅲ段保护跳闸X闭锁。

2）有通信，整流站模拟双极中性母线差动保护跳闸Y闭锁。

3）有通信，整流站模拟极母线差动Ⅱ段保护跳闸Z闭锁。

4）无通信，整流站模拟直流过电压Ⅱ段保护跳闸X闭锁。

5）无通信，整流站模拟旁通对过负荷保护跳闸Y闭锁。

6）无通信，整流站模拟极母线差动Ⅱ段保护跳闸Z闭锁。

7）有通信，逆变站模拟阀组差动保护跳闸X闭锁。

8）有通信，逆变站模拟双极中性母线差动保护跳闸Y闭锁。

9）有通信，逆变站模拟接地极开路Ⅰ段保护跳闸Z闭锁。

10）无通信，逆变站模拟双极中性母线差动保护跳闸Y闭锁。

11）无通信，逆变站模拟极母线差动Ⅱ段保护跳闸Z闭锁。

12）有通信，整流站模拟阀短路保护（VSC）跳闸X闭锁。

13）无通信，整流站模拟阀过电流保护Ⅱ段跳Y闭锁。

14）无通信，逆变站模拟阀直流差动保护Ⅱ段跳闸Y闭锁。

15）整流侧VBE故障启动跳闸。

16）逆变侧VCE故障启动跳闸。

17）整流侧阀冷却系统故障启动跳闸。

18）逆变侧阀冷却系统故障启动跳闸。

（3）功率正送，稳态运行，基本监控功能检查：

1）功率正送，稳态运行，值班系统电源故障。

2）功率正送，稳态运行，模拟主机板卡死机故障。

3）功率正送，稳态运行，检测主机负载利用率（GR或MR）。

4）功率正送，稳态运行，模拟直流线路故障（仅昌吉换流站）。

5）Control－LAN控制总线故障。

6）Station－LAN总线故障。

7）60044－8总线故障。

（4）功率正送稳态运行，联合电流控制：

1）电流升/降及停止升/降。

2）电流升/降过程中控制系统切换。

3）主控站转移。

4）换流变压器分接开关控制，手动改变分接开关位置。

5）电流指令阶跃。

6）控制模式转换，电流裕度补偿及电流指令阶跃。

（5）功率正送，稳态运行，联合功率控制：

1）换流器启动/停运。

2）功率升/降。

3）在功率升降过程中系统切换。

4）功率指令阶跃。

5）功率升/降试验时，制造通信故障。

6）模式转换，电流裕度补偿。

7）功率控制/联合电流控制转换。

（6）功率正送，通信故障，独立电流控制试验：

1）换流器启动/停运。

2）紧急停运。

3）电流升/降。

4）在电流升降过程中系统切换。

（7）功率正送，无功功率控制：

1）手动投切滤波器。

2）滤波器需求（GR 或 MR）。

3）滤波器替换。

4）无功控制—Q 模式。

5）无功控制—U 模式。

6）U_{max} 控制。

（8）功率反送，初始运行试验：

1）换流器启动/停运，手动闭锁。

2）紧急停运试验。

3）无通信，紧急停运试验。

4）模拟量输入信号检查。

5）初始运行试验，金属回线。

（9）功率反送，保护跳闸，X、Y、Z 闭锁：

1）有通信，整流站保护跳闸 X 闭锁。

2）有通信，整流站保护跳闸 Y 闭锁。

3）有通信，整流站保护跳闸 Z 闭锁。

4）无通信，整流站保护跳闸 Y 闭锁。

（10）功率反送，稳态运行，联合电流控制：

1）电流升/降及停止升/降。

2）电流升/降过程中控制系统切换及通信故障。

3）主控站转移。

（11）功率反送，稳态运行，联合功率控制：

1）功率升/降。

2）功率升/降试验时，制造通信故障。

3）功率指令阶跃。

（12）功率正送，丢失脉冲故障：

1）大地回线，逆变侧单次丢失脉冲故障。

2）大地回线，逆变侧多次丢失脉冲故障（大于 5 次）。

3）金属回线，逆变侧多次丢失脉冲故障（大于 5 次）。

4）金属回线，无通信，逆变侧多次丢失脉冲故障（大于 5 次）。

（13）功率反送，丢失脉冲故障。金属回线，逆变侧多次丢失脉冲故障。

（14）扰动试验：

1）大地回线，靠近整流（整流）站制造直流线路故障。

2）大地回线，靠近逆变（逆变）站制造直流线路故障。

3）金属回线，靠近逆变（逆变）站制造直流线路故障。

4）金属回线，靠近整流（整流）站制造直流线路故障。

5）丢失直流 110V 电源系统 C。

6）丢失直流 110V 电源系统 A。

7）丢失直流 110V 电源系统 B。

8）交流 400V 辅助电源切换。

9）整流站模拟 I_{DNC} 丢失故障。

10）逆变站模拟 I_{DNC} 丢失故障。

（15）功率正送，功率控制，大功率试验：

1）换流器启动。

2）换流器功率控制。

（16）功率正送，电流控制，大功率试验：

1）电流升/降。

2）分接开关控制，手动调节分接开关。

3）大地/金属回线转换（300MW）。

4）金属/大地回线转换（300MW）。

5）大地/金属回线转换（3000MW）。

6）金属/大地回线转换（3000MW）。

（17）功率正送，大地回线，热运行和过负荷试验：

1）等效干扰电流初步检测。

2）交流谐波初步检测。

3）可听噪声测量。

4）站辅助系统功率损耗测量。

5）大地回线，备用冷却器不投运，功率为 1.0（标幺值）热运行试验。

6）大地回线，备用冷却器投运，功率为 1.05（标幺值）过负荷运行试验。

（18）功率正送，无功功率控制：大地回线运行，无功控制。

（19）接地极测试试验。

（20）直流偏磁测量：

1）直流电流 0.1（标幺值）测量。

2）直流电流 0.2（标幺值）测量。

3）直流电流 0.3（标幺值）测量。

4）直流闭锁，预测额定电流时系统在该工况下各测试点的偏磁电流。

（四）单极单换流器系统调试派生方案

根据上述研究结果，单极单换流器派生接线方式是单极单换流器交叉连接方式，系统调试项目只考虑系统的基本控制模式以及保护跳闸的试验项目，主要内容包括直流启动/停运、基本控制模式试验、基本的保护跳闸、稳态运行试验等试验项目。

一般情况下，单换流器派生接线方式是在一端换流站单极出现高端或低端换流器故障退出运行、另一端换流站也相应地退出一组换流器而形成的交叉接线方式，属于非正常运行方式。所以，仅安排基本控制模式以及保护跳闸的试验项目系统调试试验项目。

五、单极双换流器系统调试方案

按照特高压直流输电工程的设计要求，单极双换流器有 4 种接线方式：

（1）极 1 双换流器运行方式，大地回线。

（2）极 2 双换流器运行方式，大地回线。

（3）极 1 双换流器运行方式，金属回线。

（4）极 2 双换流器运行方式，金属回线。

如果将大地回线和金属回线的试验项目结合在一起，就有 2 种单极双换流器（金属/大地）接线方式的试验项目，即极 1（金属/大地）接线方式和极 2（金属/大地）接线方式。

单极双换流器接线方式是特高压直流输电工程运行常用的接线运行方式，该接线方式下的系统调试的目的是检验单极层次二次设备控制保护及辅助设备的性能，以及单极一次设备的性能。所以在编写该方式下的系统调试方案时，就要充分考虑到特高压直流系统单极运行方式下的所有控制保护功能和设备性能的试验项目。系统调试方案主要内容包括直流启动/停运、基本控制模式、保护跳闸、金属/大地转换、稳态运行、动态特性、直流线路故障、金属/大地转换、无功控制性能、额定负荷试验等。

单极双换流器系统调试项目如下。

（1）功率正送，初始运行试验：

1）极启动/停运，手动闭锁。

2）控制系统手动切换。

3）紧急停运试验。

4）模拟量输入信号检查。

5）初始运行试验，金属回线。

（2）功率正送，保护跳闸，X、Y、Z 闭锁：

1）有通信，整流站模拟接地极开路Ⅲ段跳闸 X 闭锁。

2）有通信，整流站模拟双极中性母线差动保护跳闸 Y 闭锁。

3）有通信，整流站模拟极母线差动Ⅱ段保护跳闸 Z 闭锁。

4）无通信，整流站模拟换流器差动保护跳闸 X 闭锁。

5）无通信，整流站模拟双极中性母线差动保护跳闸 Y 闭锁。

6）无通信，整流站模拟极差动保护跳闸 Z 闭锁。

7）有通信，逆变站模拟接地极开路Ⅲ段保护跳闸 X 闭锁。

8）有通信，逆变站模拟双极中性母线差动保护跳闸 Y 闭锁。

9）有通信，逆变站模拟极母线差动Ⅱ段保护跳闸 Z 闭锁。

10）无通信，逆变站模拟直流过电压保护跳闸 X 闭锁。

11）无通信，逆变站模拟 50Hz 保护跳闸 Y 闭锁。

12）无通信，逆变站模拟极母线差动Ⅱ段保护跳闸 Z 闭锁。

13）有通信，整流站模拟阀短路保护跳闸 X 闭锁。

14）有通信，逆变站模拟阀过电流保护跳闸 Y 闭锁。

（3）功率正送，稳态运行，基本监控功能检查：

1）功率正送，稳态运行，值班系统电源故障。

2）模拟直流线路故障（仅整流站）。

3）模拟直流 TA 故障。

4）控制 LAN 总线故障。

5）控制主机 – PMI – 60044 – 8 总线故障。

6）控制主机 – PMI – TDM 总线故障。

（4）功率正送稳态运行，联合电流控制：

1）电流升/降及停止升/降。

2）电流升/降过程中控制系统切换。

3）主控站转移。

4）换流变压器分接开关控制，手动改变换流变压器分接开关试验。

5）电流指令阶跃。

6）电压指令阶跃。

7）关断角阶跃（γ）。

8）控制模式转换，电流裕度补偿及电流指令阶跃。

（5）功率正送，稳态运行，联合功率控制：

1）极启动/停运。

2）功率升/降。

3）在功率升降过程中系统切换。

4）功率指令阶跃。

5）功率升/降试验时，制造通信故障。

6）模式转换，电流裕度补偿。

7）功率控制/联合电流控制转换。

（6）功率正送，通信故障，独立电流控制试验：

1）极启动/停运。

2）紧急停运。

3）电流升/降。

4）在电流升/降过程中系统切换。

5）独立电流控制/联合电流控制/功率控制转换。

（7）功率正送，正常电压/降压运行：

1）降压启动/停运。

2）手动启动降压。

3）保护启动降压。

4）电流控制，降压启动/停运。

5）金属回线，功率控制，降压启动/停运。

6）金属回线，电流控制，降压启动/停运。

7）变压器分接开关控制，手动改变分接开关位置。

8）功率升降。

9）功率指令阶跃。

10）通信故障。

11）功率控制/联合电流控制转换。

（8）功率正送，无功功率控制：

1）手动投切滤波器。

2）滤波器需求。

3）滤波器替换。

4）无功控制。

5）电压控制。

6）U_{max} 控制。

7）Q_{pc} 控制。

8）Gamma 稳压（Gamma Kick）功能。

（9）功率正送，低功率、大地/金属回线转换：

1）大地/金属回线转换（600MW）。

2）金属/大地回线转换（600MW）。

3）金属回线，逆变站利用站内接地网接地运行试验。

（10）功率反送，初始运行试验：

1）极启动/停运，手动闭锁。

2）紧急停运试验。

3）无通信，紧急停运试验。

4）模拟量输入信号检查。

5）初始运行试验，金属回线。

（11）功率反送，保护跳闸，X、Y、Z 闭锁：

1）有通信，整流站模拟接地极开路Ⅲ段跳闸 X 闭锁。

2）有通信，整流站模拟双极中性母线差动保护跳闸 Y 闭锁。

3）有通信，整流站模拟极母线差动Ⅱ段保护跳闸 Z 闭锁。

4）无通信，整流站模拟双极中性母线差动保护跳闸 Y 闭锁。

5）有通信，逆变站模拟接地极开路Ⅲ段保护跳闸 X 闭锁。

6）有通信，逆变站模拟双极中性母线差动保护跳闸 Y 闭锁。

7）有通信，逆变站模拟极母线差动Ⅱ段保护跳闸 Z 闭锁。

8）无通信，逆变站模拟极母线差动Ⅱ段保护跳闸 Z 闭锁。

（12）功率反送，稳态运行，联合电流控制：

1）电流升/降及停止升/降。

2）电流升/降过程中控制系统切换及通信故障。

3）主控站转移。

（13）功率反送，稳态运行，联合功率控制：

1）功率升/降。

2）功率升/降试验时，制造通信故障。

（14）功率正送，丢失脉冲故障：

1）大地回线，逆变侧单次丢失脉冲故障。

2）大地回线，逆变侧多次丢失脉冲故障（大于5次）。

3）金属回线，逆变侧多次丢失脉冲故障（大于5次）。

4）金属回线，整流侧单次丢失脉冲故障。

5）金属回线，整流侧多次丢失脉冲故障（大于5次）。

6）金属回线，无通信，逆变侧多次丢失脉冲故障（大于5次）。

7）金属回线，无通信，整流侧多次丢失脉冲故障（大于5次）。

（15）功率反送，丢失脉冲故障：金属回线，逆变侧多次丢失脉冲故障。

（16）扰动试验：

1）靠近整流站制造直流线路故障。

2）靠近逆变站制造直流线路故障。

3）降压运行方式下，靠近逆变站制造直流线路故障。

4）降压运行方式下，靠近整流站制造直流线路故障。

5）金属回线方式下，靠近逆变站制造直流线路故障。

6）金属回线方式下，靠近整流站制造直流线路故障。

7）功率反送，靠近整流测直流线路故障。

8）功率反送，靠近逆变侧直流线路故障。

9）大地回线方式下，在直流线路保护功能中模拟一个高阻故障。

10）直流线路故障重启不成功后自动重启单换流器试验。

11）交流辅助电源故障，极1高端换流器交流400V电源切换。

12）交流辅助电源故障，极2高端换流器交流400V电源切换。

13）丢失极控110V直流电源C。

14）极控丢失直流110V电源系统A。

15）极控丢失直流110V电源系统B。

16）丢失110V站控直流电源C。

17）丢失110V站控直流电源系统A。

18）丢失110V站控直流电源系统B。

19）站控失去站控UPS电源馈入电源试验。

20）模拟直流TA变送器电源故障。

21）换流变压器TV断线故障试验。

22）直流场TV断线故障试验。

23）阀基电子系统（VBE、VCU和VCE）切换试验。

24）阀冷却内冷泵切换试验。

25）正常运行，高端 VBE 丢失 UnderVoltage 信号。

26）高端换流器 VBE 跳闸回路自检功能验证。

27）高端换流器控制保护与 VBE 接口功能验证。

28）高端换流器晶闸管级故障跳闸。

29）正常运行，整流站手动投切直流滤波器。

30）正常运行，逆变站手动投切直流滤波器。

（17）控制地点变化试验：

1）本地/远方控制转换试验，远方控制启动/停运试验。

2）本地/远方控制转换试验，远方控制功率升降试验。

3）在后备面盘上操作，启动/停运试验。

4）在后备面盘上操作，功率升降试验。

（18）功率正送，联合功率控制，大功率试验：

1）极启动。

2）极功率控制。

3）大地回线/金属回线转换。

4）金属回线/大地回线转换。

（19）功率正送，极电流控制：

1）电流升/降。

2）分接开关控制，手动调节分接开关。

3）模式转换，逆变侧控制电流。

（20）功率正送，热运行试验：

1）专项测量，等效干扰电流初步检测。

2）专项测量，交流谐波初步检测。

3）专项测量，无线电干扰测量。

4）专项测量，可听噪声测量。

5）专项测量，站辅助系统功率损耗测量。

6）大地回线，备用冷却器不投运，功率为 1.0（标幺值）额定负荷运行试验。

7）大地回线，备用冷却器投运，功率为 1.05（标幺值）过负荷运行试验。

8）换流变压器分接开关控制，手动改变分接开关位置。

9）金属回线，备用冷却器不投运，功率为 1.0（标幺值）额定负荷运行试验。

10）金属回线，备用冷却器投运，功率为 1.05（标幺值）过负荷运行试验。

（21）功率正送，无功功率控制：

1）大地回线运行，无功控制。

2）金属回线运行，无功控制。

3）金属回线降压运行，无功控制。

4）大地回线运行，电压控制。

5）金属回线运行，电压控制。

6）金属回线降压运行，电压控制。

六、双极系统调试方案

（一）双极系统调试方案分类

特高压直流输电工程双极接线方式分为 3 类的接线方式：第 1 类为双极双换流器接线方式，也是工程投入运行后最常用的一种运行方式，此方式只有 1 种接线运行方式；第 2 类为双极每极一个单换流器接线方式，此类接线方式有 16 种不同的接线运行方式；第 3 类为双极不平衡换流器（一极双换流器、另一极单换流器）接线方式，此类接线方式有 8 种不同的接线运行方式。所以，双极系统调试方案就分为 3 类不同接线方式下的系统调试方案。

（1）双极双换流器接线方式只有 1 种接线运行方式，也是工程投入运行后最常用的一种运行方式。所以，在编写该接线方式下的系统调试就要充分考虑到双极二次设备控制保护及辅助设备的性能，以及双极一次设备的性能。系统调试方案主要内容包括直流双极启动/停运、基本控制模式试验、保护跳闸、稳态运行、动态特性、各种类型的故障、无功控制、额定负荷、过负荷试验等，形成双极系统调试基本方案。

（2）双极每极一个换流器接线方式，共有 16 种接线运行方式。按照技术规范要求，双极单换流器接线方式的性能在系统调试过程中均要进行验证。考虑到在单极单换流器与单极、双极双换流器系统调试方案中，对特高压直流系统的一次和二次设备的性能已经进行了检验，故在编写该方式下的系统调试方案时，只考虑系统的基本控制模式的试验项目，主要内容包括直流启动/停运、基本控制模式试验、基本的保护跳闸、稳态运行、无功控制试验等，形成双极系统调试派生方案 1——双极单换流器系统调试方案。

（3）双极不平衡换流器接线方式是一极双换流器、另一极单换流器接线结构，共有 8 种接线运行方式。按照技术规范要求，双极不平衡换流器接线方式的性能在系统调试过程中均要进行验证。考虑到在单极单换流器与单极、双极双换流器系统调试方案中，对特高压直流系统的一次和二次设备的性能已经进行了检验，故在编写该方式下的系统调试方案时，只考虑该接线方式下的直流系统的基本控制模式的试验项目，主要内容包括直流启停、基本控制模式试验、基本的保护跳闸、稳态运行、无功控制试验等，形成双极系统调试派生方案 2——双极不平衡换流器系统调试方案。

（二）双极双换流器系统调试方案

双极双换流器系统调试是双极系统调试的基本方案，系统调试项目如下：

（1）功率正送，双极启动/停运试验：

1）双极同时启动/停运，手动闭锁。

2）一极运行，另一极启动/停运试验。

（2）双极运行，功率升降，主控权转移：

1）功率正送，双极功率升降。

2）功率正送，双极运行，极 1 功率/电流升降。

3）功率正送，一极运行，另一极启动/停运。

4）功率正送，双极运行，单极通信故障，单极独立控制，电流升/降。

5）功率正送，双极运行，双极功率控制/功率控制/电流控制转换。

6）功率正送，双极运行，主控权转移。

（3）自动功率控制：

1）功率正送，自动功率控制。

2）功率正送，在自动功率升/降过程中手动控制系统切换。

3）功率正送，在自动功率升/降过程中手动紧急停运换流器。

（4）极跳闸，功率补偿：

1）功率正送，极 1 跳闸，功率补偿。

2）功率正送，极 2 跳闸，功率补偿。

（5）电流指令阶跃：功率正送，一极电流阶跃试验。

（6）接地极平衡试验：

1）功率正送，接地极平衡试验。

2）整流站和逆变站利用站内接地网接地启动/停运试验。

（7）降压运行：

1）功率正送，双极降压运行试验。

2）功率正送，双极降压启动/停运及稳定运行。

3）功率反送，降压运行试验。

（8）扰动试验：

1）接地极线路开路。

2）整流侧站内接地，高端换流器退出运行试验。

3）整流侧站内接地，高端换流器投入运行试验。

4）整流侧站内接地，单极故障试验。

5）站内接地与接地极接地转换。

6）功率正送，交流线路故障。

7）功率反送，交流线路故障。

8）10kV 交流电源切换。

9）极 1 运行，极 2 转检修试验。

10）极 2 检修，极 1 启动/停运试验。

11）全压运行，0300 与 05000（WN−Q17）替换试验。

12）降压运行，0300 与 05000（WN−Q17）替换试验。

13）中性区域直流场闸刀位置信号丢失试验。

14）阀组控制保护主机断电试验。

15）高、低端阀组中断通信试验。

16）极 2 高端 VBE 值班（ACTIVE）信号丢失试验。

17）交流场号 1 和号 2 母 CVT 断线故障试验。

18）整流站直流场 NBS 保护重合故障试验。

19）逆变站直流场 NBS 保护重合故障试验。

20）整流站换流器差动保护闭锁极后重启非故障换流器试验。

21）逆变站换流器差动保护闭锁极后重启非故障换流器试验。

22）极 1 运行，功率正送，整流站极 2 进行 OLT 试验。

23）极 2 运行，功率正送，逆变站极 1 进行 OLT 试验。

24）阀基电子（VBE）设备系统收到换流器控制和保护（CCP）主机同主信号试验。

25）滤波器小组低电流断开试验。

26）阀冷系统运行 CPU 在线更换。

27）双极不对称运行，健全极直流线路故障试验。

28）模拟网络风暴试验。

（9）控制地点变化试验：

1）远方控制启动/停运试验（国调中心）。

2）远方控制功率升降试验（国调中心）。

3）在后备面盘上操作，启动/停运试验。

4）在后备面盘上操作，功率升降试验。

（10）直流调制功能试验：

1）功率回降。

2）功率提升。

3）模拟 AC 系统频率变化控制功能试验。

4）模拟信号附加控制功能试验。

5）系统稳定控制装置接口试验。

（11）双极功率升/降，大负荷试验：

1）手动控制功率升/降。

2）自动控制功率升/降。

（12）无功功率控制试验：

1）功率正送，无功功率控制—Q 模式。

2）无功功率控制—U 模式。

3）功率正送，逆变站手动切除一大组交流滤波器。

（13）降压运行试验：

1）双极运行，极 1 降压运行。

2）双极运行，极 2 降压运行。

3）降压运行期间，无功功率性能检查。

（14）额定功率运行试验和过负荷试验：

1）双极额定负荷运行试验。

2）双极额定负荷运行，极 1 过负荷试验。

3）双极额定负荷运行，极 2 过负荷试验。

4）专项测量，等效干扰电流（I_{eq}）初步检查。

5）专项测量，交流谐波测试（THFF）初步检查。

6）专项测量，干扰测量。

7）专项测量，可听噪声检查。

8）专项测量，站辅助设备功率损耗。

9）降压运行，额定运行试验。

（三）双极单换流器系统调试方案

根据上述研究结果，双极单换流器具有 16 种接线运行方式。由于双极单换流器接线方式不是正常运行接线方式，故在编写双极单换流器系统调试方案时，只考虑系统的基本控制模式的试验项目，主要内容包括双极启动/停运、基本控制模式试验、基本的保护跳闸、稳态运行、无功控制等项试验。

（四）双极不平衡换流器系统调试方案

根据上述研究结果，双极不平衡换流器具有 8 种接线运行方式。由于双极不平衡换流器接线方式不是正常运行接线方式，故在编写双极不平衡换流器系统调试方案时，只考虑系统的基本控制模式的试验项目，主要内容包括双极启动/停运、基本控制模式试验、基本的保护跳闸、稳态运行、无功控制等项试验。

七、单换流器投入/退出运行试验方案

根据吉泉工程主回路接线方式，单换流器可以单独投入和退出运行。通过分析研究，编制了单换流器投入/退出运行试验方案。

在进行双极率系统调试之前，按照系统调试计划安排，两站所有单换流器、单极和双极以及换流器交叉连接方式的试验均已完成。

（1）双极全压运行，有通信，单换流器在线投切试验：

1）双极运行，整流侧极 1 高端换流器在线切除试验。

2）双极运行，整流侧极 1 高端换流器在线投入试验。

3）双极运行，整流侧极 2 高端换流器在线切除试验。

4）双极运行，整流侧极 2 高端换流器在线投入试验。

5）双极运行，整流侧极 1 低端换流器在线切除试验。

6）双极运行，整流侧极 1 低端换流器在线投入试验。

7）双极运行，整流侧极 2 低端换流器在线切除试验。

8）双极运行，整流侧极 2 低端换流器在线投入试验。

9）双极运行，逆变侧极 1 高端换流器在线切除试验。

10）双极运行，逆变侧极 1 高端换流器在线投入试验。

11）双极运行，逆变侧极 2 高端换流器在线切除试验。

12）双极运行，逆变侧极 2 高端换流器在线投入试验。

13）双极运行，逆变侧极 1 低端换流器在线切除试验。

14）双极运行，逆变侧极 1 低端换流器在线投入试验。

15）双极运行，逆变侧极 2 低端换流器在线切除试验。

16）双极运行，逆变侧极 2 低端换流器在线投入试验。

17）双极运行，极 1 降压 80%，整流侧高端换流器在线切除试验。

18）双极运行，极 1 降压 80%，整流侧高端换流器在线投入试验。

19）双极运行，极 1 降压 80%，逆变侧高端换流器在线切除试验。

20）双极运行，极 1 降压 80%，逆变侧高端换流器在线投入试验。

21）双极运行，极 2 降压 80%，整流侧低端换流器在线切除试验。

22）双极运行，极 2 降压 80%，整流侧低端换流器在线投入试验。

23）双极运行，极 2 降压 80%，逆变侧低端换流器在线切除试验。

24）双极运行，极 2 降压 80%，逆变侧低端换流器在线投入试验。

25）双极运行，电流控制，整流侧高端换流器在线投退试验。

26）双极运行，电流控制，降压80%，整流侧高端换流器在线投退试验。

27）双极大功率运行，整流侧极1低端换流器在线投入试验。

28）双极大功率运行，整流侧极1高端换流器在线投退试验。

29）双极大功率运行，整流侧极2低端换流器在线投退试验。

（2）双极不对称换流器运行，有通信，单换流器在线投切试验：

1）极1双换流器运行，整流侧低端换流器在线切除试验。

2）极1双换流器运行，整流侧低端换流器在线投入试验。

3）极1双换流器运行，整流侧高端换流器在线切除试验。

4）极1双换流器运行，整流侧高端换流器在线投入试验。

5）极2双换流器运行，整流侧高端换流器在线切除试验。

6）极2双换流器运行，整流侧高端换流器在线投入试验。

7）极2双换流器运行，整流侧低端换流器在线切除试验。

8）极2双换流器运行，整流侧低端换流器在线投入试验。

9）极1双换流器运行，逆变侧低端换流器在线切除试验。

10）极1双换流器运行，逆变侧低端换流器在线投入试验。

11）极1双换流器运行，逆变侧高端换流器在线切除试验。

12）极1双换流器运行，逆变侧高端换流器在线投入试验。

13）极2双换流器运行，逆变侧高端换流器在线切除试验。

14）极2双换流器运行，逆变侧高端换流器在线投入试验。

15）极2双换流器运行，逆变侧低端换流器在线切除试验。

16）极2双换流器运行，逆变侧低端换流器在线投入试验。

17）极2双换流器运行，电流控制，逆变侧高端换流器在线投退试验。

18）极2双换流器运行，低端换流器在线退出/投入试验。

19）极1双换流器运行，极1降压80%，高端换流器在线投退试验。

20）极1双换流器运行，极1降压80%，低端换流器在线退出/投入试验。

（3）单极双换流器运行，有通信，单换流器在线投切试验：

1）极1双换流器运行，整流侧高端换流器在线切除试验。

2）极1双换流器运行，整流侧高端换流器在线投入试验。

3）极2双换流器运行，整流侧高端换流器在线切除试验。

4）极2双换流器运行，整流侧高端换流器在线投入试验。

5）极1双换流器运行，逆变侧高端换流器在线切除试验。

6）极1双换流器运行，逆变侧高端换流器在线投入试验。

7）极2双换流器运行，逆变侧低端换流器在线切除试验。

8）极2双换流器运行，逆变侧低端换流器在线投入试验。

9）极1双换流器降压80%运行，整流侧低端换流器在线投入试验。

10）极2双换流器降压80%运行，逆变侧低端换流器在线投入试验。

（4）站间无通信，单换流器在线投切试验：

1）双极运行，无通信，极1高端换流器在线退出试验。

2）双极运行，无通信，极 2 低端换流器在线退出试验。

八、分层接入 500kV/1000kV 电网调试方案

根据吉泉工程设计要求，本书对 ±1100kV 特高压直流输电工程高、低端换流器分层接入 500kV/1000kV 电网的系统调试方案进行了研究，确定分层接入方式系统调试方案的试验项目。

（一）分层接入方式系统调试

±1100kV 特高压直流输电工程受端古泉侧，采用高、低端换流器分层接入 500kV/1000kV 方式，需要对分层接入直流控制保护、无功功率控制、功率转移以及与安全稳定控制装置的配合等策略的试验验证进行专题研究。

通过上述分析可知，±1100kV 特高压直流输电工程直流场主回路接线与目前已经投入运行特高压直流输电工程相同，所不同的是受端古泉侧采用高、低端换流器分层接入 500kV/1000kV 电网方式与已经投运特高压直流输电工程不同，通过研究发现分层接入方式与常规特高压接线有一些不同点。

（二）分层接入方式系统调试项目

（1）高、低端换流器分层接入 500kV/1000kV 电网，单换流器启动/停运会影响同极另一个换流器接入电网的运行。

（2）高、低端换流变压器分接开关控制不同。

（3）高、低端换流器控制方式有些不同。

（4）增加了直流中线电压 U_{dm}。

（5）高、低端换流器无功功率控制不同。

（6）附加功率控制功能不同。

所以，分层接入方式系统调试方案也就是围绕上述 6 个方面编制的。分层接入方式系统调试项目如下。

（1）分层接入方式，初始化运行试验：

1）一极运行，另一极启动/停运试验。

2）功率正送，两极不同换流器紧急停运。

（2）分层接入方式，稳态运行试验：

1）双极单换流器，电流控制，一极升降、系统切换试验。

2）一极单极功率控制，另一极单换流器电流控制升降、系统切换试验。

3）一极双极功率控制，另一极功率/电流控制升降、系统切换试验。

（3）分层接入方式，保护跳闸试验：

1）双极运行，模拟高端换流变压器本体跳闸试验。

2）有通信，逆变站模拟 Y 桥换相失败保护跳闸 X 闭锁。

3）无通信，逆变站模拟极母线差动 II 段保护跳闸 Z 闭锁试验。

（4）分层接入方式，降压运行试验：

1）双极降压运行，另一极功率/电流升降、系统切换试验。

2）一极双换流器降压运行，另一极单换流器功率/电流升降、系统切换试验。

3）一极单换流器运行，另一极双换流器保护降压试验。

4）极 1 金属回线运行，保护降压试验。

（5）分层接入方式，扰动试验：

1）有通信，金属回线，极 1 逆变侧高端换流器丢失单个触发脉冲试验。

2）无通信，金属回线，极 1 逆变侧低端换流器丢失多个触发脉冲试验。

3）双极不对称运行，全压极模拟直流线路故障。

4）双极运行，两站转站内接地，模拟单换流器跳闸。

5）双极运行，两站转站内接地，模拟一极跳闸。

（6）分层接入方式，直流电压控制试验：

1）双极运行，逆变侧极 1 模拟 U_{dm} 故障试验。

2）双极运行，逆变侧极 2 模拟 U_{dm} 故障。

3）直流电压控制功能验证。

4）换流变压器分接开关控制功能验证。

5）交直流谐波测试。

（7）分层接入方式，无功功率控制试验：

1）无功功率控制验证试验。

2）逆变侧高端切除一小组滤波器。

3）逆变侧高端切除一大组滤波器。

（8）分层接入方式，直流调制试验：

1）功率回降。

2）功率转移与分配功能验证。

3）安全稳定控制装置联调试验。

（9）分层接入方式，功率反送试验：

1）功率反送，基本控制保护功能验证。

2）功率反送，直流功率升降。

3）功率反送，双极运行，极 1 功率/电流升降。

4）功率反送，电流控制，双极降压电流升降。

5）功率反送，金属回线，有通信，逆变侧高端换流器丢失单个脉冲。

6）功率反送，金属回线，无通信，逆变侧高端换流器丢失单个脉冲。

九、工程应用

（一）系统调试

根据提出的端对端系统调试方案，完成了吉泉工程的系统调试，完成的试验项目包括：初始运行方式建立、直流系统保护跳闸功能、系统监控功能、电流控制、功率控制、无功/电压控制、大地/金属转换试验、丢失触发脉冲故障、交直流辅助电源切换、扰动试验、单换流器大负荷和过负荷运行试验等，试验结果正确。

在系统调试过程中，对换流变压器、换流阀、平波电抗器、交流滤波器、电容器、开关等一次设备和直流控制保护系统的性能进行了严格检验。对于发现的问题，调试指挥部每天进行技术分析，及时与设备制造厂商和设备安装单位进行沟通，使问题能够及时得到处理，提升和完善了直流系统功能。

（二）专项测试结果

（1）直流偏磁测试。在系统调试期间，对两端换流站接地极周围变电站主变压器进行了直流偏磁测试，并对直流偏磁较大的测试点进行了治理，在单换流器大负荷试验期间进行了验证，结果正常。

（2）直流参数、谐波测试结果。在系统调试过程中，每进行一项系统调试，均要对直流电压、电流、触发角等直流参数进行测试，均在正常范围内。在单换流器额定负荷运行期间，对交直流谐波进行了测试，结果满足工程技术规范要求。

（3）电磁环境测试结果。系统调试期间在换流站开展了换流站外站界处、站内换流变压器区域、阀厅巡视通道、交流场交流滤波器组、户内直流场和户外直流场的可听噪声测试。测试结果表明，换流站边界的可听噪声均满足国家环境保护部批复的要求。

十、主要研究成果

结合吉泉工程，根据特高压直流输电工程接线运行方式、设备性能特点，编制了系统调试方案。

（1）对特高压直流输电工程系统调试工作内容进行了分析。对调试前系统计算分析、编制系统调试方案、调度方案和测试方案内容进行了分析，根据已确定系统调试方案中的试验项目，编制现场系统调试试验计划；根据系统调试方案和试验计划，组织现场进行系统调试工作；系统调试完成后，进行系统调试试验结果总结，编写系统调试技术报告。

（2）对吉泉工程系统调试的系统条件进行分析，对2020年系统调试期间的系统安全和运行方式提出了建议，满足±1100kV特高压直流输电工程系统调试的要求。

（3）根据特高压直流输电工程有45种接线方式，按接线方式分为3种类型：第1种类型为单换流器接线运行方式；第2种类型为单极接线运行方式；第3种类型为双极接线运行方式。所以，特高压直流输电工程系统调试方案内容分为3大部分，即第1大部分是单换流器系统调试方案（包括单换流器基本接线方式系统调试方案和派生接线方式系统调试方案），第2大部分是单极系统调试方案（包括单极系统调试方案和直流偏磁测量方案），第3大部分是双极系统调试方案（包括双极双换流器系统调试方案、双极单换流器系统调试方案、双极不对称换流器系统调试方案、单换流器在线投退系统调试方案和分层接入系统调试方案）。

（4）单换流器接线运行方式为极1或极2低端换流器接线运行方式和高端换流器运行方式，称为单换流器基本运行方式；其余为低端换流器或高端换流器交叉连接运行方式，称为单换流器派生运行方式。对应地，单换流器系统调试方案分为基本方案和派生方案。基本方案包括了该方式的所有试验项目，派生方案只有单换流器接线运行方式下的基本试验项目。

（5）单极接线运行方式分为极1和极2双换流器接线运行方式。由于极1和极2的调试试验项目相同，故只有单极系统调试方案，没有派生方案。

（6）双极接线运行方式分为双极单换流器接线运行方式、双极不平衡换流器接线运行方式和双极双换流器接线运行方式。双极双换流器接线运行方式为基本接线运行方式，双极单换流器接线运行方式为双极派生接线运行方式 1，双极不平衡换流器接线方式为双极派生接线运行方式 2。对应地，双极系统调试方案分为基本方案、派生方案 1 和派生方案 2。基本方案包括了该接线运行方式下的所有试验项目，派生方案只有双极系统接线运行方式下的基本试验项目。

（7）根据吉泉工程古泉侧高、低端换流器分层接入 500kV/1000kV 电网的特点，编制了分层接入方式系统调试试验方案。

索　引

参 考 文 献

[1] 屠竞哲，易俊，王超，等．考虑光伏动态特性的功角电压交互失稳机理分析［J］．电力系统自动化，2020，44（13）：157－165．

[2] 徐式蕴，贺静波，樊明鉴，等．±1100kV 特高压直流分层接入后受端电网稳定特性及控制措施［J］．电网技术，2019，43（05）：1683－1689．

[3] 王雅婷，张一驰，郭小江，等．±1100kV 特高压直流送受端接入系统方案研究［J］．电网技术，2016，40（07）：1927－1933．

[4] 熊永新，沈郁，姚伟，等．±1100kV 特高压直流分层接入方式下改进附加功率协调控制策略［J］．电网技术，2017，41（11）：3448－3456．

[5] 沈郁，熊永新，姚伟，等．±1100kV 特高压直流输电受端接入方式的综合评估［J］．电力自动化设备，2018，38（08）：195－202．

[6] 吴桂芳．我国±500kV 直流输电工程的电磁环境问题［J］．电网技术，2005，29（11）：5－8．

[7] 万保权，张小武，张广洲，等．±800kV 云广线换流站母线电晕特性试验研究［J］．高电压技术，2008，34（9）：1788－1791．

[8] 岳云峰，彭冠炎，王燕，等．±800kV 换流站管母线合成场强特性研究［J］．中国电力，2013，46（11）：26－29＋51．

[9] 陆家榆，鞠勇．±800kV 直流输电线路电磁环境限值研究［J］．中国电力，2006，39（10）：37－42．

[10] Maruvada P S，Janischewky W. Analysis of corona loss on DC transmission lines：II－bipolar lines ［J］．IEEE Transactions on Power Apparatus and System，1969，88（10）：1476－1491．

[11] 赵畹君．高压直流输电工程技术［M］．北京：中国电力出版社，2004．

[12] 杨万开，李新年，印永华，等．±1100kV 特高压直流系统试验技术分析，中国电机工程学报，2015，35，8－14．

[13] 杨万开，印永华，班连庚，等．±1100kV 特高压直流系统试验方案研究，电网技术，2015，39（10），2815－2821．

[14] 汤浩，贾鹏飞，李金忠，等．特高压直流干式平波电抗器多谐波特征参量测试技术及应用，高电压技术，2017，43（03），859－865．